中文版

# 3ds Max 2021
# 完全自学教程

王涛 任媛媛 孙威 徐小明 编著

人民邮电出版社

北京

**图书在版编目（CIP）数据**

中文版3ds Max 2021完全自学教程 / 王涛等编著
. -- 北京 : 人民邮电出版社，2021.5（2024.1重印）
ISBN 978-7-115-56306-4

Ⅰ．①中… Ⅱ．①王… Ⅲ.①三维动画软件－教材
Ⅳ．①TP391.414

中国版本图书馆CIP数据核字(2021)第060042号

# 内 容 提 要

本书以中文版 3ds Max 2021 为基础，结合 V-Ray 5, hotfix 1（俗称 VRay 5.0）渲染器，全面讲解了 3ds Max 的各项重要技术。

本书用 194 个案例，对 3ds Max 2021 的基本操作、建模技术、摄影机技术、灯光技术、材质和贴图技术、环境和效果技术、渲染技术、粒子系统和空间扭曲、动画技术等重要功能与技巧进行重点解析。每个重要的知识点都配有案例训练进行深度讲解，以帮助读者在学习后可以融会贯通、举一反三，从而制作出更多精美的作品。

本书附带学习资源，内容包括书中案例训练、学后训练、综合训练和商业项目实战的场景文件、实例文件和教学视频，PPT 教学课件，以及重要工具和技术的演示视频，读者在实际操作过程中有什么不明白的地方，可以通过观看视频辅助学习。此外，本书还特别赠送大量的场景模型、高清贴图、HDR 贴图、IES 文件、参考图和配色方案等资源。

本书非常适合作为初学者的 3ds Max 自学教程，也适合作为数字艺术教育培训机构及相关院校的参考教材。

♦ 编　著　王　涛　任媛媛　孙　威　徐小明
　　责任编辑　张丹丹
　　责任印制　马振武

♦ 人民邮电出版社出版发行　　北京市丰台区成寿寺路 11 号
　　邮编　100164　　电子邮件　315@ptpress.com.cn
　　网址　https://www.ptpress.com.cn
　　廊坊市印艺阁数字科技有限公司印刷

♦ 开本：880×1092　1/16　　　　彩插：6
　　印张：28　　　　　　　　　　2021 年 5 月第 1 版
　　字数：1235 千字　　　　　　2024 年 1 月河北第 13 次印刷

定价：149.90 元

读者服务热线：(010)81055410　印装质量热线：(010)81055316
反盗版热线：(010)81055315
广告经营许可证：京东市监广登字 20170147 号

**案例训练：用长方体制作木箱** 《58 页

视频名称　案例训练：用长方体制作木箱

技术掌握　创建长方体；复制对象

**案例训练：用常用几何体制作创意台灯** 《64 页

视频名称　案例训练：用常用几何体制作创意台灯

技术掌握　创建球体；创建圆柱体；复制对象

**案例训练：用布尔运算制作烟灰缸** 《73 页

视频名称　案例训练：用布尔运算制作烟灰缸

技术掌握　创建管状体；创建圆柱体；布尔运算

**案例训练：用放样工具制作镜子** 《75 页

视频名称　案例训练：用放样工具制作镜子

技术掌握　创建圆柱体；放样

**案例训练：用线制作管道** 《82 页

视频名称　案例训练：用线制作管道

技术掌握　创建线；创建圆；创建圆柱体

**案例训练：用车削修改器制作罗马柱** 《91 页

视频名称　案例训练：用车削修改器制作罗马柱

技术掌握　创建线；车削修改器

**案例训练：用弯曲修改器制作手镯** 《92 页

视频名称　案例训练：用弯曲修改器制作手镯

技术掌握　创建切角长方体；弯曲修改器

**案例训练：用FFD修改器制作抱枕** 《96 页

视频名称　案例训练：用FFD修改器制作抱枕

技术掌握　创建切角长方体；FFD修改器

**案例训练：用网格平滑修改器制作鹅卵石** 《98 页

视频名称　案例训练：用网格平滑修改器制作鹅卵石

**案例训练：用噪波修改器制作地形** 《100 页

视频名称　案例训练：用噪波修改器制作地形

# 案例赏析

**案例训练：用多边形建模制作床头柜** 《112 页
视频名称　案例训练：用多边形建模制作床头柜
技术掌握　可编辑多边形

**案例训练：用多边形建模制作双人床** 《114 页
视频名称　案例训练：用多边形建模制作双人床
技术掌握　可编辑多边形

**案例训练：用多边形建模制作创意地灯** 《116 页
视频名称　案例训练：用多边形建模制作创意地灯
技术掌握　可编辑多边形

**案例训练：用多边形建模制作尤克里里** 《121 页
视频名称　案例训练：用多边形建模制作尤克里里
技术掌握　可编辑样条线；可编辑多边形

**案例训练：用VRay毛皮模拟植物盆栽** 《78 页
视频名称　案例训练：用VRay毛皮模拟植物盆栽
技术掌握　VRay毛皮

**案例训练：用VRay毛皮模拟毛巾** 《79 页
视频名称　案例训练：用VRay毛皮模拟毛巾
技术掌握　VRay毛皮

**案例训练：用Hair和Fur（WSM）修改器制作牙刷** 《103 页
视频名称　案例训练：用Hair和Fur（WSM）修改器制作牙刷
技术掌握　Hair和Fur（WSM）修改器

**案例训练：用Cloth修改器制作毯子** 《104 页
视频名称　案例训练：用Cloth修改器制作毯子
技术掌握　Cloth修改器

**案例训练：用Cloth修改器制作桌旗** 《106 页
视频名称　案例训练：用Cloth修改器制作桌旗
技术掌握　Cloth修改器

**综合训练：制作耳机模型** 《124 页
视频名称　综合训练：制作耳机模型
技术掌握　可编辑多边形；可编辑样条线

**综合训练：制作房间框架模型** *129 页*

视频名称　综合训练：制作房间框架模型

技术掌握　导入CAD文件；挤出修改器；可编辑多边形

**综合训练：制作别墅模型** *132 页*

视频名称　综合训练：制作别墅模型

技术掌握　导入CAD文件；挤出修改器；可编辑多边形

**综合训练：制作科幻走廊模型** *135 页*

视频名称　综合训练：制作科幻走廊模型

技术掌握　参考图建模；可编辑多边形

**案例训练：创建物理摄影机** *145 页*

视频名称　案例训练：创建物理摄影机

技术掌握　物理摄影机

**案例训练：创建目标摄影机** *147 页*

视频名称　案例训练：创建目标摄影机

技术掌握　目标摄影机

**案例训练：创建VRay物理摄影机** *149 页*

视频名称　案例训练：创建VRay物理摄影机

技术掌握　VRay物理摄影机

**案例训练：设置画面的输出比例** *152 页*

视频名称　案例训练：设置画面的输出比例

技术掌握　调整画面比例；渲染安全框

**综合训练：制作服装店景深效果** *163 页*

视频名称　综合训练：制作服装店景深效果

技术掌握　VRay物理摄影机的景深

**综合训练：制作高速运动自行车的运动模糊效果** *165 页*

视频名称　综合训练：制作高速运动自行车的运动模糊效果

技术掌握　VRay物理摄影机的运动模糊

**案例训练：制作餐桌景深效果** *158 页*

视频名称　案例训练：制作餐桌景深效果

技术掌握　物理摄影机的景深

**案例训练：制作夜晚庭院散景效果** *159 页*

视频名称　案例训练：制作夜晚庭院散景效果

技术掌握　物理摄影机的散景

**案例训练：用目标灯光创建射灯** «169 页

视频名称　案例训练：用目标灯光创建射灯

技术掌握　目标灯光

**案例训练：用目标聚光灯制作照明灯光** «173 页

视频名称　案例训练：用目标聚光灯制作照明灯光

技术掌握　目标聚光灯

**案例训练：用VRay灯光创建走廊灯光** «178 页

视频名称　案例训练：用VRay灯光创建走廊灯光

技术掌握　VRay灯光

**案例训练：用VRay灯光创建台灯灯光** «179 页

视频名称　案例训练：用VRay灯光创建台灯灯光

技术掌握　VRay灯光

**案例训练：用VRay太阳创建阳光** «181 页

视频名称　案例训练：用VRay太阳创建阳光

技术掌握　VRay太阳

**案例训练：温馨氛围的卧室** «185 页

视频名称　案例训练：温馨氛围的卧室

技术掌握　VRay灯光；VRay太阳；温馨灯光

**案例训练：阴暗氛围的木屋** «186 页

视频名称　案例训练：阴暗氛围的木屋

技术掌握　VRay灯光；目标平行光；阴暗灯光

**案例训练：创建灯光层次** «189 页

视频名称　案例训练：创建灯光层次

技术掌握　VRay灯光；灯光的亮度层次和冷暖对比

**案例训练：创建阴影层次** 《191 页

视频名称　案例训练：创建阴影层次

技术掌握　VRay灯光；硬阴影和软阴影

**综合训练：夜晚别墅** 《197 页

视频名称　综合训练：夜晚别墅

技术掌握　开放空间布光

**综合训练：日光客厅** 《200 页

视频名称　综合训练：日光客厅

技术掌握　半封闭空间日景布光

**综合训练：夜晚卧室** 《203 页

视频名称　综合训练：夜晚卧室

技术掌握　半封闭空间夜景布光

**案例训练：用VRayMtl材质制作水晶天鹅** 215 页

视频名称　案例训练：用VRayMtl材质制作水晶天鹅

技术掌握　VRayMtl材质

**案例训练：用位图贴图制作照片墙** 《223 页

视频名称　案例训练：用位图贴图制作照片墙

技术掌握　位图贴图

**案例训练：用噪波贴图制作水面波纹** 《224 页

视频名称　案例训练：用噪波贴图制作水面波纹

技术掌握　噪波贴图

**案例训练：用衰减贴图制作沙发布** 229 页

视频名称　案例训练：用衰减贴图制作沙发布

技术掌握　衰减贴图

**案例训练：用VRay法线贴图制作墙砖** 232 页

视频名称　案例训练：用VRay法线贴图制作墙砖

技术掌握　VRay法线贴图

**案例训练：用UVW贴图修改器调整贴图坐标** 237 页

视频名称　案例训练：用UVW贴图修改器调整贴图坐标

技术掌握　UVW贴图修改器

**案例训练：用UVW展开修改器调整贴图坐标** 《238 页》

视频名称　案例训练：用UVW展开修改器调整贴图坐标

技术掌握　UVW展开修改器

**案例训练：制作带水渍的玻璃橱窗** 《241 页》

视频名称　案例训练：制作带水渍的玻璃橱窗

技术掌握　VRay混合材质；污垢效果材质

**案例训练：制作细节丰富的研磨器** 《242 页》

视频名称　案例训练：制作细节丰富的研磨器

技术掌握　贴图控制材质属性

**案例训练：制作多种凹凸纹理的沙发** 《244 页》

视频名称　案例训练：制作多种凹凸纹理的沙发

技术掌握　混合凹凸纹理

**案例训练：制作不锈钢水壶** 《247 页》

视频名称　案例训练：制作不锈钢水壶

技术掌握　双向反射分布函数

**案例训练：制作金属烛台** 《253 页》

视频名称　案例训练：制作金属烛台

技术掌握　有色金属材质

**案例训练：制作钻石戒指** 《256 页》

视频名称　案例训练：制作钻石戒指

技术掌握　钻石材质；铂金材质

**案例训练：制作玻璃花瓶** 《257 页》

视频名称　案例训练：制作玻璃花瓶

技术掌握　玻璃材质

**案例训练：制作柠檬水** 《259 页》

视频名称　案例训练：制作柠檬水

技术掌握　水材质；冰块材质；气泡材质

**案例训练：制作木地板** 《266 页》

视频名称　案例训练：制作木地板

技术掌握　半亚光木纹材质

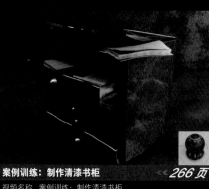

**案例训练：制作清漆书柜** 《266 页》

视频名称　案例训练：制作清漆书柜

技术掌握　清漆木纹材质

**案例训练：制作半透明塑料水杯** 《270 页》

视频名称　案例训练：制作半透明塑料水杯

技术掌握　半透明塑料

# 案例赏析

**综合训练：北欧风格公寓材质** 《271 页

视频名称　综合训练：北欧风格公寓材质

技术掌握　材质综合练习

**综合训练：现代风格洗手台材质** 《276 页

视频名称　综合训练：现代风格洗手台材质

技术掌握　材质综合练习

**案例训练：为日景书房添加外景贴图** 《283 页

视频名称　案例训练：为日景书房添加外景贴图

技术掌握　加载环境贴图

**案例训练：为夜晚卧室添加外景贴图** 《283 页

视频名称　案例训练：为夜晚卧室添加外景贴图

技术掌握　加载环境贴图

**案例训练：用火效果制作壁炉火焰** 《285 页

视频名称　案例训练：用火效果制作壁炉火焰

技术掌握　火效果

**案例训练：用镜头效果制作光斑** 《289 页

视频名称　案例训练：用镜头效果制作光斑

技术掌握　镜头效果

**综合训练：北欧风格卧室夜景效果** 《296 页

视频名称　综合训练：北欧风格卧室夜景效果

技术掌握　外景贴图；HDR贴图环境光源

**综合训练：新中式风格餐厅包间日景效果** 《298 页

视频名称　综合训练：新中式风格餐厅包间日景效果

技术掌握　外景贴图；HDR贴图环境光源

**案例训练：单帧图的光子渲染方法** 《321 页

视频名称　案例训练：单帧图的光子渲染方法

技术掌握　单帧图光子文件

**综合训练：北欧风格的浴室** 《323 页

视频名称　综合训练：北欧风格的浴室

技术掌握　效果图制作流程

**综合训练：现代风格的书房** 《329 页

视频名称　综合训练：现代风格的书房

技术掌握　效果图制作流程

**8.1 商业项目实战：现代风格客厅效果图** 336 页

视频名称　商业项目实战：现代风格客厅效果图　　　　　　　　技术掌握　商业室内效果图制作流程

**8.2 商业项目实战：欧式风格卧室效果图** 344 页

视频名称　商业项目实战：欧式风格卧室效果图　　　　　　　　技术掌握　商业室内效果图制作流程

**8.3 商业项目实战：工业风格办公大厅效果图** « 353 页

视频名称　商业项目实战：工业风格办公大厅效果图　　　　　　　　　　　技术掌握　商业工装效果图制作流程

**8.5 商业项目实战：建筑街景效果图** « 367 页

视频名称　商业项目实战：建筑街景效果图　　　　　　　　　　　技术掌握　商业建筑效果图制作流程

# 案例赏析

**案例训练：用粒子流源制作粒子动画** 《381 页

视频名称 案例训练：用粒子流源制作粒子动画

技术掌握 粒子流源

**案例训练：用喷射制作下雨动画** 《383 页

视频名称 案例训练：用喷射制作下雨动画

技术掌握 喷射粒子

**案例训练：用超级喷射制作彩色烟雾** 《387 页

视频名称 案例训练：用超级喷射制作彩色烟雾

技术掌握 超级喷射粒子

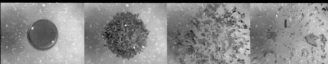

**案例训练：用粒子阵列制作水晶球爆炸动画** 《390 页

视频名称 案例训练：用粒子阵列制作水晶球爆炸动画

技术掌握 粒子阵列

**案例训练：制作花瓣飞舞动画** 《398 页

视频名称 案例训练：制作花瓣飞舞动画

技术掌握 粒子流源

**案例训练：制作螺旋粒子动画** 《402 页

视频名称 案例训练：制作螺旋粒子动画

技术掌握 粒子流源；导向球

**案例训练：用自动关键点制作灯光动画** 《420 页

视频名称 案例训练：用自动关键点制作灯光动画

技术掌握 自动关键点；参数动画

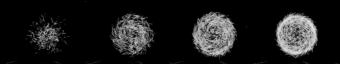

**案例训练：用路径约束制作行星轨迹** 《424 页

视频名称 案例训练：用路径约束制作行星轨迹

技术掌握 路径约束；旋转动画

**案例训练：用路径变形（WSM）修改器制作光带飞舞动画** 《429 页

视频名称 案例训练：用路径变形（WSM）修改器制作光带飞舞动画

技术掌握 路径变形（WSM）修改器

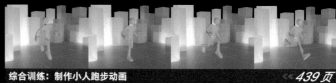

**综合训练：制作小人跑步动画** 《439 页

视频名称 综合训练：制作小人跑步动画

技术掌握 角色动画

**综合训练：制作茶壶倒水** 《404 页

视频名称 综合训练：制作茶壶倒水

技术掌握 粒子流源；重力；导向板

**综合训练：制作喷泉** 《405 页

视频名称 综合训练：制作喷泉

技术掌握 超级喷射；重力；导向板

**案例训练：用mCloth对象制作毯子** 《416 页

视频名称 案例训练：用mCloth对象制作毯子

技术掌握 mCloth对象；静态刚体

# 前　言

3ds Max是Autodesk公司出品的一款专业且实用的三维软件,在模型塑造、场景渲染、动画和特效等方面具有强大的功能。随着软件版本的不断更新,3ds Max的各项功能也变得更加强大,这也使其在效果图、影视动画、游戏和产品设计等领域占据重要地位,成为在全球范围内都十分受欢迎的三维制作软件之一。在实际工作中,3ds Max用于创建场景,VRay渲染器则用于渲染输出,两者各司其职,完美配合。

## 本书特色

**2000多分钟视频播放** 本书的所有案例和重要工具及技术都配有高清讲解视频,时长2000多分钟。读者结合视频进行学习,更容易掌握所学的知识点。

**189个案例训练** 本书是一本实战型的教程,书中重要知识点的后面都安排了相应的案例。通过大量的实战演练,读者可以掌握制作的技巧和精髓。

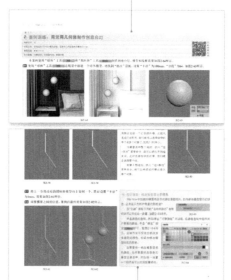

**46个知识课堂** 作者将针对软件操作和模型制作各方面的46个技巧和经验毫无保留地奉献给了读者,极大地提升了本书的含金量,方便读者丰富制作经验和提升学习、工作效率。

**5个商业项目实战** 本书第8章列举了3ds Max常见的5类商业项目实战,包括家装日景、家装夜景、工装、产品和建筑。

## 内容安排

**第1章** 讲解了3ds Max 2021的软件基本知识、学习方法、常用操作和行业应用等。这些是学习3ds Max 2021必须掌握的基础知识。

**第2章** 讲解了3ds Max 2021的常用建模技术,包括标准基本体、复合对象、VRay物体、常用样条线、常用修改器及转换和编辑多边形对象。这些技术是建模必须掌握的,也是制作场景必不可少的。

**第3章** 讲解了3ds Max 2021的摄影机技术,包括常用的摄影机工具、构图和摄影机特效等。运用这些技术能为场景取景。

**第4章** 讲解了3ds Max 2021的灯光技术,包括3ds Max自带灯光和VRay灯光,灯光的氛围、层次及不同空间的布光方法等。运用这些技术能为场景增加丰富的光影效果。

**第5章** 讲解了3ds Max 2021的材质和贴图技术,运用VRay常用材质和常用贴图可以制作丰富的材质效果。

**第6章** 讲解了3ds Max 2021的环境和效果技术,这一章是辅助章节,读者了解即可。

**第7章** 讲解了VRay渲染技术,可以结合前面章节学习的知识渲染场景。

**第8章** 通过5个不同类型的场景,多维度地讲解了商业项目的制作思路和方法。

**第9章** 讲解了3ds Max 2021的粒子系统和空间扭曲,这一章的内容较为复杂,运用这些技术可以制作出较为复杂的粒子动画。

**第10章** 讲解了3ds Max 2021的动画技术,包括动力学工具、关键帧动画、约束、变形器、骨骼和蒙皮等。运用这些技术可以制作建筑动画和角色动画等较为复杂的动画效果。

## 附赠资源

为方便读者学习，随书附赠书中全部案例的场景文件、实例文件和教学视频，PPT教学课件，以及重要工具和技术的演示视频。

本书还特别赠送大量场景模型、高清贴图、HDR贴图、IES文件、参考图和配色方案等资源，方便读者学习并进行日常制作。

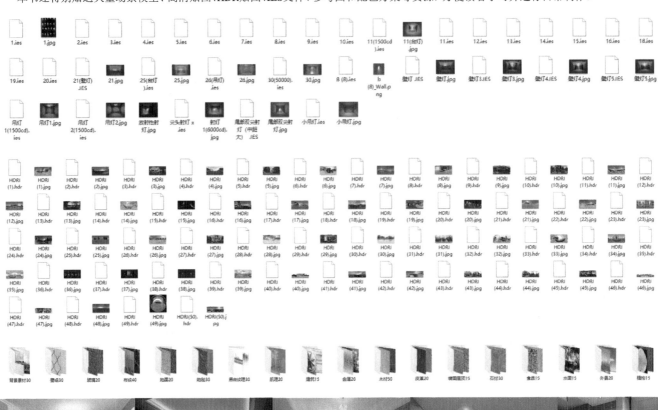

本书所有学习资源均可在线获取。扫描封底或资源与支持页中的二维码，关注"数艺设"的微信公众号，即可得到学习资源的获取方式。由于编者水平有限，书中难免会有一些疏漏之处，欢迎读者批评指正。

编　者

2020年11月

# 资源与支持

本书由"数艺设"出品，"数艺设"社区平台（www.shuyishe.com）为您提供后续服务。

## 学习资源

194个案例的场景文件、实例文件和教学视频

10章PPT教学课件

174个工具和技术的演示视频

10套完整场景模型

50张参考图

50张HDR贴图

100个配色方案

34个IES文件

435张高清贴图

资源获取请扫码

**"数艺设"社区平台**，为艺术设计从业者提供专业的教育产品。

## 与我们联系

我们的联系邮箱是 szys@ptpress.com.cn。如果您对本书有任何疑问或建议，请您发邮件给我们，并请在邮件标题中注明本书书名及ISBN，以便我们更高效地做出反馈。

如果您有兴趣出版图书、录制教学课程，或者参与技术审校等工作，可以发邮件给我们；有意出版图书的作者也可以到"数艺设"社区平台在线投稿（直接访问 www.shuyishe.com 即可）。如果学校、培训机构或企业想批量购买本书或"数艺设"出版的其他图书，也可以发邮件联系我们。

如果您在网上发现针对"数艺设"出品图书的各种形式的盗版行为，包括对图书全部或部分内容的非授权传播，请您将怀疑有侵权行为的链接通过邮件发给我们。您的这一举动是对作者权益的保护，也是我们持续为您提供有价值的内容的动力之源。

## 关于"数艺设"

人民邮电出版社有限公司旗下品牌"数艺设"，专注于专业艺术设计类图书出版，为艺术设计从业者提供专业的图书、U书、课程等教育产品。出版领域涉及平面、三维、影视、摄影与后期等数字艺术门类，字体设计、品牌设计、色彩设计等设计理论与应用门类，UI设计、电商设计、新媒体设计、游戏设计、交互设计、原型设计等互联网设计门类，环艺设计手绘、插画设计手绘、工业设计手绘等设计手绘门类。更多服务请访问"数艺设"社区平台www.shuyishe.com。我们将提供及时、准确、专业的学习服务。

# 目 录

基础视频集数：15集　　案例视频集数：14集　　视频时间：126分钟

# 第3章 摄影机技术..............................................143

# 1 第 章

# 走进3ds Max 2021的世界

📹 基础视频集数：22集　　📹 案例视频集数：9集　　🕐 视频时间：98分钟

3ds Max可以应用在室内外建筑效果表现、产品效果表现、动画制作等领域。本章将带领读者推开3ds Max 2021的大门，一起探索丰富多彩的三维世界。

## 学习重点　🔍

## 学完本章能做什么

学完本章之后，读者可以熟悉3ds Max的应用领域和学习方法，掌握3ds Max的基本操作，熟悉行业中的制作流程。

## 1.1 3ds Max可以用来做什么

3ds Max是Autodesk公司出品的一款专业且实用的三维软件,在模型塑造、场景渲染、动画和特效等方面具有强大的功能。随着软件版本的不断更新,3ds Max的各项功能也变得更加强大,这也使其在效果图、影视动画、游戏和产品设计等领域占据领导地位,成为在全球范围内都十分受欢迎的三维软件之一。

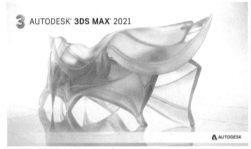

图1-1

随着Autodesk公司对3ds Max功能的不断研发,3ds Max已经升级到3ds Max 2021版本。图1-1所示是3ds Max 2021的启动界面。

3ds Max在三维设计领域中的使用频率较高,除了制作常见的建筑效果图外,还可以制作动画、游戏和产品等。

**建筑效果图** 3ds Max不仅可以制作室内、室外的效果图,还可以制作动画效果。3ds Max在地产、城市规划和装修领域的应用也较多,如图1-2所示。

图1-2

**三维动画** 影视和动画作品中也少不了3ds Max的身影。3ds Max不仅可以创建影片中的人物和场景,还能制作一些特效,如图1-3所示。

图1-3

**三维游戏** 在三维游戏和2.5D游戏中,游戏角色和场景都可以用3ds Max来制作。此外,3ds Max还可以制作游戏角色的动作效果,如图1-4所示。

图1-4

**产品设计** 3ds Max可以应用在产品设计中。3ds Max虽然在建模方面不如专业的产品设计软件精确,但在产品效果的展示上表现不俗,如图1-5所示。

图1-5

## 1.2 如何快速有效地学习3ds Max

3ds Max体系庞大，功能复杂，要想快速且有效地学习3ds Max，读者需要进行大量的练习。多看、多想、多练，自然就会了。下面列出了一些初学者学习3ds Max的窍门，如图1-6所示。

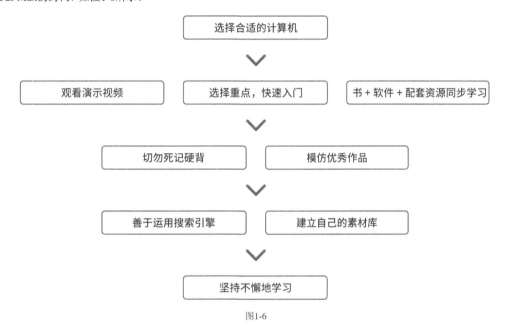

图1-6

### 1.2.1 选择合适的计算机

3ds Max对计算机的配置要求比较高。如果想要更加流畅地学习此软件，就需要选择一台合适的计算机。表1-1以Windows 系统为例，列出了3ds Max 2021对计算机硬件的配置需求。

表1-1

| 配置项目 | 基础配置 | 高级配置 |
| --- | --- | --- |
| 操作系统 | Windows 10 | Windows 10 |
| CPU | Intel酷睿i5-10400F | Intel 酷睿i7-9700K |
| 内存 | 8GB | 16GB |
| 显卡 | NVIDIA GeForce GTX 1060 | NVIDIA GeForce GTX 20系/30系 |
| 硬盘 | 1TB | 1TB |
| 电源 | 500W | 600W |

> ① **技巧提示：软件的安装环境**
> 3ds Max 2021必须在Windows 10系统中才能安装，如果是Windows 10版本以下的系统则不能安装。

## 1.2.2 观看演示视频

如果想快速学习使用3ds Max 2021的常用工具和命令，可以先观看本书配套的演示视频，如图1-7所示。这套视频演示了本书中讲解的工具和命令的用法，可以帮助读者快速掌握工具和命令的用法。当然，仅仅掌握工具和命令的用法是不能学好3ds Max的，还需要认真学习书中讲解的其他内容。

图1-7

## 1.2.3 选择重点，快速入门

3ds Max的功能十分强大，所涉及的领域也很广泛。虽然书中所讲的工具和命令不一定都经常用到，但标注了"重点"的工具和命令是常用的，如图1-8所示。读者在遇到标注了"重点"的内容时，一定要仔细学习，掌握其用法。

## 1.2.4 书+软件+配套资源同步学习

读者在学习本书时，一定要将书、软件和配套资源三者结合起来学习，这样才能充分地理解工具和命令的用法，如图1-9所示。结合配套资源，读者可以更方便地练习书中的案例。在练习的同时观看视频，读者能更加直观地学习案例的操作方法。

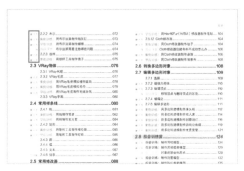

图1-8

## 1.2.5 切勿死记硬背

很多初学者在学习3ds Max时都喜欢死记硬背一些参数，尤其在学习与材质和渲染相关的内容时。他们虽然表面上能快速掌握软件，但在实际工作中不能灵活运用。本书更多的是为读者讲解工具的原理和设计制作的方法，死记硬背的参数并不能适用于每一个场景。希望读者在学习本书时能掌握原理，灵活运用，这样才能学好3ds Max。

图1-9

## 1.2.6 模仿优秀作品

学了本书的内容以后，读者对软件的操作可以达到比较熟练的程度，也可以设计出具有一定水平的作品，但是总体水平与成熟的设计师相比还差得很远。读者平时可以在一些三维设计网站上搜集一些优秀的设计作品进行模仿，这样除了可以提升自己的软件使用水平外，还可以提升设计审美水平，如图1-10所示。读者在模仿出相似效果的同时，还要思考自己在制作类似的作品时应该怎么做。

图1-10

### 1.2.7 善于运用搜索引擎

平时制作案例时，软件往往会出现一些未知的问题，这个时候就需要运用搜索引擎去寻找问题的原因和解决办法。除了解决软件出现的问题，在制作案例的方法上也可以寻求搜索引擎的帮助。图1-11所示是在搜索引擎上查询"3ds Max打不开怎么办"时的搜索结果。

图1-11

### 1.2.8 建立自己的素材库

设计师都需要建立一套自己的素材库。素材库中可以有材质的高清贴图、IES灯光文件、常用单体模型、HDR贴图等，如图1-12所示。将素材分门别类后，在需要的时候就能立刻找到相关素材。除了本书提供的一些配套资源外，读者也可以在一些三维设计网站上下载素材，随时更新自己的素材库。

图1-12

### 1.2.9 坚持不懈地学习

要想成为一个优秀的设计师，就需要不断地学习，不仅要学习先进的软件、插件和制作技术，还要掌握流行的设计风格。读者可以经常浏览一些设计网站，熟悉流行的设计趋势和风格，这样才能在日新月异的变化中不被时代淘汰。

## 1.3 初识3ds Max 2021

在计算机上安装完软件后，在"开始"菜单中执行"Autodesk>3ds Max 2021 - Simplified Chinese"命令，便可打开中文版3ds Max 2021的操作界面，如图1-13和图1-14所示。双击桌面上的快捷方式图标会打开默认的英文版3ds Max 2021的操作界面。默认情况下，操作界面为黑色。

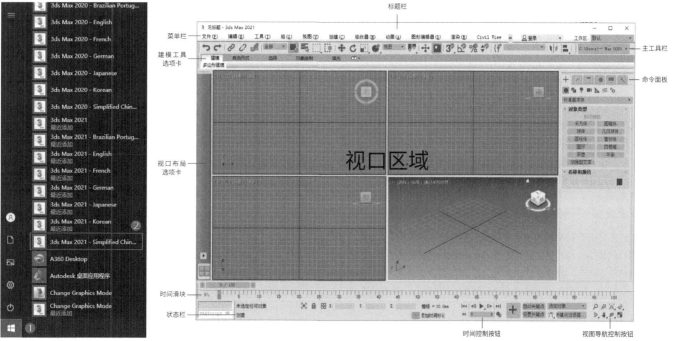

图1-13                                          图1-14

初次打开安装好的软件时，系统会弹出选择版本的界面，如图1-15所示。一般情况下，用户会选择Classic版本，另一个Design版本是为建筑师、设计师和可视化设计量身定制的；对于大多数用户而言，这两个版本并没有什么区别。

图1-15

◉ 知识课堂：如何关闭欢迎动画

初次打开3ds Max 2021时，系统会弹出一个欢迎动画的界面，如图1-16所示。如果不想在下一次打开软件时系统仍然弹出该界面，就在左下角的位置取消勾选"在启动时显示此欢迎屏幕"选项，如图1-17所示。

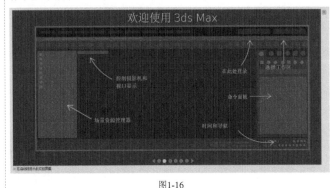

图1-16                                                图1-17

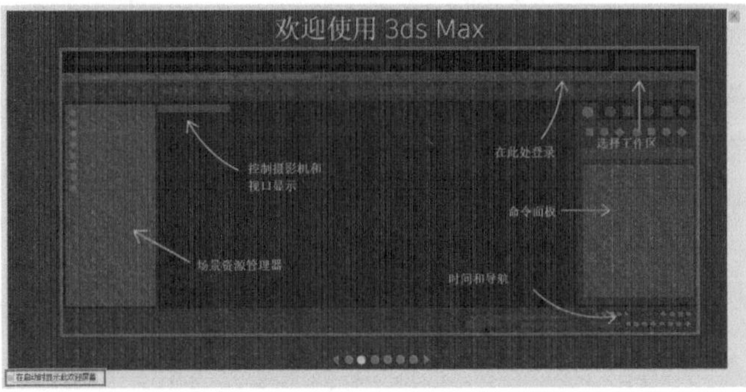

👑 重点

## 1.3.1 菜单栏

菜单栏位于操作界面的上方，在标题栏之下，是执行菜单命令的地方，包含"文件""编辑""工具""组""视图""创建""修改器""动画""图形编辑器""渲染""Civil View""自定义""脚本""Interactive""内容""帮助"16个主菜单，如图1-18所示。

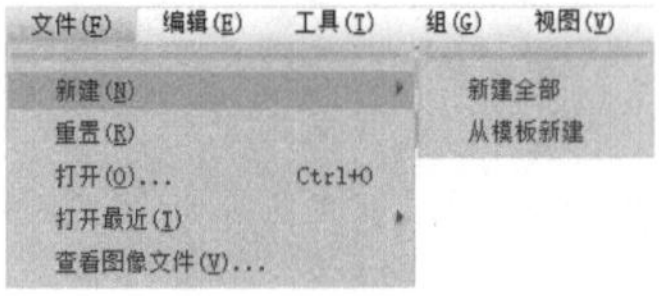

| 文件(F) | 编辑(E) | 工具(T) | 组(G) | 视图(V) | 创建(C) | 修改器(M) | 动画(A) | 图形编辑器(D) | 渲染(R) | Civil View | 自定义(U) | 脚本(S) | Interactive | 内容 | 帮助(H) |

图1-18

菜单栏包含了软件的大多数命令。"文件""组""动画""自定义"等菜单在实际工作中的使用频率较高。

当我们打开一个菜单时，会看到一些命令后面有快捷键的字母，如图1-19所示。按下这些快捷键就可以快速执行该命令，省去使用鼠标的过程，会极大地提高制作效率。在学习的初期，有些读者可能觉得记忆命令的快捷键较为困难，但运用一段时间后，自然而然就能记住这些快捷键。

图1-19

👉 新建文件----------

新建文件的方法有两种，一种是使用"新建"命令，另一种是使用"重置"命令。

打开软件后，执行"文件>新建"菜单命令，系统就会在右侧弹出扩展的菜单，在其中选择新建场景的类型即可，如图1-20所示。执行"文件>重置"命令，视口区域将显示为默认界面。

❓ 疑难问答："新建全部"和"重置"有何区别？

"新建全部"会在原有的工程文件路径内建立新的界面。

"重置"是将工程文件路径和界面全部新建。

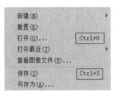

图1-20

## 👉 打开文件

"打开"命令（快捷键为Ctrl+O）和"打开最近"命令都可以打开已经存在的.max文件。当光标移动到"打开最近"命令时，右侧会弹出最近一段时间在软件中打开过的文件，如图1-21所示。

图1-21

---

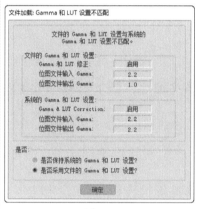 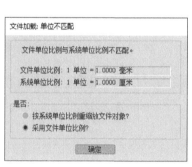 

◎ 知识课堂：打开某些场景文件时，系统弹出的对话框如何处理

打开某些场景文件时，系统会弹出一些对话框。这里为读者简单介绍一下这些对话框是什么意思，该怎样处理。

**第1种** 文件加载：Gamma和LUT设置不匹配，如图1-22所示。遇到这种情况，统一为系统的Gamma值即可，因此选择"是否保持系统的Gamma和LUT设置？"选项。

**第2种** 文件加载：单位不匹配，如图1-23所示。遇到这种情况，统一为文件的单位，最好不要将文件按照系统单位放大或缩小，因此选择"采用文件单位比例？"选项。

**第3种** 缺少外部文件，如图1-24所示。遇到这种情况，表示文件中的贴图文件或光度学文件丢失，需要重新加载这些文件的路径，直接单击"继续"按钮 继续 即可。

图1-22        图1-23        图1-24

**第4种** 缺少Dll，如图1-25所示。遇到这种情况，表示该场景在制作时使用了特殊的插件，读者不需要在意，单击"打开"按钮即可。

**第5种** 场景转换器，如图1-26所示。遇到这种情况，表示场景与ART渲染器不兼容。本书的大多数案例使用的是VRay渲染器，极个别案例使用的是默认扫描线渲染器，都没有使用ART渲染器，这里只需要关闭对话框即可。

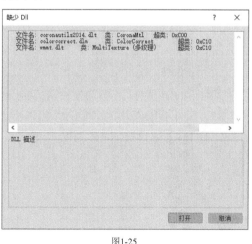 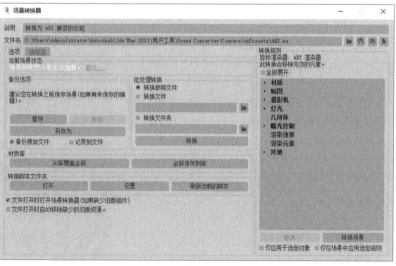

图1-25        图1-26

☞ **保存文件**----------------------------------------------------------------------------------------------

"保存""另存为""保存副本为""保存选定对象"命令都可以将已经制作好的场景保存为.max文件，但它们之间是有一定区别的，如图 1-27所示。

**保存（快捷键为Ctrl+S）**在原有文件的基础上覆盖保存，所保存的文件始终为一个。

**另存为** 在原有文件的基础上单独保存为一个新文件，不会覆盖原有文件。

**保存副本为** 与"另存为"命令类似，也是单独保存为一个新文件。

**保存选定对象** 将场景中选定的单个或多个对象保存为一个独立的文件。

图1-27

**归档** 与前述命令都不相同，它会将场景中的贴图文件、光度学文件和场景文件进行打包，生成一个压缩包文件。

☞ **导入文件**----------------------------------------------------------------------------------------------

导入文件的方法有多种，常用的是"导入"命令和"合并"命令，如图1-28所示。

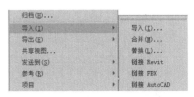

"导入"命令常用来导入CAD文件，以便后续制作模型；"合并"命令是将其他.max文件导入现有场景，但不会覆盖现有的场景。

图1-28

👑 重点

## 1.3.2 主工具栏

主工具栏中集合了常用的一些编辑工具，图1-29所示为默认状态下的主工具栏。某些工具的右下角有一个三角形图标，长按该图标就会弹出下拉列表。以"捕捉开关"为例，长按"捕捉开关"按钮 🔒 就会弹出捕捉下拉列表，如图1-30所示。

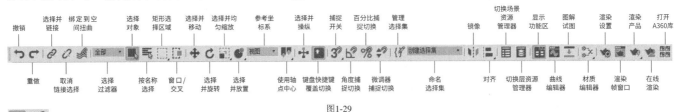

图1-29

图1-30

> ① **技巧提示：主工具栏中的工具不能完全显示出来**
>
> 若显示器的分辨率较低或将操作界面缩小，主工具栏中的工具可能无法完全显示出来。这时可以将光标放置在主工具栏上的空白处，当光标变成手形 🖐 时，按住鼠标左键，左右拖曳鼠标即可查看主工具栏中没有显示出来的工具。

👑 重点

## 1.3.3 视口区域

视口区域是操作界面中最大的一个区域，也是3ds Max2021实际工作的区域。默认状态下，视口区域为四视图显示，包括顶视图、左视图、前视图和透视视图4个视图。在这些视图中，我们可以从不同的角度对场景中的对象进行观察和编辑。

每个视图的左上角都会显示视图的名称和模型的显示方式，右上角都有一个导航器（不同视图显示的状态不同），如图1-31所示。

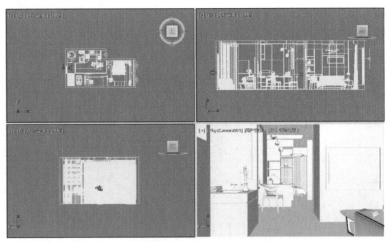

☞ **视口操作**----------------------------------------------------------------------------------------------

3ds Max2021的视口操作如下。

**旋转视图** Alt+长按鼠标中键。

**平移视图** 长按鼠标中键。

**缩放视图** 滚动鼠标滚轮。

图1-31

**视口切换**--------------------------------------------------------------

常用的几种视图都有其对应的快捷键，顶视图的快捷键是T键，左视图的快捷键是L键，前视图的快捷键是F键，透视视图的快捷键是P键，摄影机视图的快捷键是C键。

**栅格**--------------------------------------------------------------

默认状态下的视口都有网格状的背景，即栅格，它可以用来测量模型的大小以便建模。在某些情况下，栅格会影响对场景的观察，按G键就可以将其隐藏，栅格隐藏前后的效果分别如图1-32和图1-33所示。

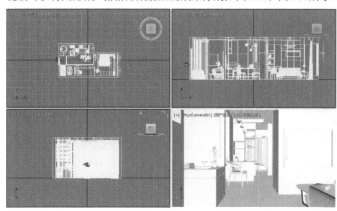

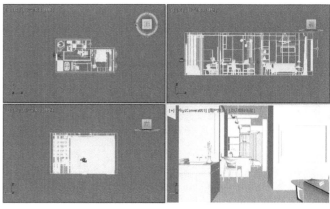

图1-32                                                    图1-33

**背景色**--------------------------------------------------------------

视口区域的背景有两种显示模式，一种是纯色，另一种是渐变颜色，分别如图1-34和图1-35所示。

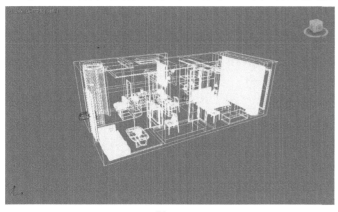

图1-34                                                    图1-35

> ⓘ **技巧提示：书中为何使用纯色背景**
>
> 本书因为印刷需要使用纯色背景。读者在使用时，按照自身喜好选择即可。

默认的二维视图会显示为纯色，而透视视图则显示为渐变颜色。单击视口左上角的显示按钮，在弹出的下拉菜单中选择"视口背景>纯色"选项，如图1-36所示。这样就能将渐变颜色背景切换为纯色背景。

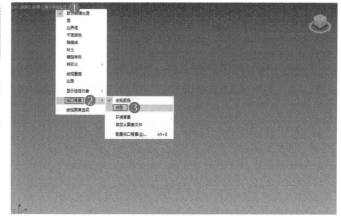

图1-36

◎ 知识课堂：打开场景时，模型显示为黑色

　　在某些情况下打开场景，模型会显示为黑色，如图1-37所示。产生这种情况的原因通常是创建了外部灯光，且系统显示了实时阴影的效果。

　　要解决这种情况，需要在视图的左上角单击"用户定义"标准，在弹出的下拉菜单中选择"照明和阴影>用默认灯光照亮"选项，如图1-38所示。修改后的效果如图1-39所示。

图1-37

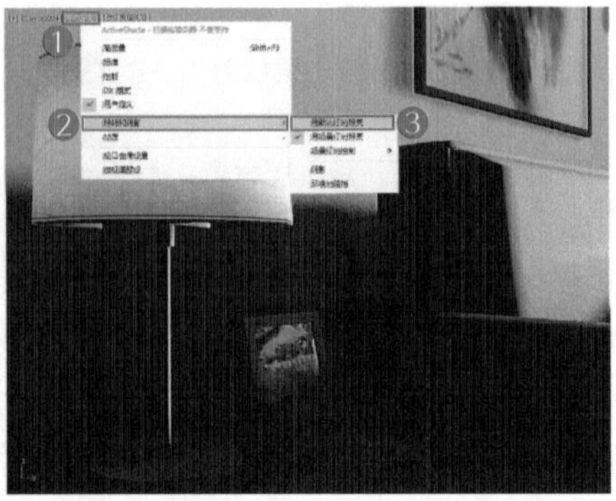

图1-38

图1-39

　　此时视图中还是有很多黑色，不利于我们观察场景。继续单击"用户定义"标准，然后在弹出的下拉菜单的"照明和阴影"中取消勾选"阴影"和"环境光阻挡"选项，如图1-40所示。修改后的效果如图1-41所示。

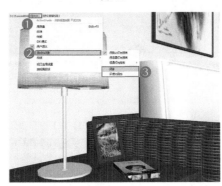

图1-40

图1-41

☞ 显示模式

　　单击视图左上角的显示按钮，在弹出的下拉菜单中可以切换场景的显示模式，如图1-42所示。

　　"默认明暗处理"是显示场景对象的颜色和明暗，如图1-43所示。这也是实际工作中运用最多的显示模式。

　　"边界框"是显示场景对象的边界框，如图1-44所示。这种模式的好处是可以减少视图中显示模型的面数，减少对显卡的消耗，但缺点也同样很明显：我们不能很好地观察视图中的对象。"线框覆盖"很好地平衡了这一问题，它将视图中的对象以线框形式显示，减少了显卡消耗，也方便我们观察，如图1-45所示。

① 技巧提示："线框覆盖"的快捷键

　　按F3键可以将场景在"线框覆盖"和"默认明暗处理"间进行切换。

图1-42

图1-43

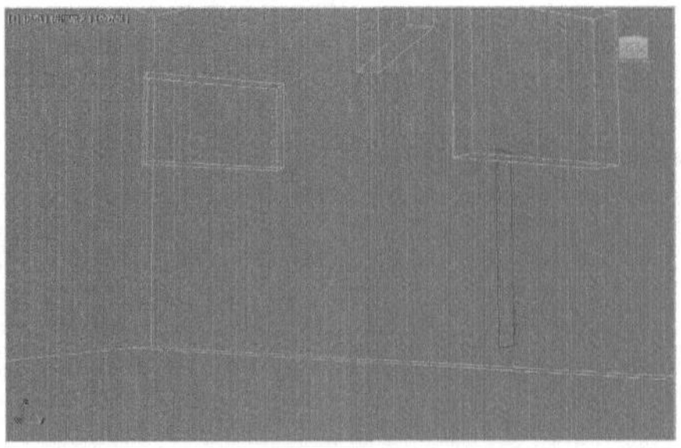

图1-44

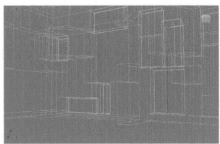

图1-45

"边面"则是将视图中场景对象的颜色和线框同时显示出来,如图1-46所示。这种模式一般不建议使用,比较消耗显卡,一些配置较低的计算机会因此产生卡顿现象。

图1-46

### 1.3.4 命令面板

"命令"面板非常重要,场景对象的操作都可以在"命令"面板中完成。"命令"面板由6个用户界面面板组成,默认状态下显示的是"创建"面板 ，其他面板分别是"修改"面板 、"层次"面板 、"运动"面板 、"显示"面板 和"实用程序"面板 ，如图1-47所示。

日常场景中需要的三维模型、样条图形、灯光、摄影机和粒子等对象都可以在"创建"面板中创建,"创建"面板是使用频率较高的面板。除了创建上述对象,在"创建"面板中,我们还可以创建大气、力场和骨骼等对象。

与"创建"面板同等重要的是"修改"面板,如图1-48所示。在"修改"面板中,我们不仅可以加载修改器,也可以调整对象的参数属性。

"层次"面板在日常工作中的使用频率不高,常常在调整对象的坐标轴位置时使用,如图1-49所示。

"运动"面板在制作动画时会用到,尤其是在制作约束动画时,我们会在"运动"面板中调整各种参数,如图1-50所示。

"显示"面板的使用频率不高,偶尔在调整场景对象的显示方式时会用到,如图1-51所示。

"实用程序"面板的使用频率较高。链接贴图路径、塌陷选定对象都需要使用该面板,如图1-52所示。

图1-47

图1-48

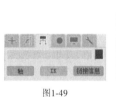
图1-49

图1-50

图1-51

图1-52

### 1.3.5 动画控件

"时间滑块"和"时间控制按钮"共同组成了动画控件,用于控制动画的制作和播放。

"时间滑块"用于设置动画的帧数,默认的帧数为100,如图1-53所示。

"时间控制按钮"用于控制动画的播放效果,包括关键点控制和时间控制等,如图1-54所示。

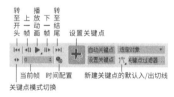

图1-53

图1-54

> 🔗 知识链接:动画控件
> 关于动画控件的详细内容,请参阅"10.3 动画制作工具"。

### 1.3.6 建模工具选项卡

建模工具选项卡是多边形建模的快捷工具面板,在日常建模中,它的使用频率不高,如图1-55所示。

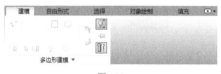
图1-55

## 1.3.7 视口布局选项卡

视口布局选项卡位于操作界面的最左侧，可以调整视口布局的样式，如图1-56所示。默认的视口布局是四视图模式，单击“创建新的视口布局选项卡”按钮，系统会在右侧弹出窗口并显示其他的视口布局，如图1-57所示，读者可以在其中选择一个方便制作的视口布局。

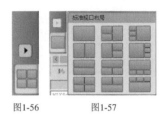

图1-56

标准视口布局

图1-57

## 1.3.8 状态栏

状态栏位于“时间滑块”的下方，它提供了选定对象的数目、类型、变换值和栅格数目等信息，如图1-58所示。状态栏可以基于当前的光标位置和活动程序来提供动态反馈信息。

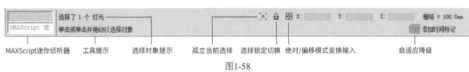

选择了 1 个 灯光
单击或单击并拖动以选择对象
X:
Y:
Z:
栅格 = 100.0mm
添加时间标记
MAXScript迷你侦听器
工具提示
选择对象提示
孤立当前选择
选择锁定切换
绝对/偏移模式变换输入
自适应降级

图1-58

## 1.3.9 视图导航控制按钮

视图导航控制按钮位于操作界面的右下角，其中的工具可以控制除摄影机视图外其余的视图，如图1-59所示。

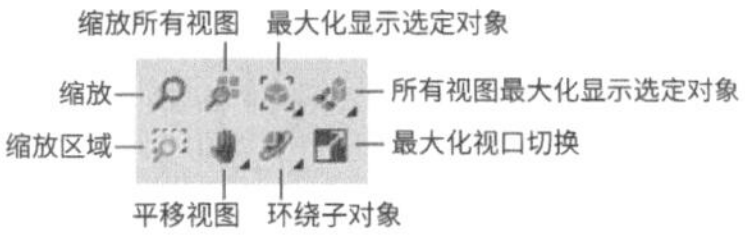

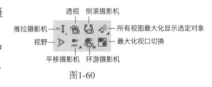

缩放所有视图
最大化显示选定对象
缩放
所有视图最大化显示选定对象
缩放区域
最大化视口切换
平移视图
环绕子对象

图1-59

“缩放”工具与滚动鼠标中键滚轮一样，是放大或缩小对象显示比例的工具，一般都会用鼠标中键滚轮代替。

“最大化显示选定对象”工具和按Z键一样，会将选定的对象在视图中最大化显示，这个工具的使用频率很高。在日常制作中，我们通常会按Z键快速放大选定对象。

“平移视图”工具是将视图平移到任何位置，但按住鼠标中键并拖曳鼠标也可以达到同样的效果。

“最大化视口切换”工具（快捷键为Alt+W）可以将选定的对象最大化单独显示，其使用频率很高。

> **疑难问答：为何按Alt+W快捷键无法进行“最大化视口切换”？**
> 这通常是由于在开启3ds Max2021的同时开启了QQ，造成了快捷键冲突，只需要修改QQ的快捷键就可以解决此问题。

当切换到摄影机视图时，视图导航控制按钮会发生改变，如图1-60所示。这些工具可以实现摄影机视图的旋转、平移和缩放等功能。

透视
侧滚摄影机
推拉摄影机
所有视图最大化显示选定对象
视野
最大化视口切换
平移摄影机
环游摄影机

图1-60

“推拉摄影机”工具可以推拉摄影机，虽然鼠标中键滚轮也可以达到同样的效果，但鼠标中键滚轮不如“推拉摄影机”工具控制得精细。除此之外，我们在其他视图中移动摄影机的位置，也可以达到推拉摄影机的效果。

“视野”工具可以改变摄影机的焦距。视野越大，观察到的对象就越多（与广角镜头相关），而透视会扭曲；视野越小，观察到的对象就越少（与长焦镜头相关），而透视会展平，如图1-61和图1-62所示。

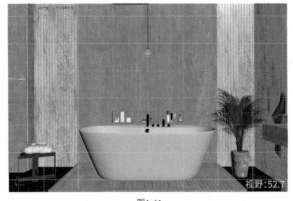

视野:52.7

图1-61

视野:42.6

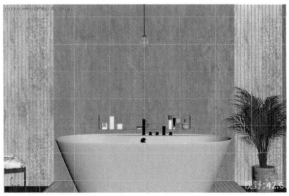

图1-62

“平移摄影机”工具的用法与前面讲到的“平移视图”工具一样，也可以用按住鼠标中键并拖曳鼠标代替。“环游摄影机”工具则是旋转摄影机的位置，使镜头呈现不同的角度。

# 1.4 3ds Max 2021的常用工具

掌握主工具栏中常用工具的用法,可以为后续学习打下基础。这些工具包括撤销、对象选择、参考坐标系、捕捉、镜像和对齐,如图1-63所示。

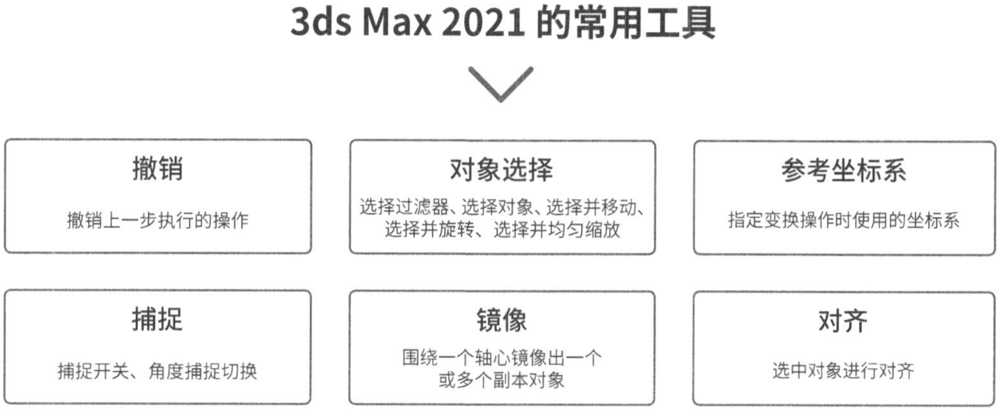

**3ds Max 2021 的常用工具**

| 撤销 | 对象选择 | 参考坐标系 |
|---|---|---|
| 撤销上一步执行的操作 | 选择过滤器、选择对象、选择并移动、选择并旋转、选择并均匀缩放 | 指定变换操作时使用的坐标系 |
| **捕捉** | **镜像** | **对齐** |
| 捕捉开关、角度捕捉切换 | 围绕一个轴心镜像出一个或多个副本对象 | 选中对象进行对齐 |

图1-63

👍重点

## 1.4.1 撤销

"撤销"工具 ↺ (快捷键为Ctrl+Z)用来撤销上一步执行的操作。连续单击"撤销"按钮 ↺ 会持续撤销上一步执行的操作,默认的最大撤销步骤为20步。

如果需要增加撤销的步数,执行"自定义>首选项"菜单命令,在打开的"首选项设置"对话框的"常规"选项卡中,设置"场景撤销"的"级别"为任意数值,如图1-64所示。

扫码观看视频

> ① **技巧提示:** "级别"参数的作用
>
> "级别"数值设置得越大,文件所占的内存就越多,读者在设置该数值时最好不要超过50。

图1-64

👍重点

## 1.4.2 选择过滤器

"选择过滤器"工具 全部 是用来过滤不需要选择的对象类型,这对于批量选择同一种类型的对象非常有用,如图1-65所示。

例如,在下拉列表中选择"L-灯光"选项,在场景中选择对象时只能选择灯光,而几何体、图形、摄影机等对象不会被选中,如图1-66所示。

扫码观看视频

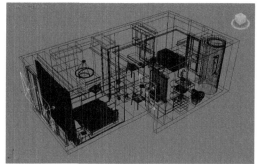

图1-65　　　　　　　图1-66

👑 重点

### 1.4.3 选择对象

扫码观看视频

"选择对象"工具▣（Q键）用于选择场景中的对象，在只想选择对象而又不想移动它的时候，选择该工具后单击对象即可选择相应的对象，如图1-67所示。

选择对象的方法除了单独选择外，还可以加选、减选、反选和孤立选择。

**加选对象** 如果当前选择了一个对象，还想加选其他对象，可以在按住Ctrl键的同时单击其他对象，如图1-68所示。

**减选对象** 如果当前选择了多个对象，想减去某个不想选择的对象，可以在按住Alt键的同时单击想要减去的对象，如图1-69所示。

图1-67

图1-68

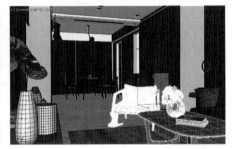
图1-69

**反选对象** 如果当前选择了某些对象，想要反选其他没被选择的对象，可以按Ctrl+I快捷键完成选择，如图1-70所示。

**孤立选择对象** 这是一种特殊的选择对象的方法，可以将选择的对象单独显示出来，以方便对其进行编辑，如图1-71所示。切换孤立选择对象的方法主要有两种，一种是执行"工具>孤立当前选择"菜单命令或直接按Alt+Q快捷键；另一种是在视图中单击鼠标右键，然后在弹出的快捷菜单中选择"孤立当前选择"选项。

图1-70

图1-71

👑 重点

### 1.4.4 选择并移动

扫码观看视频

"选择并移动"工具✚（W键）用于移动对象的位置。当使用该工具选择对象时，视图中会显示坐标移动控制器。在默认的四视图中，只有透视视图显示的是$x$轴、$y$轴和$z$轴这3个轴向，而其他3个视图只显示其中的某两个轴向，如图1-72所示。如果想移动对象，可以将光标放在某个轴向上，然后按住鼠标左键进行拖曳，如图1-73所示。

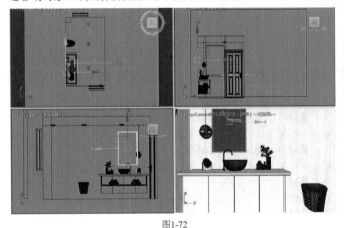
图1-72

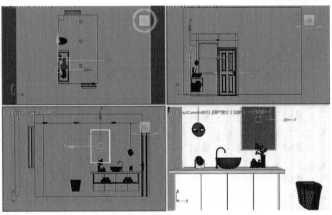
图1-73

> ⚠ **技巧提示**：放大、缩小坐标控制器的快捷方法
>
> 　按键盘上的"+"键或"－"键，可以放大或缩小坐标控制器。

## ✋ 案例训练：用选择并移动工具摆放几何体

| | |
|---|---|
| 场景文件 | 场景文件>CH01>01.max |
| 实例文件 | 无 |
| 难易程度 | ★☆☆☆☆ |
| 技术掌握 | 练习选择并移动工具 |

扫码观看视频

本案例是将散落的几何体模型用"选择并移动"工具 ✛ 进行拼合，案例对比效果如图1-74所示。

**01** 打开本书学习资源中的"场景文件>CH01>01.max"文件。如图1-75所示，场景中散落着几何体模型，需要将其拼合为一个整体。

**02** 在"主工具栏"上单击"选择并移动"按钮 ✛，然后选中场景中的紫色立方体，此时紫色立方体会出现坐标轴，如图1-76所示。

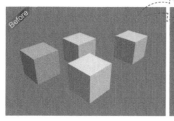
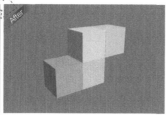

图1-74

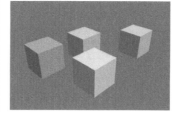

图1-75

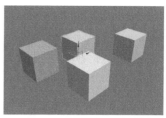

图1-76

> ⓘ **技巧提示：取消线框的方法**
>
> 选中紫色立方体后，紫色立方体的边缘会显示白色的线框。如果读者觉得该线框影响观察，按J键即可取消线框，如图1-77所示。
>
>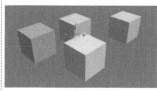
>
> 图1-77

**03** 将光标移动到坐标轴的*x*轴上，此时光标会显示为黄色，然后按住鼠标左键向左拖曳，将紫色立方体与蓝色立方体拼合，如图1-78所示。

**04** 在透视视图中很难准确将紫色立方体与蓝色立方体完全拼合，这时就需要切换到四视图模式。在四视图模式中，我们可以观察顶视图和左视图，然后在*x*轴和*y*轴上移动紫色立方体，从而将两个立方体完全拼合，如图1-79所示。

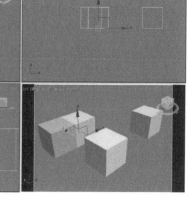

> 🔗 **知识链接：捕捉开关**
>
> 如果要让两个立方体严丝合缝地拼合，就需要用到1.4.9中讲到的"捕捉开关"工具。

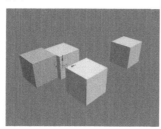

图1-78

图1-79

**05** 选中青色立方体，然后沿着*y*轴和*z*轴将其移动到紫色立方体的上方，如图1-80所示。在顶视图中，先将青色立方体与紫色立方体重合，然后在前视图中，将青色立方体移动到紫色立方体上方。

**06** 选中剩下的绿色立方体，然后将其移动到青色立方体的右侧，如图1-81所示。

**07** 最大化显示透视视图，然后在空白场景处单击，取消对象选择，接着按Z键将视图中的模型居中最大化显示，如图1-82所示。至此，本案例制作完成。

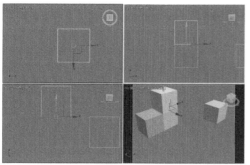

图1-80

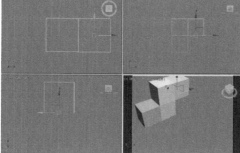

图1-81

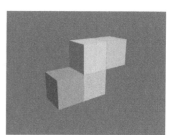

图1-82

👑 重点
## 1.4.5 选择并旋转

"选择并旋转"工具 ⟳（E键）用于选择并旋转对象，其使用方法与"选择并移动"工具 ✛ 相似。当该工具处于激活状态（选择状态）时，被选中的对象可以在x轴、y轴和z轴这3个轴上进行旋转，如图1-83所示。

扫码观看视频

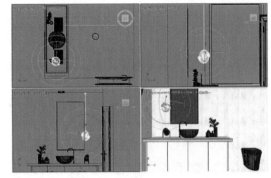

图1-83

👑 重点
## ✋ 案例训练：用选择并旋转工具摆放苹果

| 场景文件 | 场景文件>CH01>02.max |
| --- | --- |
| 实例文件 | 无 |
| 难易程度 | ★☆☆☆☆ |
| 技术掌握 | 练习选择并旋转工具 |

扫码观看视频

本案例是将倾倒的苹果模型摆正，案例对比效果如图1-84所示。

**01** 打开本书学习资源中的"场景文件>CH01>02.max"文件，如图1-85所示。

**02** 图1-85中右侧的苹果模型呈倾倒效果，需要将其摆正，使其效果和左侧的苹果模型一样。在"主工具栏"上单击"选择并旋转"按钮 ⟳，然后选中倾倒的苹果模型，此时倾倒的苹果模型上方会显示圆形的坐标轴，如图1-86所示。

图1-84 　　　　　　　　　　　　图1-85 　　　　　　　　图1-86

**03** 将光标放在y轴上，然后向左拖曳鼠标，使倾倒的苹果模型向左旋转，如图1-87所示。

> ⓘ **技巧提示：旋转苹果模型时避免模型分离**
> 在选择苹果模型时，一定要将苹果模型与苹果把模型一同选中，否则旋转时会出现问题。

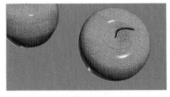

图1-87 　　　　　　　　图1-88

**04** 继续沿着x轴旋转，在透视视图中观察苹果模型呈现摆正效果，如图1-88所示。

**05** 切换到四视图模式，苹果模型在前视图和左视图中仍然有倾斜，如图1-89所示。

**06** 在前视图和左视图中调整苹果模型的角度，使其摆正，如图1-90所示。

> ⓘ **技巧提示：在四视图模式下检查**
> 在透视视图中，右侧的苹果模型会因为视觉误差而呈摆正状态，我们需要在四视图模式下检查。

**07** 使用"选择并移动"工具 ✛，将右侧的苹果模型移动到左侧的苹果模型旁边，案例最终效果如图1-91所示。

图1-89 　　　　　　　　图1-90 　　　　　　　　图1-91

☀ 重点

## 1.4.6 选择并均匀缩放

"选择并均匀缩放"工具（R键）用于选择并均匀缩放对象，还包含"选择并非均匀缩放"工具和"选择并挤压"工具，如图1-92所示。

扫码观看视频

— 选择并均匀缩放
— 选择并非均匀缩放
— 选择并挤压

图1-92

使用"选择并均匀缩放"工具可以沿3个轴以相同量缩放对象，同时保持对象的原始比例，如图1-93所示。

使用"选择并非均匀缩放"工具可以根据活动轴约束以非均匀方式缩放对象，如图1-94所示。

使用"选择并挤压"工具可以创建挤压和拉伸效果，如图1-95所示。

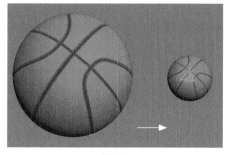

图1-93

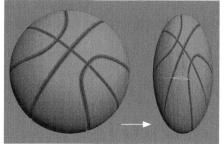

图1-94

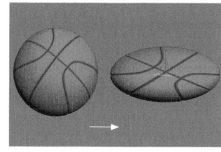

图1-95

☀ 重点

## 🖑 案例训练：用选择并缩放工具变形球类器材

| 场景文件 | 场景文件>CH01>03.max |
| --- | --- |
| 实例文件 | 无 |
| 难易程度 | ★☆☆☆☆ |
| 技术掌握 | 练习选择并均匀缩放工具 |

扫码观看视频

本案例用3种缩放工具使球类器材模型变形，案例对比效果如图1-96所示。

**01** 打开本书学习资源中的"场景文件>CH01>03.max"文件，如图1-97所示。

**02** 使用"选择并均匀缩放"工具选中篮球模型，然后拖曳鼠标将其均匀缩小，效果如图1-98所示。

图1-96

**03** 使用"选择并非均匀缩放"工具选中足球模型，然后沿着$xy$平面拖曳鼠标将其缩小，效果如图1-99所示。

**04** 使用"选择并挤压"工具选中排球模型，然后沿着$xy$平面拖曳鼠标将其压扁，效果如图1-100所示。

图1-97

图1-98

图1-99

图1-100

☀ 重点

## 1.4.7 参考坐标系

扫码观看视频

图1-101

"参考坐标系"工具是用来指定变换操作（如移动、旋转、缩放等）的坐标系统，包括"视图""屏幕""世界""父对象""局部""万向""栅格""工作""局部对齐""拾取"10种坐标，如图1-101所示。

每种坐标系会按照不同的标准呈现坐标轴的方向。"视图"坐标系是系统默认的坐标系，不同的视图有不同的坐标，如图1-102所示。

"世界"坐标系在每个视图的坐标显示方式，都与视图左下角的世界坐标相吻合，如图1-103所示。

"局部"坐标系会根据对象的法线显示坐标位置，如图1-104所示。至于其他的坐标系类型，在日常工作中运用不多，这里不讲述。

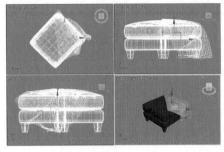

图1-102

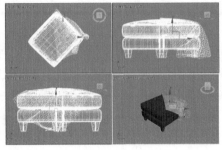

图1-103

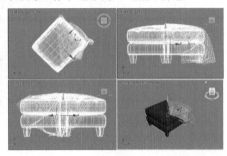

图1-104

👑 重点

## 1.4.8 使用轴点中心

"使用轴点中心"工具█包含3种工具，如图1-105所示。

"使用轴点中心"工具█是围绕其各自的轴点旋转或缩放一个或多个对象，如图1-106所示。

"使用选择中心"工具█是围绕其共同的几何中心旋转或缩放一个或多个对象（如果变换多个对象，该工具会计算所有对象的平均几何中心，并将该几何中心作为变换中心），如图1-107所示。

— 使用轴点中心
— 使用选择中心
— 使用变换坐标中心

扫码观看视频

图1-105

> ① **技巧提示：轴点位置**
> 当对象的轴点中心和几何中心重叠时，两个轴心位置一致。

"使用变换坐标中心"工具█是围绕当前坐标系的中心旋转或缩放一个或多个对象（当使用"拾取"功能将其他对象指定为坐标系时，其坐标中心在该对象的轴的位置上），如图1-108所示。

图1-106

图1-107

图1-108

👑 重点

## 1.4.9 捕捉开关

"捕捉开关"工具█可以将对象精确拼合。"捕捉开关"工具包含3种类型，分别是"2D捕捉""2.5D捕捉""3D捕捉"，如图1-109所示。

"2D捕捉"工具█是在二维视图中进行捕捉，如图1-110所示。

"2.5D捕捉"工具█主要用于捕捉结构或捕捉根据网格得到的几何体，也是常用的捕捉工具，如图1-111所示。

— 2D捕捉
— 2.5D捕捉
— 3D捕捉

扫码观看视频

图1-109

图1-110

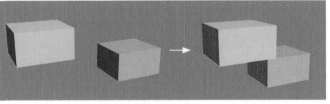

图1-111

"3D捕捉"工具 可以捕捉3D空间中的任何位置,如图1-112所示。

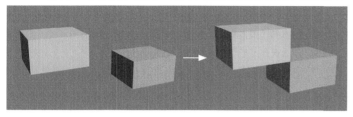

图1-112

⚠ **技巧提示:捕捉点的设置方法**

在"捕捉开关"工具 上单击鼠标右键,打开"栅格和捕捉设置"面板,在该对话框中可以设置捕捉类型和捕捉的相关选项,如图1-113所示。

图1-113

## 👆 案例训练:用捕捉开关工具拼合桌子

| 场景文件 | 场景文件>CH01>04.max |
|---|---|
| 实例文件 | 无 |
| 难易程度 | ★☆☆☆☆ |
| 技术掌握 | 练习捕捉开关工具 |

本案例是用"捕捉开关"工具 拼合桌子模型,案例对比效果如图1-114所示。

**01** 打开本书学习资源中的"场景文件>CH01>04.max"文件,如图1-115所示。这是桌子模型的分拆效果,我们需要将其拼合为一个整体。

**02** 在"2.5D捕捉"工具 上单击鼠标右键,在打开的"栅格和捕捉设置"面板中勾选"顶点"选项,如图1-116所示。

**03** 切换到顶视图,然后使用"选择并移动"工具 选中一个桌腿模型,接着将其移动到桌面模型的边角处,两个模型在相遇时会有自动吸附的效果,如图1-117所示。

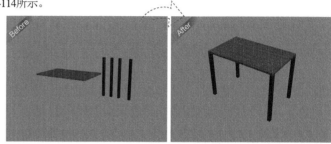

图1-114

**04** 按照上一步的方法,将其他3个桌腿模型也移动到桌面模型对应的边角处,如图1-118所示。

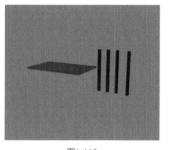

图1-115

图1-116

图1-117

图1-118

**05** 切换到前视图,可以发现桌面模型处于桌腿模型的中间位置,如图1-119所示。同样使用"选择并移动"工具 将桌面模型与桌腿模型的顶部对齐,如图1-120所示。

**06** 切换到透视视图,拼合完成的桌子模型如图1-121所示。

图1-119

图1-120

图1-121

## 1.4.10 角度捕捉切换

"角度捕捉切换"工具 (A键)用于指定捕捉的角度。激活该工具后,所有的旋转变换都将受到影响,默认状态下,模型以5°为增量进行旋转,如图1-122所示。

扫码观看视频

图1-122

⚠ **技巧提示：角度捕捉的设置方法**

若要更改旋转增量，可以在"角度捕捉切换"工具 🔁 上单击鼠标右键，然后在弹出的"栅格和捕捉设置"面板的"选项"选项卡中，设置"角度"数值以控制旋转的角度，如图1-123所示。

图1-123

👑 重点

## 🖐 案例训练：用角度捕捉切换工具拼合花瓣模型

| 场景文件 | 场景文件>CH01>05.max |
|---|---|
| 实例文件 | 无 |
| 难易程度 | ★☆☆☆☆ |
| 技术掌握 | 练习角度捕捉切换工具 |

扫码观看视频

本案例是用"角度捕捉切换"工具 🔁 拼合花瓣模型，案例对比效果如图1-124所示。

**01** 打开本书学习资源中的"场景文件>CH01>05.max"文件，如图1-125所示。

**02** 使用"选择并旋转"工具 c 选中花瓣模型，可以观察到旋转坐标（即模型的坐标中心）位于花心模型的中央，如图1-126所示。

图1-124

图1-125

图1-126

◎ **知识课堂：调整模型的坐标中心位置**

模型的默认坐标中心位置都位于模型的中心。如果要调整模型的坐标中心，就需要切换到"层次"面板，然后单击"仅影响轴"按钮 仅影响轴 ，接着使用"选择并移动"工具 ➕ 就可以移动模型的坐标中心位置，如图1-127所示。

当单击"仅影响轴"按钮 仅影响轴 后，"选择并移动"工具 ➕ 的坐标轴就会变为图1-128所示的效果，这就代表此时移动的是坐标轴，而不是模型本身。

移动完坐标轴后，一定要再次单击"仅影响轴"按钮 仅影响轴 ，这样就可以退出坐标轴的编辑状态，以便进行对模型的操作。

图1-127

图1-128

**03** 单击"角度捕捉切换"按钮 🔁 ，按住Shift键，然后将花瓣模型沿着z轴旋转70°，如图1-129所示。

**04** 此时系统会弹出"克隆选项"对话框，这里直接单击"确定"按钮 确定 即可，如图1-130所示。

**05** 按照上面的方法，继续复制3个花瓣模型，案例效果如图1-131所示。

🔗 **知识链接：克隆选项**

关于"克隆选项"对话框的具体用法，请参阅"1.6.1 复制对象"的相关内容。

图1-129

图1-130

图1-131

扫码观看视频

👍 重点

## 1.4.11　镜像

"镜像"工具 📷 可以围绕一个轴心镜像出一个或多个副本对象。选中镜像的对象后，然后单击"镜像"工具 📷，打开"镜像：世界坐标"对话框，在该对话框中对"镜像轴""克隆当前选择""镜像IK限制"进行设置，如图1-132所示。

在"镜像：世界坐标"对话框中，我们首先要设置的参数就是"镜像轴"，只有确定了镜像轴的方向，才能继续下面的操作。图1-133所示是将一个圆凳模型以x轴镜像后的效果。

设置"镜像轴"后，对象会按照镜像轴的方向转变，原有的对象并不会保留。如果既要保留原有的对象，又要生成镜像对象，就需要在"克隆当前选择"选项组中选择"复制"或"实例"选项，如图1-134所示。

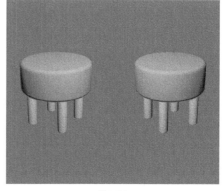

图1-132　　　　　　　　图1-133　　　　　　　　图1-134

👍 重点

## 🖐 案例训练：用镜像工具摆放椅子模型

| 场景文件 | 场景文件>CH01>06.max |
|---|---|
| 实例文件 | 无 |
| 难易程度 | ★☆☆☆☆ |
| 技术掌握 | 练习镜像工具 |

扫码观看视频

本案例是用"镜像"工具 📷 摆放椅子模型，案例对比效果如图1-135所示。

**01** 打开本书学习资源中的"场景文件>CH01>06.max"文件，如图1-136所示。

**02** 选中椅子模型，然后在主工具栏中单击"镜像"按钮 📷，在弹出的"镜像：屏幕坐标"对话框中设置"镜像轴"为X，"偏移"为2600mm，"克隆当前选择"为"复制"，并单击"确定"按钮 确定，如图1-137所示。镜像出的椅子模型效果如图1-138所示。我们可以观察到镜像出的椅子模型出现在桌子的另一侧。

图1-135

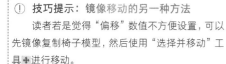

> ① 技巧提示：镜像移动的另一种方法
> 读者若是觉得"偏移"数值不方便设置，可以先镜像复制椅子模型，然后使用"选择并移动"工具 ✛ 进行移动。

图1-136　　　　　　　　图1-137　　　　　　　　图1-138

**03** 选中镜像出的椅子模型，然后单击"镜像"按钮 📷，在弹出的对话框中设置"镜像轴"为X，"偏移"为-700mm，"克隆当前选择"为"复制"，如图1-139所示。镜像出的椅子模型效果如图1-140所示。

**04** 将椅子模型顺时针旋转90°，然后将其移动到桌子边缘，效果如图1-141所示。

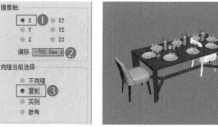

图1-139　　　　　　　　图1-140　　　　　　　　图1-141

**05** 选中旋转后的椅子模型,然后单击"镜像"按钮,在弹出的对话框中设置"镜像轴"为X,"偏移"为-500mm,"克隆当前选择"为"复制",如图1-142所示。镜像出的椅子模型效果如图1-143所示。

**06** 按照上一步的方法继续向左镜像复制一个椅子模型,如图1-144所示。

**07** 选中图1-145所示的椅子模型,然后单击"镜像"按钮,在弹出的对话框中设置"镜像轴"为Y,"偏移"为-1100mm,"克隆当前选择"为"复制",如图1-146所示。

图1-142　　　　　　　图1-143　　　　　　　图1-144

**08** 单击"确定"按钮 确定 后,镜像复制的椅子模型会出现在桌子的另一端,如图1-147所示。至此,本案例制作完成。

图1-145　　　　　　　图1-146　　　　　　　图1-147

☝ 重点

## 1.4.12 对齐

扫码观看视频

"对齐"包括6种工具,分别是"对齐"工具(快捷键为Alt+A)、"快速对齐"工具(快捷键为Shift+A)、"法线对齐"工具(快捷键为Alt+N)、"放置高光"工具(快捷键为Ctrl+H)、"对齐摄影机"工具和"对齐到视图"工具,如图1-148所示。

选中场景中的任意一个对象,然后单击"对齐"按钮,接着选场景中需要对齐的对象,就会弹出"对齐当前选择"对话框,如图1-149所示。

图1-150所示是圆柱体模型与长方体模型轴点对齐的设置方法。此时圆柱体模型以长方体模型为目标对象,进行轴点对齐,圆柱体模型放置在长方体模型轴点中心的正下方。

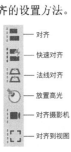

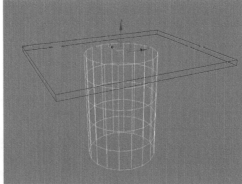

图1-148　　　　图1-149　　　　　　　　　图1-150

☝ 重点

## ✋ 案例训练:用对齐工具摆放积木

| 场景文件 | 场景文件>CH01>07.max |
| --- | --- |
| 实例文件 | 无 |
| 难易程度 | ★☆☆☆☆ |
| 技术掌握 | 练习对齐工具 |

扫码观看视频

本案例是用"对齐"工具摆放几何体模型,案例对比效果如图1-151所示。

**01** 打开本书学习资源中的"场景文件>CH01>07.max"文件,如图1-152所示。场景中有几个几何体模型,需要用"对齐"工具将其中心对齐。

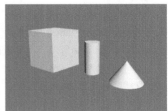

图1-151　　　　　　　　　　　　　　　图1-152

**02** 选中圆柱体模型，然后在主工具栏上单击"对齐"按钮，接着在视图中选中立方体模型，此时系统会弹出"对齐当前选择"对话框，勾选"X位置"和"Y位置"选项，设置"当前对象"为"中心"，"目标对象"为"中心"，并单击"应用"按钮　应用　，如图1-153所示。圆柱体模型和立方体模型会呈现中心对齐效果，如图1-154所示。

---

① **技巧提示：** "应用"按钮与"确定"按钮的区别

　　单击"应用"按钮　应用　后，模型会按照设置的参数自动对齐，但"对齐当前选择"对话框不会关闭，可以进行下一步的对齐操作。单击"确定"按钮　确定　后，模型会按照设置的参数自动对齐，但"对齐当前选择"对话框会关闭。

---

**03** 继续在"对齐当前选择"对话框中勾选"Z位置"选项，设置"当前对象"为"最小"，"目标对象"为"最大"，如图1-155所示。单击"确定"按钮　确定　后退出对话框，如图1-156所示。

**04** 按照相同的方法将圆锥体模型对齐在圆柱体模型的顶部中心位置，效果如图1-157所示。

**05** 向右侧镜像复制一个整体模型，案例最终效果如图1-158所示。

图1-153

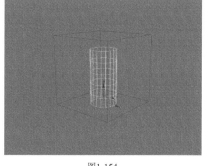
图1-154

图1-155

图1-156

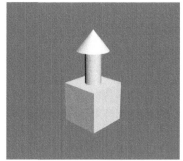
图1-157

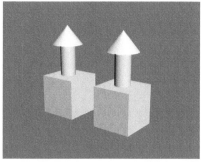
图1-158

## 1.5　3ds Max 2021的前期设置

在制作一个场景之前，我们需要对软件进行一些前期设置，以方便后期制作，如图1-159所示。如果是团队进行制作，也能方便团队成员间的工作衔接。

### 3ds Max 2021 的前期设置

| 场景单位 | 快捷键 | 自动备份 |
| --- | --- | --- |
| 根据制作需求确定场景单位 | 设置快捷键，提高制作效率 | 随时保存场景，避免意外退出 |

| 预览选框 | 加载 VRay 渲染器 | 设置界面颜色 |
| --- | --- | --- |
| 根据计算机配置确定是否关闭 | 围绕一个轴心镜像出一个或多个副本对象 | 根据需求选择界面颜色 |

图1-159

扫码观看视频

☝ 重点

## 1.5.1 场景单位

设置场景单位是制作一个场景之前必须要做的,不同类型的场景会有不同的单位。执行"自定义>单位设置"菜单命令,弹出"单位设置"对话框,如图1-160所示。

① **技巧提示**:不同场景单位的应用情况

　　大多数情况下,室内建筑效果图以毫米或厘米为单位,室外建筑效果图以厘米为单位,产品效果图以毫米为单位。一些国外的场景会以英尺或英寸为单位。

"单位设置"对话框中的单位分为两种,一种是"系统单位设置" 系统单位设置 ,另一种是"显示单位比例",两者之间是有一定区别的。

图1-160

单击"系统单位设置"按钮 系统单位设置 ,系统会弹出"系统单位设置"对话框,如图1-161所示。该对话框显示系统默认的单位是"毫米",如果想更改系统的单位,就单击"毫米"选项,在下拉列表中选择其他单位,如图1-162所示。

"显示单位比例"可以控制参数面板中参数的后缀单位,如图1-163所示。

图1-161

图1-162

图1-163

在"显示单位比例"选项组中,可以设置4种单位的显示情况。大多数场景使用"公制"单位,一些国外的场景会使用"美国标准"单位,如图1-164和图1-165所示。用户也可以在"自定义"中设置显示比例;如果不想改变参数的后缀单位,就选择"通用单位",如图1-166所示。

图1-164

图1-165

图1-166

① **技巧提示**:"系统单位设置"和"显示单位比例"的设置要点

　　"系统单位设置"和"显示单位比例"两种单位最好设置为相同。

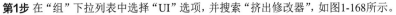

☝ 重点

## 1.5.2 快捷键

在制作场景时使用快捷键能极大地提升制作效率,除了系统自带的默认快捷键,用户还可以根据自己的喜好,设置自定义的快捷键。执行"自定义>热键编辑器"菜单命令,在打开的"热键编辑器"对话框中就可以设置任意命令的快捷键,如图1-167所示。

下面以添加"挤出修改器"的快捷键为例,为读者讲解快捷键的设置方法。

**第1步** 在"组"下拉列表中选择"UI"选项,并搜索"挤出修改器",如图1-168所示。

**第2步** 在下方的列表中选择"挤出修改器"选项,如图1-169所示。

扫码观看视频

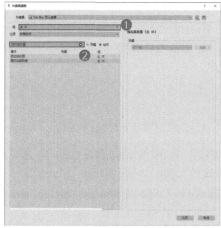

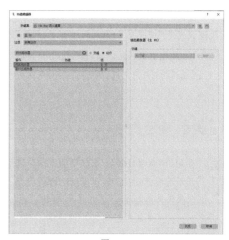

图1-167　　　　　　　　　　　　图1-168　　　　　　　　　　　　图1-169

**第3步** 在右侧的"热键"输入框中按下键盘的Shift键和E键，此时输入框内显示"Shift+E"，如图1-170所示。

**第4步** 单击右侧的"指定"按钮 指定 ，就可以在左侧的列表中看到"挤出修改器"的后方显示刚才输入的Shift+E快捷键，如图1-171所示。

除了系统自带的快捷键外，读者也能为其他常用的命令添加方便使用的快捷键，快捷键可以是单个按键，也可以是组合键。这些设置的快捷键保存后，也可以在其他计算机上加载。

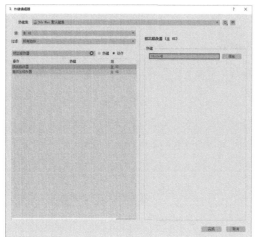

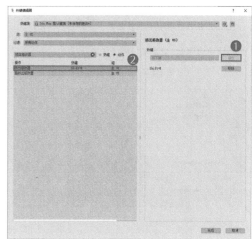

图1-170　　　　　　　　　　　　　图1-171

👑 重点

## 1.5.3 自动备份

3ds Max2021对计算机的要求比较高，对于一些低配置的计算机，软件经常会出现自动崩溃退出的情况，如果没有及时保存已经制作的场景，就有可能丢失这部分文件。为了避免发生这种令人崩溃的情况，我们就需要在制作场景之前开启文件的自动备份。

扫码观看视频

执行"自定义>首选项"菜单命令，弹出"首选项设置"对话框，然后切换到"文件"选项卡，勾选"自动备份"选项组中的"启用"选项，设置"备份间隔（分钟）"为30，并单击"确定"按钮 确定 ，如图1-172所示。

① **技巧提示：备份间隔时间设置要点**
　　默认的备份间隔时间是5分钟，但备份频率太高会造成软件卡顿，备份间隔时间设置为30分钟比较合适。

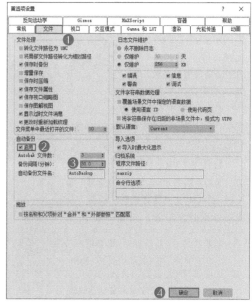

图1-172

这样，一旦软件崩溃退出，本机的"文档"文件夹中仍有软件最后自动保存的文件。以笔者的计算机为例，自动保存的文件路径是"C:\Users\Administrator\Documents\3ds Max 2021\autoback"，在文件夹中找到最晚时间的文件，就是最后一次保存的文件，如图1-173所示。

图1-173

## 1.5.4 预览选框

从3ds Max 2016起，软件增加了预览选框的效果。只要将光标移动到对象上，这个对象的轮廓就会高亮显示，如图1-174所示。若是选中该对象，该对象的轮廓就会显示为蓝色，如图1-175所示。

虽然这样能清晰地显示对象的轮廓，但是配置不高的计算机却会因为这个设置而出现系统卡顿，不利于后续制作。执行"自定义>首选项"菜单命令，弹出"首选项设置"对话框，然后切换到"视口"选项卡，取消勾选"选择/预览亮显"选项，并单击"确定"按钮，如图1-176所示。

关闭高亮显示的预览选框后，在选中对象时，对象的线框颜色会显示为白色，如图1-177所示。

扫码观看视频

图1-174

图1-175

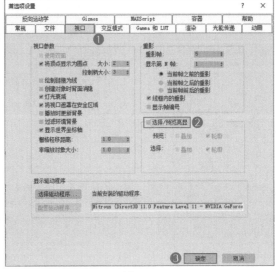

图1-176

图1-177

● 重点

## 1.5.5 加载VRay渲染器

扫码观看视频

安装完VRay渲染器后，单击主工具栏上的"渲染设置"按钮，弹出"渲染设置"面板，如图1-178所示。

单击"渲染器"的下拉列表，然后将默认的"扫描线渲染器"切换为"V-Ray 5, hotfix 1"选项，如图1-179所示。

如果要将VRay渲染器设置为默认的渲染器，需要展开"指定渲染器"卷展栏，然后单击"保存为默认设置"按钮，如图1-180所示。

① 技巧提示：渲染器的注意事项

本书都使用V-Ray 5, hotfix 1渲染器，读者请不要错选到V-Ray GPU 5, hotfix 1渲染器，两者的界面和使用方法是有差异的。

图1-178

图1-179

② 疑难问答：为何渲染器下拉列表中没有VRay选项？

VRay渲染器不是3ds Max2021内置的默认渲染器，而是一款插件渲染器，需要在3ds Max2021安装完成后单独安装。只有正确安装了VRay渲染器，才能在下拉列表中找到它。如果不安装VRay渲染器，将无法学习本书除第2章外的其他内容。

图1-180

### 1.5.6 设置界面颜色

软件默认的界面颜色是黑色,本书的软件界面颜色调整为了灰色,如图1-181和图1-182所示。

若要将黑色界面调整为本书的灰色界面,需要执行"自定义>加载自定义用户界面方案"菜单命令,然后在弹出的"加载自定义用户界面方案"对话框中选择"ame-light"选项,接着单击"打开"按钮 打开(0) ,稍等片刻即可切换,如图1-183所示。

扫码观看视频

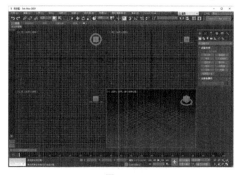
图1-181

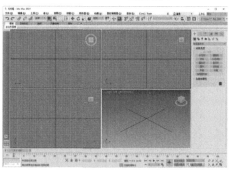
图1-182

图1-183

? **疑难问答: 学习软件时应该使用哪种界面颜色?**

读者在学习软件时不用纠结界面颜色,用哪一种都可以。本书使用灰色界面是为了配合印刷。

# 1.6 3ds Max 2021的常用操作

本节为大家讲解软件的一些常用操作,这些操作都是制作时常用到的,如图1-184所示。

⭐ 重点

### 1.6.1 复制对象

复制对象的方法有两种,一种是原位复制,另一种是移动复制。

**原位复制** 执行"编辑>克隆"菜单命令(快捷键为Ctrl+V)可将选中的对象原位复制,系统会弹出"克隆选项"对话框,单击"确定"按钮 确定 ,如图1-185所示。接着使用"选择并移动"工具 ✚ 移动复制的对象到合适的位置即可。

扫码观看视频

**移动复制** 选中对象的同时按住Shift键,然后使用"选择并移动"工具 ✚ 移动复制的对象到合适的位置,在弹出的"克隆选项"对话框中选择需要的克隆方式即可,如图1-186所示。除了使用"选择并移动"工具 ✚,我们也可以使用"选择并旋转"工具 C 和"选择并均匀缩放"工具 📷,如图1-187和图1-188所示。

**3ds Max 2021 的常用操作**
⌄

| 复制对象 |
| :---: |
| 原位复制 / 移动复制 |

| 约束坐标轴 |
| :---: |
| 避免误操作 |

| 阵列 |
| :---: |
| 按照预定方式复制复杂的样式 |

图1-184

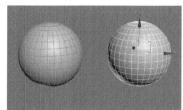
图1-185

图1-186

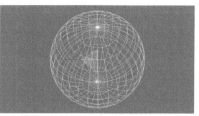
图1-187

图1-188

? **疑难问答: 不同复制对象的方法有什么区别?**

**复制:** 复制出与原对象完全一致的新对象。

**实例:** 复制出与原对象相关联的新对象,且修改其中任意一个对象的属性,其关联对象也会随之改变。

**参考:** 复制出原对象的参考对象,修改复制的参考对象时不会影响原对象,但修改原对象时参考对象也会随之改变。

## 1.6.2 约束坐标轴

扫码观看视频

建模时，我们常会遇到选到错误的坐标轴的情况，这不利于模型的位置操作，约束坐标轴就可以处理这种情况。使用"选择并移动"工具➕选中需要移动的模型，然后按键盘的F5键，就可以只选择坐标的x轴，如图1-189所示。

按F6键就可以只选择坐标的y轴，按F7键就可以只选择坐标的z轴，如图1-190和图1-191所示。

按F8键则选中的平面会在xy平面、yz平面和xz平面之间切换，如图1-192~图1-194所示。

图1-189

图1-190

图1-191

图1-192

图1-193

图1-194

## 1.6.3 阵列

扫码观看视频

"阵列"工具 阵列(A) 可以按照预定的方式，一次性复制出复杂的样式，如图1-195所示。

执行"工具>阵列"菜单命令，会打开"阵列"对话框。在"阵列维度"选项组中可以选择复制的形式，其中1D是设置复制数量，2D是平面复制，3D则是阵列复制，如图1-196所示。单击"预览"按钮 预览 后，可以在视口中预览阵列效果，如图1-197所示。

图1-195

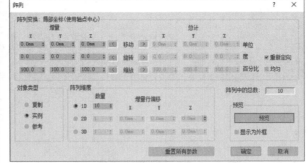

图1-196

图1-197

# 1.7 3ds Max的行业应用

学习了3ds Max的基础知识和一些常用工具，下面了解3ds Max的行业应用情况，如图1-198所示。3ds Max常被用于制作效果图、产品和动画，虽然在其他行业也有涉及，但它相比于专业软件还是有一定的差距。

## 3ds Max 的行业应用

| 效果图 | 产品 | 动画 |
|---|---|---|
| 建筑效果图、游戏场景 / 角色 | 产品效果图 | 游戏 / 影视 / 动漫 |

图1-198

### 1.7.1 效果图制作流程

效果图是3ds Max应用最多的行业之一，配合强大而流畅的VRay渲染器可以制作出照片级的各类效果图。下面简单介绍一下效果图的制作流程。

☞ 根据CAD图纸建模

商业效果图的制作人员都会在项目开始之前拿到设计师设计好的CAD图纸。以室内效果图为例，图纸中一般会包含平面图、立面图、地板布置图、吊顶布置图和家具整体布置图等，如果是别墅图纸还会包括外立面图等，如图1-199所示。

商业效果图制作人员会将这些图纸进行删减，留下需要建模的部分，然后导入3ds Max中进行模型创建，如图1-200所示。

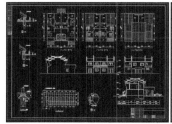
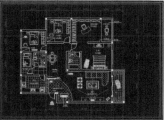

图1-199

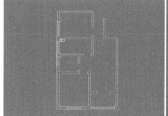
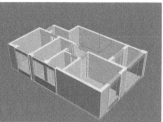

图1-200

☞ 创建摄影机

创建完场景中的模型后，商业效果图制作人员就会根据需求创建摄影机，且尽量多地将模型包括在镜头内，让画面看起来更丰富。创建摄影机时，商业效果图制作人员还需要注意构图，否则不能将好的灯光和材质表现出来，如图1-201所示。

☞ 布置灯光

灯光不仅可以照亮场景，还可以体现场景所表现的时间和氛围。好的灯光能增加效果图的质感，如图1-202所示。

☞ 赋予材质

材质能体现场景所展现的建筑风格和整体色调。逼真的材质能让效果图看起来更加接近现实，达到照片级的效果，但材质的表现是要配合好的灯光才能达到更好的效果，如图1-203所示。

图1-201　　　　　　　　图1-202　　　　　　　　图1-203

### ☞ 渲染和后期处理

合理的渲染参数不仅能渲染出无噪点、高质量的效果图,还能尽可能减少渲染的时间。由于每台计算机的配置和使用情况均不相同,所以其使用的渲染参数也不尽相同。

在3ds Max中渲染的效果图通常很少能达到满意的光影效果,或多或少都有一些发暗、偏灰的情况,这就需要我们在Photoshop中对其进行后期处理,如修正光影和颜色效果。除此以外,我们有时候还需要为效果图添加一些后期特效,如光晕、辉光或是文字排版等,这些也可以在Photoshop等软件中进行制作,如图1-204所示。

图1-204

## 1.7.2 产品制作流程

虽然Rhino是专业制作产品的软件,但3ds Max在产品制作上也拥有一定的优势。下面简单讲解一下产品的制作流程。

### ☞ 根据图纸建模

与制作效果图一样,制作产品也需要在前期根据相关图纸进行建模,但3ds Max在建模的精度上会差于Rhino。图纸可以是CAD图纸,也可以是手绘的图纸,如图1-205所示。

### ☞ 创建无缝背景

产品展示的背景通常为纯白色或纯黑色,有些也会使用高反射的底面。无论是哪种颜色,都不能出现底面与背景板的接缝效果,如图1-206所示。

图1-205

3ds Max中的无缝背景一般是由L型或是U型的样条线挤压出来的,如图1-207和图1-208所示。

图1-206

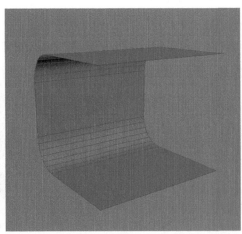

图1-207

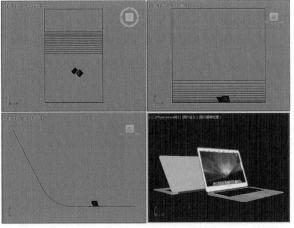

图1-208

☞ **布置灯光**

产品展示的灯光不同于其他类型效果图的灯光，需要按照摄影棚的布光方法进行创建，常用的是三点布光法和两点布光法，灯光的颜色一般使用白色，如图1-209所示。

☞ **赋予材质**

产品展示的材质更注重表现材质的质感，要比其他类型的效果图制作得更加精细。由于场景中的物体和灯光比较单一，就需要利用材质来丰富画面，高反射的材质能带给画面更多细节，如图1-210所示。

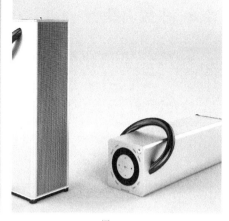

图1-209        图1-210

☞ **渲染和后期处理**

产品展示的渲染与其他类型的效果图的渲染没有差异，后期处理时只需要调整画面的亮度和层次即可，不需要做过多的调整。

### 1.7.3 动画制作流程

在制作动画方面，3ds Max的功能也非常强大。下面简单介绍一下动画的制作流程。

☞ **制作动画**

动画师在拿到需要做动画的模型时，需要按照动画脚本制作动画的关键帧。如果是角色模型，还需要为其绑定骨骼并调整蒙皮。

无论是模型、灯光、摄影机还是材质，都可以用以制作动画。动画类型可以是移动、旋转、缩放或消失，甚至是这几种类型的结合。任何类型的动画都是由关键帧进行串联，再由软件分析后形成中间帧效果，如图1-211所示。

> ① **技巧提示：关键帧注意事项**
> 单纯依靠关键帧串联动画时，可能会在某些帧上产生穿帮效果，我们需要灵活添加关键帧。

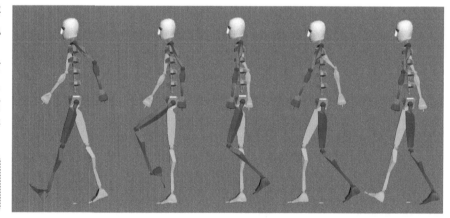

图1-211

☞ **布置灯光**

动画师制作完动画关键帧后，就会将场景交给渲染师以进行后面的制作步骤。渲染师会接着为场景布置灯光，布光的方法与效果图无异，如果布置了灯光，动画就会稍微复杂一些。

☞ **创建摄影机**

按照场景的脚本，渲染师会创建出合适角度的摄影机。建筑动画中有很多镜头，渲染师甚至需要为摄影机制作动画，与一般效果图相比这要相对复杂一些。

☞ **渲染和后期合成**

动画的渲染方法与效果图的渲染方法不同，渲染师会按照每个镜头的时间长度逐帧进行渲染，然后将渲染的几百张单帧效果图在After Effects中进行合成，接着为合成的镜头调色或是添加特效，最后输出为视频格式的文件。

剪辑师会在Premiere等剪辑软件中剪辑这些文件，并配上音乐、字幕和旁白，最后输出为一段完整的动画影片。

# 1.8 综合训练营

通过本章的学习，相信读者已经能简单地操作3ds Max的相关功能了。下面通过两个综合训练复习本章所学的内容。

♔ 重点

## ◈ 综合训练：玩具小火车

| 场景文件 | 场景文件>CH01>08.max |
|---|---|
| 实例文件 | 实例文件>CH01>综合训练：玩具小火车.max |
| 难易程度 | ★☆☆☆☆ |
| 技术掌握 | 练习移动、旋转和复制对象 |

本案例是用所提供的模型拼合一个玩具小火车，需要用到之前学过的移动、旋转和复制对象的方法。案例效果如图1-212所示。

图1-212

**01** 打开本书学习资源中的"场景文件>CH01>08.max"文件，如图1-213所示。场景中提供了两个大小不同的长方体模型和一个圆柱体模型，需要将其复制后拼合为一个小火车模型。

**02** 选中圆柱体模型，然后使用"选择并旋转"工具 ⟳ 将其旋转90°，作为小火车的车轮，放在大长方体模型的侧面，效果如图1-214所示。

图1-213

图1-214

**03** 选中圆柱体模型，然后按住Shift键并使用"选择并移动"工具 ✛ 沿着y轴向左拖曳鼠标，复制一个圆柱体模型，效果如图1-215所示。

**04** 选中两个圆柱体模型，然后复制到大长方体模型的另一侧，效果如图1-216所示。这样就做好了小火车的车轮。

**05** 将小长方体模型移动到大长方体模型的上方，效果如图1-217所示。

**06** 将圆柱体模型复制一个并旋转90°，然后放在大长方体模型的上方，效果如图1-218所示。

图1-215

图1-216

图1-217

图1-218

**07** 使用"选择并均匀缩放"工具 ▦ 将上一步复制的圆柱体模型沿y轴拉长，与小长方体模型相接，效果如图1-219所示。

**08** 将小长方体模型向上复制一个，然后沿着z轴将其缩小，效果如图1-220所示。

**09** 继续使用"选择并均匀缩放"工具 ▦ 沿着y轴将刚才缩小的长方体模型拉长，效果如图1-221所示。

图1-219

图1-220

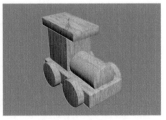

图1-221

**10** 使用"选择并移动"工具 ✛ 将拉长的长方体模型与下方的长方体模型对齐，效果如图1-222所示。

**11** 将大长方体模型和4个圆柱体轮子向后整体复制两个，效果如图1-223所示。

**12** 选中图1-224所示的小长方体模型，然后向后复制一个，效果如图1-225所示。

图1-222

图1-223

图1-224

图1-225

**13** 使用"选择并均匀缩放"工具 ▤ 将复制的小长方体模型压扁一些，效果如图1-226所示。

**14** 将调整后的小长方体模型复制3个，效果如图1-227所示。

**15** 将调整后的小长方体模型向后继续复制一个，效果如图1-228所示。

**16** 使用"选择并均匀缩放"工具 ▤ 将上一步复制的小长方体模型拉长一些，效果如图1-229所示。

图1-226

图1-227

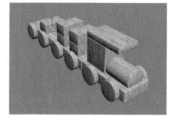
图1-228

图1-229

**17** 将调整后的长方体模型向上复制3个，效果如图1-230所示。

**18** 调整小火车模型的细节，小火车模型的最终效果如图1-231所示。

图1-230

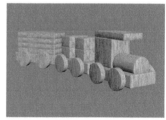
图1-231

> 🔗 **知识链接：局部缩放的方法**
>
> 相信读者在制作案例时会发现，缩放后的长方体模型的圆角会变得不均匀，这是因为使用"选择并均匀缩放"工具 ▤ 缩放长方体模型时，圆角也会跟随缩放。如果想保持圆角大小不变并改变长方体模型的尺寸，读者就需要学习"2.7 编辑多边形对象"的相关内容。

👆 重点

## 综合训练：照片墙

| | |
|---|---|
| 场景文件 | 场景文件>CH01>09.max |
| 实例文件 | 实例文件>CH01>综合训练：照片墙.max |
| 难易程度 | ★☆☆☆☆ |
| 技术掌握 | 练习移动对象和对齐工具 |

扫码观看视频

本案例是将大小不等的照片模型拼合为一个照片墙效果。案例效果如图1-232所示。

**01** 打开本书学习资源中的"场景文件>CH01>09.max"文件，如图1-233所示。场景中包含大小两种照片模型。

图1-232

图1-233

**02** 切换到前视图，选中左侧的大幅海浪照片模型，然后使用"选择并移动"工具➕将其移动到画面左下角的位置，如图1-234所示。

**03** 选中自行车照片模型，然后使用"选择并移动"工具➕将其移动到大幅海浪照片模型的右上方，如图1-235所示。

**04** 选中右侧的道路照片模型，然后将其移动到自行车照片模型的右侧，如图1-236所示。

图1-234     图1-235     图1-236

**05** 保持道路照片模型的选中状态，单击"对齐"按钮▤后单击左侧的自行车照片模型，在弹出的"对齐当前选择"对话框中勾选"Y位置"选项，设置"当前对象"和"目标对象"都为"最大"，如图1-237所示。这时两幅照片模型将呈现上方对齐效果，如图1-238所示。

图1-237

**06** 将小幅海浪照片模型移动到菠萝照片模型的右侧，同样设置上方对齐，如图1-239所示。

**07** 调整照片模型之间的距离空隙，并调整照片模型上下方的对齐，案例的最终效果如图1-240所示。

图1-238     图1-239     图1-240

# 第 **2** 章　3ds Max的常用建模技术

🎬 基础视频集数：37集　　🎬 案例视频集数：41集　　⏰ 视频时间：485分钟

建模是3ds Max的核心技术之一，三维设计行业有独立的建模师岗位。建模师只有掌握了各种常用的建模技术，才能创建所需要的场景。虽然他们可以在网络上下载丰富的模型资源，但这些模型并不一定符合场景的需求，他们仍然需要对其进行部分修改，因此建模技术是每个建模师必学的内容。

## 学习重点　　　　　　　　　　　　　　　　　　　　🔍

## 学完本章能做什么

学完本章之后，读者能运用3ds Max的各种常用的建模技术制作出想要的模型，熟悉建模的一些方法，为后面章节的学习打下坚实的基础。

# 2.1 标准基本体

图2-1

标准基本体中的对象是建模过程中常用的工具。标准基本体包含"长方体""圆锥体""球体"等11种工具，如图2-1所示。这些对象是创建复杂模型的基础，请读者务必掌握。

👍 重点

## 2.1.1 长方体

扫码观看视频

长方体是建模过程中使用频率较高的对象。现实中与长方体接近的物体很多，如方桌、墙体等。长方体可以用作多边形建模的基础模型，图2-2和图2-3所示分别是长方体模型及其参数面板。

长方体模型最常用的参数是"长度""宽度""高度"，这3个参数决定了长方体模型的大小。这3个参数分别代表$x$轴、$y$轴和$z$轴的长度，根据不同的视图，这3个参数代表的轴向有所差异。

例如，"长度"控制$y$轴上的长度，对比效果如图2-4和图2-5所示。

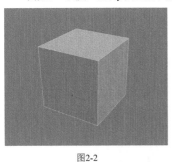
图2-2

图2-3

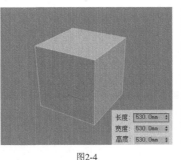
图2-4

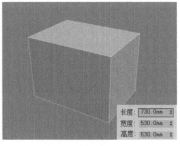
图2-5

"长度分段""宽度分段""高度分段"这3个参数控制每个轴向的分段数量，如图2-6~图2-8所示。

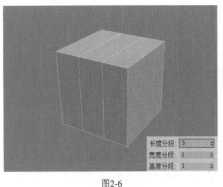
图2-6

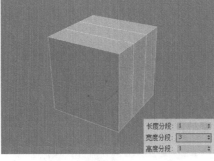
图2-7

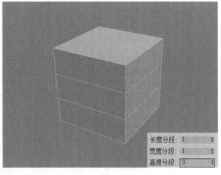
图2-8

👍 重点

## 🖐 案例训练：用长方体制作木箱

| 场景文件 | 无 |
| --- | --- |
| 实例文件 | 实例文件>CH02>案例训练：用长方体制作木箱.max |
| 难易程度 | ★★☆☆☆ |
| 技术掌握 | 创建长方体；复制对象 |

扫码观看视频

本案例使用不同尺寸的长方体组成一个木箱，模型和线框效果如图2-9所示。

**01** 在"创建"面板中单击"长方体"按钮 长方体 ，然后在视口中拖曳鼠标创建一个长方体模型，接着切换到"修改"面板，设置"长度"为500mm，"宽度"为100mm，"高度"为15mm，如图2-10所示。

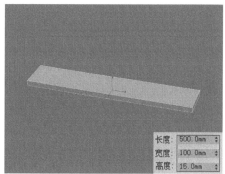

图2-9 图2-10

**02** 选中上一步创建的长方体模型,然后按住Shift键,并使用"选择并移动"工具 ⊕ 向上拖曳鼠标,在弹出的"克隆选项"对话框中设置"副本数"为3,如图2-11所示。单击"确定"按钮 确定 后,系统会一次性复制3个长方体模型,效果如图2-12所示。

**03** 再复制一个长方体模型,然后将它放在其他长方体模型的上方,设置"长度"为15mm,"宽度"为470mm,"高度"为15mm,如图2-13所示。

**04** 将上一步修改后的长方体模型复制一个,摆放在其他长方体模型的上方,效果如图2-14所示。

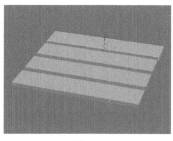

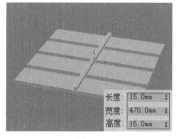

图2-11 图2-12 图2-13 图2-14

**05** 选中图2-15所示的长方体模型,然后复制一个并旋转90°,效果如图2-16所示。

**06** 将复制的长方体模型的"宽度"设置为80mm,如图2-17所示。

**07** 再向上复制两个长方体模型,注意两个长方体模型中间要保留一定的空隙,效果如图2-18所示。

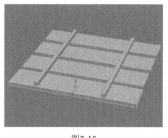

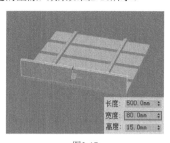

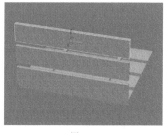

图2-15 图2-16 图2-17 图2-18

**08** 将3个长方体模型整体复制到对侧,效果如图2-19所示。

**09** 选中图2-20所示的长方体模型,然后复制一个并旋转90°,效果如图2-21所示。

**10** 选中复制的长方体模型,然后设置"长度"为470mm,如图2-22所示。

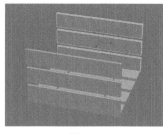

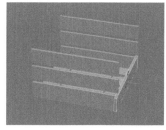

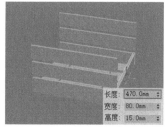

图2-19 图2-20 图2-21 图2-22

**11** 将修改好的长方体模型按照之前的方法进行复制，效果如图2-23所示。

**12** 使用"长方体"工具 长方体 在木箱的边角创建一个长方体模型，设置"长度"和"宽度"都为15mm，"高度"为280mm，如图2-24所示。

**13** 将上一步创建的长方体模型复制3个，然后放在木箱其他3个边角位置，案例的最终效果如图2-25所示。

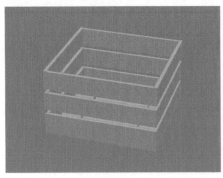

图2-23

图2-24

图2-25

♔ 重点

🐭 **学后训练：创意俄罗斯方块**

| 场景文件 | 无 |
|---|---|
| 实例文件 | 实例文件>CH02>学后训练：创意俄罗斯方块.max |
| 难易程度 | ★★☆☆☆ |
| 技术掌握 | 创建长方体；复制对象 |

本案例使用相同大小的立方体组合成不同的俄罗斯方块，模型和线框效果如图2-26所示。

扫码观看视频

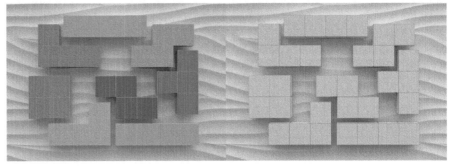

图2-26

## 2.1.2 圆锥体

圆锥体在建模中的使用频率虽然不如长方体高，但也是很常用的建模对象。现实中与圆锥体接近的物体很多，如台灯罩、屋顶等，图2-27和图2-28所示分别是圆锥体模型及其参数面板。

扫码观看视频

"半径1"和"半径2"是决定圆锥体粗细的参数。"半径1"控制圆锥体底部的半径，"半径2"控制圆锥体顶部的半径，对比效果如图2-29和图2-30所示。

ⓘ **技巧提示：圆锥体与圆柱体的关系**
当"半径1"和"半径2"数值相同时，圆锥体会变成圆柱体。

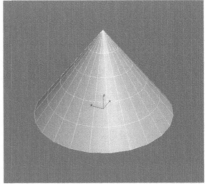

图2-27

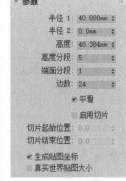

图2-28

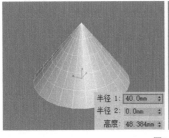

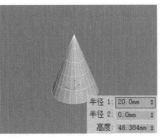

图2-29

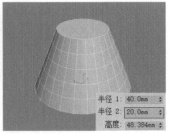

图2-30

"高度"控制圆锥体的高度，对比效果如图2-31所示。"高度分段"则控制圆锥体曲面的分段数，如图2-32所示。

"端面分段"与"高度分段"类似，但它控制的是圆锥体两端圆面的分段数，如图2-33所示。这个参数一般不设置，默认为1。

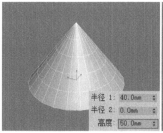
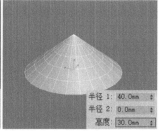
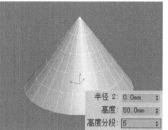
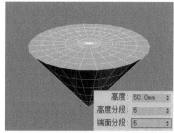

图2-31　　　　　　　　　图2-32　　　　　　　　　图2-33

"边数"是决定圆锥体的曲面是否圆滑的参数。"边数"数值越大，圆锥体的曲面就越圆滑，如图2-34所示；"边数"数值越小，圆锥体的曲面就会出现棱角，如图2-35所示。

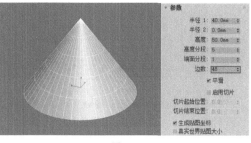
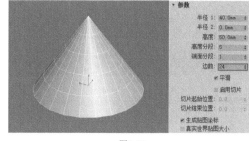

图2-34　　　　　　　　　　　　　　　图2-35

切片功能可以形象地视为"切蛋糕"，它能通过切片将一个完整的圆锥体分割为不同大小的切片部分，如图2-36所示。只有勾选"启用切片"选项，才可激活该效果。

控制每个切片部分大小的参数是"切片起始位置"和"切片结束位置"。不同的参数组合会形成不同的切片效果，如图2-37和图2-38所示。

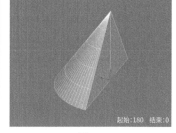
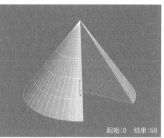

图2-36　　　　　　　　　图2-37　　　　　　　　　图2-38

---

**⑦ 疑难问答：如何确定切片的位置？**

圆柱体、球体和圆锥体等工具都有"启用切片"选项，勾选该选项后可以对模型进行切片。读者初次接触切片功能时，可能不能很好地明确"切片起始位置"和"切片结束位置"，因此下面介绍切片的具体原理。

勾选"启用切片"选项后，切片是以y轴的正方向为0°轴，在xy平面内围绕z轴旋转一周（360°），如图2-39所示。

相信读者明白了其中的原理，就能很好地理解"切片起始位置"和"切片结束位置"这两个参数。当设置"切片起始位置"为90时，就是切片从y轴开始，围绕z轴逆时针旋转90°，此处就是切片的起始位置；当设置"切片结束位置"为180时，就是切片从y轴开始，围绕z轴逆时针旋转180°，此处就是切片的结束位置，如图2-40所示。

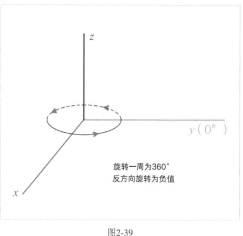
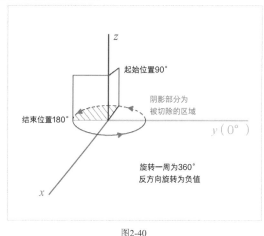

图2-39　　　　　　　　　　　　　　　图2-40

👆重点

## 2.1.3 球体

球体在日常建模中的使用频率也很高。现实生活中，水晶球、玻璃珠等都是球形的物体。图2-41和图2-42所示分别是球体模型及其参数面板。

扫码观看视频

球体的参数较为简单。"半径"决定了球体的大小，对比效果如图2-43所示；"分段"决定了球体表面是否圆滑，对比效果如图2-44所示。

如果只需要部分球体，可以直接设置"半球"数值；以形成不同的半球效果，对比效果如图2-45所示。

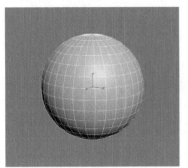
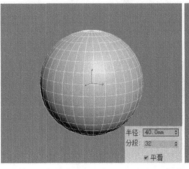
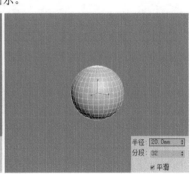

图2-41　　　　　　　　　　图2-42　　　　　　　　　　　　　　　　图2-43

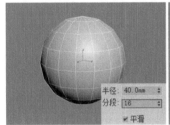

图2-44　　　　　　　　　　　　　　　　　　　图2-45

半球有两种模式，一种是"切除"，球体会被直接切掉，且模型的布线不会改变，如图2-46所示；另一种是"挤压"，球体被切除的同时，模型会保留未切除模型的布线数量，布线更加密集如图2-47所示。

---
ℹ️ **技巧提示：球体的切片功能**

　　球体的切片功能与圆锥体的切片功能相同，这里不再赘述。
---

默认的球体的坐标中心在球体的中心位置，如图2-48所示，勾选"轴心在底部"选项后，球体的坐标中心会移动到球体的底部，如图2-49所示。不同的坐标中心方便不同的建模操作，读者需要灵活选择。

图2-46　　　　　　　　　　图2-47　　　　　　　　　　图2-48　　　　　　　　　　图2-49

---
◎ **知识课堂：球体与几何球体的差别**

　　"标准基本体"除了包含"球体"对象外，还包含"几何球体"对象，这两个工具都能创建球体对象，下面为读者介绍两者的区别。

　　**模型布线**　球体的模型布线既有四边面，又有三角面，图2-50所示为四边面。几何球体的模型布线都是三角面，如图2-51所示。

　　**基点面类型**　几何球体可以设置"基点面类型"为"四面体""八面体""二十面体"，如图2-52~图2-54所示。球体只有一种模式。
---

图2-50　　　　　　图2-51　　　　　　图2-52　　　　　　图2-53　　　　　　图2-54

👑 重点

## 2.1.4　圆柱体

扫码观看视频

圆柱体是建模中常用的几何体之一。现实中与圆柱体接近的物体很多，如柱子、桶等。圆柱体可以用作多边形建模的基础模型，图2-55和图2-56所示分别是圆柱体模型及其参数面板。

圆柱体与圆锥体类似，都是由半径和高度控制模型的大小。圆柱体中只有一个"半径"参数，它控制着两端圆面的半径，也决定了圆柱体的粗细，对比效果如图2-57所示。

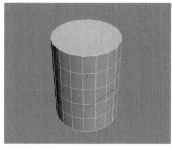

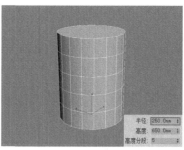
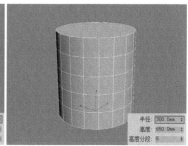

图2-55　　　　　　图2-56　　　　　　　　　　　　图2-57

"高度"控制圆柱体的高度，对比效果如图2-58所示。"高度分段"控制圆柱体曲面的分段数，默认为5，如图2-59所示。

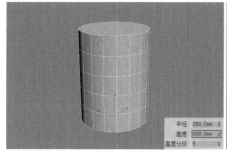
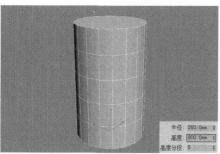
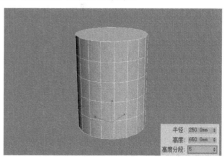

图2-58　　　　　　　　　　　　图2-59

"端面分段"控制圆柱体两端圆面的分段数，如图2-60所示。该参数默认为1，表示两端圆面没有分段，如图2-61所示。

"边数"决定了圆柱体曲面是否圆滑，该参数默认为18，如图2-62所示。当"边数"设置为8时，圆柱体会形成八棱柱的效果，如图2-63所示。

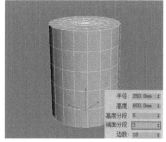
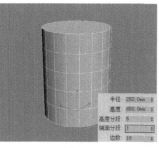
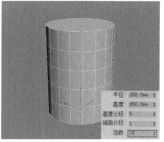
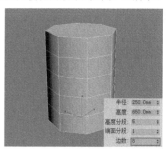

图2-60　　　　　　图2-61　　　　　　图2-62　　　　　　图2-63

👑重点

## 👆案例训练：用常用几何体制作创意台灯

| 场景文件 | 无 |
|---|---|
| 实例文件 | 实例文件>CH02>案例训练：用常用几何体制作创意台灯.max |
| 难易程度 | ★★☆☆☆ |
| 技术掌握 | 创建球体；创建圆柱体；复制对象 |

扫码观看视频

本案例使用"球体"工具 球体 和"圆柱体"工具 圆柱体 制作创意台灯，模型和线框效果如图2-64所示。

**01** 使用"球体"工具 球体 在场景中创建一个球体模型，切换到"修改"面板，设置"半径"为100mm，"分段"为64，如图2-65所示。

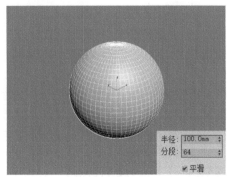

图2-64 　　　　　　　　　　　　　　　　　　　　　图2-65

**02** 使用"圆柱体"工具 圆柱体 在球体模型旁边创建一个圆柱体模型，设置"半径"为3mm，"高度"为250mm，"高度分段"为1，如图2-66所示。

**03** 将上一步创建的圆柱体模型逆时针旋转35°，然后紧贴球体模型的表面，效果如图2-67所示。

**04** 将圆柱体模型复制一个，然后拼接在原有圆柱体模型的下方，效果如图2-68所示。

**05** 将圆柱体模型继续向下复制一个，然后顺时针旋转90°，接着设置其"高度"为200mm，效果如图2-69所示。

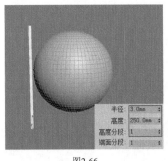
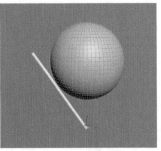
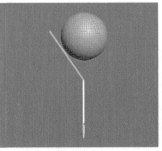
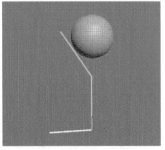

图2-66 　　　　　　图2-67 　　　　　　图2-68 　　　　　　图2-69

**06** 使用"圆柱体"工具 圆柱体 在场景中创建一个圆柱体模型，设置"半径"为6mm，"高度"为10mm，如图2-70所示。

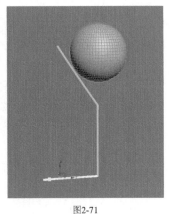

图2-70 　　　　　　图2-71

**07** 选中图2-71所示的两个圆柱体模型，然后执行"组>组"菜单命令，在弹出的"组"对话框中单击"确定"按钮 确定，如图2-72所示，就可以使选中的两个圆柱体模型成组。

图2-72

⊕ **技巧提示：组名添加方法**

读者也可以在"组名"输入框中输入组的名称，方便管理。如果成组后想重命名组的名称，读者可以选中组后在"修改"面板中设置重命名的组名，如图2-73所示。

图2-73

**08** 选中成组后的圆柱体模型，然后每旋转120°复制一个，共复制两个，效果如图2-74所示。

**09** 选中图2-75所示的球体模型和圆柱体模型，然后向右复制一个并旋转180°，效果如图2-76所示。

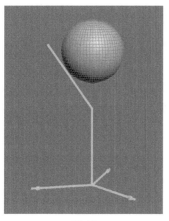
图2-74

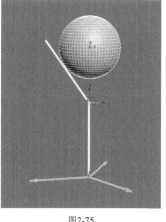
图2-75

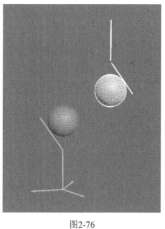
图2-76

⑦ **疑难问答：** 旋转多个模型时，模型会各自旋转吗？

上一步复制的模型在旋转时，并不是整体进行旋转，而是按照各自的轴心进行旋转，如图2-77所示。遇到这种情况，我们需要先使复制的模型成组，然后进行旋转，就可以得到理想的效果。

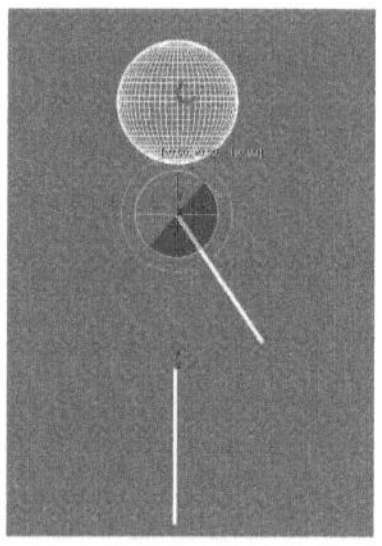

图2-77

**10** 选中图2-78所示的圆柱体模型，然后设置"高度"为150mm，效果如图2-79所示。

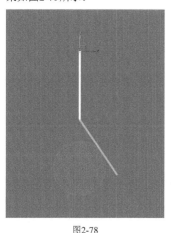
图2-78

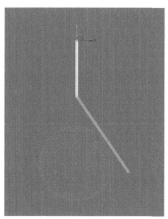
图2-79

⑦ **疑难问答：** 如何选中组中的对象？

当我们想选中组中的单个对象时，我们都会直接选中整个组。想要选中组中的单个或多个对象，我们需要执行"组>打开"菜单命令。这时原有的组的周围会出现一个红色的外框，这就代表组已经打开，我们就可以选择组中的单个或多个对象了，如图2-80所示。

当需要选中整个组时，执行"组>关闭"菜单命令，就可以将打开的组关闭。此时选择组中的对象，我们就会选择整个组。

如果不想成组，执行"组>解组"菜单命令，就可以将成组对象还原为单个对象。

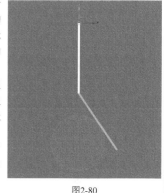
图2-80

**11** 将上一步修改后的圆柱体模型向上复制一个，然后设置"半径"为1mm，效果如图2-81所示。

**12** 调整模型之间的位置，案例的最终效果如图2-82所示。

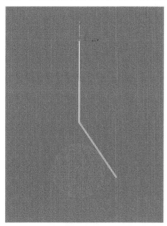
图2-81

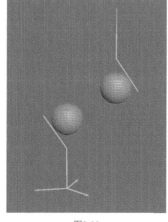
图2-82

◎ **知识课堂：** 修改模型显示的颜色

3ds Max中创建的模型所显示的颜色是随机的，如何修改模型显示的颜色，让其显示为用户需要的颜色呢？

在"创建"面板下方的"名称和颜色"卷展栏就可以完成这一设置，如图2-83所示。

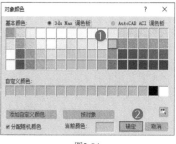
图2-83

单击颜色的色块，然后弹出"对象颜色"对话框，在颜色色块中选择用户需要的颜色，单击"确定"按钮 即可，如图2-84所示。这种方法不仅适合修改实体模型的颜色，也适合修改模型线框的颜色。

如果要统一修改模型显示的颜色，先将需要修改颜色的模型全部选中，然后统一设置一个颜色就可以实现批量修改。

图2-84

👑 重点

## 🔧 学后训练：用常用几何体制作石膏组合

| 场景文件 | 无 |
|---|---|
| 实例文件 | 实例文件>CH02>学后训练：用常用几何体制作石膏组合.max |
| 难易程度 | ★★☆☆☆ |
| 技术掌握 | 创建长方体；创建球体；创建圆柱体；创建圆锥体 |

本案例用常用几何体制作石膏组合，模型和线框效果如图2-85所示。

扫码观看视频

图2-85

---

❓ **疑难问答：3ds Max的建模思路是什么？**

3ds Max的建模思路大致分为以下5点。

**第1点：** 拆分模型。将复杂的模型拆分成多个相对简单的模型。

**第2点：** 创建大致轮廓。用系统自带的基础模型或二维图形绘制出模型的大致轮廓。

**第3点：** 调整造型。将上一步的模型转换为可编辑多边形或可编辑样条线后调整为更细致的造型。

**第4点：** 添加细节。为制作好的模型添加"网格平滑"或是增加切角，让模型看起来更加细腻。

**第5点：** 组合模型。将分别制作的单个模型进行组合，从而制作出复杂的模型。

---

## 2.1.5 管状体

管状体与圆柱体类似，但它是一个空心的圆柱体。现实中与管状体接近的物体很多，如吸管、管道等，图2-86和图2-87所示分别是管状体模型及其参数面板。

管状体与圆柱体类似，因此两者的参数也基本相同。相比于圆柱体，管状体有两个半径，分别代表了管状体的内径和外径，两个半径之间的距离就是管状体的厚度，对比效果如图2-88所示。管状体的其他参数与圆柱体相同，这里不再赘述。

扫码观看视频

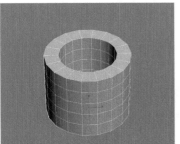
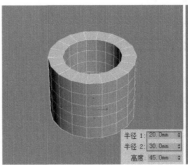
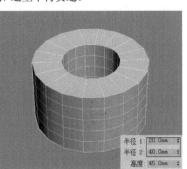

图2-86　　　　　　图2-87　　　　　　　　　　图2-88

---

ℹ️ **技巧提示："半径"1与"半径"2的关系**

"半径1"的数值可以比"半径2"大，也可以比"半径2"小。

---

## 2.1.6 圆环

圆环是一个空心的环形。现实中与圆环接近的物体很多，如手镯、铁环等，图2-89和图2-90所示分别是圆环模型及其参数面板。

圆环有两个半径，"半径1"控制圆环整体的半径，对比效果如图2-91所示；"半径2"控制圆环管道的半径，对比效果如图2-92所示。

设置"扭曲"参数后，圆环表面会产生扭曲的效果，如图2-93所示。

扫码观看视频

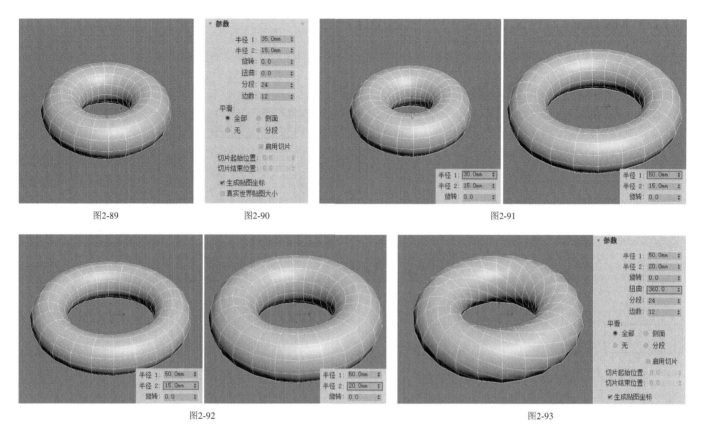

图2-89　　　　　　　　　图2-90　　　　　　　　　　　　　　图2-91

图2-92　　　　　　　　　　　　　　　　　　　图2-93

"分段"和"边数"都决定了圆环曲面是否圆滑，其中"分段"控制圆环在曲面的分段，如图2-94所示；"边数"则控制圆环管道的分段，如图2-95所示。

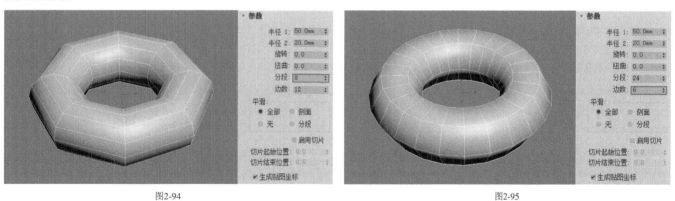

图2-94　　　　　　　　　　　　　　　　　　　图2-95

有4种方式可以控制圆环表面的平滑效果，分别为"全部""侧面""无""分段"，其效果如图2-96~图2-99所示。

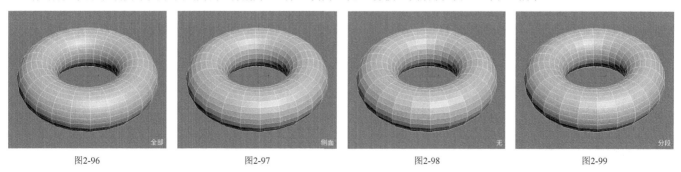

图2-96　　　　　　　　图2-97　　　　　　　　图2-98　　　　　　　　图2-99

## 2.1.7 四棱锥

扫码观看视频

四棱锥与圆锥体类似，只是四棱锥的底面是矩形，图2-100和图2-101所示分别是四棱锥模型及其参数面板。

四棱锥与圆锥体有些类似，但四棱锥的参数更加简单。"宽度"和"深度"控制四棱锥底面的长和宽，如图2-102所示。"高度"控制四棱锥的高度，对比效果如图2-103所示。

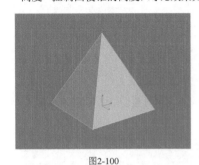
图2-100

图2-101

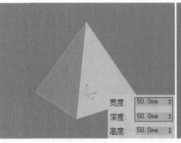
图2-102

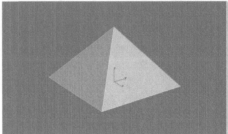
图2-103

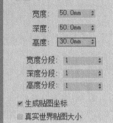

♛重点

## 2.1.8 平面

扫码观看视频

平面是常用的建模工具，常用来制作地面或是在制作毛发、布料时使用，图2-104和图2-105所示分别是平面模型及其参数面板。

平面的参数很简单，"长度"和"宽度"就能控制平面的大小，如图2-106所示。"长度分段"和"宽度分段"控制平面的分段数，两者的数值越大，平面的布线越密集，所生成的面就越多，如图2-107所示。

图2-104

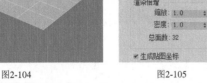
图2-105

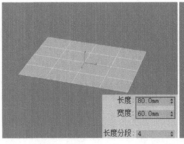

图2-106

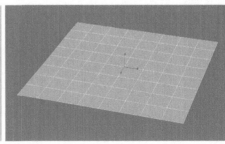
图2-107

扫码观看视频

## 2.1.9 加强型文本

加强型文本是3ds Max 2018新加入的工具，它在原有样条线"文本"工具 文本 的基础上，添加了挤出和倒角等命令，可以快速制作三维字体模型，图2-108和图2-109所示分别是加强型文本及其参数面板。

加强型文本的参数比较多，其中最重要的是"文本"输入框，在输入框内输入的文字会在视图中生成立体模型文字，如图2-110所示。如果要一次性输入大段的文字，单击下方的"打开大文本窗口"按钮 打开大文本窗口 ，在弹出的对话框中输入即可，如图2-111所示。

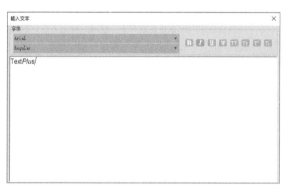

图2-110

图2-108

图2-109

图2-111

输入文字后就需要调整文字的相关属性。"大小"参数控制文字模型的大小，对比效果如图2-112所示。"跟踪"参数控制文字模型的字间距，对比效果如图2-113所示。

图2-112

图2-113

当设置"V比例"数值大于100时，文字模型会在y轴方向上拉长，如图2-114所示。当设置"H比例"数值小于100时，文字模型会在x轴方向上缩短，如图2-115所示。

图2-114

图2-115

① **技巧提示：** "V比例"和"H比例"的用法

"V比例"数值和"H比例"数值为100时会显示文字模型原本的效果。当两者的数值同时小于100时，文字模型会在y轴和x轴方向上缩短；当两者的数值同时大于100时，文字模型会在y轴和x轴方向上拉长。

单击"操纵文本"按钮 ![操纵文本]，单个文字模型上会出现控制手柄，如图2-116所示。控制手柄能控制单个文字模型的长度、宽度和基准线等。

"挤出"参数也是非常重要的，它控制文字模型的厚度，如图2-117所示。"挤出分段"控制文字模型在高度上的分段数，如图2-118所示。

勾选"应用倒角"选项，文字模型就能生成倒角效果，如图2-119所示。

图2-116　　　　　　　　　　图2-117　　　　　　　　　　图2-118　　　　　　　　　　图2-119

在没有出现"加强型文本"工具 ![加强型文本] 以前，要实现立体文字效果就需要用"文本"工具 ![文本] 生成样条文本，然后添加"挤出"修改器生成带厚度的文本模型，如果需要增加倒角效果，就继续添加"倒角"修改器。"加强型文本"工具将这三者进行结合，极大地方便了用户。

👑 重点

✋ **案例训练：用加强型文本制作文字海报**

| 场景文件 | 无 |
|---|---|
| 实例文件 | 实例文件>CH02>案例训练：用加强型文本制作文字海报.max |
| 难易程度 | ★★☆☆☆ |
| 技术掌握 | 创建立体文字；创建平面 |

扫码观看视频

本案例用"加强型文本"工具 ![加强型文本] 制作文字海报，模型和线框效果如图2-120所示。

**01** 使用"加强型文本"工具 ![加强型文本] 在场景中创建一个文字模型，切换到"修改"面板，在"参数"卷展栏中的"文本"输入框中输入618，设置"字体"为Arial，"大小"为300mm，如图2-121所示。

图2-120　　　　　　　　　　　　　　　　　　　　　图2-121

**02** 在"几何体"卷展栏中勾选"生成几何体"选项，设置"挤出"为60mm，然后勾选"应用倒角"选项，设置"倒角深度"为2.2mm，"宽度"为5.4mm，如图2-122所示。

**03** 继续在下方使用"加强型文本"工具 ![加强型文本] 在场景中创建一个文本模型，并在"文本"输入框中输入"狂欢节"，然后设置"字体"为"方正大黑简体"，"大小"为100mm，"跟踪"为60mm，如图2-123所示。

> ① **技巧提示：字体无法识别**
> "加强型文本"工具 ![加强型文本] 对于一些中文字体不能识别，从而无法生成立体文字。读者选择可以识别的字体即可。

图2-122

**04** 在"几何体"卷展栏中勾选"生成几何体"选项，设置"挤出"为10mm，然后勾选"应用倒角"选项，设置"倒角深度"为1mm，如图2-124所示。

图2-123　　　　　　　　　　　　　　　　　　　　　图2-124

**05** 使用"平面"工具 平面 在文字模型背后创建一个平面模型作为背景板，设置"长度"为900mm，"宽度"为800mm，如图2-125所示。

**06** 调整模型之间的位置，案例的最终效果如图2-126所示。

图2-125　　　　　　　　　　　　　　　图2-126

## 2.2 复合对象

复合对象可以创建一些较为复杂的模型，使用复合对象创建模型会极大地节省建模时间，图2-127所示是"复合对象"的工具面板。

### 2.2.1 图形合并

图形合并可以将一个或多个图形嵌入其他对象的网格中，或者将其从网格中移除。图2-128和图2-129所示分别是复合对象的效果和参数面板。

图形和模型要拼合，必须单击"拾取图形"按钮 拾取图形 ，然后在场景中拾取需要拼合的二维样条图形，拾取后的图形会显示在下方的"运算对象"选框中，如图2-130所示。

扫码观看视频

图2-127

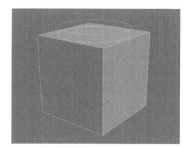

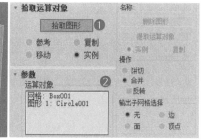

图2-128　　　　　　　　　图2-129　　　　　　　　　图2-130

图形拼合有两种模式。一种
是"合并"，会将样条图形与模型
合并在一起，如图2-131所示。另
一种是"饼切"，会将样条图形从
模型上切除，如图2-132所示。

如果觉得合并的图形不合适，
单击"删除图形"按钮 删除图形 ，
就可以将合并的图形删除，效果
如图2-133所示。

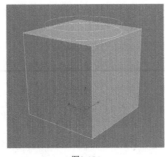

图2-131

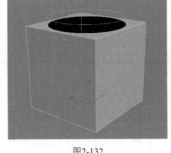

图2-132

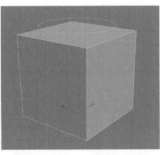

图2-133

👑重点

## 2.2.2 布尔

"布尔"运算通过对两个或两个以上的对象进行并集、差集、交集和合并等运算，从而得到新的物体形态。"布尔"运算的
效果和参数面板如图2-134和图2-135所示。

扫码观看视频

在建模时"布尔"运算是一种重要的工具，可以帮助用户，尤其可以帮助初学者减少很多建模步骤，使其快速有效地达到
预想的建模效果。场景中至少要有两个或两个以上的模型，才能进行"布尔"运算。

单击"添加运算对象"按钮 添加运算对象 后，就可以在场景中拾取需要进行运算的对象。需要注意的是，"布尔"运
算一次只能计算两个对象。运算结束后，对象会按照运算模式生成不同的效果。

"并集" 并集 是将两个对象合并为一个整体，两者相交的部分会被删除，如图2-136所示。

图2-134

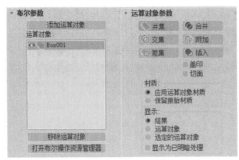

图2-135

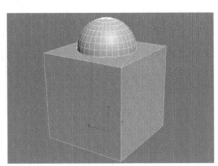

图2-136

"交集" 交集 则是将两个对象相交的部分保留，其余部分删除，如
图2-137所示。

"差集" 差集 是减去A物体中与B物体重合的部分，如图2-138所示。
这种模式的使用频率比较高。

> ⓘ 技巧提示：A物体与B物体
> A物体指使用"布尔"运算前选中的对象，B物体指单击"添加
> 运算对象"按钮 添加运算对象 后选中的对象。

"合并" 合并 与并集相似，是将两个单独的模型合并为一个整体，如图2-139所示。"附加" 附加 也是将两个单独的模型合并为一
个整体，但不改变各自模型的布线，这点与"合并"存在差异，如图2-140所示。

图2-137

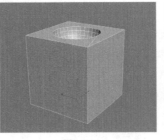

图2-138

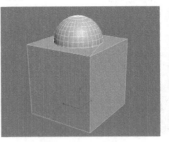

图2-139

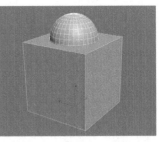

图2-140

> ⓘ 技巧提示："布尔"运算的使用注意事项
> "布尔"运算后，模型的布线会变得复杂且不适于后期修改。因此一定是在建模的最后一步使用"布尔"运算，以减小建模的复杂程度。

☆ 重点

## 🖐 案例训练：用布尔运算制作烟灰缸

| 场景文件 | 无 |
|---|---|
| 实例文件 | 实例文件>CH02>案例训练：用布尔运算制作烟灰缸.max |
| 难易程度 | ★★☆☆☆ |
| 技术掌握 | 创建管状体；创建圆柱体；布尔运算 |

扫码观看视频

本案例用"管状体"工具 [管状体]、"圆柱体"工具 [圆柱体] 和"布尔"运算制作烟灰缸，模型和线框效果如图2-141所示。

**01** 使用"管状体"工具 [管状体] 在场景中创建一个管状体模型，设置"半径1"为100mm，"半径2"为110mm，"高度"为30mm，"高度分段"为1，"边数"为64，如图2-142所示。

图2-141

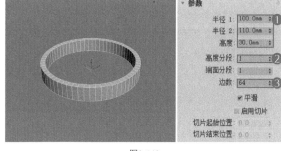

图2-142

**02** 使用"圆柱体"工具 [圆柱体] 在管状体模型下方创建一个圆柱体模型，设置"半径"为110mm，"高度"为-5mm，"高度分段"为1，"边数"为64，如图2-143所示。

**03** 继续使用"圆柱体"工具 [圆柱体] 在管状体模型上方创建一个圆柱体模型，设置"半径"为10mm，"高度"为20mm，"高度分段"为1，"边数"为64，如图2-144所示。

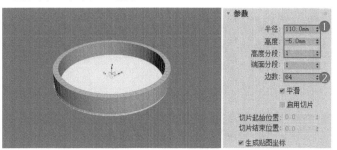

图2-143

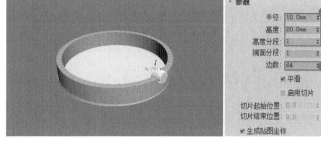

图2-144

> ⓘ **技巧提示：** "高度"数值的注意事项
>
> "高度"数值为负值时，圆柱体朝坐标轴的负方向延伸；"高度"的数值不是固定的，只要圆柱体的高度超过管状体的厚度即可。

**04** 将上一步创建的圆柱体模型复制两个，然后分别摆放在管状体模型的边缘位置，如图2-145所示。这3个圆柱体模型的位置就是烟灰缸边缘缺口的位置。

**05** 选中3个圆柱体模型，然后在"实用程序"面板中单击"塌陷"按钮 [塌陷]，在下方继续单击"塌陷选定对象"按钮 [塌陷选定对象]，将其合并为一个对象，如图2-146所示。

> ⓘ **技巧提示：** 塌陷圆柱体的原因
>
> 将3个圆柱体模型塌陷为一个整体后，只用使用一次"布尔"运算就可以同时移除3个圆柱体模型。如果用"布尔"运算分别移除3个圆柱体模型，会增加模型的布线，也可能会造成模型破损。

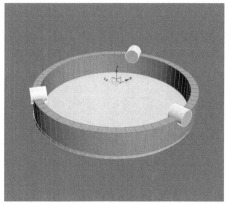

图2-145

图2-146

**06** 选中管状体模型，然后在"复合对象"中单击"布尔"按钮 布尔 ，接着单击"添加运算对象"按钮 添加运算对象 ，选中场景中塌陷后的圆柱体模型，再单击"差集"按钮 差集 ，如图2-147所示。此时塌陷后的圆柱体模型就会切掉管状体模型，形成3个圆弧缺口，案例的最终效果如图2-148所示。

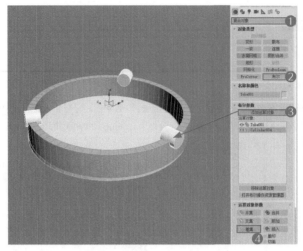

图2-147

图2-148

👑 重点

## 🖋 学后训练：用布尔运算制作螺帽

| 场景文件 | 无 |
| --- | --- |
| 实例文件 | 实例文件>CH02>学后训练：用布尔运算制作螺帽.max |
| 难易程度 | ★★☆☆☆ |
| 技术掌握 | 创建圆柱体；布尔运算 |

本案例是用"布尔"运算制作螺帽，模型和线框效果如图2-149所示。

扫码观看视频

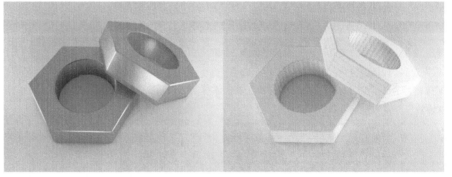

图2-149

---

◎ 知识课堂：布尔运算需要注意哪些问题

初学者在建模时，使用"布尔"运算的情况较多。"布尔"运算会使一些镂空造型的制作更加简便，但有些问题还是需要注意。

**第1点** "布尔"运算最好是放在模型造型的最后一步。"布尔"运算过后，模型的布线会变得复杂，如果后续需要修改造型，会增加建模的烦琐程度，且容易造成模型破面。

图2-150所示的立方体与球体进行"布尔"运算后，效果如图2-151所示。

**第2点** 多个模型运用"布尔"运算时，最好将模型都"塌陷"为一个整体再进行"布尔"运算，这样可以减少因计算错误而造成的模型破面现象。

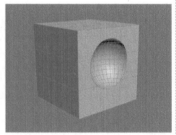

图2-150

图2-151

图2-152所示是一个立方体和3个球体。现在需要进行"布尔"运算，如果将立方体与每个球体都进行一次"布尔"运算，效果如图2-153所示。经过3次"布尔"运算后，模型表面虽然没有出现破面，但布线已经非常混乱，模型无法再进行修改。

返回到初始状态，将3个球体"塌陷"为一个整体后进行"布尔"运算，效果如图2-154所示。这次"布尔"运算后的模型布线更加规整。

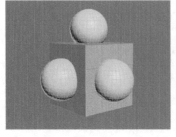
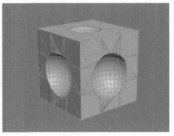

图2-152

图2-153

图2-154

### ☝重点
## 2.2.3 放样

"放样"是将一个二维图形作为沿某个路径运动的剖面,从而生成复杂的三维对象。"放样"是一种特殊的建模方法,能快速地创建出多种模型,放样的效果和参数面板分别如图2-155和图2-156所示。

扫码观看视频

创建放样模型有两种方式,一种是"获取路径" 获取路径 ,另一种是"获取图形" 获取图形 ,分别如图2-157和图2-158所示。读者应根据实际情况选择合适的方式,用不同的方式生成的模型的位置或方向会不同。

图2-155

图2-156

图2-157

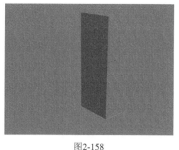
图2-158

### ☝重点
## ✋案例训练:用放样工具制作镜子

| 场景文件 | 无 |
| --- | --- |
| 实例文件 | 实例文件>CH02>案例训练:用放样工具制作镜子.max |
| 难易程度 | ★★☆☆☆ |
| 技术掌握 | 创建圆柱体;放样 |

扫码观看视频

本案例用"放样"工具 放样 和"圆柱体"工具 圆柱体 制作镜子,模型效果和灯光效果如图2-159所示。

**01** 在"创建"面板中选择"图形"选项卡,然后单击"圆"按钮 圆 ,在场景中创建一个圆形,设置"步数"为24,"半径"为550mm,如图2-160所示。

图2-159

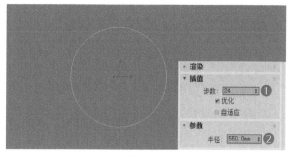
图2-160

> 🔗 **知识链接:"图形"工具**
>
> "图形"工具的具体用法请参阅"2.4 常用样条线"的相关内容。

**02** 使用"矩形"工具 矩形 在场景中创建一个矩形,设置"长度"和"宽度"都为80mm,"角半径"为10mm,如图2-161所示。

**03** 选中绘制的圆形,然后在"复合对象"的工具面板中单击"放样"按钮 放样 ,接着单击"获取图形"按钮 获取图形 并单击场景中绘制的矩形,如图2-162所示。此时绘制的圆形成为一个圆环模型,效果如图2-163所示。

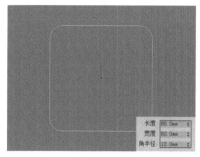
图2-161

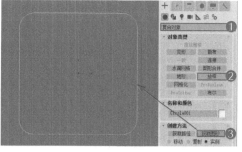
图2-162

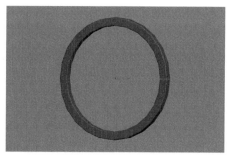
图2-163

**04** 观察生成的圆环模型，可以明显发现圆环模型的曲面不够圆滑，存在很多棱角。选中圆环模型，在"修改"面板中展开"修改器列表"的下拉列表，选择"涡轮平滑"选项，如图2-164所示。添加了"涡轮平滑"修改器后，圆环模型曲面的棱角消失，圆环模型变得圆滑，如图2-165所示。

**05** 使用"圆柱体"工具 圆柱体 在圆环模型中间创建一个圆柱体模型，设置"半径"为530mm，"高度"为10mm，"高度分段"为1，如图2-166所示。创建的圆柱体模型将作为镜面部分。

图2-164

图2-165

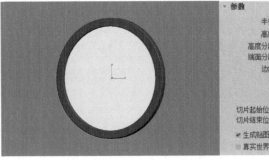
图2-166

**06** 继续使用"圆柱体"工具 圆柱体 在圆环模型下方创建一个圆柱体模型，设置"半径"为20mm，"高度"为-600mm，"高度分段"为1，如图2-167所示。

**07** 将上一步创建的圆柱体模型向下复制一个，然后设置"半径"为400mm，"高度"为-30mm，如图2-168所示。最终的案例效果如图2-169所示。

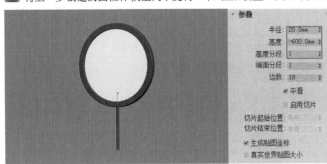
图2-167

图2-168

图2-169

# 2.3 VRay物体

安装了VRay渲染器后，"几何体"选项卡中的VRay工具面板中会出现VRay渲染器自带的工具，如图2-170所示。日常制作中，"VRay代理""VRay毛皮""VRay平面"等都是常用的工具。

图2-170

## 2.3.1 VRay代理

"VRay代理"是将面数较多的模型导出为一个面数较少的代理模型，这样可以降低模型占用的系统内存，提高制作效率。

扫码观看视频

单击选中需要导出为代理模型的原模型，然后单击鼠标右键，在弹出的快捷菜单中选择"VRay网格导出"选项，接着在弹出的"VRay网格导出"对话框中设定参数即可，如图2-171和图2-172所示。

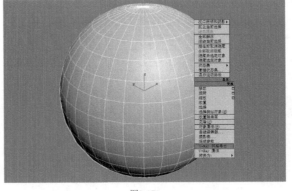
图2-171

图2-172

② 疑难问答：单击鼠标右键弹出的快捷菜单中没有"VRay网格导出"选项怎么办？

如果单击鼠标右键弹出的快捷菜单中没有"VRay网格导出"选项，我们需要执行"自定义>自定义用户界面"菜单命令，然后在弹出的"自定义用户界面"对话框中进行设置。

在"自定义用户界面"对话框中选择"四元菜单"选项卡，然后在"类别"中选择"VRay"选项，接着在下方选中"Exports the selected meshes to an external file"选项，再拖曳鼠标，将其移动到右侧选框中，最后单击"保存"按钮 <u>保存</u> 保存该设置，如图2-173所示。

关闭对话框后，再次单击鼠标右键，快捷菜单中就会出现"VRay网格导出"选项。

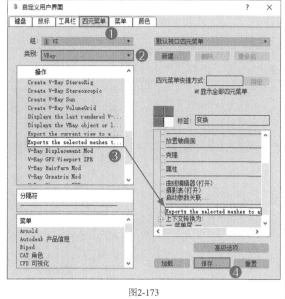

图2-173

虽然"VRay网格导出"对话框中的参数较多，但实际运用时只需要用到几个参数。

最上方的"文件夹"是设置导出的代理文件的保存路径，导出的代理文件会以.vrmesh格式保存。下面是选择导出文件的类型，一般选择默认的"导出每个选中的对象在一个单独的文件上"，这样就能将选中的对象单独导出为一个代理模型。"自动创建代理"选项一般会勾选，这样转换后的模型就自动显示为代理模型，省去了从外部再次导入的步骤。"预览面数%"可以设置代理模型的显示面数，如图2-174和图2-175所示。以上设置完成后就可以导出代理模型了。

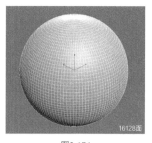
图2-174

图2-175

① 技巧提示：

"预览面数%"的数值不要设置得过小，否则我们不容易观察代理模型的大致轮廓。导出成组的对象时，我们需要将对象解组后"塌陷"为一个整体再导出。

### ⭐ 重点

## 2.3.2 VRay毛皮

"VRay毛皮"工具  用于模拟毛发、地毯和草坪等效果。选中需要生成毛皮的模型，单击该按钮后对应模型即可生成毛发效果，如图2-176所示。其参数面板如图2-177所示。需要生成毛发的对象会自动加载在"源对象"的通道中。

毛发的效果由"长度""厚度""重力""弯曲""锥度"等共同决定。"长度"，顾名思义就是单个毛发本身的长度。"厚度"代表单个毛发的粗细程度。"重力"控制毛发在z轴方向被下拉的力度，也就是通常所说的"重量"，如图2-178所示。

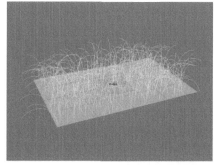
图2-176

图2-177

"弯曲"控制毛发弯曲的程度，如图2-179所示。"锥度"控制毛发锥化的程度。

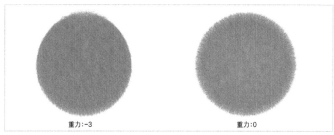

图2-178

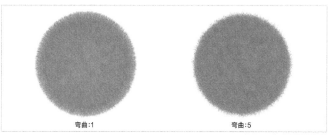

图2-179

上面这些设置能大致设定毛发的效果，这些效果在视口中不是很直观，我们需要通过渲染才能详细观察。

"结数"控制毛发弯曲时的光滑程度，我们可以将其简单地理解为毛发模型上的分段数。其数值越大，毛发在弯曲时会显得越光滑。"方向参量"控制毛发在生长方向上的随机程度。"长度参量"的作用类似，控制毛发长度的随机程度，如图2-180所示。其余的"厚度参量""重力参量"等参数的作用与它们类似。

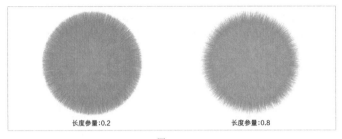

长度参量:0.2　　　　长度参量:0.8

图2-180

"每个面""每区域"是控制毛发整体数量的参数。其数值越大，对象所生成的毛发数量就越多。

毛发的生成情况除了可以用参数数值控制，也可以通过灰度贴图进行控制。在"贴图"卷展栏中使用不同的通道加载灰度贴图，可以形成更加复杂的毛发效果，如图2-181所示。

在"视口显示"卷展栏中，各项设置可以控制毛发在视口中的显示效果，如图2-182所示。"最大毛发"可以决定视口中显示的毛发数量，数量少就不会占用太多的系统资源，方便用户操作。

勾选"图标文本"选项后，毛发上会生成一个图标，如图2-183所示，它可以帮助用户快速地找到毛发对象。

图2-181

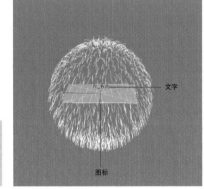

图2-182　　　　　图2-183

👑 重点

## 🔶 案例训练：用VRay毛皮模拟植物盆栽

| 场景文件 | 场景文件>CH02>01.max |
|---|---|
| 实例文件 | 实例文件>CH02>案例训练：用VRay毛皮模拟植物盆栽.max |
| 难易程度 | ★★★☆☆ |
| 技术掌握 | VRay毛皮 |

本案例的植物是用"VRay毛皮"工具 (VR)毛皮 模拟的，案例效果如图2-184所示。

**01** 打开本书学习资源中的"场景文件>CH02>01.max"文件，如图2-185所示，场景中有制作好的花盆模型。

**02** 将花盆模型单独显示，并选中字母Z花盆模型中间的"对象01"对象，然后单击"VRay毛皮"按钮 (VR)毛皮 添加毛发模型，如图2-186所示。

图2-184

图2-185

图2-186

**03** 选中上一步创建的毛发模型，然后设置"长度"为80mm，"厚度"为0.4mm，"重力"为-0.3mm，"弯曲"为0.8，"锥度"为0.5，"方向参量"为0.1，"长度参量"为0.4，"厚度参量"为0.2，"重力参量"为0.3，"卷曲变化"为0.4，"每区域"为6，如图2-187所示，其效果如图2-188所示。

**04** 为了更直观地观察毛发模型的形态，单击主工具栏上的"渲染产品"按钮 🔧，效果如图2-189所示。

**05** 按照字母Z花盆模型的制作方法，制作出其他3个字母花盆模型的毛发模型，效果如图2-190所示。

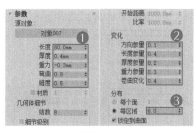

图2-187

图2-188

06 取消隐藏所有对象，并单击"渲染产品"按钮 ，渲染效果如图2-191所示。

图2-189

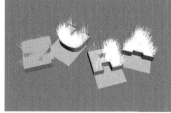

图2-190

图2-191

♔ 重点

## ◈ 案例训练：用VRay毛皮模拟毛巾

| 场景文件 | 场景文件>CH02>02.max |
| --- | --- |
| 实例文件 | 实例文件>CH02>案例训练：用VRay毛皮模拟毛巾.max |
| 难易程度 | ★★★☆☆ |
| 技术掌握 | VRay毛皮 |

扫码观看视频

本案例的毛巾是用"VRay毛皮"工具 (VR)毛皮 模拟的，案例效果如图2-192所示。

01 打开本书学习资源中的"场景文件>CH02>02.max"文件，如图2-193所示。

02 选中视图中的毛巾模型，然后单击"VRay毛皮"按钮 (VR)毛皮 添加毛发模型，如图2-194所示。

图2-192

图2-193

图2-194

03 选中创建的毛发模型，设置"长度"为20mm，"厚度"为0.2mm，"重力"为−3mm，"弯曲"为0.4，"锥度"为0.0，"方向参数"为0.2，"长度参数"为0.4，"厚度参数"为0.2，"重力参数"为0.2，"卷曲变化"为0.2，"每区域"为0.2，如图2-195所示，效果如图2-196所示。

04 单击"渲染产品"按钮 ，渲染效果如图2-197所示。

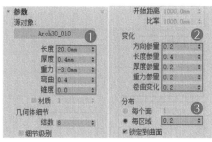

图2-195

图2-196

图2-197

① 技巧提示：
**毛发颜色**

此时毛发模型还没有赋予材质，显示的是毛发模型本身的颜色。

**05** 观察图2-196，毛巾上的绒毛显得很稀疏，需要增加绒毛。设置"厚度"为0.4mm，效果如图2-198所示，模型没有明显的变化。

**06** 单击"渲染产品"按钮 渲染场景，渲染效果如图2-199所示。

**07** 赋予材质后选择一个合适的角度进行渲染，最终效果如图2-200所示。

图2-198

图2-199

图2-200

> ⍰ **疑难问答：为何不通过增加"每区域"的数值从而增加绒毛量？**
>
> 如果增加"每区域"的数值，模型也可以达到图2-199所示的效果，然而模型的面数也会随之增多。模型的面数越多，渲染的速度就会越慢，而且容易造成软件卡顿、意外退出。增加绒毛的厚度，不仅可以使模型达到图2-199所示的效果，还可以不增加模型的面数。

🔗 **知识链接：**

赋予材质的相关内容，请参阅"5.1.6 赋予对象材质"。

👑 重点

🔒 **学后训练：用VRay毛皮制作毛绒玩偶**

| | |
|---|---|
| 场景文件 | 场景文件>CH02>03.max |
| 实例文件 | 实例文件>CH02>学后训练：用VRay毛皮制作毛绒玩偶.max |
| 难易程度 | ★★☆☆☆ |
| 技术掌握 | VRay毛皮 |

扫码观看视频

本案例用"VRay毛皮"工具  制作毛绒玩偶，案例效果如图2-201所示。

图2-201

### 2.3.3 VRay平面

VRay平面是一种无限延伸、没有边界的平面。VRay平面不仅可以赋予材质，也可以进行渲染，在实际工作中常用作背景板、地面和水面等。

VRay平面的创建方法很简单，只需要单击"VRay平面"按钮 (VR)平面 ，然后在场景中单击鼠标左键即可，如图2-202所示。

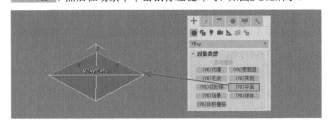
图2-202

## 2.4 常用样条线

图2-203所示是"图形"选项卡的"样条线"工具面板，包含"线""矩形""圆"等13个工具。"样条线"工具面板中的工具只能创建没有厚度的二维图形，如果要将二维图形变成有体积的模型，就需要用到修改器。

图2-203

☆ 重点

## 2.4.1 线

"线"工具  线  在建模中是常用的一种样条线工具，其使用方法非常灵活，形状也不受约束，可以封闭也可以不封闭，拐角处可以是尖锐的，也可以是平滑的。模型及其参数面板分别如图2-204和图2-205所示。

扫码观看视频

图2-204

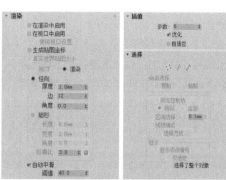
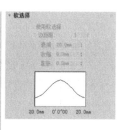

图2-205

绘制的样条线因为没有体积，所以无法被渲染，我们只能在视口中观察效果。想要样条线渲染出效果，有以下两种方法。

**第1种** 在"渲染"卷展栏中勾选"在渲染中启用"和"在视口中启用"选项，如图2-206所示。这样，样条线就能转换为有体积的模型，从而渲染出效果。

图2-206

**第2种** 为样条线添加"可渲染样条线"修改器，此时样条线也能转换为有体积的模型，从而被渲染。

为了方便操作，一般都使用第1种方法。当勾选了上面的两个选项后，我们就可以设置样条线的样式了。"径向"是将样条线生成剖面为圆形的模型，如图2-207所示。"矩形"则是将样条线生成剖面为矩形的模型，如图2-208所示。

样条线边缘的圆滑程度是由"步数"决定的，"步数"数值越大，样条线就会越圆滑，如图2-209所示。

图2-207

图2-208

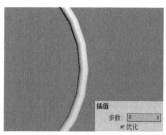
图2-209

我们可以在"选择"卷展栏中对样条线进行编辑，以形成不同的样式。在"顶点"层级下，我们可以编辑样条线的顶点，如图2-210所示。在"线段"层级下，我们可以编辑样条线的线段，如图2-211所示。在"样条线"层级下，我们可以编辑整个样条线，如图2-212所示。

图2-210

图2-211

图2-212

单击"创建线"按钮 创建线 可以绘制新的样条线，且它与原来的样条线为同一个模型。将多个样条线合并为一个样条线可以使用"附加"工具 附加 。选中其中一个样条线，单击"附加"按钮 附加 ，然后单击其他需要合并的样条线，就能将其合并为一个样条线，效果如图2-213所示。

绘制的样条线的顶点数目是确定的，如果需要在样条线上添加新的顶点，单击"优化"按钮 优化 即可，从而方便编辑，如图2-214所示。

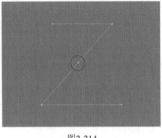

图2-213　　　　　　　　　　图2-214

在制作一些约束动画时，我们需要确定样条线路径的起点位置，选中需要作为起点的顶点，然后单击"设为首顶点"按钮 设为首顶点 ，就能将该顶点设置为起点。

在绘制样条线时，顶点一般显示为尖锐的角点，单击"圆角"按钮 圆角 ，或是在后面的输入框中输入数值，就能将选中的顶点转换为圆滑的圆角，如图2-215所示。

"切角"工具 切角 与"圆角"工具 圆角 类似，但是其顶点不会转换为圆滑的圆角，而是转换为直线型的切角，如图2-216所示。

在"样条线"层级 下，激活"轮廓"工具 轮廓 ，样条线会按照原有的形状生成一个封闭的轮廓，如图2-217所示。

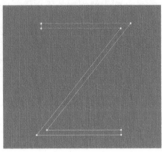

图2-215　　　　　　　　图2-216　　　　　　　　图2-217

👑 重点

## 🖑 案例训练：用线制作管道

| 场景文件 | 无 |
| --- | --- |
| 实例文件 | 实例文件>CH02>案例训练：用线制作管道.max |
| 难易程度 | ★★☆☆☆ |
| 技术掌握 | 创建线；创建圆；创建圆柱体 |

扫码观看视频

本案例的管道模型由"线"工具 线 绘制而成，模型及线框效果如图2-218所示。

**01** 使用"线"工具 线 在左视图中绘制直角样条线，如图2-219所示。

图2-218　　　　　　　　　　　　　　　图2-219

> ① **技巧提示：绘制直线的方法**
> 按住Shift键可以绘制直线。

**02** 在"选择"卷展栏中单击"顶点"按钮 ，切换到"顶点"层级 ，然后选中图2-220所示的顶点。

**03** 保持选中的顶点不变，在"几何体"卷展栏中单击"圆角"按钮 圆角 ，然后在右侧的输入框中设置"圆角"为15mm，效果如图2-221所示。

**04** 展开"渲染"卷展栏，勾选"在渲染中启用"和"在视口中启用"选项，设置"厚度"为12mm，如图2-222所示。

图2-220

图2-221

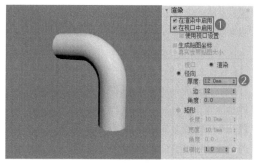
图2-222

**05** 使用"圆柱体"工具 圆柱体 在模型下方创建一个圆柱体模型，设置"半径"为10mm，"高度"为-8mm，"高度分段"为1，"边数"为6，如图2-223所示。

**06** 使用"线"工具 线 继续在下方绘制一条样条线，如图2-224所示。

**07** 选中上一步绘制的样条线，然后在"渲染"卷展栏中勾选"在渲染中启用"和"在视口中启用"选项，设置"厚度"为8mm，如图2-225所示。

**08** 将上一步中的模型复制一个，然后缩短其长度，并设置"厚度"为12mm，效果如图2-226所示。

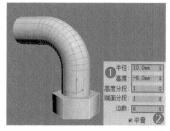
图2-223

图2-224

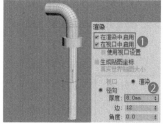
图2-225

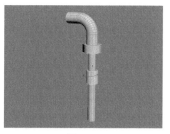
图2-226

> ① **技巧提示：** 制作模型的另一种方法
>
> 步骤08的模型也可以使用"圆柱体"工具 圆柱体 制作。

**09** 选中图2-227所示的模型，然后向下复制一个，效果如图2-228所示。

**10** 使用"线"工具 线 绘制一条直线，然后设置其"厚度"为5mm，效果如图2-229所示。

图2-227

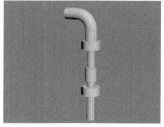
图2-228

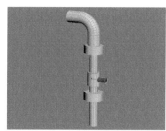
图2-229

**11** 在上一步创建的模型前方，使用"圆柱体"工具 圆柱体 创建一个圆柱体模型，设置"半径"为1.5mm，"高度"为1mm，"高度分段"为1，"边数"为6，如图2-230所示。

**12** 使用"圆"工具 圆 绘制一个圆形模型，设置"半径"为10mm，如图2-231所示。

**13** 在"渲染"卷展栏中勾选"在渲染中启用"和"在视口中启用"选项，设置"厚度"为3mm，如图2-232所示。

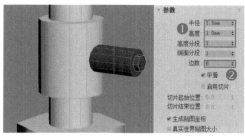
图2-230

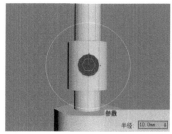
图2-231

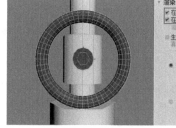
图2-232

**14** 使用"线"工具  在圆和圆柱体模型间绘制3条直线，位置如图2-233所示。

**15** 设置上一步绘制的3条直线的"厚度"为2mm，效果如图2-234所示。

**16** 调整模型之间的位置，案例的最终效果如图2-235所示。

图2-233

图2-234

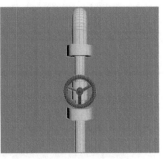
图2-235

👆重点

🔒 **学后训练：用线制作发光管**

| 场景文件 | 无 |
| --- | --- |
| 实例文件 | 实例文件>CH02>学后训练：用线制作发光管.max |
| 难易程度 | ★★☆☆☆ |
| 技术掌握 | 创建线；创建圆柱体；创建管状体 |

扫码观看视频

本案例使用"线"工具 线 、"圆柱体"工具 圆柱体 和"管状体"工具 管状体 制作发光管模型，模型及线框效果如图2-236所示。

图2-236

👆重点

## 2.4.2 矩形

扫码观看视频

"矩形"工具 矩形 是建模中较为常用的一种样条线，可用于绘制各种尖角或是圆角的矩形。模型及其参数面板分别如图2-237和图2-238所示。

"矩形"工具 矩形 的参数很简单，其中"长度"和"宽度"决定了矩形的大小，"角半径"则控制矩形圆角的大小，效果如图2-239所示。

图2-237

图2-238

图2-239

⑦ **疑难问答：矩形能否单独编辑"顶点""线段""样条线"？**

现有的参数面板中并没有"线"工具 线 中的"几何体"卷展栏，无法单独编辑"顶点""线段""样条线"的属性，需要将矩形转换为可编辑样条线。

选中矩形后单击鼠标右键，在弹出的快捷菜单中选择"转换为>转换为可编辑样条线"选项，如图2-240所示。

除了"线"工具 线 ，其他的样条线都和矩形一样，需要转换为可编辑样条线后才能单独编辑"顶点""线段""样条线"的属性。

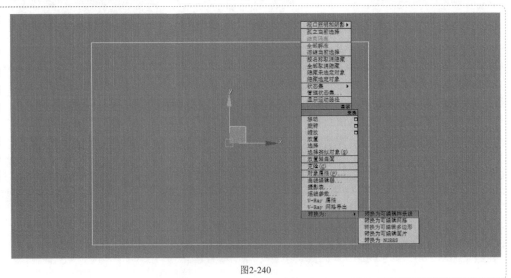
图2-240

☆ 重点

## 🖐 案例训练：用矩形工具制作推拉窗

| 场景文件 | 无 |
|---|---|
| 实例文件 | 实例文件>CH02>案例训练：用矩形工具制作推拉窗.max |
| 难易程度 | ★★☆☆☆ |
| 技术掌握 | 创建矩形；创建平面 |

扫码观看视频

本案例使用"矩形"工具 矩形 和"平面"工具 平面 制作推拉窗模型，模型及线框效果如图2-241所示。

**01** 使用"矩形"工具 矩形 在前视图中绘制一个"长度"和"宽度"都为300mm的矩形，如图2-242所示。

图2-241                    图2-242

**02** 在"渲染"卷展栏中勾选"在渲染中启用"和"在视口中启用"选项，然后选择"矩形"选项，设置"长度"为30mm，"宽度"为10mm，如图2-243所示。

**03** 将上一步设置的矩形复制一个，然后设置"长度"为276mm，"宽度"为135mm，如图2-244所示。

**04** 在"渲染"卷展栏中设置"长度"为15mm，"宽度"为10mm，如图2-245所示。

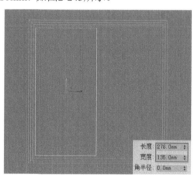
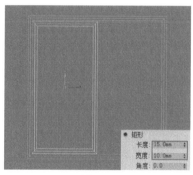

图2-243                图2-244                图2-245

**05** 将上一步调整好的矩形向右复制一个，效果如图2-246所示。

**06** 使用"平面"工具 平面 在窗框模型中创建两个平面模型，设置"长度"为266mm，"宽度"为125mm，如图2-247所示。

**07** 调整模型之间的位置，案例的最终效果如图2-248所示。

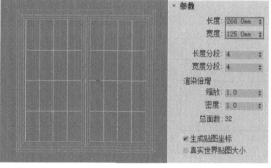

图2-246                图2-247                图2-248

👑 重点

## 🔔 学后训练：用矩形工具制作灯箱

| 场景文件 | 无 |
|---|---|
| 实例文件 | 实例文件>CH02>学后训练：用矩形工具制作灯箱.max |
| 难易程度 | ★★☆☆☆ |
| 技术掌握 | 创建矩形；创建平面 |

扫码观看视频

本案例的灯箱模型由"矩形"工具 矩形 和"平面"工具 平面 绘制而成，模型及线框效果如图2-249所示。

图2-249

## 2.4.3 圆

"圆"工具 圆 是建模中较为常用的一种样条线，可用于绘制圆形样条线。模型及其参数面板分别如图2-250和图2-251所示。"圆"工具 圆 的参数只有一个"半径"，它控制圆形的大小。

扫码观看视频

> ⑦ 疑难问答：如何创建椭圆形？
> 创建椭圆形的方法有两种。
> **第1种** 使用"椭圆"工具 椭圆 绘制椭圆形。
> **第2种** 将圆形转换为可编辑样条线，然后调整顶点的位置。

图2-250

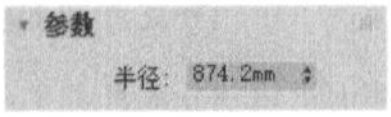

参数
半径：874.2mm ⬍

图2-251

## 2.4.4 弧

"弧"工具 弧 是建模中较为常用的一种样条线，可用于绘制角度不等的弧形样条线。模型及其参数面板分别如图2-252和图2-253所示。

扫码观看视频

"弧"工具 弧 的"半径"控制其大小，"从"和"到"则控制弧形的起始位置和结束位置，如图2-254所示。

默认的弧形是不封闭的，勾选"饼形切片"选项后，就能形成封闭的扇形效果，效果如图2-255所示。

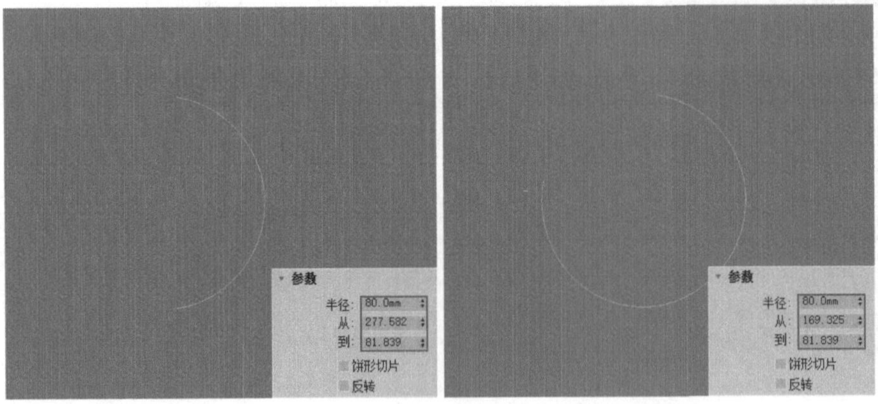

图2-252

参数
半径：582.336mr ⬍
从：0.0 ⬍
到：90.0 ⬍
☐ 饼形切片
☐ 反转

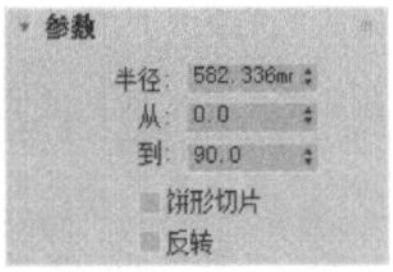

图2-253

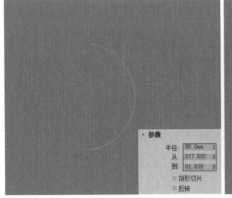
参数
半径：80.0mm ⬍
从：277.582 ⬍
到：81.839 ⬍
☐ 饼形切片
☐ 反转

图2-254

参数
半径：80.0mm ⬍
从：169.325 ⬍
到：81.839 ⬍
☐ 饼形切片
☐ 反转

图2-255

### 2.4.5 文本

扫码观看视频

使用文本样条线可以很方便地在视图中创建文字模型，并且可以更改字体类型和字体大小。模型及其参数面板分别如图2-256和图2-257所示。

之前在"2.1.9 加强型文本"中讲过的"加强型文本"工具 加强型文本 与这里讲的"文本"工具 文本 类似，在没有出现"加强型文本"工具 加强型文本 以前，我们都是用"文本"工具 文本 制作文字模型的。

"文本"工具 文本 的参数较为简单。"斜体" I 可以将文本切换为斜体，效果如图2-258所示。"下划线" U 可以在文本下方添加一条下划线，效果如图2-259所示。其他参数则与"加强型文本"工具 加强型文本 相同，这里就不再赘述。

图2-256

图2-257

图2-258

图2-259

① **技巧提示：** "文本"工具的注意事项
"加强型文本"工具要比"文本"工具更为好用，读者只需要了解该工具即可。

⑨ 新功能
### 2.4.6 徒手

"徒手"工具 徒手 是新加入的工具，拖曳鼠标能绘制任意形状的样条线。模型及其参数面板分别如图2-260和图2-261所示。

扫码观看视频

绘制完样条线后，勾选"显示结"选项，就可以显示绘制的样条线的顶点，效果如图2-262所示。

设置"采样"数值，可以控制样条线上顶点的数量，"采样"数值越大，样条线上的顶点就会越少，且样条线的形状也会随之改变，对比效果如图2-263和图2-264所示。

图2-260

图2-261

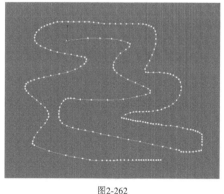
图2-262

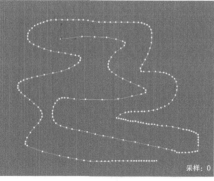
图2-263

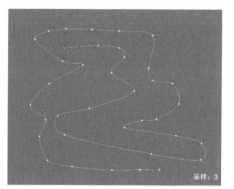
图2-264

勾选"闭合"选项后，未闭合的样条线会自动连接首尾顶点，形成闭合样条线。

# 2.5 常用修改器

修改器是3ds Max建模非常重要的功能之一，它主要用于改变现有对象的创建参数，调整一个对象或一组对象的几何外形，进行子对象的选择和参数修改，转换参数对象为可编辑对象等。修改器有很多种，按照类型的不同可以划分为几个修改器集合。在"修改"面板的"修改器列表"中，3ds Max将这些修改器默认分为"选择修改器""世界空间修改器""对象空间修改器"3个部分，如图2-265所示。

| 选择修改器 | 对象空间修改器 | 体积选择 | 按通道选择 | 编辑法线 |
|---|---|---|---|---|
| 网格选择 | (FG)地板生成器 | 保留 | 挤出 | 编辑网格 |
| 面片选择 | Arnold Properties | 修剪/延伸 | 挤压 | 编辑面片 |
| 样条线选择 | Cloth | 倒角 | 推力 | 网格平滑 |
| 多边形选择 | CoronaCameraMod | 倒角剖面 | 摄影机贴图 | 网格选择 |
| 体积选择 | CoronaDisplacementMod | 颜色 | 数据通道 | 置换 |
| | CoronaHairMod | 切片 | 晶格 | 置换近似 |
| 世界空间修改器 | CreaseSet | 切面 | 曲面 | 蒙皮 |
| Hair 和 Fur (WSM) | FFD 2x2x2 | 删除样条线 | 曲面变形 | 蒙皮包裹 |
| 摄影机贴图 (WSM) | FFD 3x3x3 | 删除网格 | 替换 | 蒙皮包裹面片 |
| 曲面变形 (WSM) | FFD 4x4x4 | 删除面片 | 服装生成器 | 蒙皮变形 |
| 曲面贴图 (WSM) | FFD (圆柱体) | 变形器 | 材质 | 融化 |
| 点缓存 (WSM) | FFD (长方体) | 可渲染样条线 | 松弛 | 补洞 |
| 粒子流碰撞图形 (WSM) | HSDS | 曝光 | 柔体 | 规格化样条线 |
| 细分 (WSM) | MassFX RBody | 四边形网格化 | 样条线 IK 控制 | 贴图缩放器 |
| 置换网格 (WSM) | mCloth | 圆角/切角 | 样条线选择 | 路径变形 |
| 贴图缩放器 (WSM) | MultiRes | 壳 | 横截面 | 车削 |
| 路径变形 (WSM) | OpenSubdiv | 多边形选择 | 法线 | 转化为多边形 |
| 面片变形 (WSM) | Particle Skinner | 对称 | 波浪 | 转化为网格 |
| | Physique | 属性承载器 | 涟漪 | 转化为面片 |
| | STL 检查 | 平滑 | 涡轮平滑 | 链接变换 |
| | UVW 变换 | 壹曲 | 点缓存 | 锥化 |
| | UVW 展开 | 影响区域 | 焊接 | 镜像 |
| | UVW 贴图 | 扫描 | 球形化 | 面挤出 |
| | UVW 贴图添加 | 扭曲 | 粒子面创建器 | 面片变形 |
| | UVW 贴图清除 | 投影 | 细分 | 面片选择 |
| | VR-毛发农场模式 | 折缝 | 细化 | 顶点焊接 |
| | VR-置换模式 | 拉伸 | 编辑多边形 | 顶点绘制 |
| | X 变换 | 按元素分配材质 | 编辑样条线 | |
| | 专业优化 | | | |
| | 优化 | | | |

图2-265

🏆 重点

## 2.5.1 挤出修改器

"挤出"修改器可以将高度添加到二维图形中，并且可以将对象转换成一个参数化对象。模型及其参数面板分别如图2-266和图2-267所示。

扫码观看视频

"数量"参数决定了挤出模型的高度，数值越大，挤出的高度也越大。"分段"则是在挤出的高度上添加分段线，默认为1，即不添加分段，其对比效果如图2-268所示。

默认状态下，挤出模型的两端呈封闭状态。如果取消勾选"封口始端"和"封口末端"，挤出模型的两端则不会封闭，如图2-269所示。

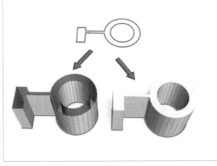

图2-266

图2-267

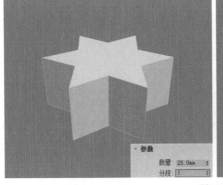

图2-268

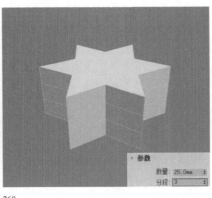

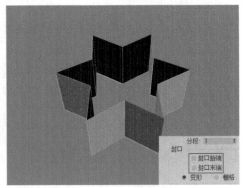

图2-269

☝重点
## 案例训练：用挤出修改器制作书本

| 场景文件 | 无 |
|---|---|
| 实例文件 | 实例文件>CH02>案例训练：用挤出修改器制作书本.max |
| 难易程度 | ★★☆☆☆ |
| 技术掌握 | 创建线；挤出修改器 |

扫码观看视频

本案例用"线"工具 线 和"挤出"修改器制作书本模型，模型及线框效果如图2-270所示。

**01** 使用"线"工具 线 在前视图中绘制样条线，效果如图2-271所示。

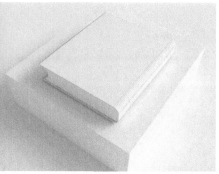

图2-270　　　　　　　　　　　　　　　　　　　　　　图2-271

---

⑦ **疑难问答：如何让样条线的顶点位置对齐？**

调整顶点间的位置使其对齐，需要用到"选择并均匀缩放"工具🔲。

**第1步** 选中需要对齐的顶点，如图2-272所示。

**第2步** 使用"选择并均匀缩放"工具🔲沿着x轴向坐标轴原点拖曳鼠标，此时会发现选中的顶点朝原点方向移动，从而将两者对齐，如图2-273所示。

图2-272　　　　　　　　　　　　　　　　　　　　　　图2-273

---

**02** 在"顶点"层级🔲下选中拐角处的两个顶点，然后设置"圆角"为13mm，如图2-274和图2-275所示。

**03** 切换到"样条线"层级√，然后设置"轮廓"为3mm，如图2-276所示。

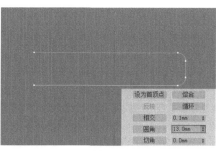
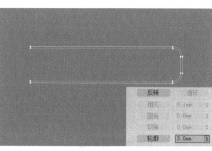

图2-274　　　　　　　　　　　　　图2-275　　　　　　　　　　　　　图2-276

**04** 切换到"顶点"层级🔲，选中左侧的顶点，然后使用"圆角"工具 圆角 将其转换为圆角效果，效果如图2-277所示。

**05** 在"修改"面板中展开"修改器列表"下拉列表，选择"挤出"选项，然后在"参数"卷展栏中设置"数量"为300mm，如图2-278所示。

---

① **技巧提示："挤出"修改器的另一种加载方法**

执行"修改器>网格编辑>挤出"菜单命令同样可以添加"挤出"修改器。

---

**06** 继续在前视图中使用"线"工具 线 绘制书页的轮廓，效果如图2-279所示。

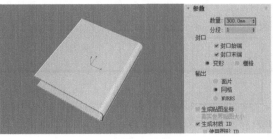

| 图2-277 | 图2-278 | 图2-279 |

**07** 将书页轮廓的顶点都调整为圆角效果，效果如图2-280所示。

**08** 继续为书页轮廓添加"挤出"修改器，设置"数量"为290mm，如图2-281所示。

**09** 调整模型之间的位置，案例的最终效果如图2-282所示。

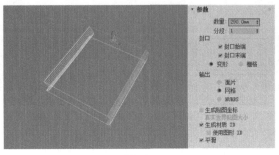

| 图2-280 | 图2-281 | 图2-282 |

## 👑 重点

## ⌗ 学后训练：用挤出修改器制作卡通书签

| 场景文件 | 无 |
|---|---|
| 实例文件 | 实例文件>CH02>学后训练：用挤出修改器制作卡通书签.max |
| 难易程度 | ★★☆☆☆ |
| 技术掌握 | 创建线；挤出修改器 |

扫码观看视频

　　本案例的卡通书签是由"线"工具 线 、"圆"工具 圆
和"挤出"修改器共同完成的，模型及线框效果如图2-283所示。

图2-283

## 👑 重点

## 2.5.2 车削修改器

　　"车削"修改器可以通过围绕坐标轴旋转一个图形或NURBS曲线来生成三维对象。模型及其参数面板分别如图2-284和图2-285所示。

扫码观看视频

　　添加"车削"修改器后，样条线可以进行旋转，而"度数"就是控制样条线旋转的角度。当该参数设置为360时，表示样条线会旋转360°。

　　旋转后的模型可能在轴心位置存在孔洞，或是存在重叠后的共面，这时只要勾选"焊接内核"选项，就能消除这些问题，如图2-286所示。

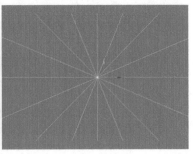

| 图2-284 | 图2-285 | 图2-286 |

默认情况下，对象的法线方向朝外；勾选"翻转法线"选项后，原有的法线方向会朝内，如图2-287所示。对象的法线方向不同，其接收灯光和赋予材质后的效果也不相同。

"分段"是决定旋转后的模型的曲面是否圆滑的参数，对比效果如图2-288所示。

图2-287 图2-288

默认的旋转轴方向是y轴，我们可以在下方的"方向"选项组中选择其他的轴向，对比效果如图2-289所示。

轴心的对齐方式有"最小""中心""最大"3种，不同的对齐方式会形成不同的模型效果，对比效果如图2-290所示。

图2-289

如果使用上述3种方式都不能生成合适的模型效果，我们可以选择"车削"的"轴"层级，然后移动轴心位置，如图2-291所示。

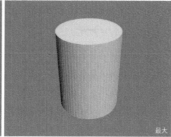

图2-290 图2-291

👍 重点

🖐 **案例训练：用车削修改器制作罗马柱**

| 场景文件 | 无 |
| --- | --- |
| 实例文件 | 实例文件>CH02>案例训练：用车削修改器制作罗马柱.max |
| 难易程度 | ★★☆☆☆ |
| 技术掌握 | 创建线；车削修改器 |

扫码观看视频

本案例用"线"工具 线 和"车削"修改器制作罗马柱，模型及线框效果如图2-292所示。

**01** 使用"线"工具 线 在前视图中绘制罗马柱的剖面，效果如图2-293所示。

**02** 在"顶点"层级 下调整顶点的位置，并使用"圆角"工具 圆角 进行修饰，效果如图2-294所示。

图2-292 图2-293 图2-294

**03** 选中上一步修改后的样条线，然后切换到"修改"面板，在"修改器列表"的下拉列表中选择"车削"选项，接着在"参数"卷展栏下勾选"焊接内核"选项，并设置"分段"为36，"方向"为Y，"对齐"为"最大"，如图2-295所示。罗马柱的最终效果如图2-296所示。

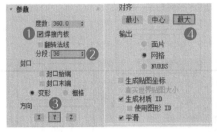

图2-295

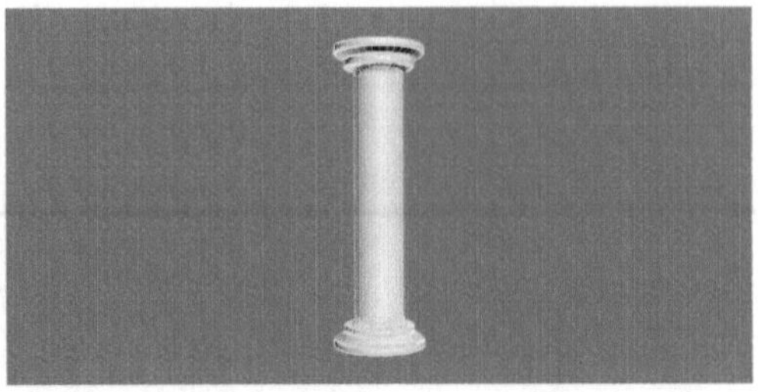

图2-296

☝ 重点

## 👆 学后训练：用车削修改器制作陀螺

| 场景文件 | 无 |
|---|---|
| 实例文件 | 实例文件>CH02>学后训练：用车削修改器制作陀螺.max |
| 难易程度 | ★★☆☆☆ |
| 技术掌握 | 创建线；车削修改器 |

扫码观看视频

本案例的陀螺模型是由"线"工具  线 和"车削"修改器共同制作的，模型及线框效果如图2-297所示。

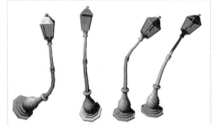

图2-297

☝ 重点

## 2.5.3 弯曲修改器

"弯曲"修改器可以控制物体在任意3个轴上弯曲的角度和方向，也可以限制几何体的某一段的弯曲效果。模型及其参数面板分别如图2-298和图2-299所示。

扫码观看视频

"弯曲"修改器的参数不多，最重要的就是"角度"和"方向"。其中"角度"控制对象弯曲的角度，效果如图2-300所示；"方向"控制对象弯曲后的旋转方向，效果如图2-301所示。

图2-298

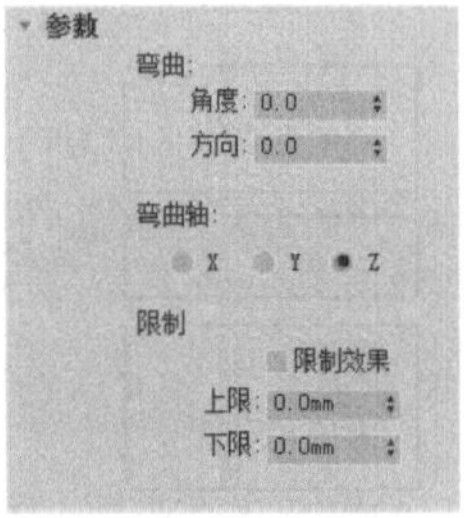

图2-299

默认情况下，对象的"弯曲轴"为z轴。当对象弯曲的效果不符合预想时，可以调整"弯曲轴"的方向为x轴或y轴，对比效果如图2-302所示。

图2-300

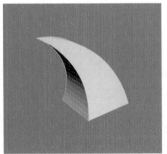

图2-301

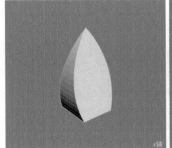

图2-302

☝ 重点

## 👆 案例训练：用弯曲修改器制作手镯

| 场景文件 | 无 |
|---|---|
| 实例文件 | 实例文件>CH02>案例训练：用弯曲修改器制作手镯.max |
| 难易程度 | ★★☆☆☆ |
| 技术掌握 | 创建切角长方体；弯曲修改器 |

扫码观看视频

本案例的手镯模型是由"弯曲"修改器制作而成的，模型及线框效果如图2-303所示。

**01** 在"几何体"选择卡下选择"扩展基本体"，然后单击"切角长方体"按钮 切角长方体 ，在场景中创建一个切角长方体模型。设置其"长度"为5mm，"宽度"为260mm，"高度"为15mm，"圆角"为2mm，"宽度分段"为35，"圆角分段"为3，如图2-304所示。

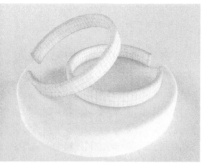
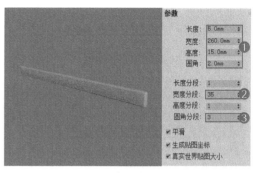

图2-303　　　　　　　　　　　　　　　　　　　　图2-304

① **技巧提示：** "切角长方体"与"长方体"的关系

　"切角长方体"工具 切角长方体 是在"长方体"工具 长方体 的基础上添加圆角效果。

**02** 在"修改器列表"的下拉列表中选择"弯曲"修改器，然后设置"角度"为330，"方向"为90，"弯曲轴"为X，如图2-305所示。

**03** 仔细观察手镯模型，会发现弯曲的部分存在一些棱角，显得不是很圆滑。继续在"修改器列表"的下拉列表中选择"网格平滑"修改器，此时手镯模型会变得圆滑，最终效果如图2-306所示。

① **技巧提示：** 增加分段的作用

　增加"切角长方体"的"宽度分段"数值也可以使手镯模型变得圆滑。

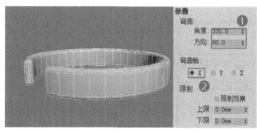

图2-305　　　　　　　　　　　　　　　图2-306

### 2.5.4 扫描修改器

　"扫描"修改器是让样条线按照路径进行旋转，从而生成三维模型，类似于"放样"工具 放样 ，但它比"放样"工具 放样 更为灵活好用。模型及其参数面板分别如图2-307和图2-308所示。

扫码观看视频

图2-307　　　　　　　　　　　　　　　图2-308

　用户如果使用修改器自带的内置截面，就只需要绘制路径样条线。使用内置截面可以生成不同形状的模型，对比效果如图2-309~图2-314所示。

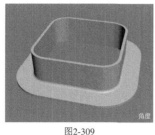

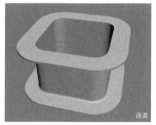

图2-309　　　　　　　　　　　　图2-310　　　　　　　　　　　　图2-311

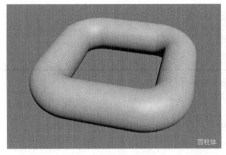

图2-312

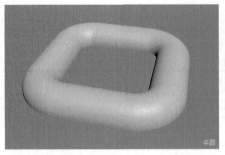

图2-313

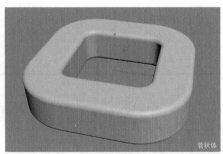

图2-314

用户如果觉得内置截面不能满足制作需要，可以自行绘制截面，然后选择"使用自定义截面"选项并拾取绘制的截面样条线。

模型生成后，用户可以设置"长度""宽度""厚度"以调整模型的细节，这个功能在创建吊顶模型和踢脚线模型时非常有用。"X偏移"和"Y偏移"可以让模型在生成平面上平移，方便与其他模型拼接。

### 案例训练：用扫描修改器制作背景墙

| 场景文件 | 无 |
| --- | --- |
| 实例文件 | 实例文件>CH02>案例训练：用扫描修改器制作背景墙.max |
| 难易程度 | ★★☆☆☆ |
| 技术掌握 | 创建矩形；创建平面；扫描修改器 |

本案例用"矩形"工具 矩形 、"扫描"修改器和"平面"工具 平面 制作带造型的背景墙，模型和线框效果如图2-315所示。

**01** 使用"矩形"工具 矩形 在前视图中绘制一个矩形，设置"长度"为1800mm，"宽度"为2000mm，如图2-316所示。

图2-315

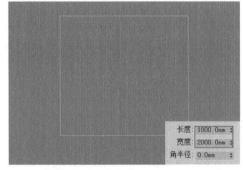

图2-316

**02** 将上一步创建的矩形转换为可编辑样条线，然后删除下方的线段，如图2-317所示。

**03** 使用"矩形"工具 矩形 继续绘制一个矩形，设置"长度"和"宽度"都为100mm，如图2-318所示。

**04** 选中上一步绘制的矩形，将其转换为可编辑样条线并调整样式，效果如图2-319所示。

图2-317

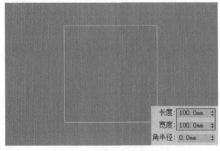

图2-318

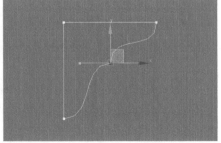

图2-319

**05** 选中步骤01中绘制的矩形，为其加载"扫描"修改器，然后在"截面类型"卷展栏中选择"使用自定义截面"选项，接着单击"拾取"按钮 拾取 并选中上一步修改后的样条线，如图2-320所示。拾取后的效果如图2-321所示。

**06** 此时模型有造型的一面背向画面。在"扫描参数"卷展栏中勾选"XZ平面上的镜像"和"XY平面上的镜像"选项，如图2-322所示。

图2-320

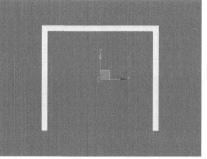
图2-321

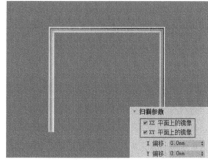
图2-322

**07** 使用"矩形"工具 矩形 继续绘制两个"长度"为1800mm、"宽度"为800mm的矩形，效果如图2-323所示。

**08** 按照步骤05中的方法加载"扫描"修改器，效果如图2-324所示。

**09** 使用"平面"工具 平面 创建一个平面模型作为墙体，案例的最终效果如图2-325所示。

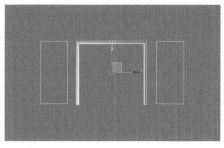
图2-323

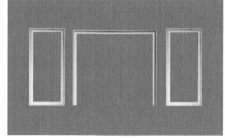
图2-324

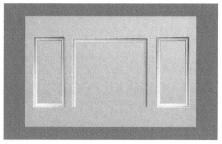
图2-325

## 学后训练：用扫描修改器制作传送带

| 场景文件 | 无 |
| --- | --- |
| 实例文件 | 实例文件>CH02>学后训练：用扫描修改器制作传送带.max |
| 难易程度 | ★★☆☆☆ |
| 技术掌握 | 创建矩形；创建圆柱体；扫描修改器 |

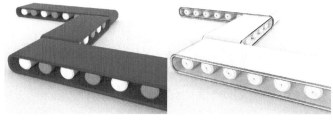

本案例的传送带模型由"矩形"工具 矩形 、"切角圆柱体"工具 切角圆柱体 和扫描修改器制作完成，模型及线框效果如图2-326所示。

图2-326

## 2.5.5 FFD修改器

FFD是"自由变形"的意思，FFD修改器即"自由变形"修改器。FFD修改器包含5种类型，分别是"FFD 2×2×2"修改器、"FFD 3×3×3"修改器、"FFD 4×4×4"修改器、"FFD（长方体）"修改器和"FFD（圆柱体）"修改器，如图2-327所示。

扫码观看视频

由于各种类型的FFD修改器的使用方法基本相同，因此这里选择"FFD（长方体）"修改器来进行讲解，其参数面板如图2-328所示。

单击"设置点数"按钮 设置点数 ，可以打开"设置FFD尺寸"对话框，如图2-329所示。在对话框中，我们可以设置晶格的数量。

图2-327

图2-328

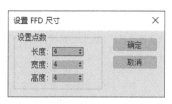
图2-329

添加修改器后，对象的周围会生成橙色的网格，如图2-330所示。展开修改器的子层级，里面显示的是控制晶格的层级，如图2-331所示。

"控制点"层级控制晶格上的方形点，如图2-332所示。"晶格"层级则控制整个晶格，如图2-333所示。选中的修改器子层级会在面板上显示为浅黄色。

选中"控制点"后，用"选择并移动"工具 ✛ 移动控制点，就能改变对象的形态，效果如图2-334所示。

   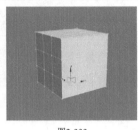 

图2-330       图2-331       图2-332       图2-333       图2-334

> ⚠ **技巧提示：分段与晶格的关系**
> 对象各个面分段的数量不同，晶格所影响的范围也不同。

如果想将调整后的对象还原到初始状态，单击"重置"按钮 重置 即可。

👑 重点

### 🖑 案例训练：用FFD修改器制作抱枕

| 场景文件 | 无 |
| --- | --- |
| 实例文件 | 实例文件>CH02>案例训练：用FFD修改器制作抱枕.max |
| 难易程度 | ★★☆☆☆ |
| 技术掌握 | 创建切角长方体；FFD修改器 |

扫码观看视频

本案例的抱枕模型由"切角长方体"工具 切角长方体 和FFD修改器制作完成，模型及线框效果如图2-335所示。

**01** 使用"切角长方体"工具 切角长方体 在场景中创建一个切角长方体模型，设置"长度"为10mm，"宽度"为180mm，"高度"为180mm，"圆角"为5mm，"宽度分段"和"高度分段"都为10，"圆角分段"为3，如图2-336所示。

  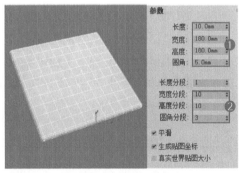

图2-335              图2-336

**02** 在"修改器列表"的下拉列表中选择"FFD4×4×4"修改器，然后切换到"控制点"层级，使用"选择并移动"工具 ✛ 移动控制点，从而改变切角长方体模型的造型，效果如图2-337所示。

**03** 将制作好的抱枕模型复制一个，案例的最终效果如图2-338所示。

> ⚠ **技巧提示：注意事项**
> 具体调整过程请观看配套教学视频。

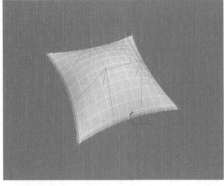 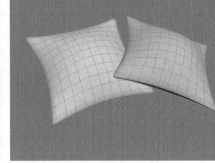

图2-337            图2-338

## ⭐重点
## 2.5.6 网格平滑修改器

"网格平滑"修改器可以通过多种方法来平滑场景中的几何体，它可以细分几何体，同时可以使角和边变得平滑。模型及其参数面板分别如图2-339和图2-340所示。

扫码观看视频

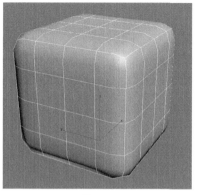
图2-339

图2-340

"网格平滑"修改器看似参数很多，但经常用到的参数却不多。

"细分方法"是常用的参数之一，它决定对象平滑布线的效果以及平滑的效果，有"经典""NURMS"和"四边形输出"3种方法，效果分别如图2-341~图2-343所示。一般情况下，使用默认的"NURMS"细分方法就可以达到理想的效果。

"迭代次数"控制对象平滑的程度，数值越大，平滑的效果越明显。图2-344所示是"迭代次数"为1、2、3时的平滑效果对比。

> ① 技巧提示："迭代次数"注意事项
>
> 读者需要特别注意，"迭代次数"的数值越大，对象平滑的时间也会越长，对计算机产生的消耗也越大，软件很容易卡顿或意外退出，建议设置该数值时不要超过3。

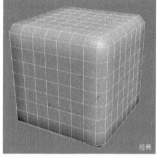
图2-341

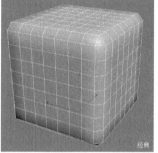
图2-342

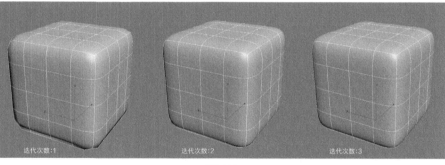

图2-343

图2-344

> ◎ 知识课堂：平滑类修改器
>
> 除了上面讲到的"网格平滑"修改器，3ds Max还提供了"平滑"修改器和"涡轮平滑"修改器，它们都可以实现平滑模型的效果。
>
> 这3种平滑类修改器虽然都可以平滑模型，但是在效果和可调性上有所差别。
>
> "平滑"修改器的参数比其他两种修改器要简单一些，且平滑的强度不强，其参数面板如图2-345所示。
>
> "涡轮平滑"修改器的使用方法与"网格平滑"修改器类似，而且能够更快并更有效率地利用内存，但是"涡轮平滑"修改器在运算时容易发生错误，其参数面板如图2-346所示。
>
> "网格平滑"修改器相对上述两种修改器平滑效果更好，且更加稳定，因此在日常制作中，它的使用频率较高。

图2-345

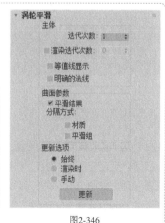
图2-346

👆重点

## 🖐案例训练：用网格平滑修改器制作鹅卵石

| 场景文件 | 无 |
|---|---|
| 实例文件 | 实例文件>CH02>案例训练：用网格平滑修改器制作鹅卵石.max |
| 难易程度 | ★★☆☆☆ |
| 技术掌握 | 创建长方体；FFD修改器；网格平滑修改器 |

扫码观看视频

本案例的鹅卵石模型是由"长方体"工具 长方体 、FFD修改器和"网格平滑"修改器共同完成的，模型和线框效果如图2-347所示。

**01** 使用"长方体"工具 长方体 在场景中创建一个长方体模型，设置"长度"为130mm，"宽度"为90mm，"高度"为20mm，"长度分段"和"宽度分段"都为6，"高度分段"为2，如图2-348所示。

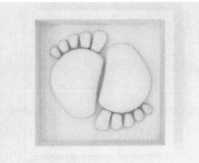
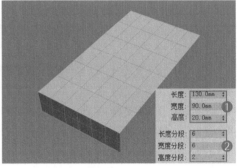

图2-347                                                         图2-348

**02** 在"修改器列表"的下拉列表中选择"FFD4×4×4"修改器，然后在"控制点"层级中调整控制点，效果如图2-349所示。

**03** 此时模型边缘的棱角较为明显，继续在"修改器列表"的下拉列表中选择"网格平滑"修改器，然后设置"迭代次数"为2，如图2-350所示。

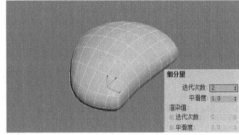

图2-349                                                         图2-350

---

◎ 知识课堂：平滑后模型效果不理想如何处理

使用平滑类修改器后，模型的效果可能会不理想，遇到这种情况就需要根据平滑后的效果修改原模型的布线。图2-351所示是立方体由于转角处的边距离过大，造成平滑后的模型的转角处过于圆滑。

增加立方体的分段线，使转角处的边距离减小，平滑后的模型的转角处就会锐利一些，如图2-352所示。

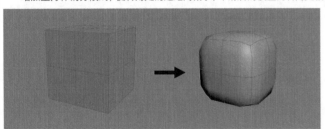
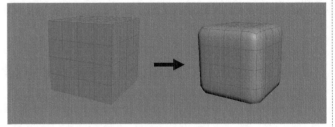

图2-351                                                         图2-352

通过以上两张图的对比，我们可以观察到模型转角处的边距离越小，平滑后的模型的转角处就越锐利。

---

**04** 使用"长方体"工具 长方体 在右上角创建一个小长方体模型，设置"长度"为33.461mm，"宽度"为20mm，"高度"为10mm，"长度分段"和"宽度分段"都为4，"高度分段"为2，如图2-353所示。

**05** 按照之前的步骤方法，为创建的长方体模型添加"FFD4×4×4"修改器和"网格平滑"修改器，效果如图2-354所示。

**06** 将小长方体模型复制4个，然后缩小尺寸并调整造型，形成脚丫的效果，效果如图2-355所示。

**07** 将制作好的模型整体复制一个，然后旋转180°，案例最终效果如图2-356所示。

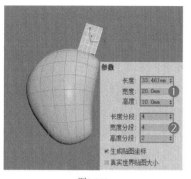

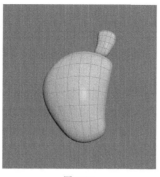

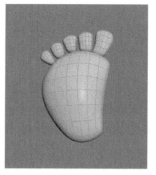

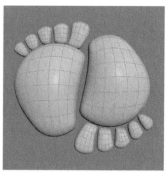

图2-353        图2-354        图2-355        图2-356

## 2.5.7 对称修改器

"对称"修改器是将原对象按照对称轴镜像复制对象，其使用方法与"镜像"工具  类似。模型及其参数面板分别如图2-357和图2-358所示。其参数很简单，只用设置"镜像轴"的方向，也就是镜像对象的方向即可。

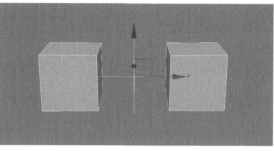

图2-357

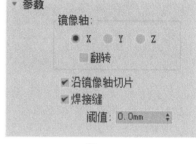

图2-358

🏆 重点

## 2.5.8 噪波修改器

"噪波"修改器是让模型形成波浪形式，从而改变模型的形状。模型及其参数面板分别如图2-359和图2-360所示。

"噪波"修改器在制作地形模型时非常实用，也可用于制作水面的波浪效果。"噪波"修改器最大的优势是可以形成随机的噪波效果，只需要随意设置一个"种子"数值，系统就能自动生成一种噪波效果。

扫码观看视频

"比例"参数控制噪波的凹凸程度，当设置的数值较小时，模型的边缘会更加锐利，对比效果如图2-361所示。

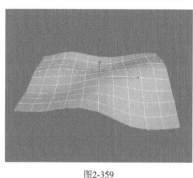

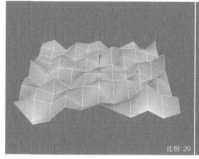

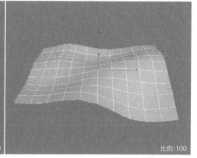

图2-359      图2-360          图2-361

勾选"分形"选项后，"粗糙度"和"迭代次数"两个参数会被激活，如图2-362所示。在"分形"模式下，模型会形成更加复杂的噪波效果。

对象的噪波不仅可以在纵向方向上生成，也可以在横向方向上生成。在"强度"选项组中设置X、Y和Z的数值可以控制噪波在各个轴上的凹凸程度，这一设置对制作水面模型非常实用。

勾选"动画噪波"选项后，我们可以制作噪波动画，例如水面的波纹移动等效果。

图2-362

♛ 重点

## 🖐 案例训练：用噪波修改器制作地形

| 场景文件 | 无 |
|---|---|
| 实例文件 | 实例文件>CH02>案例训练：用噪波修改器制作地形.max |
| 难易程度 | ★★☆☆☆ |
| 技术掌握 | 创建平面；噪波修改器 |

扫码观看视频

本案例的地形模型是由"平面"工具 平面 和"噪波"修改器制作完成的，模型和线框效果如图2-363所示。

**01** 使用"平面"工具 平面 在场景中创建一个平面模型作为地面，设置"长度"和"宽度"都为500mm，"长度分段"和"宽度分段"都为40，如图2-364所示。

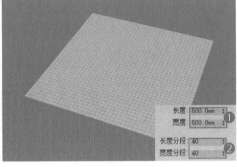

图2-363

图2-364

---

① **技巧提示：噪波与模型的关系**

噪波的效果与模型的布线密度有关。模型的布线密度小，会形成较为尖锐的噪波。

---

**02** 在"修改器列表"的下拉列表中选择"噪波"修改器，设置"种子"为55，然后勾选"分形"，设置"粗糙度"为0.9，"迭代次数"为1.7，Z为56.705mm，如图2-365所示。调整后的地面效果如图2-366所示。

**03** 在场景中找到一个合适的角度，形成地形的效果，最终效果如图2-367所示。

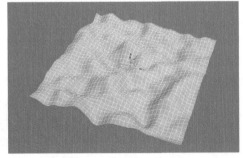
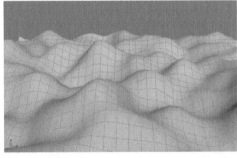

图2-365

图2-366

图2-367

## 2.5.9 优化修改器

"优化"修改器可以减少多边形模型的面数。模型及其参数面板分别如图2-368和图2-369所示。

在3ds Max中，模型大小是由模型的总面数决定的。模型的总面数越多，整个文件也就越大，尤其是在加载文件时会消耗很多内存。"优化"修改器可以在尽量保持模型形状的基础上，减少模型的面数，这和之前提到的"VRay代理"的原理相似。

"面阈值"参数是决定优化后模型的面数减少程度的数值。较低的值产生的优化较少，但是同时优化后模型的形状也会更接近原始形状。优化时，模型会因为面的减少产生一些三角面，"偏移"数值会减少优化过程中产生的细长三角形或退化三角形。

扫码观看视频

图2-368

图2-369

★ 重点

## 2.5.10  壳修改器

"壳"修改器可以为单面模型添加正向或反向的面,从而增加模型的厚度。模型及其参数面板分别如图2-370和图2-371所示。

"壳"修改器在日常制作中的使用频率比较高,在制作灯罩、布料时都会用到。"内部量"和"外部量"控制模型从原始位置向内移动或向外移动的距离,也就是模型的厚度,效果如图2-372所示。

扫码观看视频

图2-370

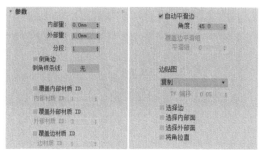
图2-371

图2-372

★ 重点

## 案例训练:用壳修改器制作台灯

| 场景文件 | 无 |
| --- | --- |
| 实例文件 | 实例文件>CH02>案例训练:用壳修改器制作台灯.max |
| 难易程度 | ★★☆☆☆ |
| 技术掌握 | 创建线;车削修改器;壳修改器 |

扫码观看视频

本案例的台灯模型由"线"工具 线 、"壳"修改器和"车削"修改器制作完成,模型和线框效果如图2-373所示。

**01** 使用"线"工具 线 在前视图中绘制台灯灯座的剖面,如图2-374所示。

图2-373

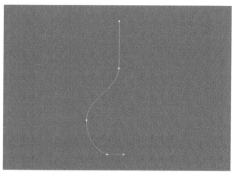
图2-374

**02** 在"修改器列表"的下拉列表中选择"车削"修改器,然后设置"度数"为360,"分段"为36,"方向"为Y,"对齐"为"最大",如图2-375所示。

**03** 使用"线"工具 线 在前视图中绘制灯罩的剖面,如图2-376所示。

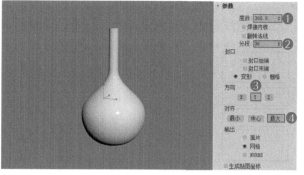
图2-375

图2-376

**04** 为上一步绘制的剖面添加"车削"修改器，然后设置"度数"为360，"分段"为36，"方向"为Y，"对齐"为"最大"，如图2-377所示。

**05** 此时生成的台灯模型是没有厚度的单面模型，与现实中的台灯不一样。继续在"修改器列表"的下拉列表中为台灯模型添加"壳"修改器，设置"外部量"为1.5mm，如图2-378所示。案例的最终效果如图2-379所示。

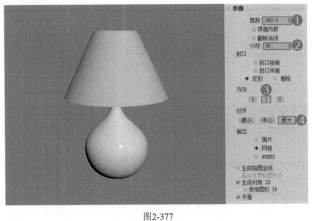 

图2-377 　　　　　　　　　　图2-378 　　　　　　　　　　图2-379

♔ 重点

## 2.5.11 Hair和Fur（WSM）修改器

"Hair和Fur（WSM）"修改器是3ds Max自带的毛发工具，共有14个卷展栏，如图2-380所示。

这些卷展栏中最重要的是"常规参数"卷展栏，它决定了毛发的基本情况，如图2-381所示。

"毛发数量"顾名思义就是控制对象上生成的毛发总数，对比效果如图2-382所示。"毛发段"与"VRay毛皮"中的"结数"一样，控制毛发的光滑程度。

 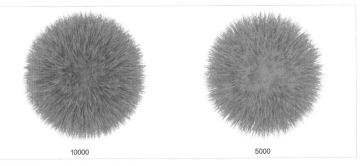

图2-380 　　　　　　　　　　图2-381 　　　　　　　　　　图2-382

"毛发过程数"控制毛发从根部到梢部的透明情况，对比效果如图2-383所示。"密度"控制毛发整体的密度。

"随机比例"控制毛发随机生成的比例，对比效果如图2-384所示。

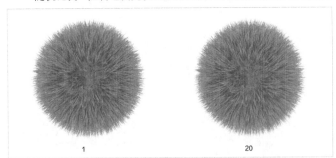 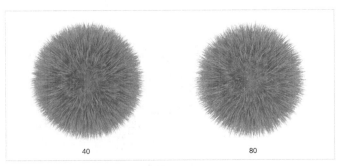

图2-383 　　　　　　　　　　　　　　图2-384

"根厚度"控制发根的厚度，"梢厚度"控制发梢的厚度，对比效果分别如图2-385和图2-386所示。

"成束参数"卷展栏中的参数可以让毛发形成一束一束的效果，如图2-387所示。

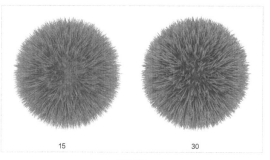

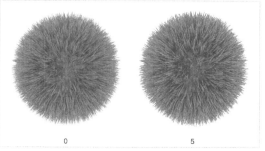

图2-385　　　　　　　　　　　　　　　　　图2-386　　　　　　　　　　　　图2-387

★ 重点

## 案例训练：用Hair和Fur（WSM）修改器制作牙刷

| 场景文件 | 场景文件>CH02>04.max |
|---|---|
| 实例文件 | 实例文件>CH02>案例训练：用Hair和Fur（WSM）修改器制作牙刷.max |
| 难易程度 | ★★☆☆☆ |
| 技术掌握 | Hair和Fur（WSM）修改器 |

扫码观看视频

本案例用"Hair和Fur（WSM）"修改器制作牙刷模型，模型效果如图2-388所示。

**01** 打开本书学习资源中的"场景文件>CH02>04.max"文件，场景中是两把没有毛发的牙刷，如图2-389所示。

**02** 选中左侧牙刷头部的多边形，然后在"修改器列表"的下拉列表中选择"Hair和Fur（WSM）"修改器，效果如图2-390所示。

图2-388　　　　　　　　　　　　　图2-389　　　　　　　　　　　　　图2-390

---

(！) 技巧提示：

场景中的背景部分模糊是因为摄影机添加了景深效果。

---

**03** 在"常规参数"卷展栏中设置"毛发数量"为1000，"毛发过程数"为1，"密度"为80，"根厚度"为15，"梢厚度"为8，如图2-391所示。

**04** 按照同样的方法，在另一个牙刷上添加毛发，效果如图2-392所示。

**05** 在"主工具栏"上单击"渲染产品"按钮 渲染场景，效果如图2-393所示。

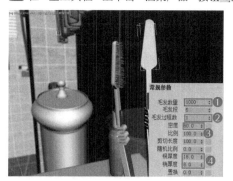

图2-391　　　　　　　　　　　　　图2-392　　　　　　　　　　　　　图2-393

👆 重点

## 学后训练：用Hair和Fur（WSM）修改器制作毛球

| 场景文件 | 场景文件>CH02>05 |
|---|---|
| 实例文件 | 实例文件>CH02>案例训练：用Hair和Fur（WSM）修改器制作毛球.max |
| 难易程度 | ★★☆☆☆ |
| 技术掌握 | 创建矩形；创建圆柱体；Hair和Fur（WSM）修改器 |

扫码观看视频

本案例用"Hair和Fur（WSM）"修改器制作毛球模型，模型效果如图2-394所示。

图2-394

👆 重点

### 2.5.12 Cloth修改器

"Cloth"修改器是专门用于模拟布料效果的工具，软件通过计算可以模拟出布料与物体碰撞的效果，其参数面板如图2-395所示。

展开"对象"卷展栏，单击最上方的"对象属性"按钮 对象属性 ，系统会弹出"对象属性"对话框，如图2-396所示。

扫码观看视频

单击"添加对象"按钮 添加对象... ，在弹出的对话框中选择需要添加为布料对象或冲突对象的对象，如图2-397所示。

添加了布料对象或冲突对象后，在"对象"卷展栏中单击"模拟"按钮 模拟 ，系统就可以模拟出布料的效果。如果对模拟的布料效果不满意，单击"消除模拟"按钮 消除模拟 ，就可以将模拟的效果删除，然后重新调整布料参数。

图2-395

图2-396

图2-397

👆 重点

## 案例训练：用Cloth修改器制作毯子

| 场景文件 | 场景文件>CH02>06.max |
|---|---|
| 实例文件 | 实例文件>CH02>案例训练：用Cloth修改器制作毯子.max |
| 难易程度 | ★★★☆☆ |
| 技术掌握 | Cloth修改器 |

扫码观看视频

本案例的毯子模型是用"Cloth"修改器制作而成，案例效果如图2-398所示。

**01** 打开本书学习资源中的"场景文件>CH02>06.max"文件，如图2-399所示。

图2-398

图2-399

**02** 使用"平面"工具 ▢平面▢ 在沙发椅上创建一个平面模型，然后设置"长度"为800cm，"宽度"为1500cm，接着设置"长度分段"为30，"宽度分段"为80，如图2-400所示。

> ① **技巧提示**：增加分段数值的作用
>
> 平面的分段数值越大，后期布料计算得越精确，但计算速度也越慢。

**03** 选中创建的平面，然后为其加载"Cloth"修改器，展开"对象"卷展栏，单击"对象属性"按钮 ▢对象属性▢，系统会弹出"对象属性"对话框，如图2-401所示。

**04** 此时对话框中只有平面模型，单击"添加对象"按钮 ▢添加对象▢，然后在弹出的对话框中选中沙发椅和地面的模型，再单击"添加"按钮 ▢添加▢，如图2-402所示。

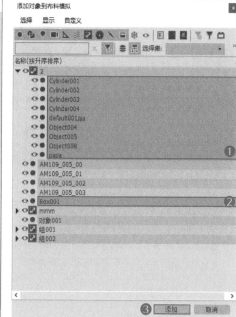

图2-400 图2-401 图2-402

**05** 选中平面模型，然后在右侧选择"布料"选项，如图2-403所示。

**06** 选中沙发模型和地面模型，然后在右侧选择"冲突对象"选项，接着单击"确定"按钮 ▢确定▢，如图2-404所示。

**07** 在"Cloth"修改器的"对象"卷展栏中单击"模拟"按钮 ▢模拟▢，系统会弹出"Cloth"对话框，显示模拟的进度，如图2-405所示。

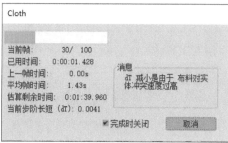

图2-403 图2-404 图2-405

> ① **技巧提示**：操作注意事项
>
> 在步骤05中先不要单击下方的"确定"按钮 ▢确定▢。

> ① **技巧提示**：模拟的过程中是否可以单击"取消"按钮
>
> 读者如果觉得模拟的效果合适，可以直接单击"取消"按钮 ▢取消▢ 停止模拟，以提高制作效率。

**08** 移动下方的时间滑块，选择觉得效果合适的一帧，如图2-406所示。

**09** 由于平面模型的分段数不够，使得平面模型与沙发模型有穿插，我们应将平面模型稍微向上移动一点，使两者没有穿插，如图2-407所示。

---

⚠ **技巧提示：模拟效果不好的解决办法**

其中一种解决方法是增大平面的分段数后重新进行模拟。

---

**10** 此时的平面模型没有厚度，应为其加载"壳"修改器，然后设置"外部量"为2cm，如图2-408所示。案例的最终效果如图2-409所示。

图2-406

图2-407

图2-408

图2-409

---

◎ **知识课堂："Cloth"修改器创建布料不成功怎么办**

用"Cloth"修改器制作布料效果时，布料模型有时会直接穿过碰撞模型。遇到这种情况时，需要重新设定布料模型和碰撞模型的属性。修改布料模型的个别参数后再解算布料效果，有时会出现问题，需要再次设定。

该修改器的解算效果不是很稳定，需要读者耐心制作。第10章中讲解的布料动力学工具的解算效果更加稳定，制作方法也更加简单。

---

👆 重点

👆 **案例训练：用Cloth修改器制作桌旗**

| | |
|---|---|
| 场景文件 | 场景文件>CH02>07.max |
| 实例文件 | 实例文件>CH02>案例训练：用Cloth修改器制作桌旗.max |
| 难易程度 | ★★☆☆☆ |
| 技术掌握 | Cloth修改器 |

本案例的桌旗模型是由"Cloth"修改器制作而成的，案例效果如图2-410所示。

**01** 打开本书学习资源中的"场景文件>CH02>07.max"文件，如图2-411所示。

**02** 要在桌面上模拟桌旗效果，需要先移开或隐藏桌面上的模型，效果如图2-412所示。

图2-410

图2-411

图2-412

**03** 使用"平面"工具 平面 在桌面上新建一个平面模型，设置"长度"为200mm，"宽度"为1600mm，"长度分段"为4，"宽度分段"为25，如图2-413所示。

**04** 为平面模型添加"Cloth"修改器，展开"对象"卷展栏，单击"对象属性"按钮 对象属性 ，在弹出的"对象属性"对话框中选中平面模型，然后在右侧选择"布料"选项，如图2-414所示。

**05** 单击"添加对象"按钮 添加对象 ，在弹出的对话框中选择"桌子"选项，然后单击"添加"按钮 添加 ，如图2-415所示。

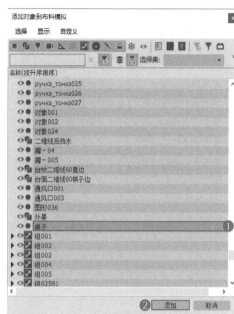

| 图2-413 | 图2-414 | 图2-415 |

**06** 在"对象属性"对话框中选择"桌子"选项,然后在右侧选择"冲突对象"选项,接着单击"确定"按钮 确定 退出对话框,如图2-416所示。

**07** 在"Cloth"修改器的"对象"卷展栏中单击"模拟"按钮 模拟 ,开始模拟布料的效果,此时系统会弹出"Cloth"对话框显示模拟的进度,如图2-417所示。模拟效果如图2-418所示。

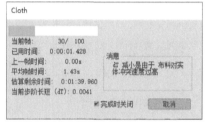

图2-417

> ① **技巧提示**:模拟注意事项
> 　模拟的过程中可以随时单击"取消"按钮 取消 取消模拟。

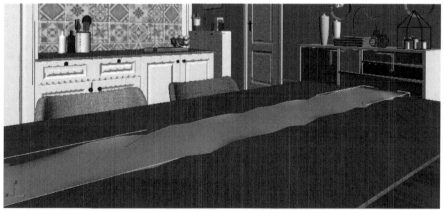

| 图2-416 | 图2-418 |

**08** 模拟的平面模型没有厚度,不符合现实中的布料效果,因此为其添加"壳"修改器,并设置"外部量"为3mm,如图2-419所示。

**09** 继续添加"网格平滑"修改器,让布料显得更加柔软,如图2-420所示。

**10** 将原来桌面上的模型移动回原位,案例的最终效果如图2-421所示。

图2-419　　　　　　　　　　　　图2-420　　　　　　　　　　　　图2-421

👑重点

## 🔒学后训练：用Cloth修改器制作背景布

| 场景文件 | 场景文件>CH02>08.max |
| --- | --- |
| 实例文件 | 实例文件>CH02>学后训练：用Cloth修改器制作背景布.max |
| 难易程度 | ★★☆☆☆ |
| 技术掌握 | Cloth修改器 |

扫码观看视频

本案例的背景布模型是由"Cloth"修改器制作而成的，案例效果如图2-422所示。

图2-422

# 2.6　转换多边形对象

多边形对象无法直接创建，需要依靠之前学习的基础建模模型进行转换。转换多边形对象的方法有3种，如图2-423所示。

**转换多边形对象的方法**

| 右键菜单转换 | 编辑多边形修改器 | 修改器堆栈 |
| --- | --- | --- |

图2-423

**第1种**　在模型上单击鼠标右键，然后在弹出的快捷菜单中选择"转换为>转换为可编辑多边形"选项，如图2-424所示。这种方法在日常制作中的使用频率最高，但缺点是转换后的对象无法还原为参数对象。

**第2种**　为模型加载"编辑多边形"修改器，如图2-425所示。这种方法的好处是保留了对象之前的参数，同时可以进行多边形编辑。

**第3种**　在修改器堆栈中选中物体，然后单击鼠标右键，在弹出的快捷菜单中选择"可编辑多边形"选项，如图2-426所示。这种方法的使用频率不高，读者了解即可。

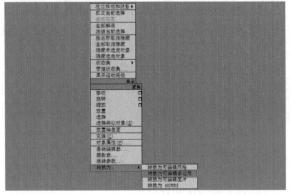

图2-424

图2-425

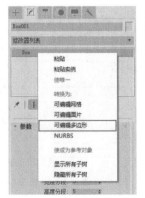

图2-426

> ⚠ **技巧提示：转换多边形对象的注意事项**
>
> 转换多边形对象在有些书中被称为塌陷多边形对象。除了第1种方法，后面两种方法都可以返回模型的参数层级。

## 2.7 编辑多边形对象

将对象转换为可编辑多边形对象后，我们就可以对可编辑多边形对象的顶点、边、边界、多边形和元素分别进行编辑。日常制作中，使用频率较高的是"选择""编辑几何体""编辑顶点""编辑边""编辑多边形"，如图2-427所示。

**编辑多边形对象**

⌄

| 选择 | 编辑几何体 | 编辑顶点 | 编辑边 | 编辑多边形 |
|---|---|---|---|---|
| 切换对象的不同层级 | 全局修改多边形几何体 | 编辑顶点属性 | 编辑边属性 | 编辑多边形属性 |

图2-427

### 2.7.1 选择

"选择"卷展栏下的工具与选项主要用来访问多边形子对象级别和快速选择子对象，如图2-428所示。

> ⓘ **技巧提示：** 层级切换的快捷方式
>
> 按键盘的1~5键会依次在"顶点"到"元素"层级间切换。

单击"顶点"按钮后，对象的线框上就会出现蓝色的点，选中的点会显示为红色，如图2-429所示。

单击"边"按钮后，对象只会显示白色线框，选中的边会显示为红色，如图2-430所示。

当对象存在缺口时，单击"边界"按钮，就可以选中缺口处的一系列边，形成一个完整的循环，如图2-431所示。

图2-428

图2-429

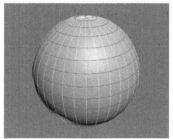
图2-430

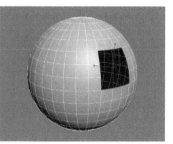
图2-431

单击"多边形"按钮后，对象仍然显示白色的线框，选中的多边形会显示为红色，如图2-432所示。

如果要一次性选中所有连续的多边形，可以单击"元素"按钮，如图2-433所示。

在日常操作时，本来只需要选中正面的点、边或多边形，但在选完后，会发现背面的部分也被选中。遇到这种情况，我们就需要勾选"忽略背面"选项，这样在视图中不能直接看到的部分就不会被选中。

如果要连续选中循环的边或边界，逐一选择会很麻烦，选中其中一个后单击"环形"按钮 环形 或"循环"按钮 循环 ，就能生成连续的选择效果，如图2-434所示。

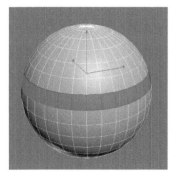
图2-432

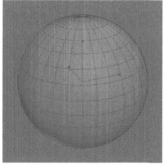
图2-433

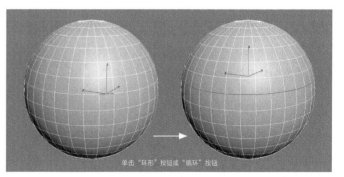
单击"环形"按钮或"循环"按钮
图2-434

那么读者肯定会疑惑，选择循环的点或多边形该如何操作？选中点或多边形后，按住Shift键，将光标移动到旁边的点或多边形上，循环点或多边形会显示为黄色高亮效果；如果觉得没有问题，单击鼠标左键即可，如图2-435所示。

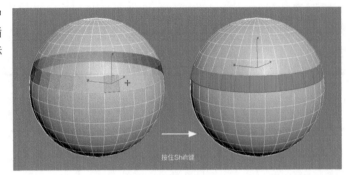

按住Shift键

图2-435

👑 重点

## 2.7.2 编辑几何体

"编辑几何体"卷展栏下的工具适用于所有层级，用于全局修改多边形几何体，如图2-436所示。

"编辑几何体"卷展栏中最常用的是"塌陷" 塌陷 、"分离" 分离 、"切片平面" 切片平面 和"快速切片" 快速切片 这4个功能。

"塌陷" 塌陷 是将选中的顶点与选择中心的顶点进行焊接，形成一个单独的顶点，如图2-437所示。

扫码观看视频

"分离" 分离 会将选中的多边形单独分离为一个元素，常用在需要为一个对象赋予多个材质时，如图2-438所示。

"切片平面" 切片平面 和"快速切片" 快速切片 都是为模型添加分段线的工具，区别在于"切片平面" 切片平面 会添加循环的分段线，而"快速切片" 快速切片 则更加自由。

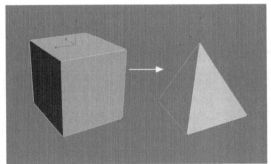

图2-436

图2-437

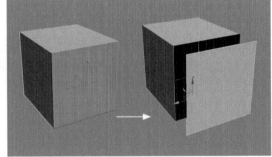

图2-438

👑 重点

## 2.7.3 编辑顶点

进入可编辑多边形的"顶点"层级 后，"修改"面板中会增加一个"编辑顶点"卷展栏，如图2-439所示。这个卷展栏下的工具全部是用来编辑顶点的。

单击"移除"按钮 移除 后，多边形对象上选中的顶点将被移除，这样会适当改变多边形对象的形状。

扫码观看视频

图2-439

👁 知识课堂：移除顶点与删除顶点的区别

移除顶点和删除顶点所呈现的效果是完全不同的。

**移除顶点** 选中一个或多个顶点以后，单击"移除"按钮 移除 或按Backspace键即可移除顶点，但也只能是移除了顶点，而面仍然存在，如图2-440所示。移除顶点可能导致网格形状发生严重变形。

**删除顶点** 选中一个或多个顶点以后，按Delete键可以删除顶点，同时也会删除连接到这些顶点的面，如图2-441所示。

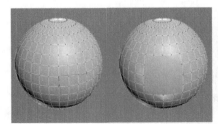

图2-440

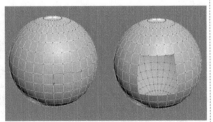

图2-441

"挤出"工具 挤出 的使用频率较高，它可以将选中的顶点向外或向内挤出，如图2-442所示。如果要精确设置挤出的高度和宽度，可以单击"挤出"按钮后的"设置"按钮■，然后在视图中的"挤出顶点"对话框中输入数值即可，如图2-443所示。

使用"切角"工具 切角 可以为选中的顶点进行切角，如图2-444所示。"连接"工具 连接 则可以在选中的两个顶点之间添加线段，如图2-445所示。

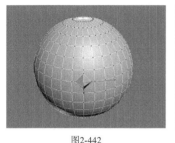
图2-442

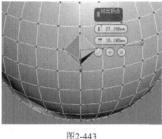
图2-443

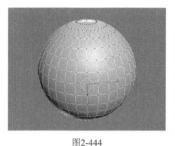
图2-444

图2-445

重点

### 2.7.4 编辑边

扫码观看视频

进入可编辑多边形的"边"层级◁后，"修改"面板中会增加一个"编辑边"卷展栏，如图2-446所示。这个卷展栏下的工具全部是用来编辑边的。

"编辑边"卷展栏与"编辑顶点"卷展栏的工具大多相同，用法也类似。

单击"插入顶点"按钮 插入顶点 ，对象的任意位置上会添加新的顶点。单击"挤出"按钮 挤出 ，直接拖曳鼠标就可以向外或向内挤出边，也可以单击"挤出"按钮 挤出 后的"设置"按钮■，以设置具体的参数，如图2-447和图2-448所示。

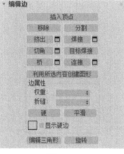
图2-446

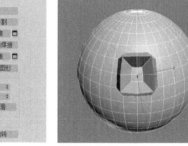
图2-447

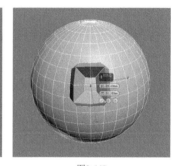
图2-448

"切角"工具 切角 在建模过程中的使用频率很高，它可以将尖锐的边角转换为平滑的圆角，如图2-449所示。

"连接"工具 连接 对于创建或细化边循环特别有用。图2-450所示是选中圆柱模型上的两条竖向边，使用"连接"工具 连接 后所生成的横向边。

"利用所选内容创建图形"工具 利用所选内容创建图形 可以将复杂的变样样式独立生成为样条线。生成的样条线有两种形式，选择"平滑"会生成平滑后的样条线，如图2-451所示；选择"线性"会生成与原模型的布线完全相同的样条线，如图2-452所示。

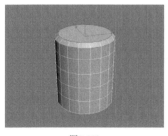
图2-449

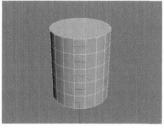
图2-450

图2-451

图2-452

重点

### 2.7.5 编辑多边形

扫码观看视频

进入可编辑多边形的"多边形"层级■后，"修改"面板中会增加一个"编辑多边形"卷展栏，如图2-453所示。这个卷展栏下的工具全部是用来编辑多边形的。

"多边形"层级■中依然有"挤出"工具 挤出 ，它的使用频率非常高，不仅可以向外挤出，也可以向内挤出，如图2-454和图2-455所示。

"轮廓"工具 轮廓 是将选择的多边形放大或缩小，其功能类似于"选择并均匀缩放"工具■，效果如图2-456所示。

图2-453

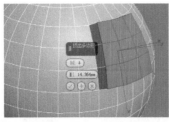

图2-454

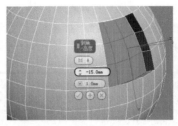

图2-455

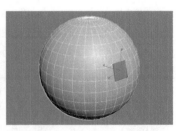

图2-456

"插入"工具 插入 在建模过程中的使用频率也很高，它是将选中的多边形向内或向外进行没有高度的倒角，如图2-457所示。

"翻转"工具 翻转 可以将选定的多边形在法线方向上进行翻转，翻转后的多边形颜色会变深，如图2-458所示。

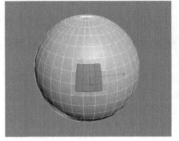

图2-457

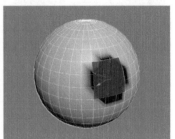

图2-458

> ① 技巧提示：翻转法线的应用场景
>
> 读者在渲染一些添加了"VRay污垢"贴图的白模场景时，如果发现个别对象呈全黑效果，那么一定是这个对象的法线方向朝内，需要将法线进行翻转。

👑 重点

✋ **案例训练：用多边形建模制作床头柜**

| 场景文件 | 无 |
| --- | --- |
| 实例文件 | 实例文件>CH02>案例训练：用多边形建模制作床头柜.max |
| 难易程度 | ★★★☆☆ |
| 技术掌握 | 可编辑多边形 |

扫码观看视频

本案例的床头柜模型是用多边形建模制作而成的，模型和线框效果如图2-459所示。

**01** 使用"长方体"工具 长方体 在视口中创建一个长方体模型，然后设置"长度"为600mm，"宽度"为1000mm，"高度"为600mm，如图2-460所示。

图2-459

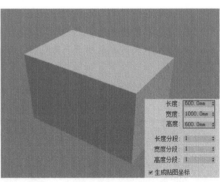

图2-460

**02** 选中创建的长方体模型，单击鼠标右键，在弹出的快捷菜单中选择"转换为>转换为可编辑多边形"选项，如图2-461所示。

**03** 进入"多边形"层级 ■，然后选中图2-462所示的多边形，接着单击"插入"按钮 插入 后的"设置"按钮 ■，设置插入的"数量"为40mm，如图2-463所示。

图2-461

图2-462

图2-463

**04** 使用相同的方法继续向内插入8mm，效果如图2-464所示。

**05** 选中图2-465所示的多边形，然后单击"挤出"按钮 挤出 后的"设置"按钮□，并设置"高度"为-10mm，如图2-466所示。

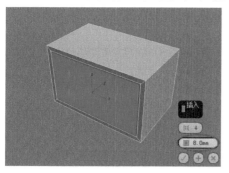

图2-464

图2-465

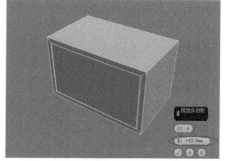

图2-466

**06** 选中底部的多边形，如图2-467所示。单击"插入"按钮 插入 后的"设置"按钮□，然后设置插入的"数量"为40mm，如图2-468所示。

**07** 保持选中的多边形不变，单击"挤出"按钮 挤出 后的"设置"按钮□，设置挤出的高度为40mm，如图2-469所示。

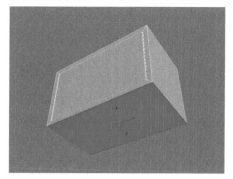

图2-467

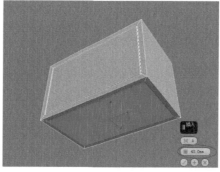

图2-468

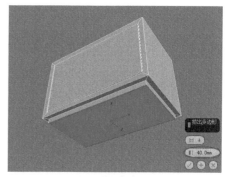

图2-469

**08** 此时床头柜的大体形状已经完成，下面进行细化。进入"边"层级◁，然后选中所有的边，接着单击"切角"按钮 切角 后的"设置"按钮□，并设置"边切角量"为2mm，如图2-470所示。

**09** 下面制作床头柜的支架。使用"长方体"工具 长方体 创建一个长方体模型，然后设置"长度"为600mm，"宽度"为1000mm，"高度"为-1000mm，如图2-471所示。

**10** 为上一步创建的长方体模型加载"晶格"修改器，然后设置"几何体"为"二者"，"支柱"的"半径"为40mm，"支柱"的"边数"为4，"节点"的基本面类型为"八面体"，"节点"的"半径"为40mm，如图2-472所示。

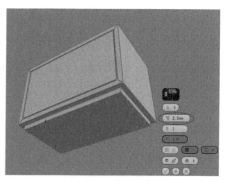

图2-470

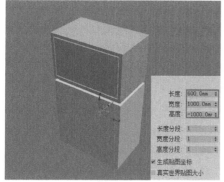

图2-471

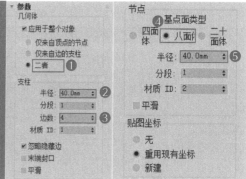

图2-472

**11** 最后制作抽屉的拉环。使用"圆柱体"工具 圆柱体 在抽屉表面创建一个圆柱体模型，然后设置"半径"为10mm，"高度"为15mm，如图2-473所示。

**12** 使用"圆环"工具 圆环 创建一个圆环模型，然后设置"半径1"为30mm，"半径2"为1.5mm，如图2-474所示。

**13** 细化并调整模型后，案例的最终效果如图2-475所示。

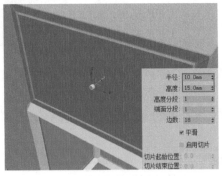

图2-473

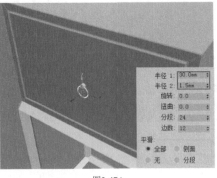

图2-474

图2-475

🖐 案例训练：用多边形建模制作双人床

| 场景文件 | 无 |
| --- | --- |
| 实例文件 | 实例文件>CH02>案例训练：用多边形建模制作双人床.max |
| 难易程度 | ★★★☆☆ |
| 技术掌握 | 可编辑多边形 |

扫码观看视频

本案例的双人床模型由多边形建模制作而成，模型和线框效果如图2-476所示。

**01** 使用"长方体"工具 长方体 在视口中创建一个长方体模型，然后设置"长度"为1800mm，"宽度"为2000mm，"高度"为200mm，如图2-477所示。

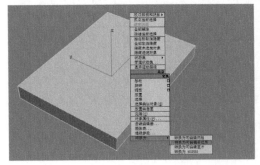

图2-476

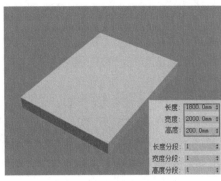

图2-477

**02** 选中上一步创建的长方体模型，然后单击鼠标右键，接着在弹出的快捷菜单中选择"转换为>转换为可编辑多边形"选项，如图2-478所示。

**03** 进入"多边形"层级 ■，选中图2-479所示的多边形。

**04** 保持选中的多边形不变，单击"插入"按钮 插入 后的"设置"按钮 ■，设置"数量"为40mm，如图2-480所示。

图2-478

图2-479

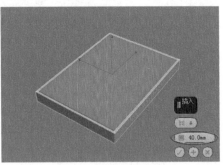

图2-480

**05** 保持选中的多边形不变，单击"挤出"按钮 挤出 后的"设置"按钮⬛，设置"高度"为-40mm，如图2-481所示。

**06** 使用"长方体"工具 长方体 在场景中创建一个长方体模型，然后设置"长度"为1400mm，"宽度"为100mm，"高度"为40mm，如图2-482所示。

**07** 将上一步创建的长方体模型转换为可编辑多边形，然后进入"顶点"层级 调整顶点的位置，效果如图2-483所示。

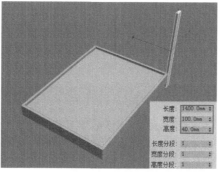

图2-481　　　　　　　　　　图2-482　　　　　　　　　　图2-483

**08** 进入"边"层级 ，选中图2-484所示的边，然后单击"切角"按钮 切角 后的"设置"按钮⬛，设置"边切角量"为15mm，如图2-485所示。

---

(!) **技巧提示：使用"切角"工具的目的**

"切角"工具 切角 可以快速为模型添加边。

---

**09** 进入"顶点"层级 ，将顶部的两个顶点调整为同一高度，效果如图2-486所示。

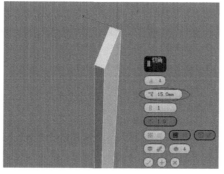
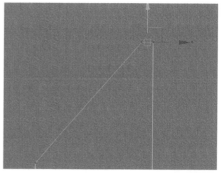

图2-484　　　　　　　　　　图2-485　　　　　　　　　　图2-486

---

(?) **疑难问答：如何快速调整两个顶点到同一高度？**

选中两个顶点后，使用"选择并均匀缩放"工具 在y轴上进行缩放，就可以快速统一其高度。这种方法还可以运用到样条线的顶点调整中。

---

**10** 将修改后的长方体模型复制到床体模型的另一侧，复制模式选择"实例"，效果如图2-487所示。

**11** 使用"长方体"工具 长方体 在场景中创建一个长方体模型，然后设置"长度"为1420mm，"宽度"为100mm，"高度"为600mm，如图2-488所示。

**12** 将上一步创建的长方体模型转换为可编辑多边形，然后进入"边"层级 ，选中图2-489所示的两条边。

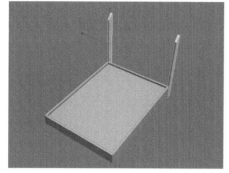
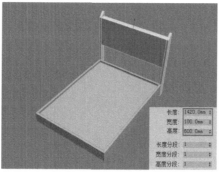
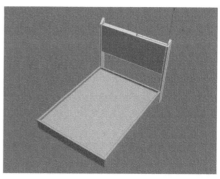

图2-487　　　　　　　　　　图2-488　　　　　　　　　　图2-489

**13** 使用"连接"工具 连接 为选中的两条边添加一条连接边，并调整位置，效果如图2-490所示。

**14** 选中图2-491所示的边，继续使用"连接"工具 连接 为其添加一条连接边，效果如图2-492所示。

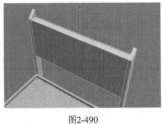

图2-490           图2-491           图2-492

**15** 进入"多边形"层级 ，然后选中图2-493所示的多边形，接着单击"挤出"按钮 挤出 后的"设置"按钮 ，再设置挤出的"高度"为-20mm，如图2-494所示。

**16** 选中图2-495所示的多边形，然后单击"挤出"按钮 挤出 后的"设置"按钮 ，接着设置挤出的"高度"为100mm，如图2-496所示。

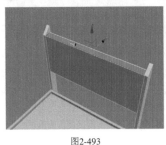
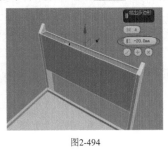

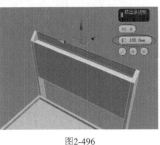

图2-493        图2-494        图2-495        图2-496

**17** 使用"圆柱体"工具 圆柱体 在场景中创建两个圆柱体模型，然后设置"半径"为50mm，"高度"为-100mm，"高度分段"为1，如图2-497所示。

**18** 使用"长方体"工具 长方体 在场景中创建一个长方体模型，然后设置"长度"为1420mm，"宽度"为1920mm，"高度"为300mm，如图2-498所示。

**19** 将上一步创建的长方体模型转换为可编辑多边形，然后进入"边"层级 ，单击"切角"按钮 切角 后的"设置"按钮 ，并设置"边切角量"为60mm，"连接边分段"为4，如图2-499所示。

**20** 为其他模型进行一定量的切角，案例的最终效果如图2-500所示。

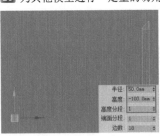
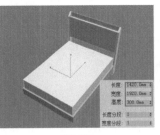
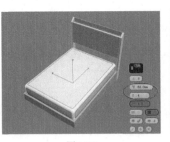
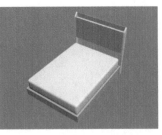

图2-497        图2-498        图2-499        图2-500

---

**⑦ 疑难问答：为何要为模型进行切角？**

在制作模型的最后阶段，我们通常会为模型进行一定量的切角，这样做的目的是增加模型的细节。日常生活中，物体的边缘都会有一定的磨损，从而形成圆滑的边缘，为模型进行切角就是为了模拟这种效果，从而让模型更加真实。

---

👑 重点

## 👆 案例训练：用多边形建模制作创意地灯

| 场景文件 | 无 |
|---|---|
| 实例文件 | 实例文件>CH02>案例训练：用多边形建模制作创意地灯.max |
| 难易程度 | ★★★☆☆ |
| 技术掌握 | 可编辑多边形 |

扫码观看视频

本案例的创意地灯模型由多边形建模制作而成，模型和线框效果如图2-501所示。

**01** 使用"长方体"工具 长方体 在场景中创建一个长方体模型，然后设置"长度"和"高度"为10mm，"宽度"为40mm，"宽度分段"为4，如图2-502所示。

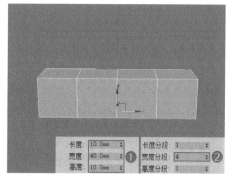

图2-501                                                                                                  图2-502

**02** 将上一步创建的长方体模型转换为可编辑多边形，然后进入"多边形"层级■，并选中所有的多边形，如图2-503所示。

**03** 单击"插入"按钮 插入 后的"设置"按钮■，然后设置插入"模式"为"按多边形"，"数量"为1mm，如图2-504所示。

> ① **技巧提示**：选择"按多边形"模式的目的
> "按多边形"模式可以使模型按照多边形的分布分别进行插入，默认情况下则是按照选择的整体进行插入。

**04** 保持选中的多边形不变，然后单击"挤出"按钮 挤出 后的"设置"按钮■，设置"高度"为-1mm，如图2-505所示。

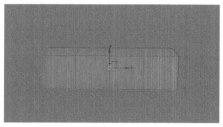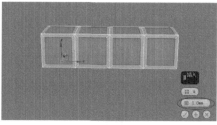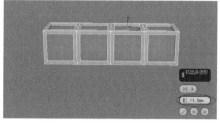

图2-503                                    图2-504                                    图2-505

**05** 进入"边"层级■，然后选中图2-506所示的边，并单击"切角"按钮 切角 后的"设置"按钮■，设置"边切角量"为0.1mm，"切角分段"为2，如图2-507所示。

**06** 使用"长方体"工具 长方体 新建一个长方体模型，然后设置"长度"和"高度"都为10mm，"宽度"为20mm，接着设置"宽度分段"为2，如图2-508所示。

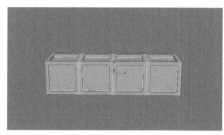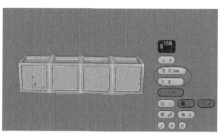

图2-506                                    图2-507                                    图2-508

**07** 将上一步创建的长方体模型转换为可编辑多边形，然后进入"多边形"层级■，并选中图2-509所示的多边形。

**08** 保持选中的多边形不变，然后向上连续挤出两次，每次挤出10mm，效果如图2-510所示。

> ① **技巧提示**：挤出两次的目的
> 连续挤出两次就能在模型中间形成分段线，方便后续制作。

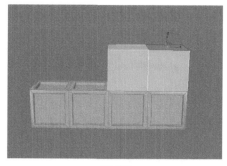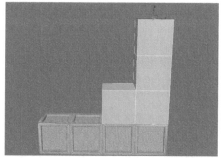

图2-509                                                            图2-510

**09** 将修改后的模型按照之前的方式进行编辑，效果如图2-511所示。

**10** 使用"长方体"工具 长方体 在场景中新建一个长方体模型，然后设置"长度"为10mm，"宽度"和"高度"都为20mm，"宽度分段"和"高度分段"都为2，如图2-512所示。

**11** 将上一步创建的长方体模型转换为可编辑多边形，然后按照之前的方法进行编辑，效果如图2-513所示。

图2-511　　　　　　　　　　　　　　　　图2-512　　　　　　　　　　　　　　　　图2-513

① **技巧提示：步骤注意事项**

挤出和倒角的过程与之前的步骤完全一致，这里不再赘述。

**12** 使用"长方体"工具 长方体 在场景中新建一个长方体模型，然后设置"长度"和"宽度"都为10mm，"高度"为20mm，"高度分段"为2，如图2-514所示。

**13** 将上一步创建的长方体模型转换为可编辑多边形，然后进入"多边形"层级 ■，选中图2-515所示的多边形，并向外挤出10mm，效果如图2-516所示。

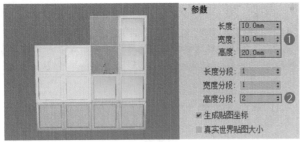
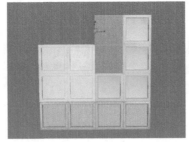

图2-514　　　　　　　　　　　　　　　　图2-515　　　　　　　　　　　　　　　　图2-516

**14** 选中图2-517所示的多边形，然后向上挤出10mm，效果如图2-518所示。

**15** 按照之前的方法对模型进行挤压和倒角，效果如图2-519所示。

**16** 选中图2-520所示的两个模型复制并翻转，将其随意摆放在场景中，案例的最终效果如图2-521所示。

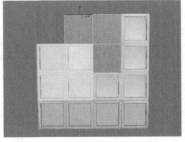
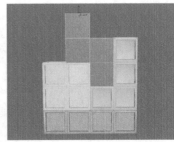

图2-517　　　　　　　　　　　　　　　　　　图2-518

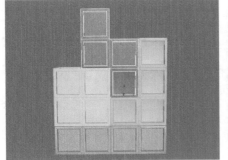
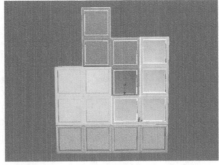
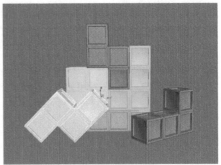

图2-519　　　　　　　　　　　　　　　　图2-520　　　　　　　　　　　　　　　　图2-521

☝ 重点

## 🖑 案例训练：用多边形建模制作游戏公告牌

| 场景文件 | 无 |
| --- | --- |
| 实例文件 | 实例文件>CH02>案例训练：用多边形建模制作游戏公告牌.max |
| 难易程度 | ★★★☆☆ |
| 技术掌握 | 可编辑多边形 |

扫码观看视频

本案例的游戏公告牌模型是由多边形建模制作而成，案例效果如图2-522所示。

**01** 使用"长方体"工具 长方体 在场景中新建一个长方体模型，然后设置"长度"和"宽度"都为50mm，"高度"为40mm，如图2-523所示。

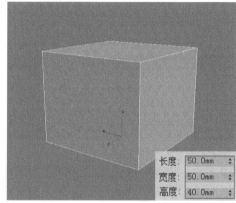

图2-522                                            图2-523

**02** 将上一步创建的长方体模型向上复制一个，然后设置"长度"和"宽度"都为40mm，"高度"为280mm，如图2-524所示。

**03** 使用"长方体"工具 长方体 新建一个长方体模型，然后设置"长度"为5mm，"宽度"为150mm，"高度"为100mm，并放置在图2-525所示的位置。

**04** 使用"长方体"工具 长方体 新建一个长方体模型，然后设置"长度"和"宽度"都为20mm，"高度"为170mm，并放置在图2-526所示的位置。

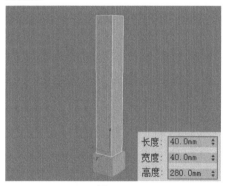

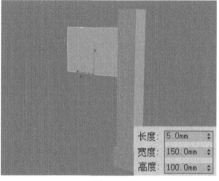

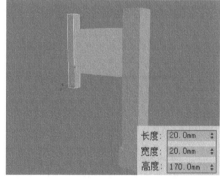

图2-524                                    图2-525                                    图2-526

**05** 将上一步创建的长方体模型复制两个，然后修改"高度"为245mm，如图2-527所示。

**06** 使用"长方体"工具 长方体 新建一个长方体模型，然后设置"长度""宽度""高度"都为30mm，"长度分段""宽度分段""高度分段"都为2，如图2-528所示。

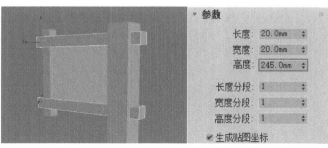

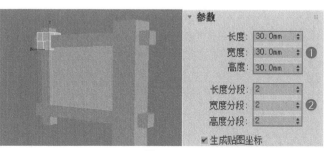

图2-527                                            图2-528

**07** 将上一步创建的长方体模型转换为可编辑多边形，然后进入"顶点"层级 ⁚⁚，选中图2-529所示的顶点，接着单击"挤出"按钮 挤出 后的"设置"按钮 ▣，再设置挤出的"高度"和"宽度"都为5mm，如图2-530所示。

**08** 将上一步修改的模型向下复制一个，如图2-531所示。

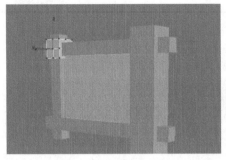

图2-529

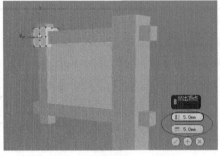

图2-530

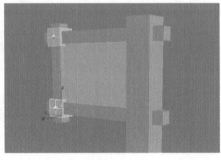

图2-531

**09** 将步骤01中创建的长方体模型向上复制一个，效果如图2-532所示。

**10** 使用"球体"工具 球体 在场景中创建一个球体模型，然后设置"半径"为3.5mm，"半球"为0.5，接着压缩半球体模型的厚度并复制3个，如图2-533所示。

**11** 选中一个半球体模型，然后复制多个放置于长方体模型上，效果如图2-534所示。

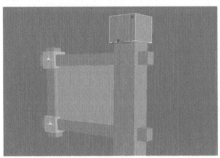

图2-532

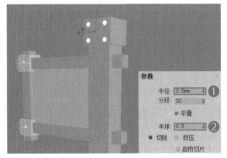

图2-533

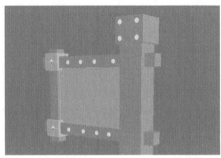

图2-534

---

ⓘ **技巧提示：步骤注意事项**

半球体排列不要太整齐，尽量随意、自然一些。

---

**12** 将步骤01中创建的长方体模型向上复制一个，然后设置"长度"和"宽度"都为45mm，"高度"为5mm，接着将其转换为可编辑多边形，如图2-535所示。

**13** 选中上一步创建的多边形，进入"边"层级 ◁ 后全选所有的边，并单击"切角"按钮 切角 后的"设置"按钮 ▣，设置"边切角量"为2mm，"分段"为3，如图2-536所示。

**14** 将上一步修改后的模型向上复制13个，效果如图2-537所示。

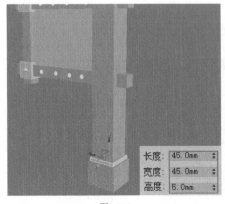

图2-535

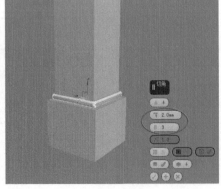

图2-536

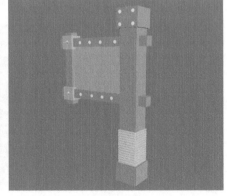

图2-537

**15** 使用"平面"工具 <u>平面</u> 新建一个平面模型，设置"长度"为60mm，"宽度"为40mm，"长度分段"为7，"宽度分段"为5，如图2-538所示。

**16** 为上一步创建的平面模型添加FFD修改器，并调整平面模型的造型，效果如图2-539所示。

**17** 将创建的长方体模型都转换为可编辑多边形，然后使用"切角"工具 <u>切角</u> 进行一定量的切角，案例的最终效果如图2-540所示。

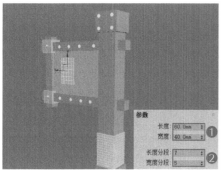
图2-538

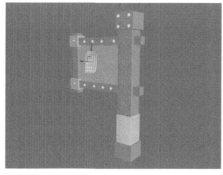
图2-539

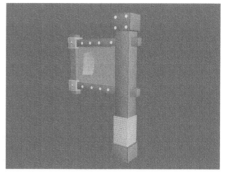
图2-540

⚠ **技巧提示：切角的注意事项**

切角量根据每个模型的尺寸确定，没有明确的标准。

🖐 **案例训练：用多边形建模制作尤克里里**

| 场景文件 | 无 |
| --- | --- |
| 实例文件 | 实例文件>CH02>案例训练：用多边形建模制作尤克里里.max |
| 难易程度 | ★★★☆☆ |
| 技术掌握 | 可编辑样条线；可编辑多边形 |

扫码观看视频

本案例的尤克里里模型是用样条线建模和多边形建模共同制作而成的，模型和线框效果如图2-541所示。

**01** 使用"线"工具 <u>线</u> 绘制出面板轮廓，效果如图2-542所示。

图2-541

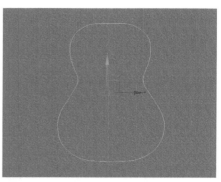
图2-542

⚠ **技巧提示：导入参考图**

将参考图导入视口中作为背景会更方便描绘轮廓。

**02** 将绘制的面板轮廓复制一个备用，然后使用"圆"工具 <u>圆</u> 绘制"半径"为35mm的圆形样条线作为音箱的孔洞，效果如图2-543所示。

**03** 选中面板轮廓，然后单击"附加"按钮 <u>附加</u>，并单击视口中的圆形样条线，从而生成一个整体样条线，如图2-544所示。

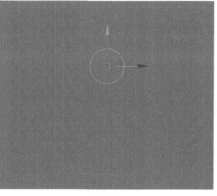
图2-543

图2-544

**04** 为上一步新生成的样条线加载"挤出"修改器，然后设置"数量"为10mm，如图2-545所示。

**05** 选中另一条轮廓样条，为其加载"挤出"修改器，并设置"数量"为40mm，然后将挤出的模型略微放大，如图2-546所示。

**06** 将上一步的模型转换为可编辑多边形，然后进入"多边形"层级 ■，选中图2-547所示的多边形，并单击"插入"按钮 插入 后的"设置"按钮 ■，向内插入3mm，如图2-548所示。

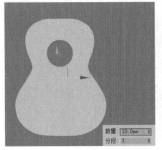
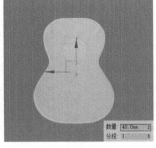
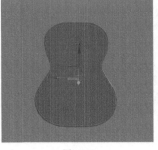
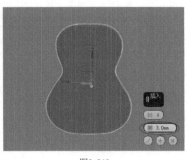

图2-545　　　　　　图2-546　　　　　　图2-547　　　　　　图2-548

**07** 保持选中的多边形不变，单击"挤出"按钮 挤出 后的"设置"按钮 ■，向内挤出-37mm，如图2-549所示。

**08** 调整面板轮廓，使其与琴箱的边缘完全重合，效果如图2-550所示。这样，琴箱就做好了，下面制作指板。

**09** 使用"长方体"工具 长方体 在场景中创建一个长方体模型，然后设置"长度"为320mm，"宽度"为45mm，"高度"为5mm，如图2-551所示。

**10** 将上一步创建的长方体模型转换为可编辑多边形，进入"顶点"层级 ∷ 调整其造型，效果如图2-552所示。

图2-549　　　　　　图2-550　　　　　　图2-551　　　　　　图2-552

**11** 保持选中的多边形不变，进入"边"层级 ，添加纵向的分段线，效果如图2-553所示；然后调整侧面的造型，效果如图2-554所示。

**12** 使用"圆柱体"工具 圆柱体 制作出指板上的音点，如图2-555所示。

> ① **技巧提示**：制作音点的注意事项
> 　　每一个音点的长度都不相同，读者请按照参考图的长度进行制作并摆放。

**13** 使用"长方体"工具 长方体 在场景中创建一个长方体模型作为琴头，设置"长度"为130mm，"宽度"为65mm，"高度"为5mm，"长度分段"为4，"宽度分段"为5，如图2-556所示。

**14** 将上一步创建的长方体模型转换为可编辑多边形，进入"顶点"层级 ∷ 调整其造型，效果如图2-557所示。

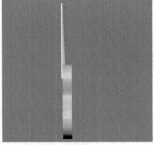

图2-553　　　　　　图2-554　　　　　　图2-555

图2-556　　　　　　图2-557

15 使用"圆柱体"工具 圆柱体 在琴头上创建一个圆柱体模型，设置"半径"为8mm，"高度"为-1.5mm，如图2-558所示。

16 将上一步创建的圆柱体模型转换为可编辑多边形，然后进入"多边形"层级 ▣，选中图2-559所示的多边形，接着单击"插入"按钮 插入 后的"设置"按钮 ▣，向内插入5mm，如图2-560所示。

17 保持选中的多边形不变，单击"挤出"按钮 挤出 后的"设置"按钮 ▣，向外挤出5mm，如图2-561所示。

图2-558

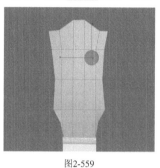
图2-559

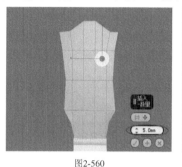
图2-560

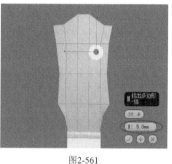
图2-561

18 将修改后的圆柱体模型以"实例"形式复制3个，并放置在图2-562所示的位置。

19 使用"圆柱体"工具 圆柱体 制作琴头的旋钮，然后设置"半径"为2.5mm，"高度"为5mm，如图2-563所示。

20 将上一步创建的圆柱体模型转换为可编辑多边形，然后进入"多边形"层级 ▣ 对圆柱体模型进行挤出并变形，效果如图2-564所示。

21 将上一步调整好的旋钮以"实例"形式复制3个，然后放置在琴头两侧，效果如图2-565所示。

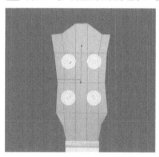
图2-562

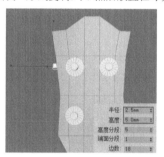
图2-563

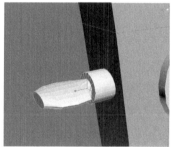
图2-564

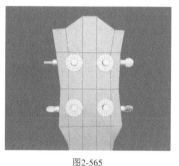
图2-565

---

① **技巧提示：步骤注意事项**

步骤的具体调整过程请观看配套的教学视频。

---

22 使用"圆柱体"工具 圆柱体 制作琴桥，设置"半径"为13.5mm，"高度"为95mm，勾选"启用切片"选项，并设置"切片起始位置"为-90，"切片结束位置"为90，如图2-566所示。

23 使用"长方体"工具 长方体 创建两个大小一样的长方体模型，然后设置"长度"为6.5mm，"宽度"为60mm，"高度"为1.1mm，如图2-567所示。

24 最后制作琴弦。使用"线"工具 线 绘制4根琴弦，然后在"渲染"卷展栏中勾选"在渲染中启用"和"在视口中启用"选项，并设置"厚度"为0.5mm，如图2-568所示。

25 将整体模型进行倒角，案例的最终效果如图2-569所示。

图2-566

图2-567

图2-568

图2-569

# 2.8 综合训练营

学习了常用的基础建模工具和多边形建模，下面就将这些技能应用在实际的建模中。日常工作中的建模大致可以分成5种类型，分别是产品建模、室内场景建模、室外建筑建模、CG场景照片建模和参考图建模，如图2-570所示。

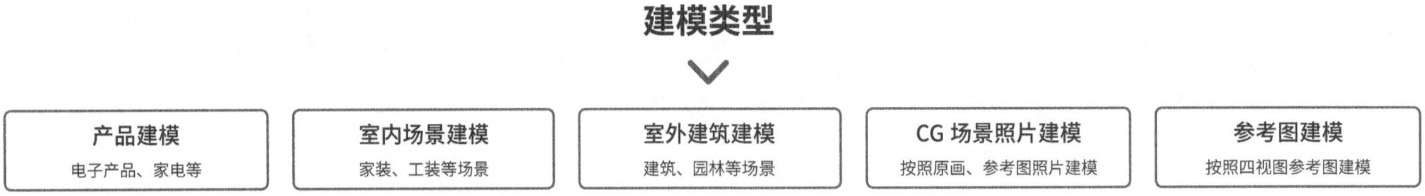

**建模类型**

ᐯ

| 产品建模 | 室内场景建模 | 室外建筑建模 | CG 场景照片建模 | 参考图建模 |
|---|---|---|---|---|
| 电子产品、家电等 | 家装、工装等场景 | 建筑、园林等场景 | 按照原画、参考图照片建模 | 按照四视图参考图建模 |

图2-570

👑 重点

## ⬙ 综合训练：制作耳机模型

| 场景文件 | 无 |
|---|---|
| 实例文件 | 实例文件>CH02>综合训练：制作耳机模型.max |
| 难易程度 | ★★★★☆ |
| 技术掌握 | 可编辑多边形；可编辑样条线 |

扫码观看视频

本案例的耳机是按照参考照片建模的，模型效果如图2-571所示。

图2-571

👉 **耳机头** ----------------------------------------

**01** 打开学习资源中提供的耳机参考照片，如图2-572所示。从照片可以看出，耳机分为耳机头、耳塞、耳机线、插头和线控5个部分，下面将逐一进行制作。

图2-572

**02** 耳机头大致呈圆柱体，可通过多边形建模进行造型编辑并对边缘进行一定量的切角。由于没有具体尺寸的图纸，读者请参照实体耳机尺寸进行制作，本案例的参数仅供参考。使用"圆柱体"工具  在场景中创建一个圆柱体模型，设置"半径"为10mm，"高度"为15mm，"边数"为64，如图2-573所示。

**03** 将上一步创建的圆柱体模型转化为可编辑多边形，然后进入"多边形"层级 ■，选中图2-574所示的多边形，并向内插入8mm，如图2-575所示。

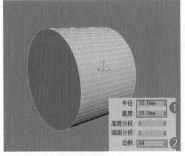

图2-573

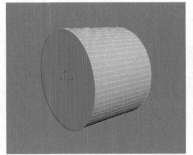

图2-574

图2-575

**04** 保持选中的多边形不变，使用"挤出"工具 挤出 向内挤出-2mm，如图2-576所示。

**05** 进入"边"层级，使用"连接"工具 连接 在圆柱体模型侧边添加4条边，效果如图2-577所示；然后调整边的位置，效果如图2-578所示。

图2-576

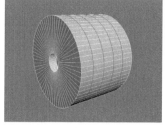

图2-577

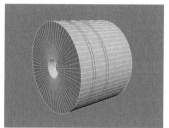

图2-578

**06** 进入"多边形"层级 ■，选中图2-579所示的多边形，并使用"挤出"工具 挤出 向内挤出-0.5mm，如图2-580所示。

**07** 选中图2-581所示的多边形，使用"插入"工具 插入 向内插入4mm，如图2-582所示。

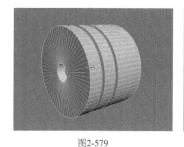

图2-579

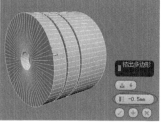

图2-580

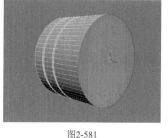

图2-581

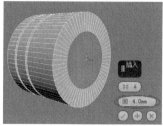

图2-582

**08** 保持选中的多边形不变，使用"选择并移动"工具 ✛ 向外拉伸一段距离，效果如图2-583所示。

**09** 保持选中的多边形不变，使用"挤出"工具 挤出 向外挤出3mm，然后使用"插入"工具 插入 向内插入1mm，如图2-584和图2-585所示。

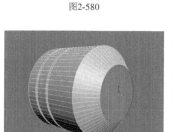

图2-583

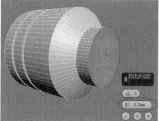

图2-584

图2-585

**10** 保持选中的多边形不变，使用"挤出"工具 挤出 向外挤出3.5mm，如图2-586所示，然后向外挤出1mm，如图2-587所示。

**11** 保持选中的多边形不变，使用"轮廓"工具 轮廓 向外放大1mm，然后调整多边形的位置，效果如图2-588所示。

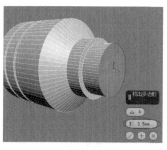

图2-586

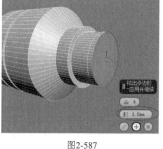

图2-587

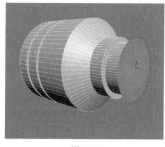

图2-588

**12** 保持选中的多边形不变，使用"挤出"工具 挤出 向外挤出2mm，如图2-589所示，然后使用"插入"工具 插入 向内插入0.5mm，如图2-590所示。

**13** 保持选中的多边形不变，使用"挤出"工具 挤出 向内挤出-0.2mm，如图2-591所示，这样耳机头模型就大致制作完成了。

图2-589

图2-590

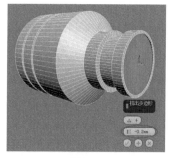

图2-591

☞ **耳塞**

**01** 耳塞的形状类似于变形的管状体，中间的孔与耳机头相连接。使用"管状体"工具 管状体 创建一个管状体模型，设置"半径1"为6mm，"半径2"为6.5mm，"高度"为6mm，如图2-592所示。

> ① **技巧提示：使用"对齐"工具对齐模型**
> 使用"对齐"工具▦将管状体模型与耳机头模型中心对齐。

**02** 将上一步创建的管状体模型转换为可编辑多边形，进入"边"层级◁调整模型的造型，效果如图2-593所示。

**03** 选中图2-594所示的循环边，然后使用"连接"工具 连接 添加两条分段线，接着调整分段线的位置，效果如图2-595所示。

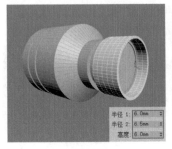
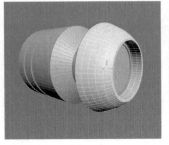
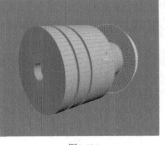
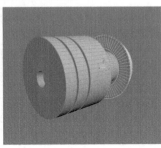

图2-592　　　　　　　　　　图2-593　　　　　　　　　　图2-594　　　　　　　　　　图2-595

> ① **技巧提示：选中循环边的方法**
> 选中循环边的一段，然后按住Shift键便可以整体选中循环边。

**04** 进入"多边形"层级▦，选中图2-596所示的多边形，并使用"挤出"工具 挤出 向内挤出一定距离，效果如图2-597所示。

> ② **疑难问答：在"多边形"层级下无法单击"循环"按钮怎么办？**
> 在"多边形"层级下，"循环"按钮 循环 是灰色的，无法使用。若是要选择循环的多边形或是环形的多边形，只需要选中一个多边形，然后按住Shift键，接着将光标放置在需要选择的多边形上，待多边形颜色变为深黄色后单击鼠标即可选中。

图2-596　　　　　　　　　　图2-597

**05** 进入"边"层级◁，然后调整耳塞内部的造型，效果如图2-598所示。

**06** 进入"多边形"层级▦，选中图2-599所示的多边形，并使用"挤出"工具 挤出 向外连续挤出并调整大小，效果如图2-600所示，这样耳塞模型就制作完成了。

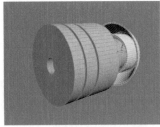

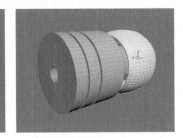

图2-598　　　　　　　　　　图2-599　　　　　　　　　　图2-600

> ① **技巧提示：步骤注意事项**
> 步骤的具体制作过程请观看配套的教学视频。

☞ **耳机线**

**01** 耳机线模型可以用样条线建模进行制作，它与耳机头的连接处类似于长方体。使用"长方体"工具 长方体 创建一个长方体模型，然后设置"长度"为9.5mm，"宽度"为2.5mm，"高度"为4mm，如图2-601所示。

**02** 将上一步创建的长方体模型转换为可编辑多边形，进入"边"层级◁后，使用"切角"工具 切角 进行0.1mm的切角，效果如图2-602所示。

**03** 将制作好的整体模型复制一个，并摆好造型，方便后面耳机线的绘制，效果如图2-603所示。

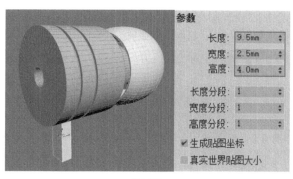

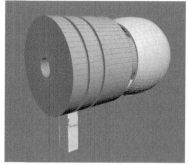

图2-601　　　　　　　　　　　图2-602　　　　　　　　　　　图2-603

**04** 使用"线"工具 线 绘制出耳机线的路径并进行调整，效果如图2-604所示。

**05** 展开"渲染"卷展栏，勾选"在渲染中启用"和"在视口中启用"选项，然后设置"厚度"为1.5mm，如图2-605所示，这样耳机线模型就做好了。

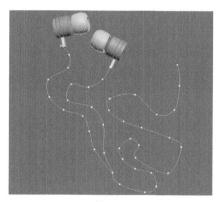

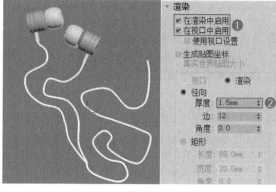

图2-604　　　　　　　　　　　　　图2-605

☞ 插头 -------------------------------------------------------------------------------------------------

**01** 插头类似于圆柱体，因此使用"圆柱体"工具 圆柱体 新建一个圆柱体模型，然后设置"半径"为2mm，"高度"为12mm，如图2-606所示。

**02** 将上一步创建的圆柱体模型转换为可编辑多边形，然后进入"多边形"层级 ■，并选中图2-607所示的多边形，接着使用"插入"工具 插入 向内插入0.5mm，如图2-608所示。

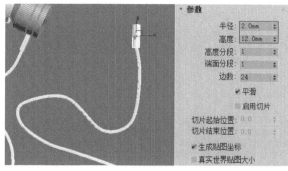

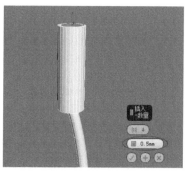

图2-606　　　　　　　　　　　图2-607　　　　　　　　　　　图2-608

**03** 保持选中的多边形不变，然后使用"挤出"工具 挤出 向上挤出0.3mm，如图2-609所示。

**04** 保持选中的多边形不变，使用"插入"工具 插入 向内插入0.5mm，如图2-610所示，然后使用"挤出"工具 挤出 向上挤出8mm，如图2-611所示。

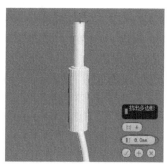

图2-609　　　　　　　　　　　图2-610　　　　　　　　　　　图2-611

**05** 进入"边"层级，使用"连接"工具 连接 为模型添加分段线，效果如图2-612所示，然后调整分段线的位置，效果如图2-613所示。

**06** 进入"多边形"层级，选中图2-614所示的多边形，使用"挤出"工具 挤出 向内挤出-0.1mm，如图2-615所示。

图2-612

图2-613

图2-614

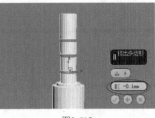
图2-615

> ① **技巧提示**：步骤注意事项
> 　向内挤出的时候，挤出模式选择"按局部法线"选项。

**07** 进入"边"层级，使用"连接"工具 连接 添加两条分段线，然后调整模型的造型，效果如图2-616所示。

**08** 选择图2-617所示的边，使用"切角"工具 切角 进行切角，设置"边切角量"为0.4mm，如图2-618所示，这样插头模型就制作完成了。

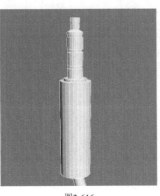
图2-616

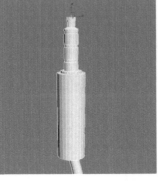
图2-617

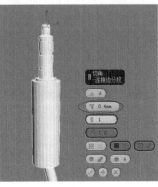
图2-618

☞ **线控**

**01** 线控呈圆柱体，其按钮类似于长方体。使用"圆柱体"工具 圆柱体 新建一个圆柱体模型，然后设置"半径"为2mm，"高度"为25mm，如图2-619所示。

**02** 将上一步创建的圆柱体模型转换为可编辑多边形，然后将两端的边进行切角，效果如图2-620所示。

> ① **技巧提示**：另一种制作方法
> 　使用"切角圆柱体"工具 切角圆柱体 可以快速制作出带切角的圆柱体模型。

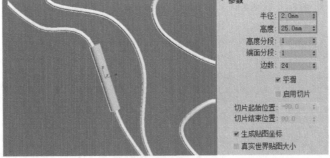
图2-619

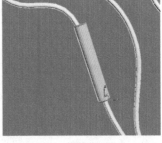
图2-620

**03** 使用"切角长方体"工具 切角长方体 制作3个大小一样的切角长方体模型作为线控按钮，效果如图2-621所示。

**04** 耳机模型基本完成，最后将制作的模型添加切角和"网格平滑"修改器，案例的最终效果如图2-622所示。

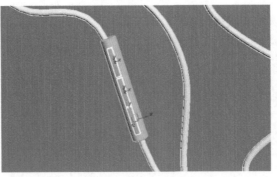

图2-621

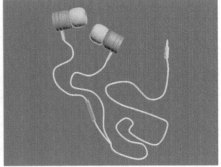
图2-622

扫码观看视频

## 综合训练：制作房间框架模型

| 场景文件 | 场景文件>CH02>09 |
|---|---|
| 实例文件 | 实例文件>CH02>综合训练：制作房间框架模型.max |
| 难易程度 | ★★★★☆ |
| 技术掌握 | 导入CAD文件；挤出修改器；可编辑多边形 |

本案例是在导入的.dwg文件的基础上建模制作而成的，模型效果如图2-623所示。

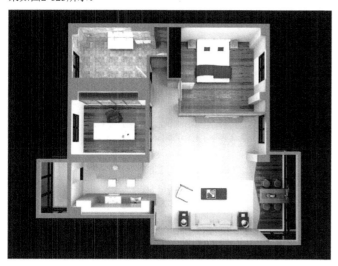

图2-623

### ☞ 导入CAD文件

**01** 执行"文件>导入>导入"菜单命令，在弹出的"选择要导入的文件"对话框中导入本书学习资源中的"场景文件>CH02>09>01.dwg"文件，如图2-624和图2-625所示。

图2-624

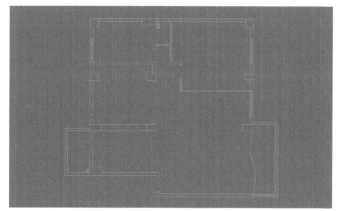

图2-625

**② 疑难问答：导入CAD文件时，弹出的对话框如何处理？**

导入CAD文件时，系统会弹出"AutoCAD DWG/DXF导入选项"对话框，这里只需要勾选"焊接附近顶点"选项即可，如图2-626所示。

图2-626

**02** 全选导入的CAD文件，然后删除多余的节点，并将其成组放置于坐标原点，效果如图2-627所示。

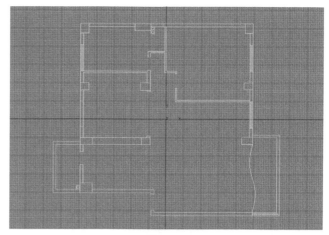

图2-627

**◎ 知识课堂：对象还原坐标原点**

对象还原坐标原点的方法很简单，在"选择并移动"工具 ✛ 上单击鼠标右键，系统会弹出"移动变换输入"面板，如图2-628所示。将"绝对：世界"选项组中的数值全部设置为0，选择的对象就会自动还原到坐标原点。

还有一种快捷的方法：在弹出的面板中单击输入框右边的箭头，数值会自动设置为0，如图2-629所示。

图2-628　　　　　　　图2-629

**03** 选中CAD图形,单击鼠标右键,在弹出的快捷菜单中选择"冻结当前选项",将CAD图形冻结,如图2-630所示。

> ⓘ **技巧提示:冻结CAD图形**
> CAD图形被冻结后,就不可以再被选中,因此也不会因其他操作而出现移动、旋转和缩放等情况。只有被解冻后,它才能重新被编辑。这样做的目的是避免后期绘制墙体等步骤时出现误操作。

### ☞ 墙体、地面和地台

**01** 使用"线"工具 ▬线▬ 沿着墙体的路径绘制墙体轮廓,在绘制时要开启"捕捉开关"工具 🧲,并调整为2.5D模式,效果如图2-631所示。

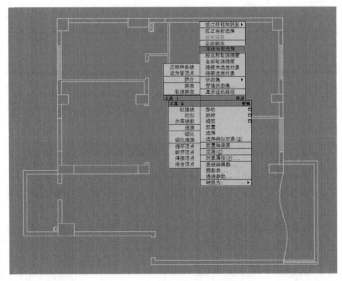

图2-630

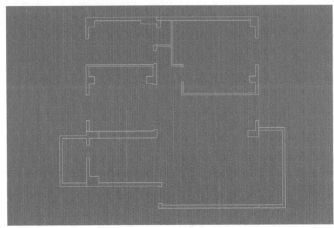

图2-631

> ❓ **疑难问答:为何不能捕捉冻结的对象?**
> 如果开启"捕捉开关"工具 🧲 后没有办法捕捉冻结的对象,则需要在"捕捉开关"工具 🧲 上单击鼠标右键,在弹出的"栅格和捕捉设置"面板中切换到"选项"选项卡,勾选"捕捉到冻结对象"选项,如图2-632所示,这样系统就可以捕捉到冻结的CAD图形了。

图2-632

**02** 选中绘制的墙体样条线,为其加载"挤出"修改器,设置墙体的高度为2800mm,效果如图2-633所示。

**03** 按照平面图的轮廓,用"线"工具 ▬线▬ 绘制地面和地台的轮廓,效果如图2-634所示。

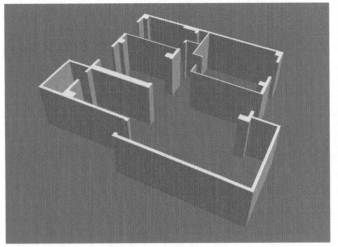

图2-633

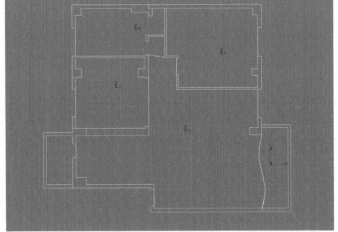

图2-634

> ⓘ **技巧提示:墙体高度的标准**
> 图纸没有立面图,只有平面图,因此无法明确墙体的准确高度。根据日常生活中的墙体高度标准,家装墙体高度一般为2600mm~3000mm,这里取中间值2800mm。

**04** 选中地面样条线，将其转换为可编辑多边形，效果如图2-635所示。

**05** 选中地台样条线，将其挤出220mm，效果如图2-636所示。

> ① **技巧提示：地台高度的标准**
> 常见的地台高度为100mm~300mm。

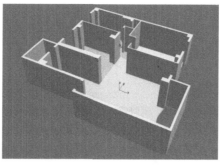

图2-635

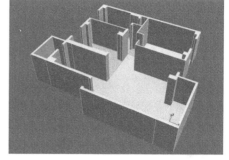

图2-636

☞ **窗洞和门洞**----------------------------------------------------------------

**01** 用"矩形"工具 ▢矩形 沿着平面图纸绘制出窗洞的轮廓，效果如图2-637所示。

**02** 将绘制的窗洞轮廓向上挤出800mm制作出窗台，效果如图2-638所示。

**03** 将制作的窗台模型向上复制，并调整挤出的高度为300mm，效果如图2-639所示。

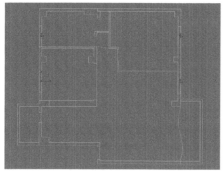

图2-637

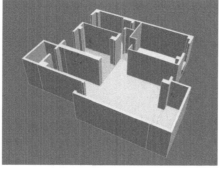

图2-638

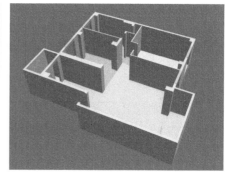

图2-639

**04** 用制作窗洞的方法制作出门洞，效果如图2-640所示。

**05** 阳台和地台边的窗户是整体的落地窗，现有的模型是按照墙体进行制作的。将阳台和地台边的窗户高度设置为300mm，效果如图2-641所示。

**06** 将修改后的阳台和地台的墙体向上复制，使其与屋顶齐平，效果如图2-642所示。

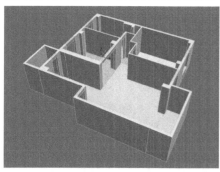

图2-640

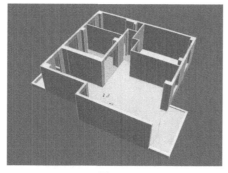

图2-641

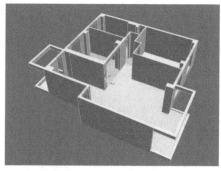

图2-642

> ① **技巧提示：窗洞的另一种做法**
> 窗洞的另一种做法是将原有的墙体转换为可编辑多边形后进行编辑，从而制作出窗户。

**07** 使用"平面"工具 ▢平面 创建一个平面模型盖住屋顶，最终效果如图2-643所示。

> ◎ **知识链接：室内模型尺寸**
> 常见的室内模型尺寸请参阅"附录B 常用模型尺寸表"中的"二、室内物体常用尺寸"。

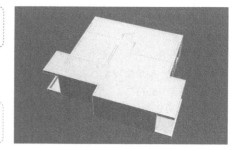

图2-643

♛ 重点

# ⬢ 综合训练：制作别墅模型

| 场景文件 | 场景文件>CH02>10 |
|---|---|
| 实例文件 | 实例文件>CH02>综合训练：制作别墅模型.max |
| 难易程度 | ★★★★☆ |
| 技术掌握 | 导入CAD文件；挤出修改器；可编辑多边形 |

扫码观看视频

本案例是在导入的dwg文件的基础上建模制作而成的，模型效果如图2-644所示。

图2-644

👉 **导入CAD文件**--------------------------------------------

**01** 导入本书学习资源中的"场景文件>CH02>10>01.dwg"文件，如图2-645所示。

**02** 继续导入本书学习资源中的"场景文件>CH02>10>02~06.dwg"文件，然后按照图纸结构进行摆放，效果如图2-646所示。将导入的图纸进行冻结，方便后续绘制墙体。

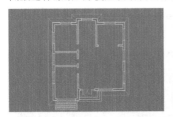

图2-645

图2-646

👉 **一层结构**--------------------------------------------

**01** 使用"线"工具 〔线〕 沿着一层的墙体外轮廓进行绘制，效果如图2-647所示。

> ① **技巧提示：步骤注意事项**
>
> 在绘制一层墙体时，我们可以先将二层的平面图纸隐藏，以避免误操作。

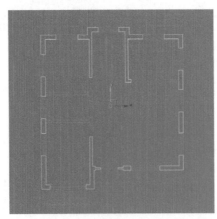

图2-647

**02** 为绘制的一层墙体样条线加载"挤出"修改器，根据立面图设置墙体的高度为43000mm，如图2-648所示。

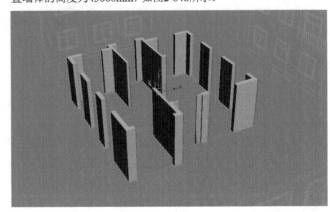

图2-648

> ① **技巧提示：步骤注意事项**
>
> 导入CAD文件后需要统一场景单位，否则模型会出现高度差异。笔者在制作本案例时因疏忽未统一场景单位，导致模型整体放大了10倍，请读者引以为戒。

**03** 根据窗洞的位置使用"矩形"工具 〔矩形〕 绘制窗台的轮廓，效果如图2-649所示。

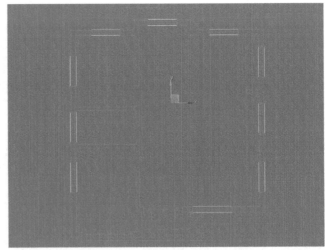

图2-649

**04** 为绘制的窗台轮廓加载"挤出"修改器，然后根据立面图设置窗台高度为13300mm，效果如图2-650所示。

**05** 将窗台模型向上复制，修改高度为9000mm，并留出窗洞的位置，效果如图2-651所示。

**06** 使用"线"工具 〔线〕 绘制门洞的轮廓，效果如图2-652所示。

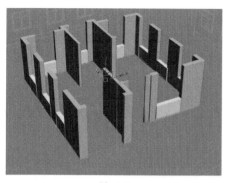

图2-650

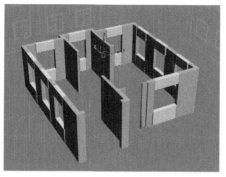

图2-651

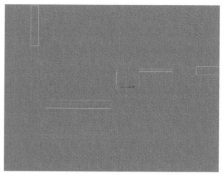

图2-652

**07** 为绘制的门洞轮廓加载"挤出"修改器,然后根据立面图使用"挤出"修改器挤出高度,效果如图2-653所示。

**08** 根据平面图绘制出车库门前的斜坡轮廓,并根据立面图使用"挤出"修改器挤出高度,效果如图2-654所示。

**09** 根据平面图绘制出楼梯的轮廓,并根据立面图使用"挤出"修改器挤出高度,效果如图2-655所示。

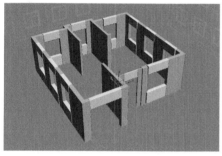

图2-653

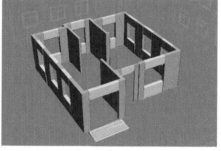

图2-654

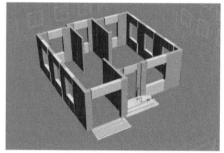
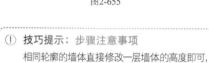

图2-655

☞ **二层结构**

**01** 根据二层的平面图绘制墙体的外轮廓,效果如图2-656所示。

**02** 根据立面图使用"挤出"修改器挤出二层墙体的高度,效果如图2-657所示。

**03** 绘制出阳台的轮廓,并使用"挤出"修改器挤出高度,效果如图2-658所示。

> ① **技巧提示:步骤注意事项**
> 相同轮廓的墙体直接修改一层墙体的高度即可,不用再次绘制墙体轮廓,这样可以减少制作步骤。

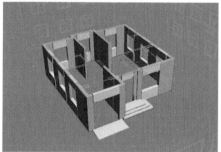

图2-656

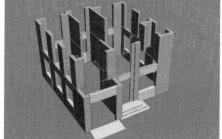

图2-657

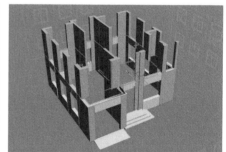

图2-658

**04** 绘制入户门上方的雨棚,然后使用"挤出"修改器挤出高度,效果如图2-659所示。

**05** 用一层创建窗洞和门洞的方法创建二层的窗洞和门洞,效果如图2-660所示。

> ① **技巧提示:步骤注意事项**
> 二层窗洞和门洞的制作方法与一层一样,由于篇幅限制,这里不再赘述。

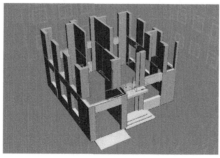

图2-659

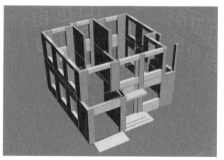

图2-660

**06** 使用"线"工具  绘制出每层地面的外轮廓，然后将其转换为可编辑多边形，效果如图2-661所示。

**07** 绘制出阳台的栏杆，效果如图2-662所示。这里为了制作方便，用长方体代替栏杆的造型。

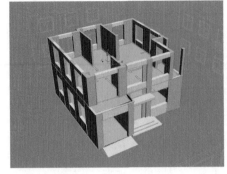
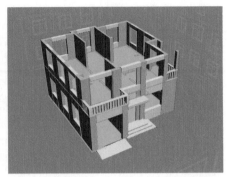

图2-661 图2-662

### 👉 屋顶

**01** 根据平面图绘制出屋顶的轮廓，然后向上挤出，效果如图2-663所示。

**02** 继续绘制屋顶的轮廓，然后挤出一定的高度。接着将其转换为可编辑多边形，并添加分段线，再按照立面图制作出屋顶的高度，效果如图2-664所示。

> ① **技巧提示**：屋顶的另一种制作方法
> 也可以按照立面图绘制出屋顶的剖面，然后挤出厚度并调整造型。

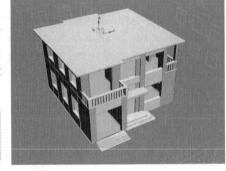

图2-663 图2-664

**03** 继续在屋顶模型上添加分段线，划分出天窗的窗洞，效果如图2-665所示。

**04** 选中天窗窗洞的多边形，然后使用"挤出"工具 挤出 将其挤出，效果如图2-666所示。

> ① **技巧提示**：快速添加分段线的方法
> 使用"切片平面"工具 切片平面 可以快速添加分段线。

图2-665 图2-666

**05** 用同样的方法制作出另一边的天窗窗洞，效果如图2-667所示。

**06** 至此，别墅的建模部分就完成了。下面需要从本书学习资源中的"场景文件>CH02>10"文件夹中合并门窗的模型，最终效果如图2-668所示。

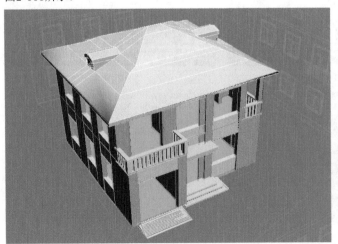
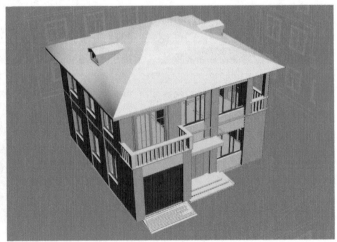

图2-667 图2-668

★ 重点

## ◈ 综合训练：制作科幻走廊模型

| 场景文件 | 场景文件>CH02>11 |
|---|---|
| 实例文件 | 实例文件>CH02>综合训练：制作科幻走廊模型.max |
| 难易程度 | ★★★★☆ |
| 技术掌握 | 参考图建模；可编辑多边形 |

扫码观看视频

本案例是按照参考图进行建模的，模型效果如图2-669所示。

图2-669

☞ **墙体轮廓**

**01** 走廊造型相对简单，没有特别复杂的结构，对初学者来说难度不大。虽然参考图有倾斜，但这并不影响我们观察其中的结构，如图2-670所示。观察图片，整个场景可以分成墙体轮廓、立柱、走廊门、造型立柱和地面4个大类，下面分别进行制作。

图2-670

**02** 首先制作墙体轮廓模型。整体场景呈长方体，右侧有延伸出去的走廊。使用"长方体"工具 长方体 创建一个长方体模型，然后将其转换为可编辑多边形，效果如图2-671所示。

**03** 进入"元素"层级 ，然后将整体模型的法线翻转，效果如图2-672所示。本案例的走廊模型展现的是模型内部，因此需要将法线全部翻转。

**04** 进入"边"层级 ，然后使用"连接"工具 连接 为长方体模型添加分段线，从而分割出右侧走廊的位置，如图2-673所示。

① **技巧提示：步骤注意事项**
　本案例将不提供具体的模型参数，读者请跟随制作思路并按照参考图进行制作。

? **疑难问答：为什么要将长方体模型5等分？**
　根据参考图可以估算出右侧墙体每个单元的长度大致相等，这里将其5等分后就能更好地控制模型的整体比例。

图2-671

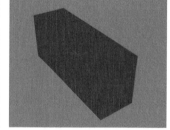

图2-672

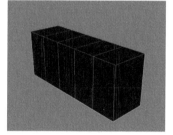

图2-673

**05** 进入"多边形"层级 ，然后选中中间的多边形，接着使用"挤出"工具 挤出 将其挤出一部分，效果如图2-674所示。模型内部的效果如图2-675所示。

**06** 为了更直观地观察模型效果，按照参考图的镜头角度创建一台摄影机，按F10键打开"渲染设置"面板，并设置"宽度"为1024，"高度"为640，再按Shift+F快捷键打开"渲染安全框"，效果如图2-676所示。

**07** 与参考图对比，右侧走廊的宽度较大，但深度不够。调整模型后，效果如图2-677所示。墙体轮廓就制作完成了，下面制作立柱。

◎ **知识链接：图像大小比例**
　图像大小和渲染安全框的相关内容请参阅"3.3 调整画面比例"。

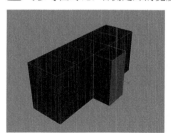

图2-674

图2-675

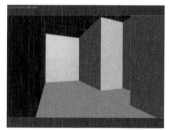

图2-676

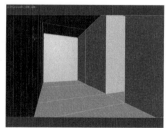

图2-677

☞ 立柱

**01** 立柱大致呈长方体，使用"长方体"工具 长方体 创建一个长方体模型并调整大小，效果如图2-678所示。

**02** 将上一步创建的长方体模型转换为可编辑多边形，然后添加横向分段线，效果如图2-679所示。

**03** 按Alt+Q快捷键独立立柱模型，并修改模型造型，效果如图2-680所示。独立立柱模型可以方便制作。

① **技巧提示：切换二视图**

将视图窗口切换为二视图也能方便操作，如图2-681所示。

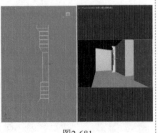

图2-681

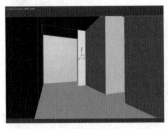

图2-678

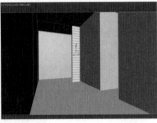

图2-679

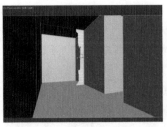

图2-680

**04** 进入"多边形"层级 ■，使用"挤出"工具 挤出 将立柱的分割部分向内挤出，效果如图2-682所示。

**05** 继续调整立柱的宽度和一些细节，并对其进行复制，然后按照参考图中的位置进行摆放，效果如图2-683所示。

**06** 对比参考图，由于摄影机的视角有差异，所以要再次进行调整，效果如图2-684所示。

**07** 观察参考图，会发现右侧走廊口的立柱造型与其他立柱稍有不同。按照参考图的样式对其进行修改，效果如图2-685所示。

**08** 观察参考图，会发现右侧墙壁的上方有凸出的造型，如图2-686所示。按照参考图对墙壁进行造型修改，效果如图2-687所示。

图2-682

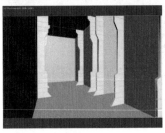

图2-683

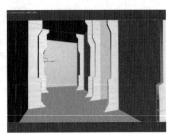

图2-684

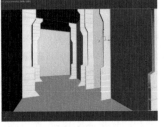

图2-685

图2-686

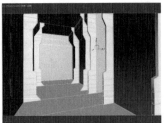

图2-687

☞ 走廊门

**01** 下面创建走廊门，使用"长方体"工具 长方体 制作出门边的柱子模型，效果如图2-688所示。

**02** 将上一步创建的柱子模型转换为可编辑多边形，然后使用"连接"工具 连接 添加分段线，接着按照之前制作立柱的方式制作出凹槽，效果如图2-689和图2-690所示。

① **技巧提示：步骤注意事项**

柱子凹槽的位置可以放置随意一些，避免画面太过生硬。

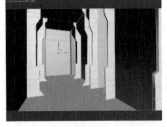

图2-688

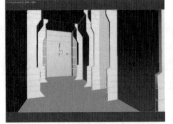

图2-689

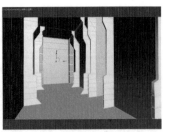

图2-690

**03** 使用"长方体"工具 长方体 制作出门梁，然后将其转换为可编辑多边形，使用"切角"工具 切角 对边缘进行切角，效果如图2-691所示。

**04** 使用"星形"工具 星形 在前视图绘制一个八边形作为门的边框，然后将其转换为可编辑样条线，并根据门洞大小调节样条线的形状，效果如图2-692所示。

**05** 在"样条线"层级 ／ 使用"轮廓"工具 轮廓 制作出门框的宽度，效果如图2-693所示。

**06** 在"顶点"层级 ∷ 使用"圆角"工具 圆角 将锐利处变得圆滑一些，然后调整与地面相接的顶点的位置，效果如图2-694所示。

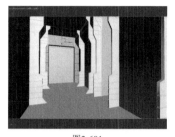
图2-691

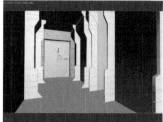
图2-692

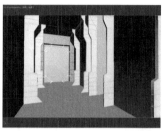
图2-693

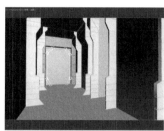
图2-694

**07** 为修改好的样条线加载"挤出"修改器,效果如图2-695所示。

**08** 将两边的立柱复制两个放置在门框两边,然后调整门框的大小,效果如图2-696所示。

**09** 此时门框与顶部的门梁和两边的立柱之间都产生了空隙,使用"线"工具 线 沿着空隙的位置绘制,然后使用"挤出"修改器挤出一定厚度填充空隙,效果如图2-697所示。

**10** 按照制作走廊尽头门框的方法制作出走廊右侧的门框,效果如图2-698所示。

**11** 上一步制作出的门框的上方留出了许多空隙,使用"线"工具 线 描绘出空隙的轮廓,然后加载"挤出"修改器挤出厚度进行填充,效果如图2-699所示。

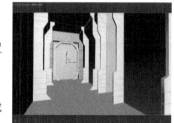
图2-695

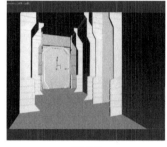
图2-696

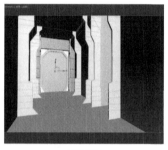
图2-697

图2-698

图2-699

### ☞ 造型立柱

**01** 下面制作走廊右侧的造型立柱,使用"圆柱体"工具 圆柱体 制作出底座,效果如图2-700所示。

**02** 将上一步创建的圆柱体模型转换为可编辑多边形,然后进行拉伸,使其成为椭圆形的圆柱体模型,效果如图2-701所示。

**03** 进入"多边形"层级 ■ ,然后选中图2-702所示的多边形,接着向内插入一小段距离,效果如图2-703所示。

> ① **技巧提示:独立显示模型**
> 独立显示模型可以方便制作,更利于观察细节。

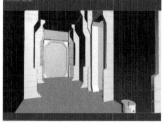

图2-700

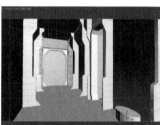
图2-701

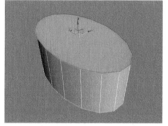
图2-702

图2-703

**04** 保持选中的多边形不变,然后使用"挤出"工具 挤出 向上挤出一部分,效果如图2-704所示。

**05** 按照上面的方法,继续挤出一次,效果如图2-705所示,摄影机视图中的效果如图2-706所示。

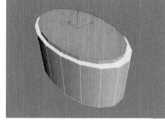
图2-704

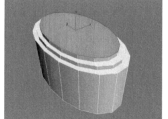
图2-705

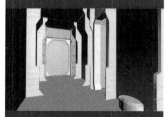
图2-706

**06** 使用"长方体"工具 长方体 在圆柱体模型上方创建一个长方体模型，效果如图2-707所示。

**07** 将上一步创建的长方体模型转换为可编辑多边形，然后进入"边"层级 ，使用"连接"工具 连接 为长发体模型添加两条分段线，效果如图2-708所示。

**08** 进入"多边形"层级 ，选中中间的多边形，接着使用"挤出"工具 挤出 向内挤出一定厚度以形成凹槽，效果如图2-709所示。

> ① **技巧提示：制作凹槽的方法**
> 制作凹槽也可以使用"线"工具 线 绘制出带凹槽的剖面，然后再加载"挤出"修改器挤出高度。

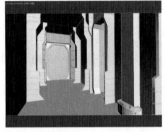
图2-707

图2-708

图2-709

**09** 进入"边"层级 ，使用"切角"工具 切角 将长方体模型进行切角，效果如图2-710所示。

**10** 使用"长方体"工具 长方体 创建一个长方体模型，然后将其转换为可编辑多边形，效果如图2-711所示。

**11** 进入"边"层级 ，然后使用"连接"工具 连接 为长方体模型添加分段线，效果如图2-712所示。

**12** 进入"多边形"层级 ，选中图2-713所示的多边形，然后使用"挤出"工具 挤出 向内挤出一定量以形成凹槽，效果如图2-714所示。

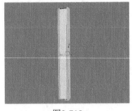
图2-710

图2-711

图2-712

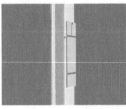
图2-713

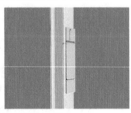
图2-714

**13** 进入"顶点"层级 ，然后调整模型造型，效果如图2-715所示。

**14** 将调整好的模型复制到造型立柱的另一侧，效果如图2-716所示。

**15** 按照上面的方法制作出正面的长方体模型，效果如图2-717所示。

图2-715

图2-716

图2-717

> ? **疑难问答：除了多边形建模，还能用其他方法制作造型立柱吗？**
> 除了案例步骤中的多边形建模方法，造型立柱还可以用样条线建模进行制作。绘制出侧边带凹槽的剖面，然后挤出高度，接着将其转换为可编辑多边形并调整局部造型。
> 最麻烦的方法是单独做出一个模块，然后将模块进行复制，接着拼合在一起。这种方法理解起来简单，但是操作复杂。

**16** 为制作的3个长方体模型切角，增加模型的细节，效果如图2-718所示。摄影机视图中的效果如图2-719所示。

**17** 使用"长方体"工具 长方体 创建一个长方体模型，然后将其转化为可编辑多边形，效果如图2-720所示。

**18** 将上一步创建的长方体模型切角，使其变得圆滑，效果如图2-721所示，然后将其复制到走廊其他墙壁边缘，效果如图2-722所示。

图2-718

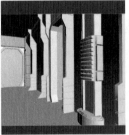
图2-719

图2-720

图2-721

图2-722

图2-723

**地面**

**01** 最后制作地面。进入"多边形"层级 ▦，选中地面的多边形，如图2-723所示，接着单击"分离"按钮 分离 将其单独分离为一个对象，效果如图2-724所示。

**02** 进入"边"层级 ◁，使用"连接"工具 连接 为其添加横向和纵向的分段线，效果如图2-725所示。

**03** 进入"多边形"层级 ▦，选中图2-726所示的多边形，然后使用"挤出"工具 挤出 向下挤出一定距离，效果如图2-727所示。

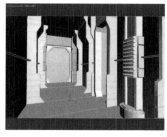
图2-724

图2-725

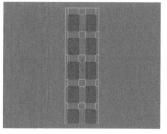
图2-726

图2-727

**04** 进入"边"层级 ◁，选中图2-728所示的边，然后使用"切角"工具 切角 进行切角，效果如图2-729所示。

**05** 使用"切角"工具 切角 对地面边缘进行一定量的切角，效果如图2-730所示。

**06** 对场景中的模型进行细化，最终模型效果如图2-731所示。

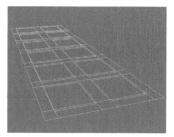
图2-728

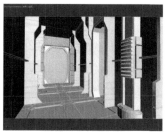
图2-729

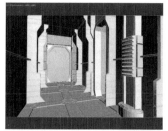
图2-730

图2-731

### 综合训练：制作可乐罐模型

| | |
|---|---|
| 场景文件 | 场景文件>CH02>12 |
| 实例文件 | 实例文件>CH02>综合训练：制作可乐罐模型.max |
| 难易程度 | ★★★★☆ |
| 技术掌握 | 导入参考图；可编辑多边形 |

本案例是在导入的参考图的基础上制作完成的，模型效果如图2-732所示。

图2-732

**导入参考图**

**01** 打开一个空白场景，然后切换到顶视图，并按Alt+B快捷键打开"视口配置"对话框，如图2-733所示。

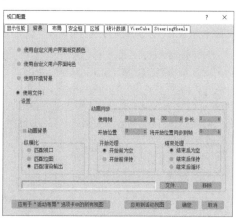
图2-733

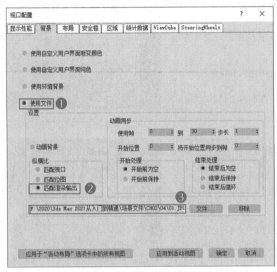

图2-734

**02** 在"视口配置"对话框中选择"使用文件"选项，然后在下方选择"匹配渲染输出"选项，接着加载本书学习资源中的"场景文件>CH02>12>01.jpg"文件，如图2-734所示，视口效果如图2-735所示。

**03** 按照上面的方法在前视图中加载本书学习资源中的"场景文件>CH02>12>02.jpg"文件，视口效果如图2-736所示。

图2-735

图2-736

**04** 按Alt+B快捷键打开"视口配置"对话框，选择"匹配视口"和"匹配位图"选项，效果如图2-737和图2-738所示。

**05** 无论选择哪种模式，可乐罐的参考图都不能准确显示。遇到这种情况，我们需要按照参考图的像素比例建立一个平面模型，然后将参考图赋予模型，如图2-739所示。

**06** 将前视图切换为底视图，然后导入本书学习资源中的"场景文件>CH02>12>03.jpg"文件，视口效果如图2-740所示。

图2-737

图2-738

图2-739

图2-740

> ① **技巧提示：步骤注意事项**
> 底视图中的参考图略带透视，建模时不必完全依靠参考图的大小建模。

☞ **罐身**

**01** 参考图导入后，下面进行罐身建模。在前视图中使用"线"工具 线 绘制可乐罐的剖面，效果如图2-741所示。

**02** 选中上一步绘制的剖面，加载"车削"修改器，效果如图2-742所示，透视视图中的效果如图2-743所示。

**03** 将生成的可乐罐模型转换为可编辑多边形，然后根据底视图中的参考图选中图2-744所示的多边形。

图2-741

图2-742

图2-743

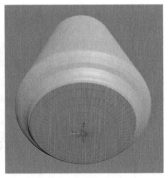

图2-744

**04** 保持选中的多边形不变，使用"挤出"工具 挤出 向内挤出一定量，效果如图2-745所示，将挤出的多边形缩小，效果如图2-746所示。

**05** 按照上一步的方法继续挤出并缩小多边形，效果如图2-747所示。

**06** 切换到顶视图，按照参考图选中图2-748所示的多边形，并使用"挤出"工具 挤出 向内挤出一定距离，效果如图2-749所示。

图2-745

图2-746

图2-747

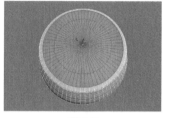

图2-748

图2-749

### ☞ 拉环

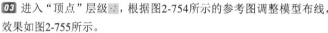

**01** 进入"边"层级 ，使用"连接"工具 连接 按照图2-750所示的参考图为顶部添加一圈分段线，效果如图2-751所示。

**02** 进入"多边形"层级 ，选中图2-752所示的多边形，使用"挤出"工具 挤出 向上挤出一定距离，效果如图2-753所示。

图2-750

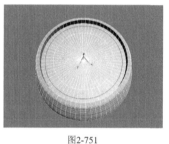

图2-751

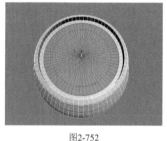

图2-752

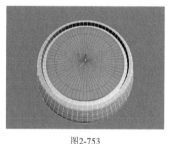

图2-753

**03** 进入"顶点"层级 ，根据图2-754所示的参考图调整模型布线，效果如图2-755所示。

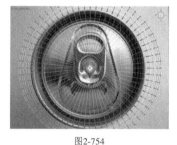

图2-754

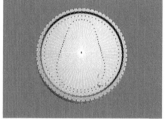

图2-755

> ① **技巧提示：步骤注意事项**
> 为了防止误选底部的点，一定要勾选"忽略背面"选项，如图2-756所示。
>
>
>
>
> 图2-756

**04** 选中调整好造型的多边形，使用"挤出"工具 挤出 向下挤出一定距离，效果如图2-757所示。

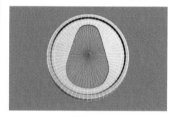

图2-757

**05** 保持选中的多边形不变，使用"选择并均匀缩放"工具 向内缩小一点，效果如图2-758所示。

**06** 使用"圆柱体"工具 圆柱体 创建一个"边数"为10的圆柱体模型，效果如图2-759所示。

**07** 将上一步创建的圆柱体模型转换为可编辑多边形，然后按照图2-760所示的参考图调整模型造型，效果如图2-761所示。

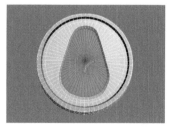

图2-758

图2-759

图2-760

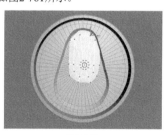

图2-761

**08** 继续调整拉环的布线，使其成为拉环的形状，效果如图2-762所示。

> ① **技巧提示：步骤注意事项**
> 布线的详细调整方式请观看本案例的教学视频。

**09** 选中拉环边缘的边，使用"切角"工具 切角 进行切角，效果如图2-763和图2-764所示。

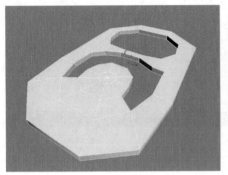
图2-762

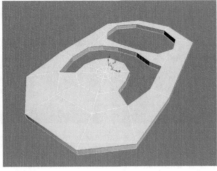
图2-763

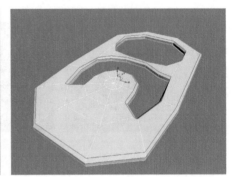
图2-764

**10** 为制作好的拉环模型添加"网格平滑"修改器，然后设置"迭代次数"为2，效果如图2-765所示。

**11** 为罐身模型也加载"网格平滑"修改器，将拉环模型和罐身模型拼合，最终效果如图2-766所示。

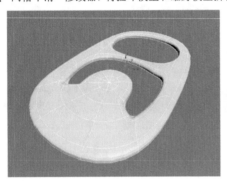 
图2-765

图2-766

> ⑦ **疑难问答：不想在视口中显示参考图该怎么办?**
> 建模时，若是需要隐藏参考图，只需要按Alt+B快捷键打开"视口配置"对话框，然后选择"使用自定义用户界面纯色"选项即可，如图2-767所示。

图2-767

# 第3章 摄影机技术

基础视频集数：15集　案例视频集数：14集　视频时间：126分钟

　　摄影机可以从搭建好的场景中取景，通过呈现不同的视角，来表现创作者的用意。摄影机除了可以取景外，还可以呈现景深、运动模糊等特殊的镜头效果，以满足不同的画面需求。

## 学习重点

## 学完本章能做什么

　　学完本章之后，读者可以掌握常用摄影机的创建和使用方法，熟悉场景的构图和一些特殊镜头效果的制作方法。

# 3.1 常用的摄影机工具

3ds Max的摄影机工具由自带的标准摄影机和插件渲染器的摄影机组成,如图3-1所示。

**常用的摄影机工具** ＞

| 物理摄影机 | 目标摄影机 | 自由摄影机 | VRay 物理摄影机 |
|---|---|---|---|
| 模拟单反效果(3ds Max 自带摄影机) | 操作简单(3ds Max 自带摄影机) | 不带目标点(3ds Max 自带摄影机) | 模拟单反效果(VRay 渲染器自带摄影机) |

图3-1

🔖 重点

## 3.1.1 物理摄影机

物理摄影机是3ds Max 2016版本中增加的摄影机工具,是一款模拟单反相机效果的摄影机,如图3-2所示,其参数面板如图3-3所示。

扫码观看视频

图3-2

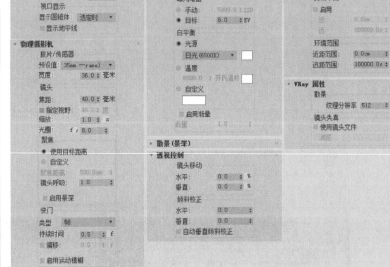

图3-3

物理摄影机由两部分组成:摄影机和目标点。目标点所在位置的对象就是目标对象,目标点是确定景深和运动模糊效果的关键点。

物理摄影机所呈现的效果由"焦距""光圈""快门""曝光"共同组成。

"焦距"决定了画面的大小。其数值越小,画面中所包含的内容就越多,也就是广角效果;其数值越大,画面中所包含的内容就越少,对比效果如图3-4所示。

图3-4

"光圈"是决定画面亮度的因素之一,同时也是影响景深效果强弱的重要因素。光圈的数值越大,画面亮度越低。图3-5所示是光圈分别为f/4和f/8时的效果。当勾选"启用景深"选项后,画面会根据目标点的位置形成景深效果,图3-6所示是光圈分别为f/2和f/8时的景深效果。我们可以明显观察到,光圈数值越小,景深效果越强。

图3-5

图3-6

"快门"是决定画面亮度的因素之一，同时也是影响运动模糊效果的重要因素。在相同的光圈数值下，"快门"选项组中的"持续时间"数值越大，代表进光量越多，画面也就越亮。图3-7所示是"快门"选项组中的"持续时间"分别为0.1f和1f时的对比效果。

图3-7

"曝光"卷展栏中有两种曝光增益方式，一种是ISO，另一种是EV。ISO是胶片或传感器的敏感度，数值越大，画面会越亮，图3-8所示是ISO分别为600和1200时的对比效果。EV则是摄影机当前使用的曝光值，图3-9所示是EV分别为8和9时的对比效果，我们可以明显观察到EV数值越大，画面越暗。

如果想模拟照片暗角的效果，需要勾选"启用渐晕"选项，效果如图3-10所示。该选项下方的"数量"值设置得越大，暗角效果也会越明显。

图3-8

图3-9

图3-10

在一些广角效果的场景中，画面边缘的对象会出现变形，这时候只需要勾选"自动垂直倾斜校正"选项，就可以校正变形的摄影机。

## 案例训练：创建物理摄影机

| 场景文件 | 场景文件>CH03>01.max |
|---|---|
| 实例文件 | 实例文件>CH03>案例训练：创建物理摄影机.max |
| 难易程度 | ★★☆☆☆ |
| 技术掌握 | 物理摄影机 |

本案例用洗手台测试物理摄影机的效果，案例效果如图3-11所示。

**01** 打开本书学习资源中的"场景文件>CH03>01.max"文件，如图3-12所示。

**02** 在"创建"面板中选择"摄影机"选项卡，然后单击"物理"按钮 物理 ，并在顶视图中拖曳鼠标创建一台物理摄影机，效果如图3-13所示。

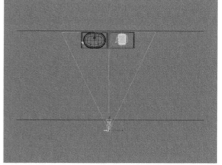

图3-11        图3-12        图3-13

**03** 切换到前视图，然后移动摄影机，其位置如图3-14所示。

**04** 按C键切换到摄影机视图，效果如图3-15所示。

**05** 选中摄影机，然后在"修改"面板中设置"焦距"为36毫米，"光圈"为f/4，ISO为800，如图3-16所示。

**06** 在主工具栏上单击"渲染产品"按钮 ，渲染场景效果如图3-17所示。

> ① **技巧提示：确定高度的另一种方法**
> 左视图中同样可以确定摄影机的高度。

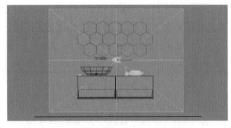

图3-14

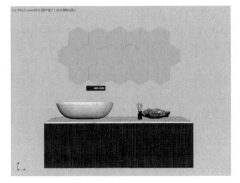

图3-15

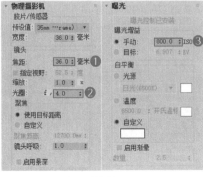

图3-16

图3-17

## 3.1.2 目标摄影机

扫码观看视频

　　"目标摄影机"可以查看所放置的目标周围的区域，它比"自由摄影机"更容易定向，因为只需将目标对象定位在所需位置的中心即可，如图3-18所示，其参数面板如图3-19所示。

　　目标摄影机的操作相比物理摄影机要简单得多，很适合新手使用。一般来说，用户只需要设置"镜头"的数值即可使用。"镜头"即"目标摄影机"的焦距，单位是mm。

　　目标摄影机在日常工作中还有一个常用的功能，即"剪切平面"。当"目标摄影机"的前方有物体遮挡，且画面镜头已经合适时，就需要用"剪切平面"将遮挡在镜头前的物体剪切掉。

　　勾选"手动剪切"选项后，会激活"近距剪切"和"远距剪切"选项，如图3-20所示。此时从顶视图看"目标摄影机"，"目标摄影机"上会显示两条红色的线，从"目标摄影机"到第1根红线是"近距剪切"的距离，从"目标摄影机"到第2根红线是"远距剪切"的距离，如图3-21所示。只有处于两根红线间的对象才会被"目标摄影机"所捕捉和渲染。

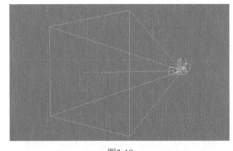

图3-18

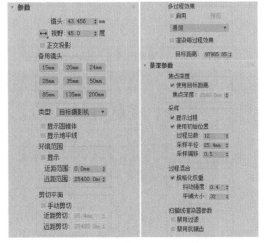

图3-19

图3-20

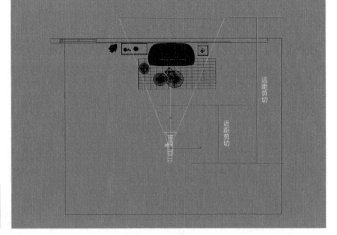

图3-21

👆 重点

## 👆 案例训练：创建目标摄影机

| 场景文件 | 场景文件>CH03>02.max |
|---|---|
| 实例文件 | 实例文件>CH03>案例训练：创建目标摄影机.max |
| 难易程度 | ★★☆☆☆ |
| 技术掌握 | 目标摄影机 |

本案例用中式条案测试"目标摄影机"的效果，案例效果如图3-22所示。

**01** 打开本书学习资源中的"场景文件>CH03>02.max"文件，如图3-23所示。

**02** 在"摄影机"选项卡中单击"目标"按钮 ▢▢ 目标 ，然后在顶视图中拖曳鼠标创建一台"目标摄影机"，效果如图3-24所示。

图3-22

图3-23

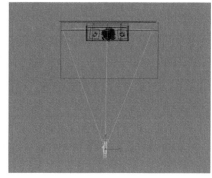

图3-24

**03** 切换到前视图，调整"目标摄影机"的高度，效果如图3-25所示。

**04** 按C键切换到摄影机视图，效果如图3-26所示。

**05** 选中"目标摄影机"，然后在"修改"面板中设置"镜头"为46.571mm，如图3-27所示。

**06** 按F9键渲染当前场景，效果如图3-28所示。

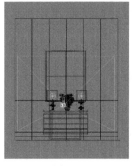

图3-25

图3-26

图3-27

图3-28

### 3.1.3 自由摄影机

"自由摄影机"与"目标摄影机"基本相同，只是缺少目标点，如图3-29所示。

扫码观看视频

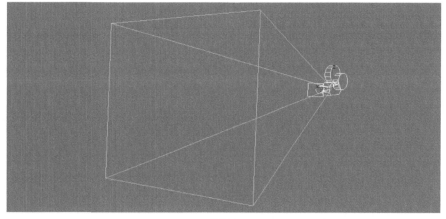

图3-29

扫码观看视频

👑 重点

## 3.1.4 VRay物理摄影机

"VRay物理摄影机"是VRay渲染器自带的摄影机,其功能与"物理摄影机"类似,如图3-30所示,其参数面板如图3-31所示。

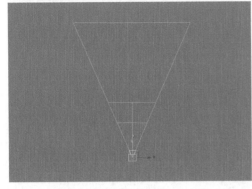
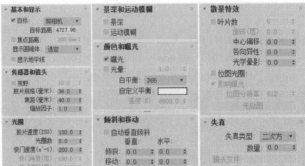

图3-30　　　　　　　　　　　　　　　　　　　　　　　图3-31

"焦距(毫米)"是设置"VRay物理摄影机"的焦距的参数。其数值越大,画面中所包含的对象越少,对比效果如图3-32所示。

"缩放因子"可以在不移动"VRay物理摄影机"的情况下控制画面的大小。当其数值增大时,画面会局部放大。"缩放因子"的默认值为1,对比效果如图3-33所示。

图3-32　　　　　　　　　　　　　　　　　　　　　　图3-33

"胶片速度(ISO)"控制渲染画面的曝光的时长。其数值越大,画面越亮,对比效果如图3-34所示。

"光圈数"控制"VRay物理摄影机"的曝光和景深。其数值越大,画面亮度越小,景深效果也越弱,对比效果如图3-35所示。只有勾选了"景深"选项才能渲染带景深效果的画面。

图3-34　　　　　　　　　　　　　　　　　　　　　　图3-35

"快门速度(s^-1)"控制"VRay物理摄影机"的快门速度。其数值越大,画面亮度越小,对比效果如图3-36所示。只有勾选"运动模糊"选项后,场景中有运动的对象才能渲染出运动模糊效果。

勾选"光晕"选项后,渲染的图片带有渐晕效果,如图3-37所示,且数值越大,画面的渐晕效果越强。

"VRay物理摄影机"比较特殊的地方是,其默认的镜头白平衡为D65,渲染的图片会偏暖色。单

图3-36　　　　　　　　　　　　　　　　　图3-37

击"白平衡"的下拉列表，可以选择其他白平衡模式，如图3-38所示。各种白平衡模式的渲染效果如图3-39所示。一般情况下选择"中性"模式，此时的镜头白平衡是纯白色，渲染的图片不会有色差。

勾选"自动垂直倾斜"选项后，系统会自动校正摄影机的畸变。

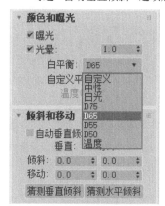

图3-38

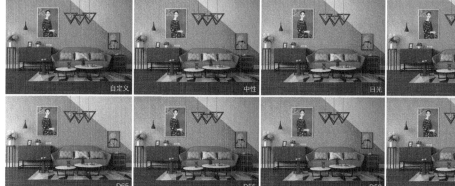

图3-39

⬆ 重点

✋ **案例训练：创建VRay物理摄影机**

| | |
|---|---|
| 场景文件 | 场景文件>CH03>03.max |
| 实例文件 | 实例文件>CH03>案例训练：创建VRay物理摄影机.max |
| 难易程度 | ★★☆☆☆ |
| 技术掌握 | VRay物理摄影机 |

扫码观看视频

本案例用一个北欧风格的小场景测试"VRay物理摄影机"的效果，案例效果如图3-40所示。

**01** 打开本书学习资源中的"场景文件>CH03>03.max"文件，如图3-41所示。

**02** 在"摄影机"选项卡中选择"VRay"选项，然后单击"VRay物理摄影机"按钮 (VR)物理摄影机，如图3-42所示。

**03** 在顶视图中拖曳鼠标创建一台"VRay物理摄影机"，位置如图3-43所示。

图3-40

图3-41

图3-42

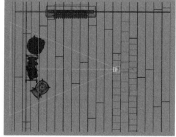

图3-43

**04** 切换到前视图，然后调整"VRay物理摄影机"的高度和角度，效果如图3-44所示。

**05** 按C键切换到摄影机视图，效果如图3-45所示。

**06** 选中"VRay物理摄影机"，然后在"修改"面板中设置"焦距（毫米）"为43.087，"胶片速度（ISO）"为100，"光圈数"为8，"快门速度（s^−1）"为6，如图3-46所示。

**07** 按F9键渲染场景，效果如图3-47所示。

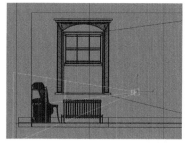

图3-44

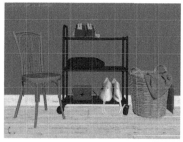

图3-45

图3-46

图3-47

# 3.2 曝光控制

按8键打开"环境和效果"面板就可以设置摄影机的曝光控制，如图3-48所示。

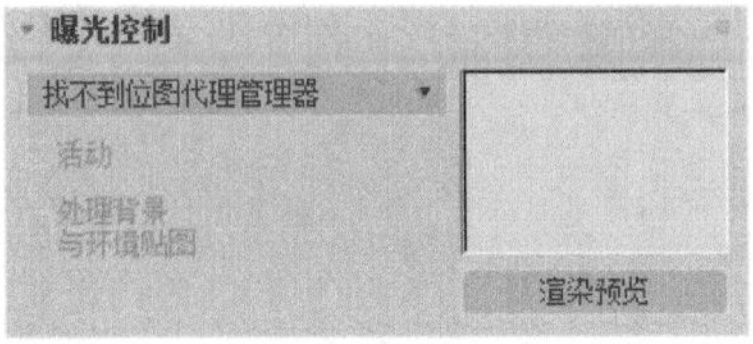

扫码观看视频

图3-48

## 3.2.1 线性曝光控制

当场景中创建了"目标摄影机"和"自由摄影机"时，"曝光控制"自动切换到"线性曝光控制"选项，如图3-49所示。

"线性曝光控制参数"卷展栏中的参数很好理解。"亮度"控制画面整体的明度，默认亮度为50；如果增大其数值，整个画面的明度会增加，对比效果如图3-50所示。

"对比度"控制整个画面的对比度，该数值不要设置太大，否则会让画面的明暗效果大幅增加，对比效果如图3-51所示。

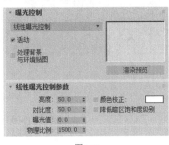

图3-49

图3-50

图3-51

## 3.2.2 物理摄影机曝光控制

当场景中创建了"物理摄影机"时，"曝光控制"自动切换到"物理摄影机曝光控制"选项，如图3-52所示。

扫码观看视频

勾选"使用物理摄影机控件"选项后，系统会以"物理摄影机"参数为基准进行曝光，如图3-53所示。如果不勾选该选项，系统则以下方"全局曝光"选项组的"曝光值"为基准进行曝光，如图3-54所示。一般情况下，系统都应以"物理摄影机"的参数为基准进行曝光，这样更加容易控制画面效果。

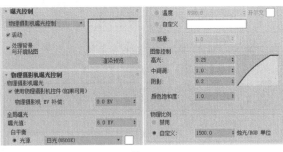

图3-52

图3-53

图3-54

## 3.2.3 VRay曝光控制

无论创建哪种摄影机，都可以使用"VRay曝光控制"选项，如图3-55所示。

扫码观看视频

"VRay曝光控制"有3种曝光模式，分别是"摄影""从VRay摄影机""从曝光值（EV）参数"，如图3-56所示。其参数含义与摄影机组件完全一致，这里不再赘述。

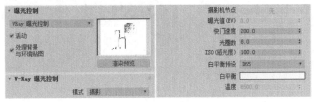

图3-55

图3-56

> ① **技巧提示：** "曝光控制"的注意事项
>
> "曝光控制"中的各种曝光方式只是对画面的一种辅助设置，并不是必须设置的参数。读者对这些内容仅需了解即可。

# 3.3 调整画面比例

画面比例是设置摄影机显示的长宽比和最终输出的画面大小，是设置摄影机关键的步骤之一，如图3-57所示。

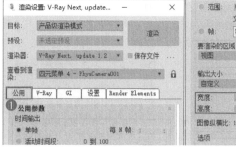

图3-57

## 3.3.1 调整图像的长宽

调整图像的长宽是设置画面最终输出的大小，具体设置方法如下。其参数面板如图3-58所示。

**第1步** 按F10键打开"渲染设置"面板。

**第2步** 在"公用"选项卡中找到"输出大小"选项组。

**第3步** 设置"宽度"和"高度"数值。

除了直接设置画面的"宽度"和"高度"数值外，还可以在"输出大小"的下拉列表中选择预设的画面比例，如图3-59所示。这些预设可以快速设定固定的画面比例，方便用户确定画面构图。

图3-58

图3-59

"图像纵横比"的数值就是"宽度"与"高度"的比例数值。当"宽度"与"高度"数值相同时，"图像纵横比"为1；当"宽度"大于"高度"呈现横构图时，"图像纵横比"大于1；当"宽度"小于"高度"呈现竖构图时，"图像纵横比"小于1。单击右边的"锁定"按钮后，修改"宽度"和"高度"中任意一个的数值，另一个的数值也会随着比例而改变。

> 🔗 **知识链接：不同类型的构图**
> "横构图"和"竖构图"的相关知识点，请参阅"3.4 不同的构图方式"。

## 3.3.2 添加渲染安全框

调整了图像的长宽之后，我们并不能在视图中直观地观察到摄影机的显示效果，这就需要添加"渲染安全框"。"渲染安全框"类似于相框，开启后不仅框内所显示的对象最终都会在渲染的图像中呈现，我们还能直接在视图中观察到图像的长宽比例。开启前后效果如图3-60和图3-61所示。

图3-60

图3-61

"渲染安全框"的打开方法有以下两种。

**第1种** 在视图左上角的名称上单击鼠标右键，弹出快捷菜单，勾选"显示安全框"选项，如图3-62所示。

**第2种** 按Shift＋F快捷键直接打开。

在视图左上角视口类型名称上单击鼠标右键，在弹出的快捷菜单中选择"视口全局设置"选项，然后在弹出的"视口配置"对话框中选择"安全框"选项卡，就可以对"渲染安全框"进行设置，如图3-63和图3-64所示。

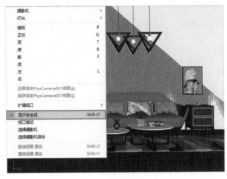

图3-62

图3-63

勾选"动作安全区""标题安全区""用户安全区"3个选项后，单击"确定"按钮  确定 ，视口中的安全框会变成4条线，如图3-65所示。

在制作效果图时，笔者通常不会勾选"动作安全区"和"标题安全区"这两个选项，用户可根据实际情况与自身习惯选择需要勾选的选项。

图3-64

图3-65

▲重点

🖐**案例训练：设置画面的输出比例**

| 场景文件 | 场景文件>CH03>04.max |
|---|---|
| 实例文件 | 实例文件>CH03>案例训练：设置画面的输出比例.max |
| 难易程度 | ★★☆☆☆ |
| 技术掌握 | 调整画面比例；渲染安全框 |

扫码观看视频

本案例需要为一个工装场景添加摄影机并设置画面比例，案例效果如图3-66所示。

**01** 打开本书学习资源中的"场景文件>CH03>04.max"文件，如图3-67所示。

**02** 在"摄影机"选项卡中单击"物理"按钮 物理 ，并在顶视图中拖曳鼠标创建一台"物理摄影机"，使其正对店铺，效果如图3-68所示。

图3-66

图3-67

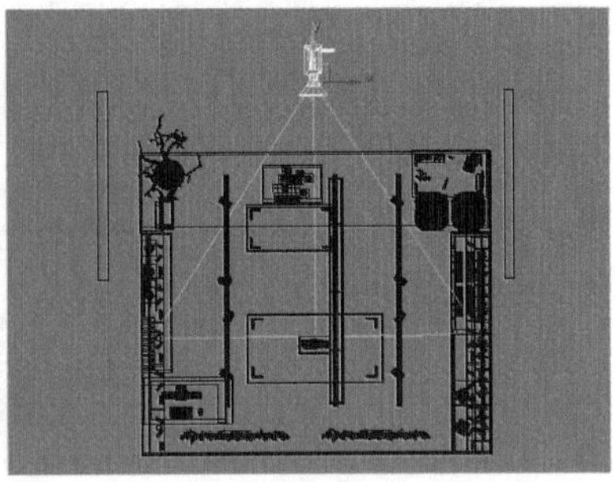

图3-68

**03** 按C键切换到摄影机视图，按住鼠标中键并拖曳鼠标，寻找"物理摄影机"合适的高度，效果如图3-69所示。

**04** 观察摄影机视图，会发现两侧的展柜没有完全进入画面。单击"推拉摄影机"按钮 ↴ 并拖曳鼠标，使"物理摄影机"向后退一段，效果如图3-70所示。

**05** 默认的画面比例为4∶3，这使得店铺看起来有些狭小，需要调整图像的长宽。按F10键打开"渲染设置"面板，设置"输出大小"选项组的"宽度"为1000，"高度"为556，如图3-71所示。

图3-69

图3-70

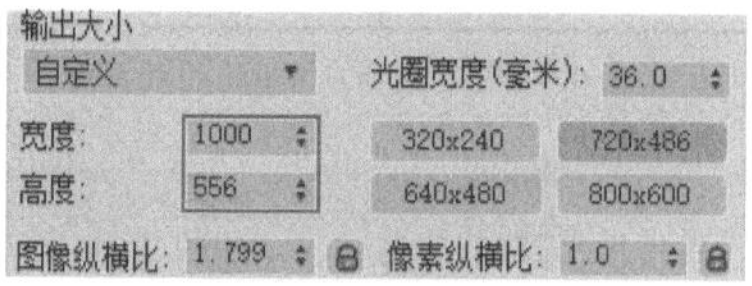

图3-71

**06** 虽然调整了画面的长宽，但视图中没有体现。按Shift＋F快捷键打开"渲染安全框"，效果如图3-72所示。

**07** 选中"物理摄影机"，在"修改"面板中设置"宽度"为36毫米，"焦距"为22毫米，如图3-73所示，这样店铺会更显宽阔。按F9键渲染场景，效果如图3-74所示。

图3-72

图3-73

图3-74

## 3.4 不同的构图方式

本节主要讲解一些常见的构图方式，如横构图、竖构图、近焦构图和远焦构图等，如图3-75所示。

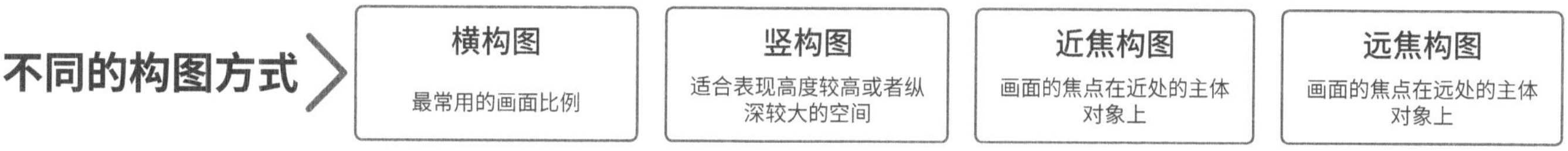

**不同的构图方式** ＞

| 横构图 | 竖构图 | 近焦构图 | 远焦构图 |
|---|---|---|---|
| 最常用的画面比例 | 适合表现高度较高或者纵深较大的空间 | 画面的焦点在近处的主体对象上 | 画面的焦点在远处的主体对象上 |

图3-75

👍 重点

### 3.4.1 横构图

横构图是最常用的画面比例，包括4∶3、16∶9和16∶10等。横构图与人的本能视野有关：宽阔的地平线上，事物依次展开，呈横向排列，各种水平、横向的联系向两边产生辐射的趋势，特别能满足双眼"左顾右盼"的开阔视野。横构图还有利于表现物体的运动趋势，包括使静止的景物产生流动的节奏美，如图3-76所示。

扫码观看视频

图3-76

☝重点

## 🖐 案例训练：设置横构图画面

| 场景文件 | 场景文件>CH03>05.max |
|---|---|
| 实例文件 | 实例文件>CH03>案例训练：设置横构图画面.max |
| 难易程度 | ★★☆☆☆ |
| 技术掌握 | 调整画面比例；渲染安全框 |

扫码观看视频

本案例需要为场景创建摄影机，然后设置为横构图画面，案例效果如图3-77所示。

**01** 打开本书学习资源中的"场景文件>CH03>05.max"文件，如图3-78所示。

**02** 在"摄影机"选项卡中单击"目标"按钮 目标 ，并在顶视图中拖曳鼠标创建一台"目标摄影机"，然后在左视图中调整"目标摄影机"的高度，效果如图3-79所示。

图3-77　　　　　　　　　　　　图3-78　　　　　　　　　　　　图3-79

> ① **技巧提示：摄影机的类型选择**
>
> 读者也可以创建"物理摄影机"或"VRay物理摄影机"，两者的制作步骤是一样的。

**03** 按F10键打开"渲染设置"面板，然后设置"宽度"为1280，"高度"为720，即常用的16∶9的画面比例，接着按Shift+F快捷键打开"渲染安全框"，效果如图3-80所示。

**04** 此时画面中部分对象没有被包含，将"目标摄影机"向后拉，效果如图3-81所示。

**05** 继续设置"宽度"为1000，"高度"为750，即常用的4∶3的画面比例，效果如图3-82所示。

图3-80　　　　　　　　　　　　图3-81　　　　　　　　　　　　图3-82

**06** 此时画面边缘太空，需要推进"目标摄影机"，效果如图3-83所示。

**07** 对比画面比例，笔者觉得4∶3的画面效果更好。按照此比例进行渲染，效果如图3-84所示。

> ① **技巧提示：画面比例**
>
> 这里的画面比例仅作为参考，读者也可以多多尝试横构图的其他画面比例。

图3-83　　　　　　　　　　　　图3-84

● 重点

## 3.4.2 竖构图

竖构图也叫纵向构图，适用于表现高度较高或者纵深较大的空间，如别墅中庭、会议室、走廊等。竖构图不仅有利于展示垂直高大的事物特征，还能够表现人们向上的运动向往，与人类向上开拓的能力和意志有关。

扫码观看视频

竖构图一方面可以表现树木、建筑、高塔等高大垂直的物体，另一方面，在画面的上下方安排一些呈对角线的物体，就会给人带来高亢、上升的感受，使人通过仰看产生一种崇高的情感，如图3-85所示。

图3-85

● 重点

## 👆 案例训练：设置竖构图画面

扫码观看视频

| 场景文件 | 场景文件>CH03>06.max |
|---|---|
| 实例文件 | 实例文件>CH03>案例训练：设置竖构图画面.max |
| 难易程度 | ★★☆☆☆ |
| 技术掌握 | 调整画面比例；渲染安全框 |

本案例需要为一个走廊场景添加摄影机并设置竖构图画面，案例效果如图3-86所示。

**01** 打开本书学习资源中的"场景文件>CH03>06.max"文件，如图3-87所示。

**02** 在"摄影机"选项卡中单击"物理"按钮 物理 ，并在顶视图中拖曳鼠标创建一台"物理摄影机"，然后在左视图中调整其高度，效果如图3-88所示。

图3-86

图3-87

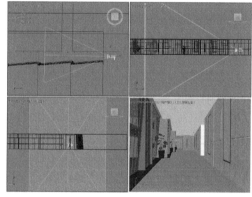

图3-88

**03** 按F10键打开"渲染设置"面板，然后设置"宽度"为1000，"高度"为1500，接着按Shift+F快捷键打开"渲染安全框"，效果如图3-89所示。

> ① **技巧提示：** 竖构图的画面比例
>
> 竖构图没有固定的画面比例，只需要设置"高度"数值大于"宽度"数值即可。

**04** 此时画面上方的吊顶和下方的底面占用的画面过多，需要将其减少。保持"宽度"数值不变，然后设置"高度"为1200，效果如图3-90所示。

**05** 笔者觉得这个画面比例比较合适，故按此比例进行渲染，效果如图3-91所示。

图3-89

图3-90

图3-91

> ① **技巧提示：** 构图的其他设置方式
>
> 如果3ds Max中设置的画面比例一直不能达到理想的效果，可以暂时设置到较为合适的数值，然后将渲染的图片放在Photoshop中进行裁剪。

### 3.4.3 近焦构图

近焦构图是指画面的焦点在近处的主体对象上,超出目标前后一定范围的对象都会被虚化,如图3-92所示。近焦构图适合特写类镜头,着重表现焦点物体。制作近焦构图的场景时一定要开启景深,且摄影机的目标点要放在近处的物体上,这样远处的物体才能在渲染时显示模糊的景深效果。

图3-92

### 3.4.4 远焦构图

远焦构图与近焦构图相反,是指画面的焦点在远处的主体对象上,近处的对象会被虚化,如图3-93所示。远焦构图让场景看起来更加宽阔,让画面更有纵深感。制作远焦构图的场景时,摄影机距离目标物体的距离较远,且必须开启景深。

> ① **技巧提示:景深效果**
> 虽然景深效果在后期软件中也可以模拟,但比起渲染的效果要逊色一些。

图3-93

### 3.4.5 其他构图方式

除了以上4种常见的构图方式,还有一些其他构图方式。

**全景构图** 将场景的360°内容完全展示在画面中。全景构图便于后期制作三维的VR视觉世界,如图3-94所示。

**黄金分割构图** 在画面中画两条间距相等的竖线,将画面纵向分割成3部分,再画两条横线将画面横向分成间距相等的3部分,4条线为黄金分割线,4个交点就是黄金分割点。将视觉中心或主体放在黄金分割线上或附近,特别是黄金分割点上,会得到很好的构图效果,如图3-95所示。

**三角构图** 画面主体放在三角形中或画面主体本身形成三角形的态势,三角构图能够产生稳定感,如图3-96所示。

**S形构图** 物体以S的形状从前景向中景和后景延伸,画面构成纵深方向的视觉感,一般以河流、道路、铁轨等物体最为常见,如图3-97所示。

图3-94 　　　　　　　　　　图3-95 　　　　　　　　　　图3-96 　　　　　　　　　　图3-97

## 3.5 摄影机的特殊镜头效果

摄影机除了简单地拍摄画面外,还可以产生一些特殊的镜头效果,带给画面不一样的感觉,如图3-98所示。

**摄影机的特殊镜头效果**

| 景深 | 散景 | 运动模糊 |
|---|---|---|
| 远离目标点的对象呈现模糊效果 | 灯光在景深位置呈现的特殊效果 | 摄影机拍摄运动的物体,画面会出现模糊 |

图3-98

扫码观看视频

★ 重点

## 3.5.1 画面的景深效果

前文讲解的近焦构图和远焦构图中，部分画面产生了模糊效果，这就是画面的景深效果。要制作近焦构图和远焦构图的镜头，必须开启景深。

景深是指在摄影机镜头或其他成像器前沿能够取得清晰图像的成像所测定的被摄物体前后距离范围。摄像机镜头聚焦完成后，焦点前后的一定范围内会呈现清晰的图像，这一前一后的距离范围便叫作景深。

光圈、焦距、摄影机的距离是影响景深的重要因素。光圈数值越大，景深越浅；光圈数值越小，景深越深。镜头焦距越长，景深越浅；反之，景深越深。物体离摄影机的距离越近，景深越浅；物体离摄影机的距离越远，景深越深，如图3-99所示。

3ds Max中，不同的摄影机设置景深的方法也不同。

"目标摄影机"需要在"渲染设置"面板的"摄影机"卷展栏中勾选"景深"选项，如图3-100所示。其下方的"光圈"选项控制景深效果的强弱，数值越大，景深效果越强。勾选"从摄影机获得焦点距离"选项，"目标摄影机"的目标点所在的位置将作为镜头的焦点，所渲染的对象是最清晰的；不勾选该选项，焦点的位置则由下方"焦点距离"的数值决定。

"物理摄影机"则是在"物理摄影机"卷展栏中勾选"启用景深"选项，如图3-101所示。镜头景深的强弱由"光圈"的数值决定，数值越小，景深效果越强，画面也越亮。镜头焦点的位置默认为目标点的位置。

"VRay物理摄影机"与"物理摄影机"的操作类似，也需要在"修改"面板中勾选"景深"选项，如图3-102所示。

图3-99

图3-100

图3-101

图3-102

◎ 知识课堂：景深形成的原理

景深形成的原理有两点。

**第1点** 焦点。与光轴平行的光线射入凸透镜时，理想的镜头应该是所有的光线聚集在一点后，再以锥状的形式扩散开，这个聚集所有光线的点就称为"焦点"，如图3-103所示。

**第2点** 弥散圆。在焦点前后，光线开始聚集和扩散，点的影像会变得模糊，从而形成一个扩大的圆，这个圆就称为"弥散圆"，如图3-104所示。

每张照片都有主题和背景之分，景深和光圈、焦距、摄影机的距离之间存在着以下3种关系（这3种关系可以用图3-105来表示）。

**第1种** 光圈数值越大，景深越浅；光圈数值越小，景深越深。

**第2种** 镜头焦距越长，景深越浅；镜头焦距越短，景深越深。

**第3种** 摄影机的距离越远，景深越深；摄影机的距离越近，景深越浅。

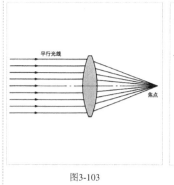
图3-103

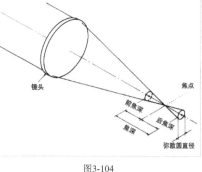
图3-104

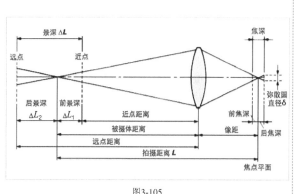
图3-105

👑 重点

## 🖐 案例训练：制作餐桌景深效果

| 场景文件 | 场景文件>CH03>07.max |
|---|---|
| 实例文件 | 实例文件>CH03>案例训练：制作餐桌景深效果.max |
| 难易程度 | ★★★☆☆ |
| 技术掌握 | 物理摄影机的景深 |

本案例的餐桌景深效果由"物理摄影机"进行制作，对比效果如图3-106所示。

**01** 打开本书学习资源中的"场景文件>CH03>07.max"文件，如图3-107所示。

图3-106

图3-107

**02** 本案例着重表现餐桌上的花瓶，照片墙和靠垫是配景，因此创建的"物理摄影机"的目标点应放置于花瓶的位置，效果如图3-108所示。

**03** 调整"物理摄影机"的高度，效果如图3-109所示。

**04** 按F10键打开"渲染设置"面板，然后设置画面的"宽度"为1000，"高度"为750，接着打开"渲染安全框"，再推进"物理摄影机"，效果如图3-110所示。

**05** 按F9键渲染当前视图，效果如图3-111所示。这是没有开启景深时的效果。

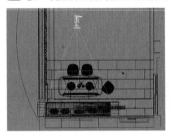

图3-108

图3-109

图3-110

图3-111

**06** 此时画面的亮度很暗，需要增加亮度。选中"物理摄影机"，然后在"物理摄影机"卷展栏中设置"光圈"为f/4，在"曝光"卷展栏中设置ISO为400，如图3-112所示，渲染效果如图3-113所示。

**07** 在"物理摄影机"卷展栏中勾选"启用景深"选项，如图3-114所示，渲染效果如图3-115所示。

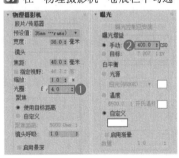

图3-112

图3-113

图3-114

图3-115

**08** 虽然开启了景深，但照片墙的模糊效果不强，需要加大景深效果。将"光圈"设置为f/2，我们可以观察到顶视图中"物理摄影机"的焦距范围变小了，如图3-116和图3-117所示。

> ① **技巧提示：焦距范围的原理**
>
> 焦距范围内的物体呈现清晰的影像，超过焦距范围的物体则会呈现模糊的影像。物体超过焦距范围越远，模糊的程度也就越大。这里缩小焦距后，照片墙会远离焦距范围，因此模糊程度增大。

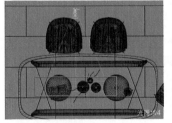

图3-116

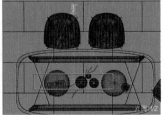

图3-117

**09** 按F9键进行渲染，效果如图3-118所示。由于缩小了"光圈"数值，画面曝光过度。

**10** 将ISO设置为100，然后重新渲染，景深效果如图3-119所示。

图3-118　　　　　　　　　图3-119

👑 重点

## 👆 学后训练：制作走廊景深效果

| | | |
|---|---|---|
| 场景文件 | 场景文件>CH03>08.max | 扫码观看视频 |
| 实例文件 | 实例文件>CH03>学后训练：制作走廊景深效果.max | |
| 难易程度 | ★★★☆☆ | |
| 技术掌握 | 目标摄影机的景深 | |

本案例的走廊景深效果由"目标摄影机"进行制作，对比效果如图3-120所示。

图3-120

👑 重点

## 3.5.2 灯光散景效果

散景是指在景深较浅的摄影成像中，落在景深以外的画面会逐渐产生松散模糊的效果。散景效果会因为光圈孔形状的不同，而产生不同的效果，如图3-121所示。

扫码观看视频

图3-121

散景效果是在景深效果的基础上呈现的，因此需要按照设置景深的方法进行设置。散景效果需要在镜头中呈现灯光，且灯光需要在焦距以外。

👑 重点

## 🖐 案例训练：制作夜晚庭院散景效果

| | | |
|---|---|---|
| 场景文件 | 场景文件>CH03>09.max | 扫码观看视频 |
| 实例文件 | 实例文件>CH03>案例训练：制作夜晚庭院散景效果.max | |
| 难易程度 | ★★★☆☆ | |
| 技术掌握 | 物理摄影机的散景 | |

本案例的散景效果由"物理摄影机"进行制作，对比效果如图3-122所示。

**01** 打开本书学习资源中的"场景文件>CH03>09.max"文件，如图3-123所示。

**02** 在"摄影机"选项卡中单击"物理"按钮 物理 ，并在顶视图中拖曳鼠标创建一台"物理摄影机"，然后设置目标点在路边地灯位置，效果如图3-124所示。

  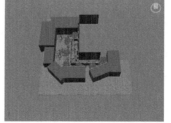 

图3-122　　　　　　　　图3-123　　　　　　　　图3-124

**03** 切换到摄影机视图,然后调整"物理摄影机"的高度,效果如图3-125所示。

**04** 按F10键打开"渲染设置"面板,然后设置画面的"宽度"为1000,"高度"为750,接着打开"渲染安全框"并进行渲染,效果如图3-126所示。

**05** 勾选"启用景深"选项,然后渲染当前场景,效果如图3-127所示。

**06** 此时远处的灯光已经出现散景效果,但近处的灯光散景效果还不强烈,因此需要缩小光圈。将"光圈"设置为f/2,然后进行渲染,效果如图3-128所示。

图3-125　　　　　　　　图3-126　　　　　　　　图3-127　　　　　　　　图3-128

### 🔖重点
## 🔧 学后训练:制作装饰灯散景效果

| 场景文件 | 场景文件>CH03>10.max |
|---|---|
| 实例文件 | 实例文件>CH03>学后训练:制作装饰灯散景效果.max |
| 难易程度 | ★★★☆☆ |
| 技术掌握 | VRay物理摄影机的散景 |

扫码观看视频

本案例的装饰灯散景效果由"VRay物理摄影机"进行制作,对比效果如图3-129所示。

图3-129

### 🔖重点
## 3.5.3 运动模糊效果

扫码观看视频

摄影机拍摄高速运动的物体时,画面会出现模糊,这种现象被称为运动模糊,如图3-130所示。

运动模糊与物体运动的速度和摄影机的快门有关。我们想拍出运动物体的静止状态,就需要将快门速度设置得比物体运动的速度快

图3-130

得多,这样就能拍出图3-130中奔跑的小鹿呈清晰状态而周围呈模糊状态的效果。我们想要表现运动的物体产生的模糊效果,就要将快门速度设置得比物体运动的速度慢一些,这样就能拍出图3-130中奔跑的小女孩呈现的模糊效果。

### 🔖重点
## 👆 案例训练:制作落地扇运动模糊效果

| 场景文件 | 场景文件>CH03>11.max |
|---|---|
| 实例文件 | 实例文件>CH03>案例训练:制作落地扇运动模糊效果.max |
| 难易程度 | ★★★☆☆ |
| 技术掌握 | 目标摄影机的运动模糊 |

扫码观看视频

本案例的运动模糊效果由"目标摄影机"进行制作,案例效果如图3-131所示。

图3-131

**01** 打开本书学习资源中的"场景文件>CH03>11.max"文件，如图3-132所示。

**02** 在"摄影机"选项卡中单击"目标"按钮 目标 ，并在顶视图中拖曳鼠标创建一台"目标摄影机"，效果如图3-133所示。

**03** 切换到摄影机视图，然后调整"目标摄影机"的高度，效果如图3-134所示。

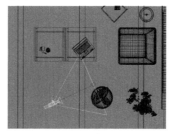

图3-132            图3-133            图3-134

**04** 单击下方的"自动关键点"按钮 自动关键点，然后将时间滑块移动到50帧的位置，如图3-135所示。

**05** 选中风扇模型，然后使用"选择并旋转"工具 ⟳ 将风扇沿着z轴旋转-1500°，效果如图3-136所示。

图3-135

**06** 再次单击"自动关键点"按钮 自动关键点，然后单击"播放动画"按钮 ▶ 播放动画，此时风扇沿着设定的动画方向进行旋转，效果如图3-137所示。

**07** 按F10键打开"渲染设置"面板，然后设置画面的"宽度"为1000，"高度"为750，接着打开"渲染安全框"并渲染场景，效果如图3-138所示，这时还没有开启运动模糊效果。

🔗 **知识链接：动画关键帧**
    动画关键帧的相关内容请参阅"10.3.1 关键帧"。

图3-136            图3-137                        图3-138

**08** 在"渲染设置"面板中的"摄影机"卷展栏中勾选"运动模糊"选项，如图3-139所示。

**09** 将时间滑块移动到30帧，然后进行渲染，效果如图3-140所示，此时风扇出现了模糊，这就是运动模糊效果。

**10** 因为没有设置风扇运动的曲线，所以播放动画时风扇呈现非匀速的旋转状态。将时间滑块移动到40帧，然后进行渲染，效果如图3-141所示。此时由于旋转速度的减慢，风扇的模糊程度也减弱。

图3-139                   图3-140            图3-141

**11** 随意选取几帧，落地扇的运动模糊效果如图3-142所示。

图3-142

# 3.6 360°全景摄影机效果

360°全景摄影机效果是近年来流行的一种镜头效果,输出的效果图经过专业的插件制作后,可以生成全景效果图。360°全景摄影机效果是由画面输出比例和镜头类型两部分决定的,如图3-143所示。

扫码观看视频

图3-143

## 3.6.1 360°全景的画面输出比例

与其他类型的效果图不同,360°全景的画面输出有固定的比例。360°全景的"图像纵横比"必须为2,即"宽度"数值为"高度"数值的2倍,如图3-144所示。

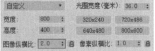

图3-144

## 3.6.2 360°全景的摄影机镜头类型

360°全景的摄影机镜头类型是球形,与其他场景的镜头类型有所区别。在"渲染设置"面板中展开"摄影机"卷展栏,然后设置"类型"为"球形",接着设置"覆盖视野"为360,如图3-145所示。

图3-145

按照上面的方法进行渲染就可以呈现全景效果图。如图3-146所示,将渲染的图片导入一些专门制作全景效果图的插件中就可以制作出可旋转的全景效果图。

图3-146

### 🖱 案例训练:制作大堂全景效果

| 场景文件 | 场景文件>CH03>12.max |
|---|---|
| 实例文件 | 实例文件>CH03>案例训练:制作大堂全景效果.max |
| 难易程度 | ★★★☆☆ |
| 技术掌握 | 目标摄影机的运动模糊 |

扫码观看视频

本案例用一个大堂场景制作全景效果,案例效果如图3-147所示。

**01** 打开本书学习资源中的"场景文件>CH03>12.max"文件,如图3-148所示,这是一个酒店大堂。

**02** 在"摄影机"选项卡中单击"目标"按钮 目标 ,并在场景的中心位置创建一台"目标摄影机",其顶视图如图3-149所示。

图3-147

图3-148

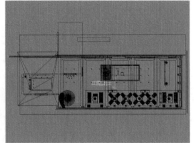

图3-149

> ① **技巧提示:全景摄影机的位置**
>
> 为了更好地展示全景效果,摄影机一般位于场景的中央。

**03** 在摄影机视图中调整"目标摄影机"的高度,使其与人眼的高度差不多,效果如图3-150所示。

**04** 按F10键打开"渲染设置"面板,然后设置画面的"宽度"为1000,"高度"为500,如图3-151所示。

**05** 按Shift＋F快捷键打开"渲染安全框"，如图3-152所示。

图3-150

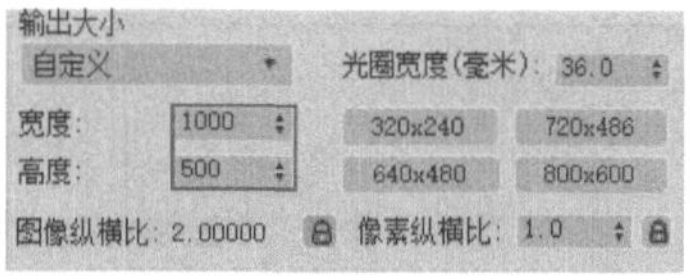

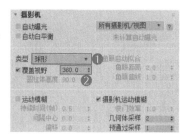

图3-151

图3-152

> ⚠ **技巧提示：全景渲染注意事项**
> 日常制作全景效果图时，渲染的尺寸会设置在10000px×5000px左右，这是因为全景制作的插件会损失部分画面的精度，从而造成画面模糊、不清晰。

**06** 在"渲染设置"面板中展开"摄影机"卷展栏，然后设置"类型"为"球形"，接着设置"覆盖视野"为360，如图3-153所示。

**07** 按F9键进行渲染，效果如图3-154所示。

图3-153

图3-154

## 3.7 综合训练营

通过以上内容的学习，相信读者已经能运用3ds Max中的摄影机制作场景，下面通过两个综合训练复习巩固所学的知识点。

👍 重点

### ⊗ 综合训练：制作服装店景深效果

| | |
|---|---|
| 场景文件 | 场景文件>CH03>13.max |
| 实例文件 | 实例文件>CH03>综合训练：制作服装店景深效果.max |
| 难易程度 | ★★★☆☆ |
| 技术掌握 | VRay物理摄影机的景深 |

本案例是为一个服装店场景制作景深效果，案例效果如图3-155所示。

**01** 打开本书学习资源中的"场景文件>CH03>13.max"文件，如图3-156所示。

**02** 在"摄影机"选项卡中单击"VRay物理摄影机"按钮⚫物理摄影机，并在顶视图中拖曳鼠标创建一台"VRay物理摄影机"，位置如图3-157所示。注意，需要将"VRay物理摄影机"的目标点放在橱窗模特的位置。

图3-155

图3-156

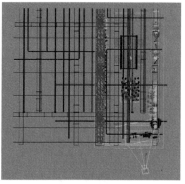

图3-157

**03** 切换到左视图，然后调整"VRay物理摄影机"的高度，位置如图3-158所示。

**04** 按C键切换到摄影机视图，效果如图3-159所示。这时我们可以明显观察到镜头距离橱窗模特的位置太近。

**05** 在"修改"面板中设置"焦距（毫米）"为24，镜头效果如图3-160所示。

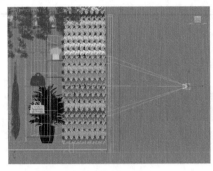
图3-158

图3-159

图3-160

**06** 在主工具栏上单击"渲染产品"按钮，场景渲染效果如图3-161所示。此时场景的亮度很低，需要增加亮度。

**07** 在"光圈"卷展栏中设置"胶片速度（ISO）"为200，"光圈数"为2，如图3-162所示。渲染场景后效果如图3-163所示。

图3-161

图3-162

图3-163

---

⑦ **疑难问答：为何渲染的图片不清晰？**

　　日常制作案例的过程中，通常使用较低的渲染参数进行渲染，这样可以在较短的时间内观察到渲染图片的大致效果，方便后续的调整。如果在制作的过程中就使用成图的渲染参数进行渲染，不仅会花费很多时间，还会降低制作效率。关于渲染参数的具体内容，请读者参阅"第7章 渲染技术"。

---

**08** 在"景深和运动模糊"卷展栏中勾选"景深"选项，然后再次渲染场景，效果如图3-164所示。此时画面中除了近处橱窗的模特外，远处的景物都出现模糊的噪点，但此时的景深效果没有达到预想的状态。

**09** 在"光圈"卷展栏中设置"胶片速度（ISO）"为50，"光圈数"为1，如图3-165所示。

**10** 按F9键渲染场景，案例的最终效果如图3-166所示。

图3-164

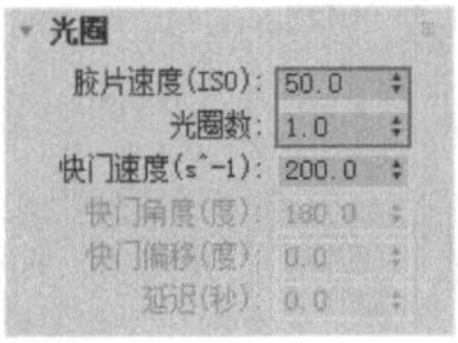

图3-165

图3-166

扫码观看视频

### ♦ 重点
### ◈ 综合训练：制作高速运动自行车的运动模糊效果

| 场景文件 | 场景文件>CH03>14.max |
|---|---|
| 实例文件 | 实例文件>CH03>综合训练：制作高速运动自行车的运动模糊效果.max |
| 难易程度 | ★★★☆☆ |
| 技术掌握 | VRay物理摄影机的运动模糊 |

本案例是制作高速运动自行车的运动模糊效果，案例效果如图3-167所示。

**01** 打开本书学习资源中的"场景文件>CH03>14.max"文件，如图3-168所示。场景中是一辆自行车在一个科幻风格的走廊模型内。

**02** 切换到顶视图，然后在"摄影机"选项卡中单击"VRay物理摄影机"按钮 **(VR)物理摄影机**，并在场景中创建一台"VRay物理摄影机"，位置如图3-169所示。

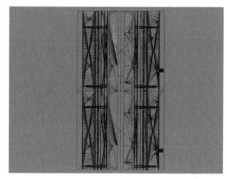

| 图3-167 | 图3-168 | 图3-169 |
|---|---|---|

**03** 切换到左视图，然后调整"VRay物理摄影机"的高度，位置如图3-170所示。

**04** 按C键切换到摄影机视图，设置"焦距（毫米）"为36，如图3-171所示。

**05** 此时观察摄影机视图，发现"VRay物理摄影机"距离自行车模型较远。单击"推拉摄影机"按钮 **↔↓**，将"VRay物理摄影机"向自行车方向推进，效果如图3-172所示。

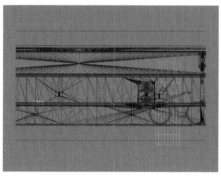

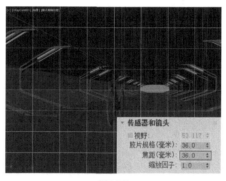

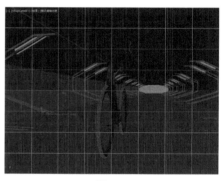

| 图3-170 | 图3-171 | 图3-172 |
|---|---|---|

**06** 单击"环游摄影机"按钮 **◉**，然后旋转"VRay物理摄影机"的角度，效果如图3-173所示。

**07** 选中"VRay物理摄影机"和自行车，然后单击"自动关键点"按钮 **自动关键点**，在第0帧移动自行车和"VRay物理摄影机"到图3-174所示的位置，接着在第20帧移动自行车和"VRay物理摄影机"到图3-175所示的位置。

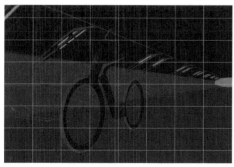

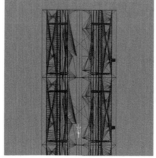

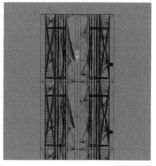

| 图3-173 | 图3-174 | 图3-175 |
|---|---|---|

> **① 技巧提示**：选择"VRay物理摄影机"时的注意事项
>
> 选择"VRay物理摄影机"时一定要将目标点也一同选中，否则"VRay物理摄影机"无法与自行车同步移动。

**08** 按C键切换到摄影机视图,然后将时间滑块移动到第10帧的位置,效果如图3-176所示。

**09** 选中"VRay物理摄影机",在"修改"面板中设置"光圈数"为2,"快门速度(s^-1)"为20,然后勾选"运动模糊"选项,如图3-177所示。

**10** 按F9键渲染当前场景,效果如图3-178所示。我们可以观察到除了自行车外,周围的物体都呈现模糊的效果。

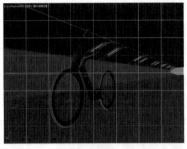

图3-176　　　　　　　　　　　　图3-177　　　　　　　　　　　　图3-178

---

(?) **疑难问答:单击渲染按钮后显示的不是摄影机视图应该怎么办?**

有时候单击"渲染"按钮 ,渲染的视图并不是摄影机视图,这时就需要进行以下排查。

**第1步** 确认切换到摄影机视图后才进行渲染。

**第2步** 若切换到摄影机视图后,单击"渲染"按钮 或是按F9键仍然显示的不是摄影机视图,则需要按Shift + Q快捷键进行渲染。

---

**11** 将"快门速度(s^-1)"设置为10,重新渲染场景,效果如图3-179所示。我们可以观察到周围场景的模糊效果增强,且画面的亮度增大。

**12** 继续设置"光圈数"为5,"快门速度(s^-1)"为3,如图3-180所示。按F9键进行渲染,案例的最终效果如图3-181所示。

图3-179　　　　　　　　　　　　图3-180　　　　　　　　　　　　图3-181

---

◎ **知识课堂:摄影机校正**

创建摄影机时,大多数情况是三点透视(即垂直线看上去是在顶点汇聚),这会造成一些场景中的垂直的墙体看起来有倾斜的效果,这时就需要进行摄影机校正,使其变成两点透视(即垂直线保持垂直)。

图3-182所示是创建了摄影机后的视图,我们可以明显看出墙体不是垂直的,再加上广角的作用,书柜也产生了倾斜。因此,渲染效果同样产生了倾斜,如图3-183所示。

图3-182　　　　　　　　　　　　图3-183

不同摄影机的校正方法也不同。"物理摄影机"是在"修改"面板的"透视控制"卷展栏中勾选"自动垂直倾斜校正"选项,如图3-184所示。此时倾斜的书柜和墙体得到校正,渲染效果如图3-185所示。

"目标摄影机"是选中"目标摄影机"后,单击鼠标右键,在弹出的快捷菜单中选择"应用摄影机校正修改器"选项,"目标摄影机"就会校正到正确的视角,如图3-186所示。

"VRay物理摄影机"是在"修改"面板的"倾斜和移动"卷展栏中勾选"自动垂直倾斜"选项,如图3-187所示。

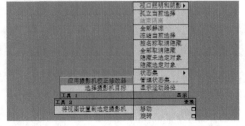

图3-184　　　　　　　　図3-185　　　　　　　　　　図3-186　　　　　　　　　　图3-187

# 4

## 第　章　灯光技术

📹 基础视频集数：18集　　📹 案例视频集数：20集　　⏱ 视频时间：228分钟

　　建立了场景模型，添加了摄影机取景后，就需要为场景添加灯光。拥有灯光，场景才能体现出不同的氛围。同样的场景，不同的灯光颜色和强度，都会为用户带来不同的视觉感受。这种感受可以是时间，也可以是环境的气氛。灯光技术是渲染师必须掌握的技能之一。

### 学习重点　🔍

### 学完本章能做什么

　　学完本章之后，读者可以掌握3ds Max自带灯光和VRay灯光的用法，熟悉场景布光的一些技巧以及不同类型场景布光的方法。

# 4.1 光度学灯光

图4-1

图4-1所示是"光度学"灯光的工具面板,包含"目标灯光""自由灯光""太阳定位器"3个工具。

👑 重点

## 4.1.1 目标灯光

扫码观看视频

"目标灯光"通过携带的目标点,将灯光指向被照明物体,常用于模拟现实生活中的筒灯、射灯和壁灯等,如图4-2所示,其参数面板如图4-3所示。

图4-2

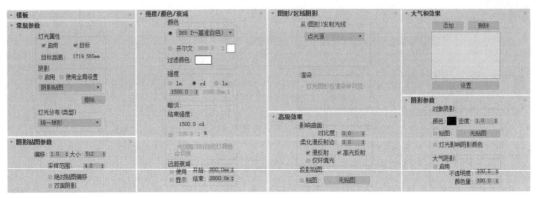

图4-3

只要勾选"灯光属性"选项组中的"启用"选项,系统就可以在场景中渲染灯光效果;不勾选该选项就代表不开启灯光,自然也不会渲染相应的灯光效果。

"目标灯光"都会带有目标点,如图4-4所示。如果不勾选"目标"选项,灯光的下方就不会出现相应的目标点,只会保留灯光部分,如图4-5所示。

默认情况下灯光是不产生阴影的,效果如图4-6所示,必须勾选"阴影"选项组中的"启用"选项才能产生阴影效果,效果如图4-7所示。

图4-4

图4-5

图4-6

图4-7

"目标灯光"提供了多种阴影类型,如图4-8所示。不同的阴影类型产生的阴影效果也不太一样,如果使用VRay渲染器渲染场景,最好选择"VRay阴影"选项。

若是不想让灯光照射某些对象,就可以使用灯光排除功能。单击"排除"按钮 排除... ,在弹出的对话框中就可以选择需要排除的对象,将其添加到右侧,如图4-9所示。

"目标灯光"一般情况下会加载光度学文件,因此在选择"灯光分布(类型)"时,选择"光度学Web"选项,如图4-10所示。切换到"光度学Web"模式后,参数面板下方会自动增加"分布(光度学Web)"卷展栏,如图4-11所示。我们可以在卷展栏内添加光度学文件。

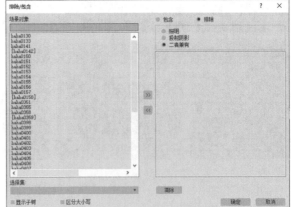

图4-9

图4-10

图4-11

ℹ️ **技巧提示**:阴影列表的其他选项

如果还安装了Corona渲染器,列表中会出现CoronaShadows选项。

图4-8

灯光的颜色可以通过"开尔文"进行设置，也可以通过"过滤颜色"进行设置。"开尔文"会通过色温模拟灯光的颜色，对比效果如图4-12所示。"过滤颜色"则需要通过颜色过滤器模拟置于光源上的过滤色效果。

默认情况下，灯光产生的阴影边缘会比较清晰，如图4-13所示。勾选"区域阴影"选项后，就可以设置阴影边缘的模糊效果，如图4-14所示。当增大"U大小""V大小""W大小"的数值时，阴影边缘的模糊效果会更加明显。若阴影边缘出现噪点，我们就需要增大"细分"的数值，让模糊效果更加细腻。

图4-12

图4-13

图4-14

◉ 知识课堂：日常生活中的灯光色温

色温可以精准地控制灯光的颜色，使其更符合现实生活中的灯光颜色效果。下面简单列举一些日常生活中常见的灯光色温。

| | | | | |
|---|---|---|---|---|
| 烛光:1000K | 白炽灯/暖黄光:3000K | 正午日光:5500K | 晴朗日光:6500K | 蓝天:9000K |
| 钨丝灯:2000K | 清晨日出/暖白光:4000K | 冷白光:6000K | 阴天日光:7500K | |

其他色温对应颜色，如图4-15所示。

图4-15

👑 重点

# 🖐 案例训练：用目标灯光创建射灯

| 场景文件 | 场景文件>CH04>01.max |
|---|---|
| 实例文件 | 实例文件>CH04>案例训练：用目标灯光创建射灯.max |
| 难易程度 | ★★☆☆☆ |
| 技术掌握 | 目标灯光 |

扫码观看视频

本案例用一个餐厅空间测试"目标灯光"的效果，案例效果和灯光效果如图4-16所示。

**01** 打开本书学习资源中的"场景文件>CH04>01.max"文件，如图4-17所示。场景上方有一些射灯模型，下面就为这些射灯模型创建灯光。

图4-16

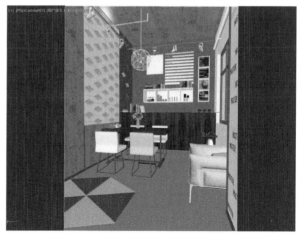
图4-17

**02** 使用"目标灯光"工具 目标灯光 在射灯模型下方创建一盏"目标灯光",位置如图4-18所示。

**03** 选中创建的"目标灯光",然后在"修改"面板中设置参数,如图4-19所示。

**设置步骤**

① 在"常规参数"卷展栏中勾选"阴影"选项组中的"启用"选项,设置阴影类型为"VRay阴影","灯光分布(类型)"为"光度学Web"。

② 在"分布(光度学Web)"通道中加载本书学习资源中的"实例文件>CH04>案例训练:用目标灯光创建射灯>经典.ies"文件。

③ 在"强度/颜色/衰减"卷展栏中设置"过滤颜色"为(红:255,绿:255,蓝:195),"强度"为30000。

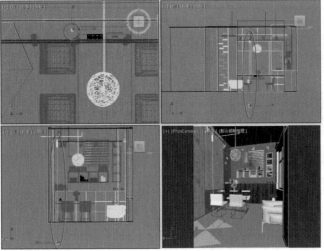

图4-18

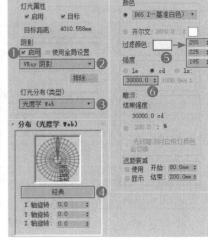

图4-19

**04** 将设置好的"目标灯光"复制几个,放在射灯模型的下方,效果如图4-20所示。

① **技巧提示:复制形式的选择**

复制的"目标灯光"参数完全一致,这里选择"实例"复制形式。

**05** 在摄影机视图中按F9键进行渲染,案例效果如图4-21所示。

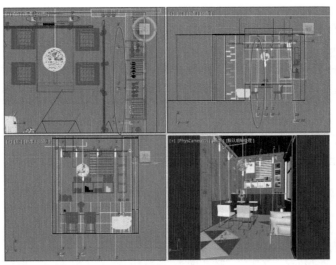

图4-20

图4-21

👑 重点

👆 **学后训练:用目标灯光创建筒灯**

| 场景文件 | 场景文件>CH04>02.max |
|---|---|
| 实例文件 | 实例文件>CH04>学后训练:用目标灯光创建筒灯.max |
| 难易程度 | ★★☆☆☆ |
| 技术掌握 | 目标灯光 |

扫码观看视频

本案例用一个卫生间测试"目标灯光"的效果,案例效果和灯光效果如图4-22所示。

图4-22

⑦ 疑难问答: 创建的灯光无法渲染怎么解决?

创建的灯光无法渲染出效果,这种情况是由多种原因造成的,需要逐一进行排查。

**第1种** 没有开启灯光,如图4-23所示。

**第2种** 有物体遮挡了灯光。这种情况一般是赋予了外景贴图的模型,或是"目标灯光"与射灯模型有穿插。如果是赋予了外景贴图的模型,需要选中该模型,然后单击鼠标右键,在弹出的快捷菜单中选择"对象属性"选项,接着在弹出的"对象属性"对话框中取消勾选"接收阴影""投射阴影""应用大气"选项,如图4-24和图4-25所示。

**第3种** 取消勾选了"隐藏灯光"选项。有时候为了制作方便,需要按Shift + L快捷键隐藏场景内的灯光。如果取消勾选了"渲染设置"面板中的"隐藏灯光"选项,隐藏的灯光就不能被渲染出来,如图4-26所示。

图4-23

图4-24

图4-25

图4-26

★ 重点
## 4.1.2 自由灯光

"自由灯光"没有目标点,常用来模拟发光球、台灯等。"自由灯光"的参数面板与"目标灯光"的参数面板完全一样,如图4-27所示。

扫码观看视频

图4-27

★ 重点
## 4.1.3 太阳定位器

"太阳定位器"是3ds Max 2018新加入的功能,通过创建灯光和指南针模拟现实世界的自然光照效果,如图4-28所示。太阳定位器的参数面板如图4-29所示。

扫码观看视频

只要勾选"显示"选项,视口中就可以显示指南针的图标。"半径"控制指南针图标的大小。

"北向偏移"很重要,它控制着灯光的位置和颜色,对比效果如图4-30所示。除此以外,"日期和时间""经度""纬度"都可以控制灯光的位置和颜色。

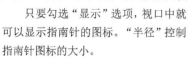

图4-28

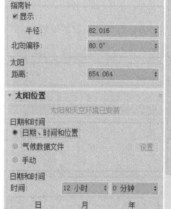

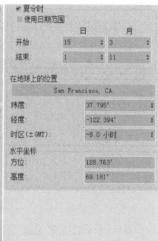

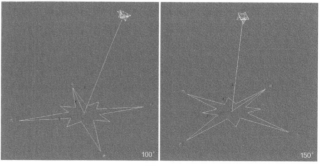

图4-29

图4-30

# 4.2 标准灯光

"标准"灯光包括6种类型，分别是"目标聚光灯""自由聚光灯""目标平行光""自由平行光""泛光""天光"，如图4-31所示。

图4-31

👑 重点

## 4.2.1 目标聚光灯

扫码观看视频

"目标聚光灯"可以产生一个锥形的照射区域，区域以外的对象不会受到灯光的影响。"目标聚光灯"主要用来模拟吊灯、手电筒等发出的灯光，如图4-32所示，其参数面板如图4-33所示。

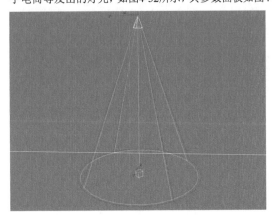

图4-32

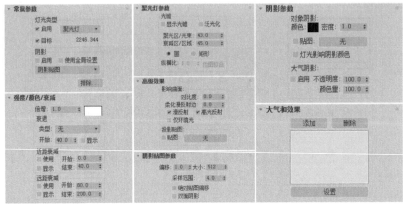

图4-33

在参数面板中可以切换灯光的类型，包括"聚光灯""平行光""泛光灯"3种，如图4-34所示。

"倍增"控制灯光的强度，默认为1。灯光的倍增数值越大，灯光越亮，对比效果如图4-35所示。

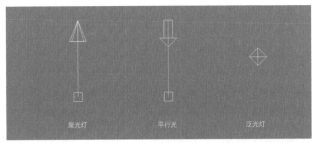

图4-34

图4-35

真实的灯光会有衰退效果，系统提供了"无""倒数""平方反比"3种衰退类型，对比效果如图4-36所示。

图4-36

---

ⓘ **技巧提示：灯光的衰退类型**

现实生活中的灯光都存在衰退效果，随着与灯光距离的加大，衰退的程度也越大。"平方反比"的衰退类型是最接近现实灯光衰退效果的类型，但是在平常制作中为了方便，我们都使用"无"衰退类型。读者可以根据效果需要选择衰退类型。

---

"聚光区/光束"用于设置灯光圆锥体的角度，"衰减区/区域"用于设置灯光衰减区的角度，对比效果如图4-37~图4-39所示。

> ① **技巧提示：灯光区域**
>
> "衰减区/区域"的数值越大，灯光照射的范围就越大。"聚光区/光束"与"衰减区/区域"之间的差值越小，灯光的边缘就越锐利。

图4-37　　　　　　　图4-38　　　　　　　图4-39

### ☆重点

### 🖑 案例训练：用目标聚光灯制作照明灯光

| 场景文件 | 场景文件>CH04>03.max |
|---|---|
| 实例文件 | 实例文件>CH04>案例训练：用目标聚光灯制作照明灯光.max |
| 难易程度 | ★★☆☆☆ |
| 技术掌握 | 目标聚光灯 |

本案例用一个舞台场景测试"目标聚光灯"的效果，案例效果和灯光效果如图4-40所示。

**01** 打开本书学习资源中的"场景文件>CH04>03.max"文件，如图4-41所示。

图4-40　　　　　　　　　　　　　　　　　　　　图4-41

**02** 使用"目标聚光灯"工具 目标聚光灯 在场景中创建一盏"目标聚光灯"，位置如图4-42所示。

**03** 选中创建的"目标聚光灯"，然后在"修改"面板中设置参数，如图4-43所示。

**设置步骤**

① 在"常规参数"卷展栏中勾选"阴影"选项组中的"启用"选项，设置阴影类型为"VRay阴影"。

② 在"强度/颜色/衰减"卷展栏中设置"倍增"为0.5，"颜色"为（红:40，绿:96，蓝:255），然后勾选"远距衰减"选项组中的"显示"选项，设置"结束"为2431.67mm。

③ 在"聚光灯参数"卷展栏中设置"聚光区/光束"为1，"衰减区/区域"为30。

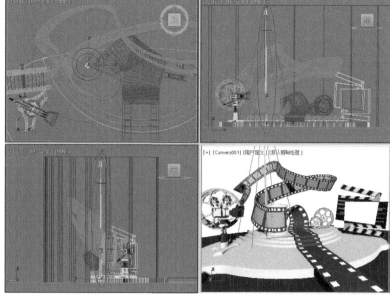

图4-42　　　　　　　　　　　　　　　　　　图4-43

**04** 将设置好的"目标聚光灯"以"实例"形式进行复制,位置如图4-44所示。

**05** 选中一个"目标聚光灯",然后将其复制到舞台上,这里选择"复制"形式,位置如图4-45所示。

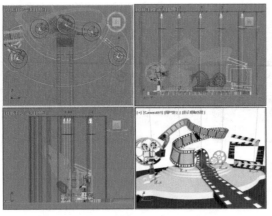

图4-44 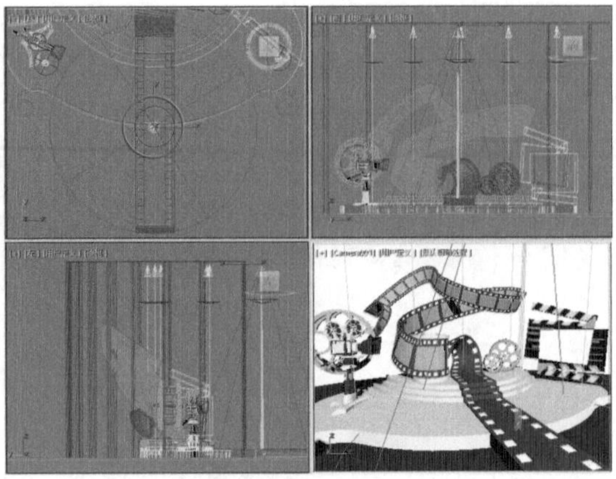　　　　　　　图4-45

**06** 选中上一步复制的"目标聚光灯",然后在"修改"面板中设置参数,如图4-46所示。

**设置步骤**

① 在"常规参数"卷展栏中勾选"阴影"选项组中的"启用"选项,设置阴影类型为"VRay阴影"。

② 在"强度/颜色/衰减"卷展栏中设置"倍增"为1,"颜色"为(红:255,绿:226,蓝:188),然后勾选"远距衰减"选项组中的"显示"选项,设置"结束"为2431.67mm。

③ 在"聚光灯参数"卷展栏中设置"聚光区/光束"为1,"衰减区/区域"为50。

**07** 切换到摄影机视图,按F9键渲染场景,案例的最终效果如图4-47所示。

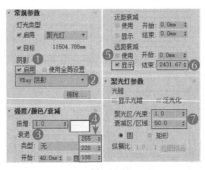

图4-46　　　　　　　图4-47

♛ 重点

🖰 **学后训练:用目标聚光灯制作落地灯灯光**

| 场景文件 | 场景文件>CH04>04.max |
|---|---|
| 实例文件 | 实例文件>CH04>学后训练:用目标聚光灯制作落地灯灯光.max |
| 难易程度 | ★★☆☆☆ |
| 技术掌握 | 目标聚光灯 |

本案例用落地灯测试"目标聚光灯"的效果,案例效果和灯光效果如图4-48所示。

扫码观看视频

图4-48

## 4.2.2 自由聚光灯

"自由聚光灯"与"目标聚光灯"的参数基本一致,只是它无法单独调节目标点,如图4-49所示。

扫码观看视频

① **技巧提示:工具参数**

"自由聚光灯"与"目标聚光灯"的参数一致,这里不再赘述。

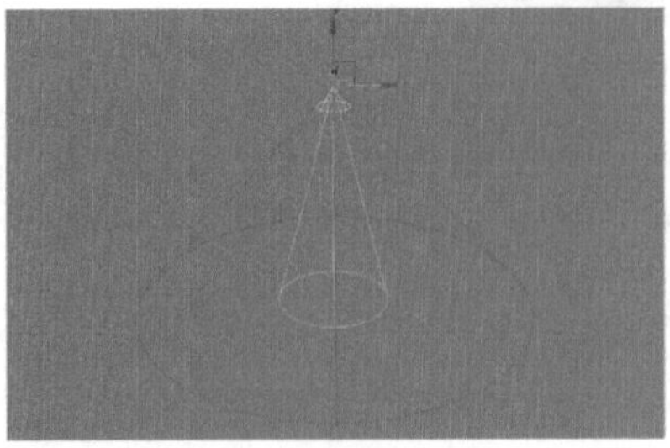

图4-49

♛ 重点

## 4.2.3 目标平行光

"目标平行光"可以产生一个照射区域,主要用来模拟自然光线的照射效果,如图4-50所示。

扫码观看视频

① **技巧提示:工具参数**

"目标平行光"与"目标聚光灯"的参数一致,这里不再赘述。

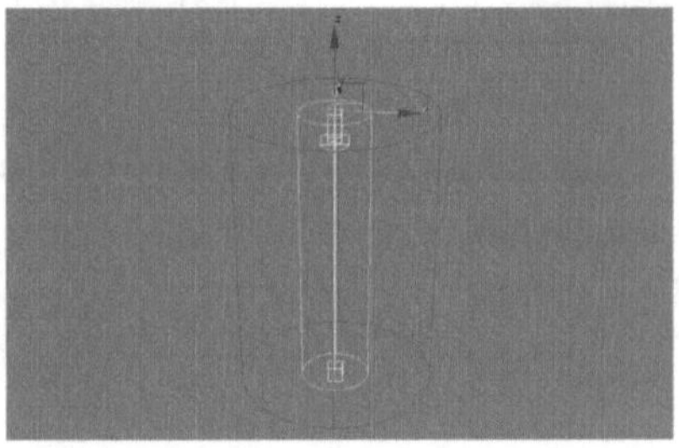

图4-50

☝重点
## 案例训练：用目标平行光创建阳光

| 场景文件 | 场景文件>CH04>05.max |
|---|---|
| 实例文件 | 实例文件>CH04>案例训练：用目标平行光创建阳光.max |
| 难易程度 | ★★☆☆☆ |
| 技术掌握 | 目标平行光 |

本案例用一个简单的场景测试"目标平行光"的效果，案例效果和灯光效果如图4-51所示。

**01** 打开本书学习资源中的"场景文件>CH04>05.max"文件，如图4-52所示。

图4-51

图4-52

**02** 使用"目标平行光"工具 目标平行光 在场景右侧创建一盏"目标平行光"，位置如图4-53所示。

**03** 选中创建的"目标平行光"，在"修改"面板中设置参数，如图4-54所示。

### 设置步骤

① 在"常规参数"卷展栏中勾选"阴影"选项组中的"启用"选项，设置阴影类型为"VRay阴影"。

② 在"强度/颜色/衰减"卷展栏中设置"倍增"为5，"颜色"为（红:255，绿:233，蓝:210）。

③ 在"平行光参数"卷展栏中设置"聚光区/光束"为2616mm，"衰减区/区域"为3018mm。

④ 在"VRay阴影参数"卷展栏中勾选"区域阴影"选项，设置"U大小""V大小""W大小"都为50mm。

**04** 切换到摄影机视图，然后按F9键进行渲染，案例的最终效果如图4-55所示。

> ① **技巧提示**：场景边缘发黑的原因
> "聚光区/光束"的范围最好包裹住整个场景的模型，这样就不会在画面中出现部分模型因照射不到灯光而发黑的现象。

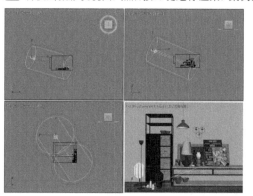
图4-53

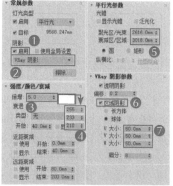
图4-54

图4-55

☝重点
## 学后训练：用目标平行光创建月光

| 场景文件 | 场景文件>CH04>06.max |
|---|---|
| 实例文件 | 实例文件>CH04>学后训练：用目标平行光创建月光.max |
| 难易程度 | ★★☆☆☆ |
| 技术掌握 | 目标平行光 |

本案例用一个烛台场景测试"目标平行光"的效果，案例效果和灯光效果如图4-56所示。

图4-56

## 4.2.4 自由平行光

"自由平行光"能产生一个平行的照射区域,常用来模拟太阳光。与"目标平行光"不同,"自由平行光"没有目标点,如图4-57所示。

图4-57

## 4.2.5 泛光

"泛光"可以向周围发散光线,其光线可以到达场景中无限远的地方,如图4-58所示。

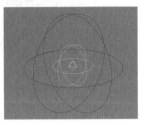

图4-58

## 4.2.6 天光

"天光"主要用来模拟天空光,以穿顶方式发光。"天光"不是基于物理学,但可以用于所有需要基于物理数值的场景。"天光"可以作为场景唯一的光源,也可以与其他灯光配合使用,实现高光和投射锐边阴影。"天光"的参数比较少,只有一个"天光参数"卷展栏,如图4-59所示。

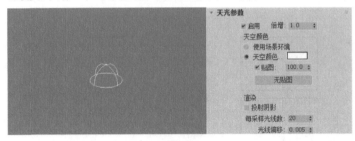

图4-59

"天空颜色"有两种模式,"使用场景环境"模式会关联"环境与特效"对话框中设置的"环境光"颜色作为天光颜色,"天空颜色"模式则是在右侧设置颜色。除了设置以上两种模式外,我们还可以在通道中加载贴图来控制天空颜色。

# 4.3 VRay灯光

安装好VRay渲染器后,在"创建"面板的"灯光"选项卡中就可以选择"VRay"选项。VRay灯光包含4种类型,分别是"VRay灯光""VRay光域网""VRay环境灯光""VRay太阳",如图4-60所示。

图4-60

👍 重点

## 4.3.1 VRay灯光

"VRay灯光"是日常制作中使用频率非常高的一种灯光,它可以模拟室内光源,也可作为辅助光使用,如图4-61所示,其参数面板如图4-62所示。

除了默认的"平面"灯光外,"类型"列表中还内置了"穿顶""球体""网格""圆形"4种类型的灯光,如图4-63所示。

如果勾选"目标"选项,灯光照射方向会出现一个目标点,与"目标灯光"比较相似。

"长度"和"宽度"控制灯光的大小,如果是"球体"或"圆形"灯光,则自动转换为"半径"。

"倍增"控制灯光的强度,一般来说相同的倍增数值,"平面"灯光的强度会比"球体"灯光强一些。

灯光的颜色可以通过"颜色"或"温度"决定。用户可以通过"颜色"的拾色器设置任意颜色为灯光的颜色,如图4-64所示。"温度"则代表灯光的开尔文温度。如果在"纹理"通道中加载贴图,系统就会通过贴图的颜色控制灯光的颜色。

图4-61

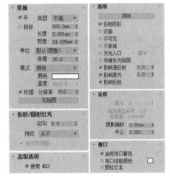

图4-62

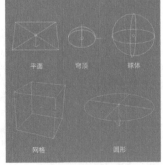

图4-63

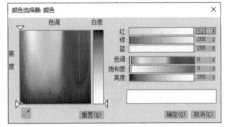

图4-64

使用"平面"灯光和"圆形"灯光时，参数面板会出现"矩形/圆形灯光"卷展栏。在该卷展栏中可以设置灯光的照射方向，类似于聚光灯的效果。当设置"定向"为0时，灯光是180°照射效果；当设置"定向"为1时，灯光以本身大小进行照射，对比效果如图4-65所示。

灯光如果不产生投影，对象在画面中会有悬浮的感觉，效果如图4-66所示。勾选"投射阴影"选项后，灯光会产生自然的阴影效果，效果如图4-67所示。

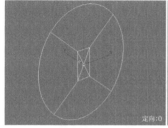 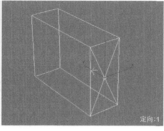

图4-65

图4-66

图4-67

◎ 知识链接：阴影的软硬关系
　阴影边缘的软硬与光源的大小有关，在"4.6 阴影的硬与柔"中会详细讲解。

默认情况下，"平面"灯光和"圆形"灯光都是单向（箭头指向的方向）产生光源，效果如图4-68所示。如果勾选"双面"选项，灯光的两个面都会产生相同大小的灯光，效果如图4-69所示。

图4-68

图4-69

如果不勾选"不可见"选项，灯光不仅会被渲染，效果如图4-70所示，还会遮挡后方的其他灯光。勾选"不可见"选项后，灯光就不会被渲染，也不会遮挡后方的其他灯光，效果如图4-71所示。大多数情况下，我们都会勾选"不可见"选项。如果是制作一些可见的发光灯片，则不用勾选该选项。

"VRay灯光"在默认情况下自带衰减效果，效果如图4-72所示。取消勾选"不衰减"选项，灯光则不会有衰减效果，效果如图4-73所示。

图4-70

图4-71

图4-72

图4-73

"影响漫反射""影响高光""影响反射"分别控制灯光所产生的照射效果，对比效果如图4-74所示。

灯光投射的阴影有时候会产生一些黑色或白色的噪点，调整"细分"的数值就可以解决这一问题。当"细分"数值较小时，灯光的阴影容易产生噪点，但渲染速度快，如图4-75所示。当"细分"数值较大时，灯光的阴影过渡就会很细腻，不会产生噪点，但渲染速度较慢，如图4-76所示。

图4-74

图4-75

图4-76

👑 **重点**

## 🖐️ 案例训练：用VRay灯光创建走廊灯光

| | |
|---|---|
| 场景文件 | 场景文件>CH04>07.max |
| 实例文件 | 实例文件>CH04>案例训练：用VRay灯光创建走廊灯光.max |
| 难易程度 | ★★☆☆☆ |
| 技术掌握 | VRay灯光 |

扫码观看视频

本案例用走廊场景测试"VRay灯光"的效果，案例效果和灯光效果如图4-77所示。

**01** 打开本书学习资源中的"场景文件>CH04>07.max"文件，如图4-78所示。

图4-77　　　　　　　　　　　　　　　　　　　　　图4-78

**02** 使用"VRay灯光"工具 ▣ (VR)灯光 在走廊外创建一盏灯光，位置如图4-79所示。

**03** 选中创建的灯光，在"修改"面板中设置参数，如图4-80所示。

**设置步骤**

① 展开"常规"卷展栏，设置灯光"类型"为"平面"，"长度"为1123.813mm，"宽度"为2597.665mm，"倍增"为5，"颜色"为（红:188，绿:212，蓝:255）。

② 展开"选项"卷展栏，勾选"不可见"选项。

**04** 在摄影机视图中按F9键渲染场景，效果如图4-81所示。

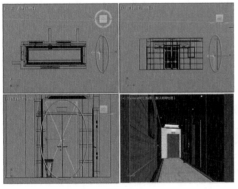

图4-79　　　　　　　　　　　图4-80　　　　　　　　　　　图4-81

**05** 使用"VRay灯光"工具 ▣ (VR)灯光 在顶部的灯槽中创建一盏灯光，位置如图4-82所示。

**06** 选中创建的灯光，在"修改"面板中设置参数，如图4-83所示。

**设置步骤**

① 展开"常规"卷展栏，设置灯光"类型"为"平面"，"长度"为4875.992mm，"宽度"为110mm，"倍增"为3，"颜色"为（红:250，绿:211，蓝:176）。

② 展开"选项"卷展栏，勾选"不可见"选项。

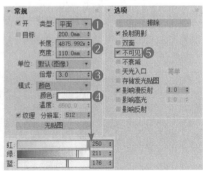

图4-82　　　　　　　　　　　　　　　　　　图4-83

**07** 将上一步设置好的灯光以"实例"形式复制到另一侧的灯槽中，位置如图4-84所示。

**08** 继续将灯槽中的灯光复制两个，然后缩短长度，放在图4-85所示的位置。

**09** 切换到摄影机视图，然后按F9键渲染场景，案例的最终效果如图4-86所示。

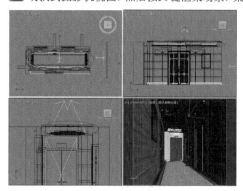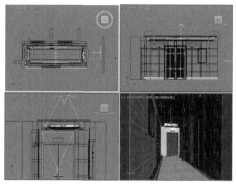

图4-84　　　　　　　　　　　　　　图4-85　　　　　　　　　　　　　图4-86

♔ 重点

### 🖐 案例训练：用VRay灯光创建台灯灯光

| 场景文件 | 场景文件>CH04>08.max |
|---|---|
| 实例文件 | 实例文件>CH04>案例训练：用VRay灯光创建台灯灯光.max |
| 难易程度 | ★★☆☆☆ |
| 技术掌握 | VRay灯光 |

扫码观看视频

本案例用一盏工业风格的台灯测试"VRay灯光"的效果，案例效果和灯光效果如图4-87所示。

**01** 打开本书学习资源中的"场景文件>CH04>08.max"文件，如图4-88所示。

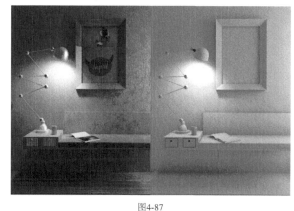

图4-87　　　　　　　　　　　　　　　　　　图4-88

**02** 使用"VRay灯光"工具 (VR)灯光 在场景右侧的窗外创建一盏灯光，位置如图4-89所示。

**03** 选中创建的灯光，然后在"修改"面板中设置参数，如图4-90所示。

#### 设置步骤

① 展开"常规"卷展栏，设置灯光"类型"为"平面"，"长度"为523.62mm，"宽度"为1913.777mm，"倍增"为2，"颜色"为白色。

② 展开"选项"卷展栏，勾选"不可见"选项。

**04** 切换到摄影机视图，然后按F9键渲染场景，效果如图4-91所示。

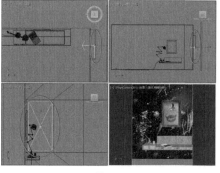

图4-89　　　　　　　　　　　图4-90　　　　　　　　　　图4-91

**05** 在台灯的灯罩模型内创建一盏"VRay灯光",位置如图4-92所示。

**06** 选中创建的"VRay灯光",然后在"修改"面板中设置参数,如图4-93所示。

**设置步骤**

① 展开"常规"卷展栏,设置灯光"类型"为"球体","半径"为41.142mm,"倍增"为120,"温度"为4000。

② 展开"选项"卷展栏,勾选"不可见"选项。

**07** 切换到摄影机视图,按F9键渲染场景,效果如图4-94所示。

**08** 观察渲染的效果,发现右侧的自然光源亮度较低,显得场景很暗。将右侧"VRay灯光"的"倍增"设置为5,然后渲染场景,案例的最终效果如图4-95所示。

**技巧提示:**"温度"与RGB颜色的区别

室内人工光源使用"温度"参数控制灯光颜色会更加接近现实生活中的灯光,当然也可以使用RGB颜色的数值控制灯光颜色。

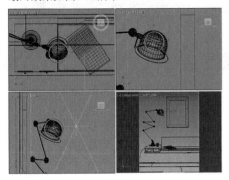 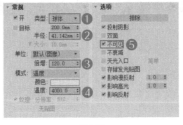  

图4-92　　　　　图4-93　　　　　图4-94　　　　　图4-95

**学后训练:用VRay灯光创建吊灯灯光**

| 场景文件 | 场景文件>CH04>09.max |
|---|---|
| 实例文件 | 实例文件>CH04>学后训练:用VRay灯光创建吊灯灯光.max |
| 难易程度 | ★★☆☆☆ |
| 技术掌握 | VRay灯光 |

本案例用一组吊灯测试"VRay灯光"的效果,案例效果和灯光效果如图4-96所示。

扫码观看视频

图4-96

### 4.3.2 VRay太阳

"VRay太阳"常用于模拟真实的太阳光,如图4-97所示,其参数面板较为简单,如图4-98所示。

扫码观看视频

在创建"VRay太阳"时,系统会弹出对话框询问是否添加"VRay天空"环境贴图,如图4-99所示。单击"是"按钮,系统就会在"环境和效果"面板中添加"VRay天空"环境贴图,这张环境贴图会与灯光相关联,使画面产生不同的亮度和颜色。单击"否"按钮,则系统不会添加环境贴图。

图4-97　　　　　图4-98　　　　　图4-99

灯光的颜色会随着灯光与地面的夹角不同而产生变化。当灯光与地面的夹角较小时，灯光颜色偏暖，类似夕阳的效果，如图4-100所示。当灯光与地面夹角较大时，灯光颜色偏白，类似中午阳光的效果，如图4-101所示。

图4-100　　　　　　　　　　　　　　　　图4-101

除了灯光角度外，"浊度"和"臭氧"也会影响灯光颜色。"浊度"决定了加载的"VRay天空"环境贴图的冷暖，当灯光角度不变时，"浊度"数值越小，灯光颜色越冷，对比效果如图4-102所示。"臭氧"控制空气中臭氧的含量，当灯光角度不变时，"臭氧"数值越小，灯光颜色越偏黄，对比效果如图4-103所示。

"强度倍增"控制灯光的强度。"大小倍增"控制灯光范围的大小，当灯光范围越大时，投影的边缘会越模糊，对比效果如图4-104所示。灯光的阴影是否会产生噪点，是由"阴影细分"的数值决定的。

图4-102　　　　　　　　　　图4-103　　　　　　　　　　图4-104

"VRay太阳"提供了4种天空模型，每种模型产生的效果不同，对比效果如图4-105所示。当"天空模型"设置为"CIE晴天"或"CIE阴天"时，"间接水平照明"会控制天空模型所产生的环境光的强度。

"地面反照率"通过颜色控制画面的反射颜色，对比效果如图4-106所示。

图4-105　　　　　　　　　　　　　　　　图4-106

● 重点

## 案例训练：用VRay太阳创建阳光

| 场景文件 | 场景文件>CH04>10.max |
|---|---|
| 实例文件 | 实例文件>CH04>案例训练：用VRay太阳创建阳光.max |
| 难易程度 | ★★☆☆☆ |
| 技术掌握 | VRay太阳 |

本案例用一个休息室场景测试"VRay太阳"的效果，案例效果和灯光效果如图4-107所示。

**01** 打开本书学习资源中的"场景文件>CH04>10.max"文件，如图4-108所示。

图4-107　　　　　　　　　　　　　　　　图4-108

**02** 切换到顶视图,然后使用"VRay太阳"工具 (VR)太阳 在视图中创建一盏灯光,并在弹出的"V-Ray太阳"对话框中单击"是"按钮 是(Y) ,分别如图4-109和图4-110所示。

**03** 切换到前视图,然后调整灯光的高度,位置如图4-111所示。

> ① **技巧提示:光影较好的灯光与地面的夹角**
>
> 　制作一般的日光场景时,灯光与地面的夹角在45°~60°时产生的光影效果较好。

**04** 选中创建的灯光,在"修改"面板中设置"强度倍增"为0.025,"大小倍增"为5,"阴影细分"为8,"天空模型"为Preetham et al.,如图4-112所示。

**05** 切换到摄影机视图,然后按F9键渲染场景,效果如图4-113所示。

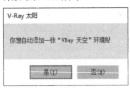

图4-110

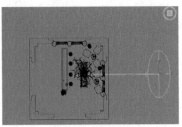

图4-109

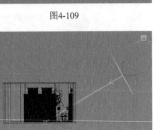

图4-111

图4-112

图4-113

# 4.4 灯光的氛围

灯光的颜色可以为场景添加不同的氛围,不同的灯光颜色可以体现不同的时间,也可以体现不同的空间,如图4-114所示。本节就通过不同的场景为读者讲解不同的灯光颜色所体现的氛围。

## 灯光的氛围

| 清冷灯光 | 温馨灯光 | 阴暗灯光 |
|---|---|---|
| 多出现在清晨时段,灯光颜色偏白 | 多出现在中午或晚上,暖色光源为场景的主光源 | 多出现在阴天,主光源偏蓝灰或绿色 |

图4-114

♥重点

### 4.4.1 清冷的灯光氛围

清冷的灯光氛围多出现在清晨时段,不论是环境光还是主光的颜色都偏白。图4-115所示是清冷灯光氛围的参考图。在参考图中,偏白的环境光是场景的主光源,人工光源颜色偏淡且强度不高,因此整个画面氛围偏清冷。

扫码观看视频

图4-115

以测试场景为例，使用"VRay灯光"工具 (VR)灯光 在场景右侧创建一盏"平面"灯光，设置灯光的颜色为默认的白色，效果如图4-116所示。继续设置灯光的颜色为浅青色，效果如图4-117所示。相比于默认的白色，浅青色的灯光会使画面更加清冷，这种色调就是清冷氛围灯光的环境色。

当场景中加入人工光源时，灯光的颜色需要设置得偏浅一些。在落地灯的灯罩内创建一盏灯光，颜色分别设置为橙色和浅黄色，对比效果如图4-118和图4-119所示。我们可以发现，浅黄色的灯光会更加适合清冷的环境。

图4-116　　　　　　　　　图4-117　　　　　　　　　图4-118　　　　　　　　　图4-119

## 案例训练：清冷氛围的休闲室

| 场景文件 | 场景文件>CH04>11.max |
|---|---|
| 实例文件 | 实例文件>CH04>案例训练：清冷氛围的休闲室.max |
| 难易程度 | ★★★☆☆ |
| 技术掌握 | VRay灯光；VRay太阳；清冷灯光 |

扫码观看视频

本案例用一个休息室场景测试清冷灯光的效果，案例效果和灯光效果如图4-120所示。

**01** 打开本书学习资源中的"场景文件>CH04>11.max"文件，如图4-121所示。

图4-120　　　　　　　　　　　　　　　　　　　　图4-121

**02** 首先创建场景的环境光。使用"VRay灯光"工具 (VR)灯光 在场景左侧的窗外创建一盏灯光作为场景的环境光，位置如图4-122所示。

**03** 选中上一步创建的灯光，然后在"修改"面板中设置参数，如图4-123所示。

**设置步骤**

① 展开"常规"卷展栏，设置灯光"类型"为"平面"，"长度"为2053.668mm，"宽度"为1927.073mm，"倍增"为30，"颜色"为（红:216，绿:255，蓝:255）。

② 展开"选项"卷展栏，然后勾选"不可见"选项。

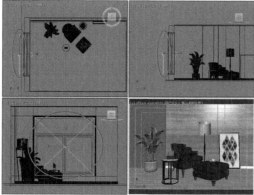 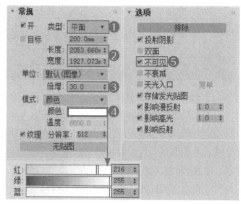

图4-122　　　　　　　　　　　　　图4-123

⚠ **技巧提示**：设置灯光颜色的依据

根据上面参考图的提示，环境光的颜色偏白、偏冷，因此设置灯光颜色为浅青色。

**04** 下面创建太阳光。使用"VRay太阳"工具 `(VR)太阳` 在窗外创建一盏灯光作为太阳光，由于需要表现清冷，因此灯光与地面的夹角较小，如图4-124所示。

> ① **技巧提示：步骤注意事项**
>
> 使用"VRay太阳"工具 `(VR)太阳` 创建灯光时，系统会弹出是否添加"VRay天空"环境贴图的对话框，这里单击"否"按钮 `否(N)`。

**05** 选中上一步创建的灯光，然后在"修改"面板中设置"强度倍增"为0.15，"大小倍增"为8，"阴影细分"为8，"天空模型"为Preetham et al.，如图4-125所示。

**06** 切换到摄影机视图，然后按F9键渲染场景，效果如图4-126所示。需要注意太阳光的强度不要超过环境光的强度，这样才能更好地表现清冷的氛围。

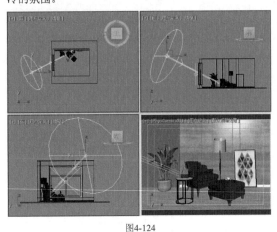

图4-124　　　　　　　　　　图4-125　　　　　　　　　　　图4-126

♛ 重点

## 4.4.2 温馨的灯光氛围

扫码观看视频

　　暖色的灯光能带给人温馨的感受，因此要表现温馨的灯光氛围就要以暖色光源作为场景的主光源。温馨的灯光氛围既可以表现白天，也可以表现晚上，参考图如图4-127所示。

　　以测试场景为例，使用"VRay太阳"工具 `(VR)太阳` 在场景右侧创建一盏灯光作为太阳光，同时加载配套的"VRay天空"环境贴图，效果如图4-128所示。使用"VRay灯光"工具 `(VR)灯光` 在场景右侧创建一盏白色的"平面"灯光以增加环境光的亮度，效果如图4-129所示。通过对比可以发现，白天时段的场景中的主光源为偏暖色的灯光时，场景呈现温馨的灯光氛围。当环境光的亮度增大后，场景空间的通透感会增加，灯光氛围会更加温馨。需要注意的是，环境光的亮度不要大于太阳光的亮度。

图4-127　　　　　　　　　　　　　图4-128　　　　　　　　　　图4-129

　　如果是表现夜晚的场景，环境光的颜色应偏冷、偏暗，大多数情况使用深蓝色，如图4-130所示。

　　室内的人工光源需要选用亮度较大且偏暖的灯光。图4-131和图4-132所示的落地灯灯光分别为浅黄色和橙色的灯光效果，我们可以明显感受到橙色灯光让场景显得更加温馨。在夜晚场景中，人工光源和环境光的强度需要根据场景表现进行设置，没有固定值。

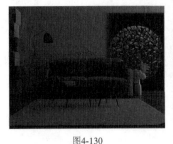

图4-130　　　　　　　　　　　　　图4-131　　　　　　　　　　图4-132

👆 重点

## ✋ 案例训练：温馨氛围的卧室

| 场景文件 | 场景文件>CH04>12.max |
|---|---|
| 实例文件 | 实例文件>CH04>案例训练：温馨氛围的卧室.max |
| 难易程度 | ★★★☆☆ |
| 技术掌握 | VRay灯光；VRay太阳；温馨灯光 |

本案例用一个卧室场景测试白天和夜晚的温馨灯光效果，案例效果和灯光效果如图4-133所示。

**01** 打开本书学习资源中的"场景文件>CH04>12.max"文件，如图4-134所示。

图4-133

**02** 首先创建主光源。使用"VRay灯光"工具 (VR)灯光 在左侧窗外创建一盏灯光，位置如图4-135所示。

**03** 选中上一步创建的灯光，然后在"修改"面板中设置参数，如图4-136所示。

**设置步骤**

① 展开"常规"卷展栏，设置灯光"类型"为"平面"，"长度"为1200.188mm，"宽度"为1609.597mm，"倍增"为4，"颜色"为白色。

② 展开"选项"卷展栏，勾选"不可见"选项。

图4-134

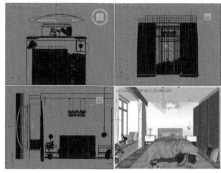

图4-135

图4-136

**04** 在摄影机视图中按F9键渲染场景，效果如图4-137所示。观察渲染的效果，飘窗部分的亮度合适，室内的亮度较暗。

**05** 将步骤02中创建的灯光在飘窗内部复制一盏以补充环境光，并缩小尺寸，位置如图4-138所示。

**06** 在摄影机视图中按F9键渲染场景，效果如图4-139所示。

图4-137

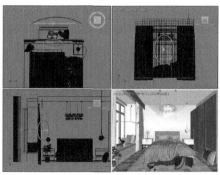

图4-138

图4-139

**07** 使用"VRay太阳"工具 ___(VR)太阳___ 在左侧窗外创建一盏灯光作为太阳光,位置如图4-140所示。

> ① **技巧提示:灯光创建的注意事项**
>
> 温馨氛围的太阳光颜色偏白,灯光与地面的夹角不要太小。

**08** 选中上一步创建的灯光,然后设置"强度倍增"为0.08,"大小倍增"为3,"阴影细分"为8,"天空模型"为Preetham et al.,如图4-141所示。

**09** 在摄影机视图中按F9键渲染场景,效果如图4-142所示。

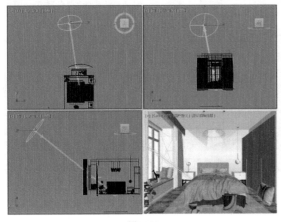

图4-140        图4-141        图4-142

♛ 重点

### 4.4.3 阴暗的灯光氛围

扫码观看视频

阴暗的灯光氛围常出现在CG场景中,偏灰的蓝色或是绿色是场景的主色调,白色或是其他浅色点缀在画面中,如图4-143所示的参考图。阴暗氛围的画面整体亮度不高,但会有少部分的高亮区域,以让画面保持层次感。

以测试场景为例,场的环境光为亮度不高的白色或偏灰的青色,如图4-144和图4-145所示。整个场景给人一种压抑、阴郁的感觉,符合阴暗的灯光氛围。虽然阴暗氛围与清冷氛围的场景中都使用了青色,但偏灰的青色与纯青色相比饱和度低、亮度也低,会产生压抑的感觉。

如果要在场景中增加人工光源,灯光的亮度不宜过高,且使用面积不能太大,如图4-146所示。不论使用浅色还是深色的暖色灯光,都能起到点缀画面的作用。

图4-143      图4-144      图4-145      图4-146

阴暗的灯光氛围特别适合表现阴雨天等云层较多时的场景。在日常制作商业效果图时,这种氛围的灯光不是主流的表现形式,它更多出现在一些个人炫技的效果图中。

♛ 重点

### 🖐 案例训练:阴暗氛围的木屋

| 场景文件 | 场景文件>CH04>13.max |
| --- | --- |
| 实例文件 | 实例文件>CH04>案例训练:阴暗氛围的木屋.max |
| 难易程度 | ★★★☆☆ |
| 技术掌握 | VRay灯光;目标平行光;阴暗灯光 |

扫码观看视频

本案例用一个木屋场景测试阴暗灯光的效果,案例效果和灯光效果如图4-147所示。

图4-147

**01** 打开本书学习资源中的"场景文件>CH04>13.max"文件,如图4-148所示。

**02** 首先确定环境光。使用"VRay灯光"工具 [(VR)灯光] 在场景的任意位置创建一盏灯光,位置如图4-149所示。

 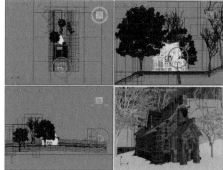

图4-148      图4-149

**03** 选中上一步创建的灯光,然后在"修改"面板中设置参数,如图4-150所示。

**设置步骤**

① 展开"常规"卷展栏,设置灯光"类型"为"穹顶","倍增"为8,"颜色"为(红:14,绿:19,蓝:27)。
② 展开"选项"卷展栏,然后勾选"不可见"选项。

**04** 在摄影机视图中渲染效果,效果如图4-151所示。灰蓝色的环境色让整个画面显得阴冷压抑。

**05** 画面整体没有层次感,需要有亮色进行点缀。使用"目标平行光"工具 [目标平行光] 在摄影机右侧创建一盏"目标平行光",位置如图4-152所示。

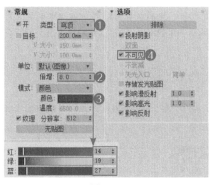  

图4-150      图4-151      图4-152

**06** 选中上一步创建的"目标平行光",然后在"修改"面板中设置参数,如图4-153所示。

**设置步骤**

① 展开"常规参数"卷展栏,勾选"阴影"选项组中的"启用"选项,设置阴影类型为"VRay阴影"。
② 展开"强度/颜色/衰减"卷展栏,设置"倍增"为2.5,然后设置颜色为白色。
③ 展开"平行光参数"卷展栏,设置"聚光区/光束"为10000mm,"衰减区/区域"为11161mm。
④ 展开"VRay阴影参数"卷展栏,勾选"区域阴影"选项,然后设置"U大小""V大小""W大小"都为50mm。
⑤ 展开"大气和效果"卷展栏,单击"添加"按钮 [添加],选择"体积光"选项。

**07** 在摄影机视图中渲染场景,效果如图4-154所示。白色的灯光强度不大,既给画面增添了亮色,又不会让整体阴暗的氛围被破坏。

> 📎 **知识链接:体积光**
> "体积光"的相关内容请参阅"6.1.2大气"。

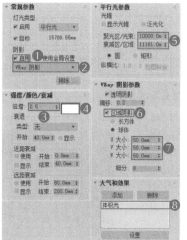 

图4-153      图4-154

# 4.5 灯光的层次

层次感是灯光表现中很重要的一项。好的层次感不仅可以让画面更加立体,还可以用很少的灯光完成不错的效果。要掌握灯光的层次感,我们就一定要明确场景中灯光的主次区分,如图4-155所示。

灯光的层次 > 亮度层次 增加空间立体感 | 冷暖对比 强调画面主体

图4-155

### ♛重点

## 4.5.1 亮度层次

灯光的亮度是区分画面层次最直接的方法,图4-156所示的参考图中只有一个光源,即室外的环境光。由于灯光的衰减原理,灯光从窗外到室内形成了由亮到暗的渐变效果,灰度效果如图4-157所示。

扫码观看视频

图4-156　　　　　　　图4-157

以测试场景为例,在场景右侧添加一盏白色的灯光,效果如图4-158所示,黑白效果如图4-159所示。从黑白效果的图中我们可以很明显地看到,添加了灯光的右侧场景最亮,左侧场景最暗。整个场景从右往左出现亮度递减的效果,场景中的物体有亮面也有暗面,在人的视觉感受中就表现出场景中的物体呈现立体效果。

如果在摄影机的方向添加一盏同样亮度的白色灯光,则黑白效果如图4-160所示。我们可以发现,画面中物体的亮面和暗面的区分不明显,整个画面不像图4-159那样表现出强烈的立体效果。

因此,如果需要在摄影机的方向添加一盏灯光,那么这盏灯光的亮度就一定要小于右侧灯光的亮度,如图4-161所示。此时画面中的物体仍然存在亮面和暗面,从而保留了画面的立体效果。

图4-158　　　　　　图4-159　　　　　　　图4-160　　　　　　图4-161

### ♛重点

## 4.5.2 冷暖对比

冷暖对比是通过灯光的颜色对画面进行区分。常见的冷暖对比灯光的颜色是蓝色和黄色,将其中一种颜色的灯光作为主光源,另一种颜色的灯光作为辅助光源。

图4-162所示的参考图中的主光源是蓝色的环境光,屋内黄色的人工光源则是辅助光源。虽然黄色的辅助光源的亮度大于环境光的亮度,但其照射范围有限,只起到点缀画面的作用,这样在亮度上就起到了区分画面层次的作用。蓝色的主光源和黄色的辅助光源又在灯光颜色上形成冷暖对比,进而加深画面层次。

扫码观看视频

以测试场景为例,右侧的环境光是天蓝色,落地灯的人工光源是浅黄色,如图4-163所示。画面中既有冷色的灯光,又有暖色的灯光,使画面立刻拥有层次感。

灯光层次感的表现不仅要有亮度层次,也要有冷暖对比,两者缺一不可。

图4-162　　　　　　　图4-163

👑 重点

## ✋ 案例训练：创建灯光层次

| 场景文件 | 场景文件>CH04>14.max |
|---|---|
| 实例文件 | 实例文件>CH04>案例训练：创建灯光层次.max |
| 难易程度 | ★★★☆☆ |
| 技术掌握 | VRay灯光；灯光的亮度层次和冷暖对比 |

扫码观看视频

本案例用一个客厅场景测试灯光的层次，案例效果和灯光效果如图4-164所示。

**01** 打开本书学习资源中的"场景文件>CH04>14.max"文件，如图4-165所示。

图4-164　　　　　　　　　　　　　　　　　　　　图4-165

**02** 首先创建主光源。使用"VRay灯光"工具 (VR)灯光 在窗外创建一盏灯光，位置如图4-166所示，灯光会照亮整个场景。

**03** 选中上一步创建的灯光，在"修改"面板中设置灯光"类型"为"平面"，"长度"为2109.117mm，"宽度"为3702.731mm，"倍增"为40，"颜色"为白色，然后勾选"不可见"选项，如图4-167所示。灯光设置为白色可以使画面整体干净自然。

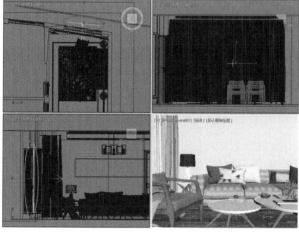
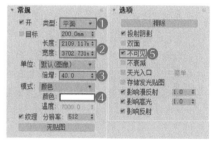

图4-166　　　　　　　　　　　　　　图4-167

**04** 在摄影机视图中渲染场景，效果如图4-168所示。由于灯光在场景左侧，因此画面中从左到右会有灯光的衰减效果，形成由亮到暗的层次感，灰度效果如图4-169所示。

**05** 现在画面整体为冷色，缺少暖色，为了让画面有冷暖对比，应在场景的台灯模型中添加一盏暖色的辅助光源。使用"VRay灯光"工具 (VR)灯光 在场景的台灯灯罩内创建一盏灯光，位置如图4-170所示。

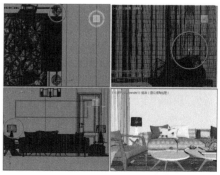

图4-168　　　　　　　　　　　图4-169　　　　　　　　　　　图4-170

**06** 选中上一步创建的灯光，在"修改"面板中设置灯光"类型"为"球体"，"半径"为8.662mm，"倍增"为4000，"温度"为3000，然后勾选"不可见"选项，如图4-171所示。

**07** 在摄影机视图中渲染场景，效果如图4-172所示，原本黑色的阴影部分被蓝色的灯光照亮，画面中出现了冷色。此时画面中左边是冷色，右边是暖色，从而形成了冷暖对比。

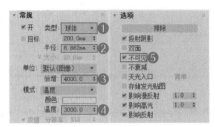

图4-171　　　　　　　　　　　　　　　图4-172

## 4.6 阴影的硬与柔

扫码观看视频

画面有了氛围和层次感，就需要关注阴影的细节部分。阴影的硬与柔能增加画面的细节，让画面显得更加真实，如图4-173所示。

**阴影的硬与柔** ＞ | 硬阴影<br>光源面积小，增加物体的立体感 | 软阴影<br>光源面积大，增加画面的细节 |

图4-173

### 4.6.1 硬阴影

硬阴影是由面积小的光源产生的，光源面积越小，所产生的阴影边缘越清晰。硬阴影可以增加物体的立体感，让画面看起来更加真实。

在图4-174所示的参考图中，阳光照射所产生的阴影边缘清晰可见，这就是硬阴影。

以测试场景为例，在场景上方创建"目标灯光"模拟射灯，灯光面积很小，所产生的阴影边缘就显得清晰，如图4-175所示。硬阴影可以强调画面的明暗对比，增加灯光的亮度层次。

图4-174　　　　　　　　　　　　　图4-175

除了创建"目标灯光"模拟外，硬阴影还可以通过创建面积很小的VRay灯光进行模拟。一般情况下，设置灯光的"长度"和"宽度"的数值为50mm~100mm时，所呈现的阴影就是硬阴影。

### 4.6.2 软阴影

与硬阴影相对的是软阴影，它是由面积大的光源产生的，光源面积越大，所产生的阴影边缘越模糊。软阴影可以增加画面的细节，与硬阴影形成对比。

图4-176所示的参考图中没有明显的硬阴影，只在桌椅的下方形成边缘模糊的阴影，这是天空中的环境光照射形成的，这就是软阴影。由于天空是一个巨大的光源，且没有明确的照射方向，因此产生的阴影边缘非常模糊。

以测试场景为例，场景右侧的VRay灯光是一个大尺寸的"平面"灯光，渲染的画面效果如图4-177所示。茶几下方的阴影边缘呈现模糊的效果，与图4-175中"目标灯光"所产生的阴影边缘完全不同。

图4-176　　　　　　　　　　　　　图4-177

## 案例训练：创建阴影层次

| 场景文件 | 场景文件>CH04>15.max |
|---|---|
| 实例文件 | 实例文件>CH04>案例训练：创建阴影层次.max |
| 难易程度 | ★★★☆☆ |
| 技术掌握 | VRay灯光；硬阴影和软阴影 |

本案例用一个浴室场景测试阴影的层次，案例效果和灯光效果如图4-178所示。

图4-178

**01** 打开本书学习资源中的"场景文件>CH04>15.max"文件，如图4-179所示。

**02** 首先创建环境光。使用"VRay灯光"工具 (VR)灯光 在右侧的窗外创建一盏灯光，位置如图4-180所示。

图4-179

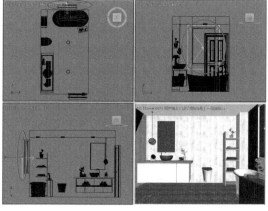

图4-180

**03** 选中上一步创建的灯光，在"修改"面板中设置"类型"为"平面"，"长度"为1230.199mm，"宽度"为1654.781mm，"倍增"为5，"颜色"为（红:203，绿:226，蓝:237），然后勾选"不可见"选项，如图4-181所示。

**04** 在摄影机视图中渲染场景，效果如图4-182所示。由于窗外的灯光面积较大，所产生的阴影边缘也相对模糊一些，画面中几乎没有硬阴影。

**05** 下面创建筒灯灯光。使用"目标灯光"工具 目标灯光 在筒灯模型下方创建一盏"目标灯光"，然后以"实例"形式复制两盏"目标灯光"到另外两盏筒灯模型下方，位置如图4-183所示。

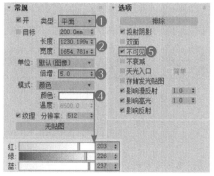

图4-181

图4-182

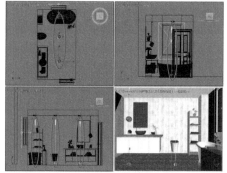

图4-183

**06** 选中上一步创建的"目标灯光"，在"修改"面板中设置参数，如图4-184所示。

**设置步骤**

① 在"常规参数"卷展栏中勾选"阴影"选项组中的"启用"选项，设置阴影类型为"VRay阴影"，"灯光分布（类型）"为"光度学Web"。

② 在"分布（光度学Web）"通道中加载本书学习资源中的"实例文件>CH04>案例训练：创建阴影层次>15.ies"文件。

③ 在"强度/颜色/衰减"卷展栏中设置"过滤颜色"为（红:255，绿:198，蓝:109），"强度"为10000。

**07** 在摄影机视图中渲染场景，效果如图4-185所示。筒灯为小面积灯光，所产生的阴影边缘较硬，这样场景中的阴影就有了锐利与模糊的对比效果，从而使画面产生层次感。

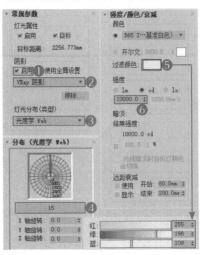

图4-184

图4-185

# 4.7 线性工作流

3ds Max 2021默认使用线性工作流。本节主要为读者介绍线性工作流的概念、开启方法以及线性工作流灯光与传统灯光的区别。

## 4.7.1 线性工作流的概念

线性工作流是写实渲染的理论基础，是通过调整图像Gamma值使图像得到线性化显示的技术流程。由于我们的显示器不能正确地显示图片实际的亮度，因此需要设置Gamma值以得到正确的亮度和颜色显示效果。

图4-186所示为传统显示Gamma值为1.0的效果，此时图片颜色较暗，如果要增加亮度，就需要增大灯光的亮度或是扩大进光口的面积。

图4-187所示为开启线性工作流后的效果，即Gamma值为2.2时的效果，此时图片亮度合适。3ds Max 2021中默认显示的就是图4-187所示的效果。

图4-186

图4-187

线性工作流不仅会影响灯光的显示亮度，也会影响HDR贴图的显示亮度。图4-188所示是同一张HDR贴图的效果，左边是Gamma值为1.0的效果，右边是Gamma值为2.2的效果，显然右边的亮度和颜色看起来更加舒服。

开启线性工作流之后，材质面板中的材质球显示颜色也会发生改变，如图4-189和图4-190所示。

图4-188

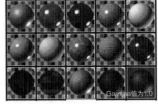

图4-189

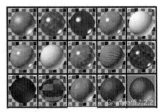

图4-190

★ 重点
## 4.7.2 如何开启线性工作流

3ds Max 2021默认开启了线性工作流，这对我们的日常制作不会产生太大的影响。打开一些旧版本的文件时，可能因为没有开启线性工作流而造成输出图片显示错误，此时我们需要在软件中开启线性工作流。

**第1步** 执行"渲染>Gamma/LUT设置"菜单命令打开"首选项设置"对话框,在"Gamma和LUT"选项卡中勾选"启用Gamma/LUT校正"选项,并设置"Gamma"为2.2,如图4-191所示。

**第2步** 按F10键打开"渲染设置"面板,在"V-Ray"选项卡中展开"颜色贴图"卷展栏,设置"模式"为"仅颜色贴图(无伽马)",如图4-192所示。

**第3步** 打开VRay渲染器自带的"VRay帧缓冲区"窗口,然后单击下方的"显示sRGB颜色空间"按钮,如图4-193所示。这样就完全开启了系统的线性工作流。

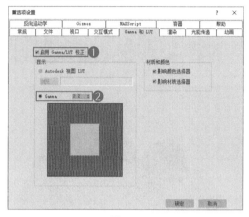

图4-191

图4-192

图4-193

> ① **技巧提示:** 颜色贴图的模式
>
> 如果在"颜色贴图"卷展栏中设置"模式"为默认的"颜色贴图和伽马",并取消单击"显示sRGB颜色空间"按钮,则渲染出的效果也是相同的。

### 4.7.3 线性工作流灯光与传统灯光的区别

线性工作流模式下创建灯光的方法与传统模式下创建灯光的方法有所区别。

图4-194所示是Gamma值为1.0时的效果,由于画面较暗,就需要在场景中添加补光,使画面的亮度更加合适。场景中只有一个进光口,如果在场景内部添加补光就违背了现实世界的光照规律,人为添加了不存在的光源。虽然这样画面的亮度会合适,但不符合写实效果,而且添加的补光过多还会增加渲染的时间。

只要开启线性工作流,画面的亮度就会得到修正,且不需要在场景内部添加补光,效果如图4-195所示。这样做不仅不会增加灯光渲染的时间,而且得到了更加符合光照规律的灯光效果。

图4-194

图4-195

# 4.8 综合训练营

通过之前的学习,相信读者已经掌握了灯光工具的用法。下面通过5个综合训练案例为读者讲解灯光工具在实际工作中的运用。需要注意的是,本节案例中的灯光参数仅作为参考,读者在实际制作时可按照喜好进行修改。

☆ 重点

◈ **综合训练:笔记本电脑展示灯光**

| 场景文件 | 场景文件>CH04>16.max |
| --- | --- |
| 实例文件 | 实例文件>CH04>综合训练:笔记本电脑展示灯光.max |
| 难易程度 | ★★★★☆ |
| 技术掌握 | 产品渲染布光 |

本案例是为笔记本电脑模型布置展示灯光,案例效果和灯光效果如图4-196所示。

图4-196

**01** 打开本书学习资源中的"场景文件>CH04>16.max"文件，如图4-197所示。

**02** 首先制作无缝背景板。使用"线"工具 线 在左视图中绘制样条线，然后使用"挤压"修改器挤压出宽度，效果如图4-198所示。

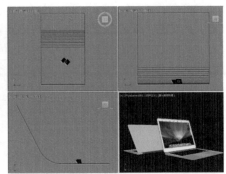

图4-197　　　　　　　　　　　　　图4-198

◎ 知识课堂：产品布光中使用的工具

产品布光中使用的工具大致分为3类：灯具、反光板和背景板。

**灯具：** 由闪光灯组成，再配合柔光箱、雷达罩、蜂窝、滤片、四页遮光板、反光伞和柔光伞等配件，形成多种样式的灯光效果。

**反光板：** 从背光面进行补光，有时候可以充当闪光灯。

**背景板：** 各种纯色的无纺布，通常呈U型放置于地上，形成无缝背景效果，如图4-199所示。小型的柔光棚也适用于拍摄产品，如图4-200所示。

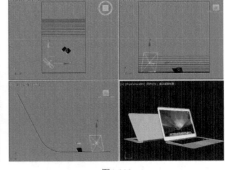

图4-199　　　　　　　　　　　　　图4-200

**03** 按照如图4-201所示的摄影棚参考图布置灯光，首先布置主灯位置。使用"VRay灯光"工具 (VR)灯光 在摄影机左侧创建一盏灯光，模拟柔光箱的光线效果，如图4-202所示。

**04** 选中上一步创建的灯光，在"修改"面板中设置灯光"类型"为"平面"，"长度"为1400mm，"宽度"为1400mm，"倍增"为30，"颜色"为白色，如图4-203所示。

⚠ **技巧提示：灯光位置的原理**

笔记本电脑的左侧直接面对镜头，在这一侧布置主光源不仅可以减少阴影，还可以增加画面的立体感。

图4-201　　　　　　　　　　　　　图4-202

**05** 在摄影机视图中渲染场景，效果如图4-204所示。由于主光在画面左侧，因此在右侧投射了明显的阴影，且画面右侧较暗，需要补充辅助光。

**06** 使用"VRay灯光"工具 (VR)灯光 在摄影机右侧创建一盏灯光，位置如图4-205所示。

⚠ **技巧提示：灯光类型选择**

"平面"灯光形状与柔光箱类似，且灯光产生的阴影不会特别锐利。

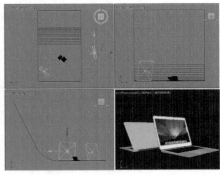

图4-203　　　　　　　图4-204　　　　　　　图4-205

**07** 选中上一步创建的灯光，然后在"修改"面板中设置参数，如图4-206所示。

**设置步骤**

① 展开"常规"卷展栏，设置灯光"类型"为"平面"，"长度"为1400mm，"宽度"为1400mm，"倍增"为12，"颜色"为白色。

② 展开"选项"卷展栏，勾选"不可见"选项，然后取消勾选"影响反射"选项。

**08** 在摄影机视图中渲染场景，效果如图4-207所示。添加了辅助光后，画面右侧的亮度得到增加，由于背景是黑色，需要添加一盏轮廓灯，将背景与笔记本电脑进行分离。

**09** 使用"泛光"工具 泛光 在笔记本电脑后方创建一盏灯光，位置如图4-208所示。

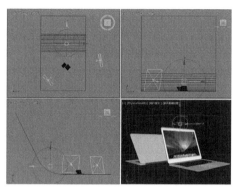

图4-206 　　　　　　　　　　　　图4-207 　　　　　　　　　　　　图4-208

**10** 选中上一步创建的灯光，然后在"修改"面板中设置参数，如图4-209所示。

**设置步骤**

① 在"常规参数"卷展栏中勾选"阴影"选项组中的"启用"选项，设置阴影类型为"VRay阴影"。

② 在"强度/颜色/衰减"卷展栏中设置"倍增"为10，然后在"远距衰减"选项组中勾选"使用"和"显示"选项，并设置"开始"为207.576mm，"结束"为1442mm。

③ 在"VRay阴影参数"卷展栏中勾选"区域阴影"选项，然后设置"细分"为30。

**11** 在摄影机视图中渲染场景，效果如图4-210所示。添加轮廓光后，黑色背景有了白色的渐变，笔记本电脑模型与背景得以区分。

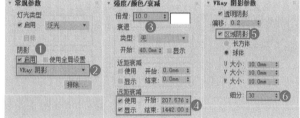

图4-209 　　　　　　　　　　　　图4-210

---

◎ **知识课堂：产品灯光的布置方法**

**1.三点布光法**

　　了解摄影棚中常见的布光方法，可以让我们在3ds Max中更好地模拟摄影棚的灯光效果。三点布光法是摄影棚摄影中常见的布光方法之一。三点布光法由主光、辅助光和轮廓光3部分组成，如图4-211所示。

　　主光 照亮场景中的被摄主体与其周围区域，并为被摄主体投影。画面的主要明暗关系由主光决定，包括投影的方向。主灯在15°~30°的位置上称为顺光；在30°~90°的位置上称为侧光；在90°~120°的位置上称为侧逆光。

　　辅助光 又称为补光，是用一个聚光灯照射扇形反射面，以形成一种均匀的、非直射性的柔和光源，用来填充阴影区和被主光遗漏的场景区域，调和明暗区域之间的反差，同时能形成景深与层次。这种广泛均匀布光的特性使它为场景打了一层底色，定义了场景的基调。由于要达到柔和照明的效果，辅助光的亮度通常只有主光亮度的50%~80%。

　　轮廓光 又称背光。轮廓光的作用是将被摄主体与背景分离，帮助凸显空间的形状和深度感。轮廓光通常是硬光，以便强调被摄主体的轮廓。

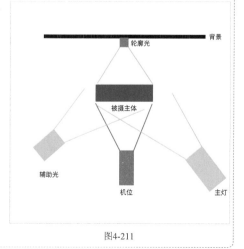

图4-211

### 2.两点布光法

两点布光法只用到了主光和辅助光,省去了轮廓光,如图4-212和图4-213所示。两点布光法中辅助光的强度为主光的一半甚至更少,辅助光起到填充阴影和被主光遗漏的场景区域,调和明暗区域之间的反差的作用。

### 3.环境布光法

环境布光法是一种简单、快速、高效的产品渲染方法,在渲染白底、黑底等背景时具有优势。环境布光法的核心工具是VRayHDRI贴图。与案例中的方法不同,VRayHDRI贴图所产生的灯光更加柔和,同时产品会带有贴图的反射,可以自由控制高光产品的反射效果。下面具体介绍环境布光法的操作方法。

**第1步** 按8键打开"环境和效果"面板,然后单击"环境贴图"通道,在弹出的"材质/贴图浏览器"对话框中选择"VRayHDRI"选项,如图4-214所示。

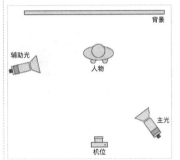

图4-212

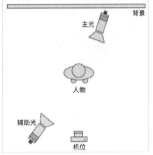

图4-213

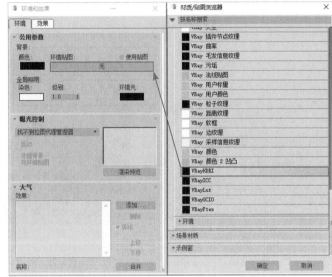

图4-214

**第2步** 按M键打开"材质编辑器"面板,将"环境贴图"通道中的VRayHDRI以"实例"形式复制到空白材质球上,如图4-215所示。

**第3步** 选中加载了VRayHDRI贴图的材质球,在"位图"通道中加载一张HDR贴图,如图4-216所示。

**第4步** 设置"贴图类型"为"球形",如图4-217所示。

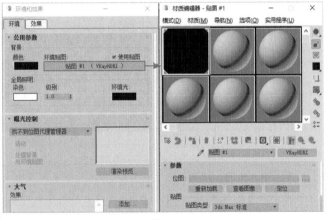

图4-215

图4-216

图4-217

**第5步** 按8键再次打开"环境和效果"面板,移除"环境贴图"通道中的VRayHDRI,然后加载一张"衰减"贴图,如图4-218所示。

**第6步** 按M键打开"材质编辑器"面板,然后将"环境贴图"通道中的"衰减"贴图以"实例"形式复制到空白材质球上,如图4-219所示。

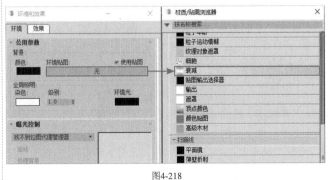

图4-218

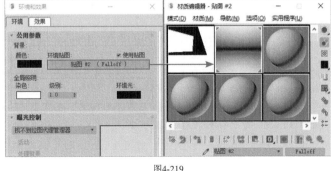

图4-219

第7步 选中加载了"衰减"贴图的材质球，单击"交换颜色/贴图"按钮 ⤵，交换"前"通道和"侧"通道的颜色，如图4-220所示。

第8步 将VRayHDRI加载到每个材质的"环境"通道中，如图4-221所示。

渲染效果如图4-222所示，相比于用灯光工具布光的渲染效果，使用环境贴图进行布光产生的灯光更加均匀，且没有明显的阴影方向。

图4-220

图4-221

图4-222

## ◈ 综合训练：夜晚别墅

| | |
|---|---|
| 场景文件 | 场景文件>CH04>17.max |
| 实例文件 | 实例文件>CH04>综合训练：夜晚别墅.max |
| 难易程度 | ★★★★☆ |
| 技术掌握 | 开放空间布光 |

本案例是为别墅创建夜晚灯光，案例效果和灯光效果如图4-223所示。

扫码观看视频

图4-223

**01** 打开本书学习资源中的"场景文件>CH04>17.max"文件，如图4-224所示。

**02** 别墅模型处于室外，是一个开放空间。本案例是制作别墅的夜晚灯光，根据参考图，我们可以确定别墅的主光源是室外的环境光。使用"VRay灯光"工具 (VR)灯光 在模型边缘创建一盏"穹顶"灯光以模拟室外均匀的环境光，位置如图4-225所示。

> ① 技巧提示：穹顶灯光的位置
>
> 穹顶灯光没有固定的位置，可以在场景中随意摆放。

图4-224

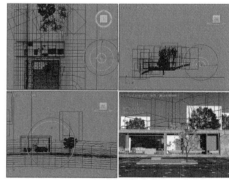

图4-225

> ◎ 知识课堂：开放空间的布光要素
>
> 开放空间是指没有被封闭墙体包围或拥有大面积门窗的空间，如露台、阳台、户外等空间，如图4-226所示。这类空间基本没有受到建筑物的遮挡，依靠自然光源进行采光，人工光源只起到点缀的作用。
>
> 布光之前，我们需要规划自然光源与人工光源，然后按照分类逐一创建。开放空间中的自然光源照亮了整个场景，太阳光或月光是主光，起到明确主体阴影方向的作用，如图4-227所示。开放空间中的人工光源是辅助光，起到点缀场景的作用，让整个画面拥有氛围与层次感，如图4-228所示。

图4-226

图4-227

图4-228

**03** 选中上一步创建的灯光，然后在"修改"面板中设置参数，如图4-229所示。

**设置步骤**

　　① 展开"常规"卷展栏，设置灯光"类型"为"穹顶"，设置"倍增"为3，"颜色"为（红：10，绿：15，蓝：38）。

　　② 展开"选项"卷展栏，勾选"不可见"选项。

**04** 在摄影机视图中渲染场景，效果如图4-230所示。"穹顶"灯光将整个场景全部照亮了，但"穹顶"灯光所产生的阴影是软阴影，我们还需要创建一盏有方向的灯光让场景产生硬阴影。

**05** 我们在夜晚场景中创建一盏灯光模拟月光便可让场景产生硬阴影。如果使用"VRay太阳"工具 (VR)太阳 模拟灯光，会不方便模拟月光的颜色，所以这里使用"目标平行光"工具 目标平行光 进行模拟。使用"目标平行光"工具 目标平行光 在场景右侧创建一盏"目标平行光"，位置如图4-231所示。

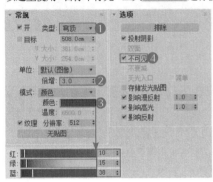

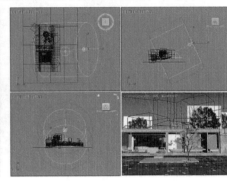

　　　　　图4-229　　　　　　　　　　　　　　　　图4-230　　　　　　　　　　　　　　　　图4-231

---

① **技巧提示：阴影位置的快速判定**

　　根据灯光与摄影机的夹角可以预判阴影的走向，这样可以快速确定阴影的位置。

---

**06** 选中上一步创建的"目标平行光"，然后在"修改"面板中设置参数，如图4-232所示。

**设置步骤**

　　① 展开"常规参数"卷展栏，勾选"阴影"选项组中的"启用"选项，然后设置阴影类型为"VRay阴影"。

　　② 展开"强度/颜色/衰减"卷展栏，设置"倍增"为0.6，"颜色"为（红：195，绿：222，蓝：255）。

　　③ 展开"平行光参数"卷展栏，设置"聚光区/光束"为1666.24cm，"衰减区/区域"为2169.16cm。

　　④ 展开"VRay阴影参数"卷展栏，勾选"区域阴影"选项，然后设置"U大小""V大小""W大小"都为25cm。

**07** 在摄影机视图中渲染场景，效果如图4-233所示。月光不会像太阳光那样强烈，其灯光强度较弱、显得更加柔和，只能在场景中显示主光方向，并产生硬阴影。

---

① **技巧提示：灯光区域的设定**

　　"聚光区/光束"和"衰减区/区域"的数值并不是定值，只要"聚光区/光束"的范围能包裹住场景，"衰减区/区域"的范围比"聚光区/光束"的范围稍大即可。

---

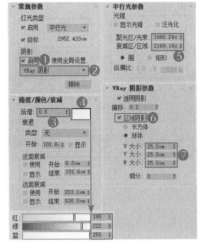

　　　　　　　图4-232　　　　　　　　　　　　　　　　　图4-233

**08** 此时的场景整体为冷色调，没有冷暖对比，画面的氛围也没有体现。观察场景中的模型，屋内有灯具模型，我们可以为其添加暖色的灯光以点缀场景，从而形成冷暖对比，使画面有温馨的氛围。首先创建客厅的灯光，使用"VRay灯光"工具 (VR)灯光 在客厅的落地灯灯罩内创建一盏灯光，然后以"实例"形式复制到另一盏落地灯中，位置如图4-234所示。

**09** 选中上一步创建的灯光，然后在"修改"面板中设置参数，如图4-235所示。

**设置步骤**

　　① 展开"常规"卷展栏，设置灯光"类型"为"球体"，然后设置灯光的大小与灯泡模型的大小差不多即可，接着设置"倍增"为1000，"温度"为3400。

　　② 展开"选项"卷展栏，勾选"不可见"选项。

10 在摄影机视图中渲染场景，效果如图4-236所示。室内的灯光只起到点缀作用，不需要太亮，以免将画面的灯光层次打乱。

图4-234　　　　　　　　　图4-235　　　　　　　　　图4-236

11 下面创建浴室的灯光，使用"VRay灯光"工具 (VR)灯光 在浴室的灯具模型内创建一盏灯光，位置如图4-237所示。

12 选中上一步创建的灯光，然后在"修改"面板中设置参数，如图4-238所示。

**设置步骤**

① 展开"常规"卷展栏，设置灯光"类型"为"球体"，然后设置灯光的大小与灯泡模型的大小相似即可，接着设置"倍增"为300，"温度"为4500。灯光颜色要比之前客厅的灯光颜色浅一些，这样能形成颜色上的层次感。

② 展开"选项"卷展栏，勾选"不可见"选项。

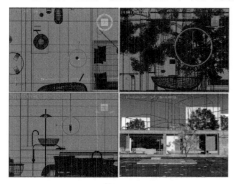

13 在摄影机视图中渲染效果，效果如图4-239所示。

① **技巧提示：灯光亮度与显示关系**
白色的浴室墙体会显得空间的亮度高一些。

图4-237　　　　　　　　　图4-238　　　　　　　　　图4-239

14 创建卧室的灯光，使用"VRay灯光"工具 (VR)灯光 在卧室的灯具上创建一盏灯光，位置如图4-240所示。

① **技巧提示：步骤注意事项**
虽然卧室右侧没有灯具模型，但还是可以创建一盏灯光，让画面看起来更加好看。

15 选中上一步创建的灯光，然后在"修改"面板中设置参数，如图4-241所示。

**设置步骤**

① 展开"常规"卷展栏，设置灯光"类型"为"球体"，灯光的大小与灯泡模型的大小相似即可，接着设置"倍增"为200，"温度"为3200。卧室的灯光是颜色最深、强度最弱的，这样就能与另外两种暖色灯光进行区分。

② 展开"选项"卷展栏，勾选"不可见"选项。

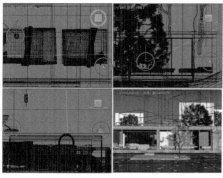

16 在摄影机视图中渲染场景，效果如图4-242所示。

图4-240　　　　　　　　　图4-241　　　　　　　　　图4-242

👑 重点

## ▩ 综合训练：日光客厅

| 场景文件 | 场景文件>CH04>18.max |
|---|---|
| 实例文件 | 实例文件>CH04>综合训练：日光客厅.max |
| 难易程度 | ★★★★☆ |
| 技术掌握 | 半封闭空间日景布光 |

本案例是为北欧风格的客厅场景布置日光，案例效果和灯光效果如图4-243所示。

图4-243

**01** 打开本书学习资源中的"场景文件>CH04>18.max"文件，如图4-244所示。

**02** 客厅拥有开窗，是一个半封闭的空间。本案例制作客厅的日光效果，根据参考图，我们可以确定太阳光和环境光是场景的主光源。使用"VRay太阳"工具 (VR)太阳 在窗外创建一盏灯光，位置如图4-245所示。

图4-244

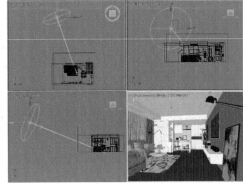

图4-245

◉ 知识课堂：半封闭空间的布光要素

半封闭空间是指被墙体包围但拥有开窗的空间。半封闭空间在日常生活场景中占大多数，是经常见到的空间类型，如客厅、办公室、大厅和店铺等，如图4-246所示。

图4-246

这类空间虽然被墙体包围，但拥有一定面积的开窗，自然光源和人工光源都能使用。4.5节中提到的灯光的层次，在半封闭空间中就显得特别重要。相对于开放空间中明确的主光源，半封闭空间的主光源就不那么明确，自然光源和人工光源都可以成为主光源，因此在面对全新的场景时，我们需要根据需求分清场景中的主光源。若不分清灯光层次，渲染的画面就会没有立体感，有"糊在一起"的感觉，这也是初学者在布光时最容易犯的错误。

相对于开放空间布光，半封闭空间布光需要创建更多的灯光，所以分清灯光层次就显得尤为重要。半封闭空间布光一般会遵循"从外到内，从大到小"的原则。

"从外到内"是指先创建室外的自然光源，如太阳光、环境光和月光等，再创建室内的人工光源，如顶灯、台灯和射灯等。

"从大到小"是指先创建亮度最大的主光源，明确画面的亮度和整体阴影走势，再创建亮度较小的辅助光源，补充暗部的亮度和添加软阴影。

无论是白天场景还是夜晚场景，半封闭空间布光都应遵循这个原则，只不过夜晚场景是以人工光源为主光源，自然光源为辅助光源，如图4-247所示；白天场景则两者皆可，更加灵活，如图4-248所示。

图4-247 · 图4-248

**03** 选中上一步创建的灯光，在"修改"面板中设置"强度倍增"为0.015，"大小倍增"为5，"阴影细分"为8，"天空模型"为Preetham et al.，如图4-249所示。

**04** 在摄影机视图中渲染场景，效果如图4-250所示。太阳光和环境光把整个场景完全照亮了，但画面缺少层次感。

图4-249 · 图4-250

**⑦ 疑难问答：画面出现曝光是否需要处理？**

通常情况下，创建灯光时应避免画面出现曝光。这样做并不是说曝光是不正确的操作，而是曝光不利于后期处理。

本案例中出现曝光的地方位于窗口，即便在后期软件中调整，这个地方也会被处理成接近曝光效果，这样才会符合日光场景的设定。笔者为了能让灯光更接近真实效果，就没有处理曝光的问题。

读者在日常创建灯光时要判断曝光的位置是否合适，如果曝光的位置不合适或是不利于后期调整，就需要调整灯光的强度或是更改渲染器的"颜色贴图"选项，让渲染的画面不出现曝光。

**05** 日常生活中的窗口会有明显的亮度渐变，而图4-250却没有很好的体现，我们需要添加灯光去完善这个效果。使用"VRay灯光"工具 **(VR)灯光** 在窗外创建一盏灯光，然后以"实例"形式复制到每一扇窗外，位置如图4-251所示。

**① 技巧提示：步骤注意事项**

厨房外的灯光按照窗户的大小进行了缩放。

**06** 选中上一步创建的灯光，然后在"修改"面板中设置参数，如图4-252所示。

**设置步骤**

① 展开"常规"卷展栏，设置灯光"类型"为"平面"，灯光与窗户差不多大即可，"倍增"为2，"颜色"为白色。

② 展开"选项"卷展栏，然后勾选"不可见"选项。

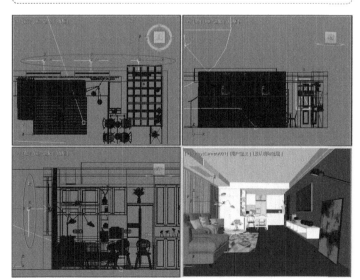

**① 技巧提示：灯光颜色的设定原理**

虽然环境光是浅蓝色的，但窗口部分受太阳光照射所形成的环境光显示为白色。

图4-251 · 图4-252

**07** 在摄影机视图中渲染场景，效果如图4-253所示。添加了窗外的灯光后，图中窗口处的灯光有明显的亮度渐变效果。图4-254所示是转换为灰度显示的效果，亮度的层次感更加明显。

图4-253

图4-254

> **⑦ 疑难问答：怎样在帧缓存器中直接观察图像的灰度效果？**
>
> 单击帧缓存器中的"单色模式"按钮⚪，就可以看到渲染图片的灰度效果，如图4-255所示。再次单击该按钮，渲染图片就会回到彩色模式。
>
>
> 图4-255

**08** 自然光源让画面已经有不错的效果，但还是缺少一些细节。使用"目标灯光"工具 目标灯光 在场景中创建一盏"目标灯光"，然后以"实例"形式复制到其他射灯模型下方，位置如图4-256所示。

**09** 选中上一步创建的"目标灯光"，然后在"修改"面板中设置参数，如图4-257所示。

### 设置步骤

① 在"常规参数"卷展栏中勾选"阴影"选项组中的"启用"选项，设置阴影类型为"VRay阴影"，"灯光分布（类型）"为"光度学Web"。

② 在"分布（光度学Web）"通道中加载本书学习资源中的"实例文件>CH04>综合训练：日光客厅>冷风小射灯.ies"文件。

③ 在"强度/颜色/衰减"卷展栏中设置"过滤颜色"为（红:255，绿:229，蓝:174），"强度"为2500。

> **① 技巧提示：步骤注意事项**
>
> 这里要注意灯光的高度是不同的，不要让灯光与射灯模型有穿插，否则无法渲染出灯光效果。

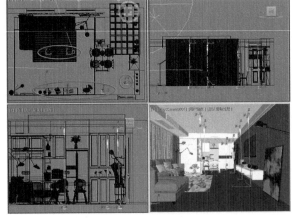
图4-256

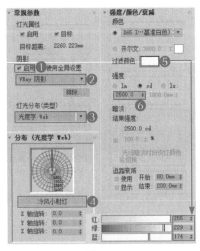
图4-257

> **◎ 知识课堂：光域网文件**
>
> 将"灯光分布（类型）"设置为"光度学Web"后，系统会自动增加一个"分布（光度学Web）"卷展栏，在"分布（光度学Web）"通道中可以加载光域网文件。
>
> 光域网是灯光的一种物理性质，用来确定光在空气中的发散方式。
>
> 不同的灯光在空气中的发散方式不相同，例如手电筒会发出一个光束，而壁灯或台灯发出的光又是另外一种形状，这些不同的形状是由灯光自身的特性决定的，也就是说这些形状是由光域网造成的。灯光之所以会产生不同的图案，是因为每种灯在出厂时，厂家都要对其指定不同的光域网。在3ds Max中为灯光指定一个特殊的文件，灯光就可以产生与其在现实生活中相同的发散效果，这种特殊文件的标准格式为.ies。图4-258所示是一些不同光域网的显示形态，图4-259所示是这些光域网的渲染效果。

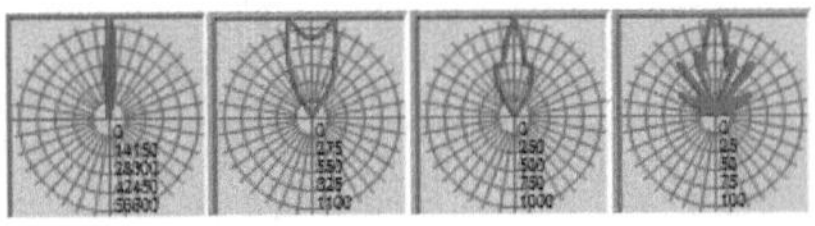

图4-258

图4-259

**10** 将摄影机调整到一个合适的角度后进行渲染，效果如图4-260所示。添加了射灯后，画面增加了一些细节，看起来更加丰富。由于射灯的强度不大，颜色也偏浅，所以不会对原有的画面效果造成破坏，还会为模型添加阴影，让画面看起来更加立体和富有层次感。

图4-260

◎ 知识课堂：材质场景和白模场景的灯光关系

　　本章的所有案例除了场景自身的渲染效果外，还附带了一张白模场景的灯光效果。相信有的读者会发现，在同样的灯光参数下，两种场景渲染的效果会有一些差异，如灯光的强度、整体的色调和氛围等，如图4-261所示。

　　出现这种情况是正常的，读者不需要担心。白模场景不具有反射、折射和凹凸等属性，灯光效果能直接表现出来，且渲染速度也很快。材质场景中的灯光会根据材质的反射、折射、凹凸和半透明等属性而产生一定的变化。因此在实际制作场景时，灯光和材质是相互关联的，我们需要同时考虑这两方面。

图4-261

👍重点

❈ 综合训练：夜晚卧室

| 场景文件 | 场景文件>CH04>19.max |
| --- | --- |
| 实例文件 | 实例文件>CH04>综合训练：夜晚卧室.max |
| 难易程度 | ★★★★☆ |
| 技术掌握 | 半封闭空间夜景布光 |

扫码观看视频

　　本案例是为美式风格的卧室场景布置夜晚灯光，案例效果和灯光效果如图4-262所示。

**01** 打开本书学习资源中的"场景文件>CH04>19.max"文件，如图4-263所示。

图4-262　　　　　　　　　　　　　　　　　图4-263

**02** 相对于日光场景，夜晚场景的布光方法完全相反，需要依靠室内的人工光源照亮场景。场景内的灯具包括两盏台灯和屋顶的吊灯，吊灯是主光源，起到照亮场景的作用，台灯则是辅助光源，用于补充室内亮度，增加灯光层次。首先创建主光源，使用"VRay灯光"工具 (VR)灯光 在吊灯的灯罩内创建一盏灯光，然后以"实例"形式复制到吊灯的其他灯罩内，位置如图4-264所示。

**03** 选中上一步创建的灯光，然后在"修改"面板中设置参数，如图4-265所示。

**设置步骤**

　　① 展开"常规"卷展栏，设置灯光"类型"为"球体"，灯光的大小不超过灯罩模型即可，"倍增"为12，"温度"为4000。

　　② 展开"选项"卷展栏，勾选"不可见"选项。

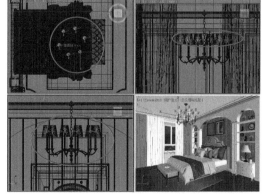
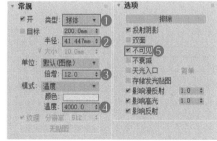

图4-264　　　　　　　　　　　图4-265

**04** 在摄影机视图中渲染场景，效果如图4-266所示。吊灯的灯光虽然照亮了整个场景，但整体灯光的方向性不强，尤其是下方的床没有被充分照亮。

**05** 在吊灯模型下方创建一盏"VRay灯光"，位置如图4-267所示。

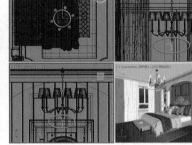

图4-266  图4-267

**06** 选中上一步创建的"VRay灯光"，然后在"修改"面板中设置参数，如图4-268所示。

**设置步骤**

① 展开"常规"卷展栏，设置灯光"类型"为"平面"，"长度"和"宽度"都为300mm，"倍增"为80，"温度"为4000。

② 展开"选项"卷展栏，勾选"不可见"选项。

**07** 在摄影机视图中渲染场景，效果如图4-269所示。通过创建的方形灯光，模拟出吊灯的光照效果，这一步也可以用"目标灯光"工具 目标灯光 进行模拟。

**08** 下面创建辅助灯光。使用"VRay灯光"工具 (VR)灯光 在台灯灯罩内创建一盏灯光，并以"实例"形式复制到另一盏台灯灯罩内，位置如图4-270所示。

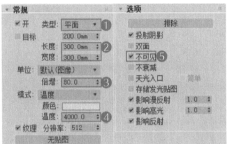

图4-268  图4-269  图4-270

---

① **技巧提示：灯光类型选择**

由于吊灯呈圆形，灯光类型也可以选择为"圆形"。

---

**09** 选中上一步创建的灯光，然后在"修改"面板中设置参数，如图4-271所示。

**设置步骤**

① 展开"常规"卷展栏，设置灯光"类型"为"球体"，灯光半径不超过灯罩的半径即可，"倍增"为50，"温度"为3200。

② 展开"选项"卷展栏，勾选"不可见"选项。

**10** 在摄影机视图中渲染场景，效果如图4-272所示。此时室内的人工光源全部创建完成，场景有亮度的对比，但缺少冷暖对比和软阴影。

**11** 夜晚空间的冷色灯光主要来源于室外的环境光，使用"VRay灯光"工具 (VR)灯光 在窗外创建一盏灯光模拟环境光，位置如图4-273所示。

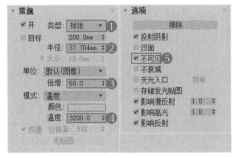

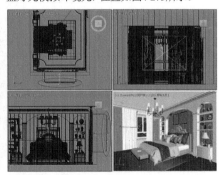

图4-271  图4-272  图4-273

**12** 选中上一步创建的灯光，然后在"修改"面板中设置参数，如图4-274所示。

**设置步骤**

① 展开"常规"卷展栏，设置灯光"类型"为"平面"，灯光与窗户差不多大即可，"倍增"为6，"颜色"为（红：12，绿：33，蓝：126）。

② 展开"选项"卷展栏，勾选"不可见"选项。

**13** 在摄影机视图中渲染场景，效果如图4-275所示。添加了冷色的环境光后，画面就有了冷暖对比。

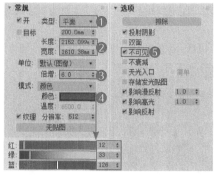

图4-274

图4-275

👑 重点

## ◈ 综合训练：酒店走廊

| | |
|---|---|
| 场景文件 | 场景文件>CH04>20.max |
| 实例文件 | 实例文件>CH04>综合训练：酒店走廊.max |
| 难易程度 | ★★★★☆ |
| 技术掌握 | 封闭空间布光 |

本案例是为现代风格的酒店走廊场景布置灯光，案例效果和灯光效果如图4-276所示。

**01** 打开本书学习资源中的"场景文件>CH04>20.max"文件，如图4-277所示。

图4-276

图4-277

◎ 知识课堂：封闭空间的布光要素

封闭空间是指没有开窗的、相对密闭的空间，如电影院、视听室、仓库、走廊等，如图4-278所示。这类空间受到建筑物的完全遮挡，没有自然光源，只能依靠人工光源进行照明。

图4-278

亮度层次就是封闭空间布光的关键点。室内的人工光源在亮度和颜色上要进行一定的区分，从而形成层次感。阴影的硬柔是另一个关键点，阴影增加画面的冷色调和立体感，让画面看起来更有真实性。

封闭空间遵循"从大到小"的布光原则，先确定主光源，明确画面的亮度和阴影方向，然后补充亮度稍弱的辅助光源。

**02** 场景中的蓝色灯带用"VRay灯光材质"进行表现,它们并不是灯光工具,渲染效果如图4-279所示。在没有添加任何灯光工具时,画面中只有蓝色的灯带,整体呈冷色调。

**03** 走廊的两侧有一排地灯模型,用暖色的灯片模拟出地灯的灯光可以增加画面的冷暖对比。使用"VRay灯光"工具 (VR)灯光 在地灯模型上创建一盏灯光,然后以"实例"形式复制到其他地灯模型上方,位置如图4-280所示。

 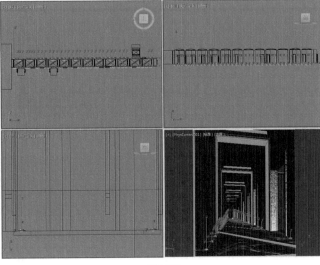

> 知识链接:VRay
> 灯光材质
> "VRay灯光材质"
> 在"5.2.2 VRay灯光材
> 质"中有详细讲解。

图4-279　　　　　　　　　　　　　　　　　　图4-280

**04** 选中上一步创建的灯光,然后在"修改"面板中设置参数,如图4-281所示。

**设置步骤**

① 展开"常规"卷展栏,设置灯光"类型"为"圆形",灯光的大小与地灯的大小差不多即可,"倍增"为500,"温度"为4000。

② 展开"选项"卷展栏,勾选"不可见"选项。

**05** 在摄影机视图中渲染场景,效果如图4-282所示,此时画面有了冷暖对比。

**06** 观察渲染的效果,吊顶的灯槽中需要增加灯光,模拟灯带的效果,从而增加画面的立体感。使用"VRay灯光"工具 (VR)灯光 在吊顶的灯槽中创建灯光,然后以"实例"形式复制到其他灯槽中,位置如图4-283所示。

**07** 选中上一步创建的灯光,然后在"修改"面板中设置参数,如图4-284所示。

**设置步骤**

① 展开"常规"卷展栏,设置灯光"类型"为"平面",灯光的长度与灯槽的长度相同,若与灯槽不一样长,我们需要缩放灯光,然后设置"倍增"为80,"颜色"为白色。

② 展开"选项"卷展栏,然后勾选"不可见"选项。

  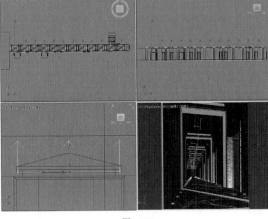

图4-281　　　　　　图4-282　　　　　　　　　　　　图4-283　　　　　　　图4-284

> ① **技巧提示:**灯光类型选择
> 地灯的灯光还可以用"目标灯光"工具 目标灯光 进行模拟。

◎ 知识课堂：不规则造型的灯光应该如何创建

　　日常制作中，我们经常会为一些不规则的模型创建灯光，如图4-285所示。如果用前面内容中所讲的灯光工具，似乎无法直接在异形模型的凹槽内创建出合适的灯光。若是用"VRay灯光"工具 (VR)灯光 中的"平面"灯光一点点地拼成灯槽的形状，不仅效率低，效果也未必很好。

　　遇到这种情况，我们就需要使用"VRay灯光"中的"网格"灯光来解决。

　　**第1步** 使用"线"工具 线 在灯槽模型内创建样条线，然后为其添加半径并转换为可编辑网格模型，如图4-286所示。

图4-285

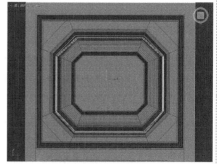
图4-286

　　**第2步** 使用"VRay灯光"工具 (VR)灯光 在场景中创建一盏"网格"灯光，位置随意，如图4-287所示。

　　**第3步** 选中创建的"网格"灯光，切换到"修改"面板，在"网格灯光"卷展栏中单击"拾取网格"按钮 拾取网格 ，然后单击创建的样条线模型，此时"网格"灯光就与样条线模型进行关联，如图4-288所示。

　　**第4步** 按照设置"VRay灯光"的方法设置参数，效果如图4-289所示。

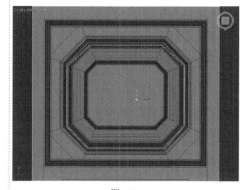
图4-287

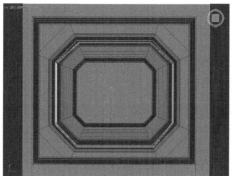
图4-288

图4-289

除了使用"VRay灯光" (VR)灯光 的"网格"灯光外，还可以使用"VRay灯光材质"进行模拟。

**08** 在摄影机视图中渲染场景，效果如图4-290所示。吊顶灯光的颜色与地灯灯光的颜色相同，所以画面的层次感没有达到理想效果。

**09** 将吊灯灯光的颜色设置为纯白色，效果如图4-291所示。纯白色的灯光让顶部显得更高，增加了画面的立体感。将吊灯灯光的颜色与地灯灯光的颜色进行区分，也让画面看起来更加丰富，可以形成不同的亮度层次。

**10** 画面右侧的区域有开放的空间，由于没有光照显得很暗，因此需要增加灯光。使用"VRay灯光"工具 (VR)灯光 在右侧的空间内创建一盏灯光，然后以"实例"形式复制到其他开放的空间中，位置如图4-292所示。

图4-290

图4-291

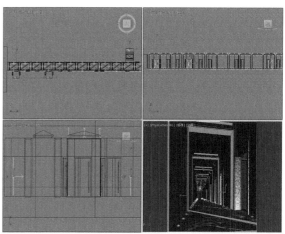
图4-292

**11** 选中上一步创建的灯光，然后在"修改"面板中设置参数，如图4-293所示。

**设置步骤**

　①展开"常规"卷展栏，设置灯光"类型"为"平面"，灯光的大小与空间的大小相似即可，"倍增"为50，"温度"为3200。

　②展开"选项"卷展栏，勾选"不可见"选项。

**12** 在摄影机视图中渲染场景，效果如图4-294所示。观察渲染画面，虽然开放空间中的灯光的颜色比地灯灯光的颜色深，但由于亮度过大，没有与地灯形成区分，需要降低开放空间中的灯光的"倍增"值。

**13** 设置"倍增"为25，渲染效果如图4-295所示。此时开放空间中的灯光的强度小于地灯，在亮度上形成鲜明的层次。

图4-293　　　　　　　　　　　　　図4-294　　　　　　　　　　　　　图4-295

# 第5章 材质和贴图技术

📹 基础视频集数：26集　　📹 案例视频集数：46集　　🕐 视频时间：398分钟

材质和贴图用来表现场景模型的颜色和特性，也是渲染师必备的技能之一。当白模添加了材质后，就能表现出颜色、质感、凹凸纹理和透明等效果，从而真实地模拟出现实世界中相应对象的材质。

## 学习重点 🔍

## 学完本章能做什么

学完本章之后，读者可以掌握常用材质和常用贴图的使用方法，以及一些常用类型的材质的设置原理。

# 5.1 材质编辑器

扫码观看视频

图5-1所示是"材质编辑器"面板,它拥有赋予、重置、保存和展示材质球等功能。

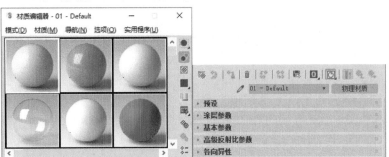

图5-1

## 5.1.1 材质编辑器的模式

3ds Max 2021的材质编辑器有两种模式,一种是"精简材质编辑器",另一种是"Slate材质编辑器",分别如图5-2和图5-3所示。

"精简材质编辑器"是一种简化了界面的材质编辑器,在3ds Max 2011版本之前是唯一的材质编辑器。"Slate材质编辑器"是一种界面完整的材质编辑器,在设计和编辑材质时使用节点和关联以图形方式显示材质的结构。

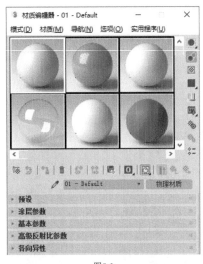

图5-2

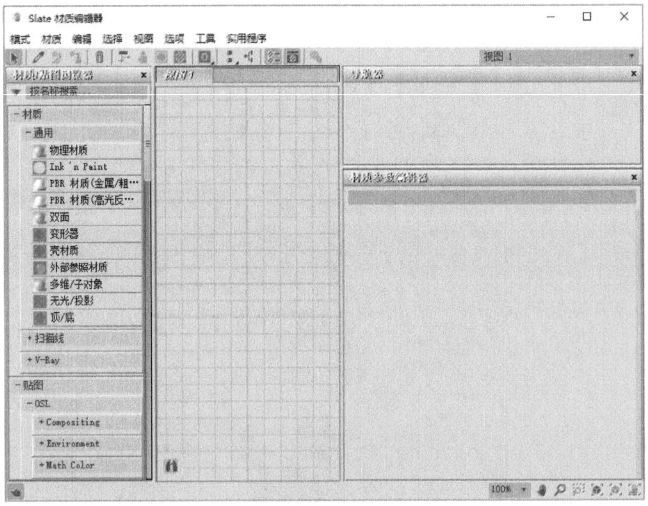

图5-3

● 重点

## 5.1.2 材质球示例窗

材质球示例窗主要用来显示材质效果,它可以很直观地显示出材质的基本属性,如反光、纹理和凹凸等,如图5-4所示。

双击材质球会弹出一个独立的材质球示例窗,我们可以将该窗口放大或缩小以观察当前设置的材质效果,如图5-5所示。

在默认情况下,材质球示例窗按照5×3的形式显示15个材质球。如果需要显示更多的材质球,执行"选项>循环3×2、5×3、6×4示例窗"菜单命令,即可切换不同数量的材质球示例窗,如图5-6所示。

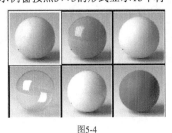

图5-4

图5-5

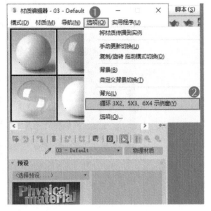

图5-6

知识课堂：材质球示例窗的操作

当材质球被赋予贴图后，使用鼠标中键可以旋转材质球图标，从而更好地观察贴图效果，如图5-7所示。

使用鼠标左键可以将一个材质球拖曳到另一个材质球上，这样当前材质就会覆盖掉原有的材质，如图5-8所示。

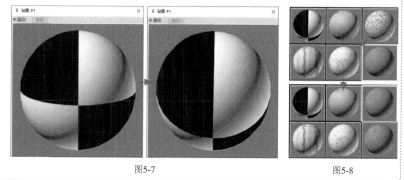

图5-7　　　　　　　　图5-8

### 5.1.3 重置材质球

当材质球示例窗中没有新的材质球可以使用时，就需要重置材质球。执行"实用程序>重置材质编辑器窗口"菜单命令，材质球示例窗中的材质球会全部重置，如图5-9和图5-10所示。

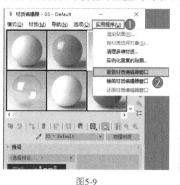
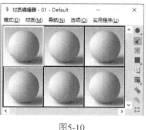

图5-9　　　　　　　　图5-10

### 5.1.4 保存材质

设置好的材质球可以保存成单独的文件，方便以后随时调取使用。选中需要保存的材质球，然后单击下方的"放入库"按钮，如图5-11所示。

此时系统会弹出"放置到库"对话框，如图5-12所示。在对话框中可以对保存的材质球进行命名，然后单击"确定"按钮　　　进行保存。

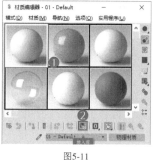

图5-11　　　　　　　　图5-12

### 5.1.5 导入材质

当调用之前保存的材质时，我们需要将其导入"材质编辑器"面板中。选中一个空白材质球，然后单击下方的"获取材质"按钮，如图5-13所示。

此时系统会弹出"材质/贴图浏览器"对话框，然后在下方的"临时库"中会找到之前保存的材质，如图5-14所示。双击该材质，就可以将其导入材质球示例窗中。

如果是导入外部的材质文件，就在"材质/贴图浏览器"对话框中单击三角按钮，在弹出的下拉列表中选择"打开材质库"选项，如图5-15所示。

此时系统会弹出"导入材质库"对话框，在对话框中选择.mat格式的材质文件，然后单击下方的"打开"按钮　　　即可将其导入材质球示例窗中，如图5-16所示。

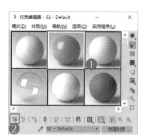

图5-13　　　　　图5-14　　　　　图5-15　　　　　图5-16

👑 重点
## 5.1.6 赋予对象材质

设置好的材质球需要赋予相应的对象，赋予的方法有两种。

**第1种** 在视口中选中需要赋予材质的对象，然后在"材质编辑器"面板中选中相对应的材质球，接着单击"将材质指定给选定对象"按钮 🐵 ，如图5-17所示。

**第2种** 选中材质球，然后按住鼠标左键不放，接着拖曳鼠标到需要赋予材质的对象上，再松开鼠标，如图5-18所示。

若要在对象上显示材质中加载的贴图，单击"在视口中显示明暗处理材质"按钮 ▣ 即可，如图5-19所示。

图5-17

图5-18

图5-19

# 5.2 VRay常用材质

安装好VRay渲染器后，就可以使用VRay材质了。常用的VRay材质包括"VRayMtl材质""VRay灯光材质""VRay混合材质""VRay材质包裹器"，如图5-20所示。

**VRay 常用材质** ＞

| VRayMtl 材质 | VRay 灯光材质 | VRay 混合材质 | VRay 材质包裹器 |
|---|---|---|---|
| 使用频率较高的材质，可以模拟绝大多数材质效果 | 自发光材质，可以模拟发光物体 | 混合基本材质形成复杂材质 | 控制材质的属性 |

图5-20

👑 重点
## 5.2.1 VRayMtl材质

"VRayMtl材质"是使用频率较高的一种材质，它可以模拟现实生活中的绝大多数材质。"VRayMtl材质"除了能完成一些反射和折射效果外，还能出色地表现出SSS和BRDF等效果，其参数面板如图5-21所示。

扫码观看视频

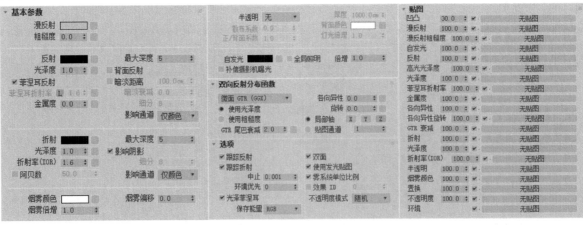
图5-21

一个材质最终表现的效果，通常是由"漫反射""反射""折射"这3个大的关键点决定的，如图5-22所示。

# 材质表现关键点

| 漫反射 | 反射 | 折射 |
|---|---|---|
| 材质的基本颜色 | 材质的光泽和反射颜色 | 材质的透明度 |

图5-22

"漫反射"决定了材质的基本颜色，但不是最终表现的颜色。单击它的色块，就可以在拾色器中调整其颜色，如图5-23所示。除了拾色器中的纯色，也可以在后方的通道█中加载各种贴图以控制材质的基本颜色。

"反射"可以控制材质是否光滑，是否反射其他颜色。如果想让材质不产生反射效果，就需要将反射颜色设置为黑色，如图5-24所示。如果想让材质产生强烈的反射，就需要将反射颜色设置为白色，如图5-25所示。通过不同的灰度值，系统就能控制材质的反射效果。

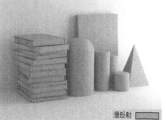

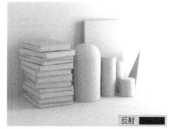

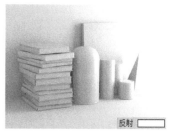

图5-23      图5-24      图5-25

如果将反射的颜色设置为彩色，材质除了识别彩色的灰度值外，还会在反射高光位置显示相应的彩色，如图5-26所示。这样材质不仅拥有漫反射的颜色，还拥有反射的颜色。

现实生活中，陶瓷、玻璃这类材质的表面都很光滑。如果要模拟这类材质，就需要设置较大的"光泽度"数值，一般将其设置为0.9~1，如图5-27所示。而生活中原木、陶罐这类材质的表面通常很粗糙，如果要模拟这类材质，就需要设置较小的"光泽度"数值，一般将其设置为0.5~0.7，如图5-28所示。

图5-26      图5-27      图5-28

> ① **技巧提示**：半亚光效果
> "光泽度"数值为0.7~0.9时，材质会出现半亚光效果。日常生活中，常见的这类材质有木地板、亚光金属等。

"菲涅耳反射"是一种真实的反射效果，世界上绝大多数的材质都拥有"菲涅耳反射"，因此在设置材质参数时，基本上都会勾选该选项。图5-29所示是勾选与不勾选该选项时的对比效果。

"菲涅耳折射率"决定了材质的反射是否强烈，对比效果如图5-30所示。该数值越大，材质的反射效果越强，也就越接近镜面效果。

图5-29      图5-30

"金属度"是VRay4.0版本中新加入的功能。当该数值为0时，材质不呈现金属效果，如图5-31所示；当该数值为1时，材质呈现金属效果，如图5-32所示。

一般来说，光线在物体上的反射是无限次的，如果按照无限次反射计算材质效果，就会消耗很久的时间。设置"最大深度"数值，就能控制光线在物体上的反射次数。这个数值越大，代表反射的次数越多，效果也越真实，但消耗的时间也会越多。

透明的材质（如玻璃）不仅会在外表面产生反射效果，其内部也会产生反射效果。勾选"背面反射"选项后就能模拟其内部的反射效果，同样也会消耗更多的时间。

"细分"数值决定了反射效果的好坏。当"细分"数值较小时，材质的表面会出现很多噪点颗粒，如图5-33所示。提高"细分"数值，这些噪点颗粒就会变得平滑，如图5-34所示。

图5-31

图5-32

图5-33

图5-34

材质是否呈现透明效果，是由"折射"决定的。和"反射"的原理一样，"折射"也是依靠灰度控制材质的透明程度，颜色越白，材质就越透明，对比效果如图5-35所示。如果将"折射"颜色设置为彩色，除了识别灰度外，折射效果也会受彩色影响，如图5-36所示。

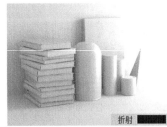
图5-35

图5-36

"折射"也有"光泽度"，它控制"折射"材质的表面是否产生模糊效果。以生活中的物品举例，就是清玻璃与磨砂玻璃的区别。当"光泽度"数值为1时，材质表面不产生模糊，类似清玻璃，如图5-37所示。当"光泽度"数值小于1时，材质表面产生模糊，类似磨砂玻璃，如图5-38所示。

> ① **技巧提示：光泽度与渲染速度的关系**
> 当"光泽度"数值小于1时，渲染的速度会明显减慢，且数值越小，速度越慢。

图5-37

图5-38

生活中不同类型的透明物体，其折射率是不同的。例如，水的折射率是1.33，玻璃的折射率是1.5。如果要在材质中进行表现，就需要设置"折射率（IOR）"的数值，这个数值就是现实生活中物体的折射率，如图5-39所示。

> ① **技巧提示：常见物质的折射率（IOR）**
> 常见物质的折射率（IOR）如下。
> 真空的折射率（IOR）是1，水的折射率（IOR）是1.33，玻璃的折射率（IOR）是1.5，水晶的折射率（IOR）是2，钻石的折射率（IOR）是2.4。

图5-39

透明物体也会产生阴影，只不过其阴影效果和实体物体有所区别。勾选"影响阴影"选项后，透明物体就能产生真实的阴影效果，但有一点需要注意，必须是VRay光源和VRay阴影才有效。

除了用"折射"控制透明物体的颜色，也可以用"烟雾颜色"进行控制。"烟雾颜色"的色值与模型的体积相关，如图5-40所示。

"烟雾倍增"控制烟雾颜色的浓度，数值越大，烟雾颜色越浓，光线也就越难穿透模型，对比效果如图5-41所示。

像玉石、皮肤这种半透明的材质，需要用"半透明"参数进行模拟。半透明效果（也叫SSS效果）的类型有3种，分别是"硬（腊）模型""软（水）模型""混合模型"。

"VRayMtl材质"中也有"自发光"选项，可以模拟自发光材质，与"VRay灯光材质"相似，如图5-42所示。

图5-40　　　　　　图5-41　　　　　　图5-42

"双向反射分布函数"是模拟材质高光区域的一个参数，不同类型的材质的高光区域会有所区别，包含"多面""反射""沃德""微面GTR（GGX）"4种类型，如图5-43所示。

"各向异性"控制高光区域的形状，一些金属的高光区域呈现拉伸现象。"旋转"控制高光区域的旋转角度，如图5-44所示。

图5-43　　　　　　图5-44

---

**◉ 知识课堂：折射通道与不透明通道的区别**

"折射"通道与"不透明度"通道都能展示材质的透明效果，但两者还是有一些区别的。"折射"通道具有真实的折射属性，因为"折射率（IOR）"的原因，光线穿过模型，材质的透明效果会受到影响。图5-45所示是在"折射"通道中加载一张"棋盘格"贴图的折射效果。

"不透明度"通道则不会保留透明部分的立体感，而是呈现镂空的效果，如图5-46所示。

图5-45　　　　　　图5-46

---

👆重点

## 🖐案例训练：用VRayMtl材质制作水晶天鹅

| | |
|---|---|
| 场景文件 | 场景文件>CH05>01.max |
| 实例文件 | 实例文件>CH05>案例训练：用VRayMtl材质制作水晶天鹅.max |
| 难易程度 | ★★★☆☆ |
| 技术掌握 | VRayMtl材质 |

本案例用"VRayMtl材质"制作水晶天鹅，案例效果如图5-47所示。

**01** 打开本书学习资源中的"场景文件>CH05>01.max"文件，如图5-48所示。

图5-47　　　　　　　　　　　图5-48

**02** 按M键打开"材质编辑器"面板，首先制作蓝水晶材质，具体材质参数如图5-49所示，材质球效果如图5-50所示。

**设置步骤**

① 设置"漫反射"颜色为（红:61，绿:94，蓝:135）。

② 设置"反射"颜色为（红:166，绿:166，蓝:166），"光泽度"为0.95，"菲涅耳折射率"为2.2，"细分"为15。

③ 设置"折射"颜色为（红:200，绿:200，蓝:200），"折射率（IOR）"为2.4，"细分"为15。

④ 设置"烟雾颜色"为（红:41，绿:63，蓝:91），"烟雾倍增"为0.2。

**03** 选中左侧的天鹅模型，然后将蓝水晶材质赋予天鹅模型，效果如图5-51所示。

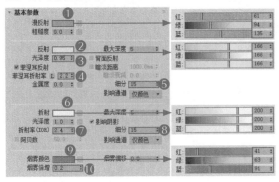

图5-49　　　　　　　　　图5-50　　　　　　　　　图5-51

**04** 下面制作橙水晶材质，具体材质参数如图5-52所示，材质球效果如图5-53所示。

**设置步骤**

① 设置"漫反射"颜色为（红:146，绿:58，蓝:34）。

② 设置"反射"颜色为（红:166，绿:166，蓝:166），"光泽度"为0.95，"菲涅耳折射率"为2.2，"细分"为15。

③ 设置"折射"颜色为（红:200，绿:200，蓝:200），"折射率（IOR）"为2.4。

④ 设置"烟雾颜色"为（红:146，绿:58，蓝:34），"烟雾倍增"为0.2。

**05** 将橙水晶材质赋予右侧的天鹅模型，效果如图5-54所示。

**06** 按F9键渲染场景，案例的最终效果如图5-55所示。

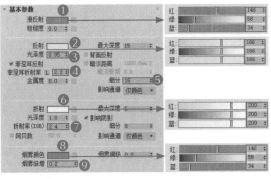

① **技巧提示：调整材质的捷径**

蓝水晶和橙水晶的材质参数大致相同，我们可以将设置好的蓝水晶材质复制一份，修改材质名称后调整为橙水晶的参数，这样能减少参数的调整，提高制作效率。

图5-52　　　　　　　　　图5-53　　　　　　　图5-54　　　　　　　图5-55

◎ **知识课堂：丢失贴图的处理方法**

在打开一些场景时，系统会弹出图5-56所示的对话框，遇到这种情况，我们就需要重新加载贴图路径。

**第1步** 在"实用程序"面板中单击"更多"按钮，如图5-57所示。

**第2步** 在弹出的"实用程序"对话框中选择"位图/光度学路径"选项，然后单击"确定"按钮，如图5-58所示。

**第3步** 在"实用程序"面板中单击"编辑资源"按钮，如图5-59所示。

**第4步** 弹出的"位图/光度学路径编辑器"对话框中会出现场景中所有的贴图和光度学文件的路径，如图5-60所示。

图5-56

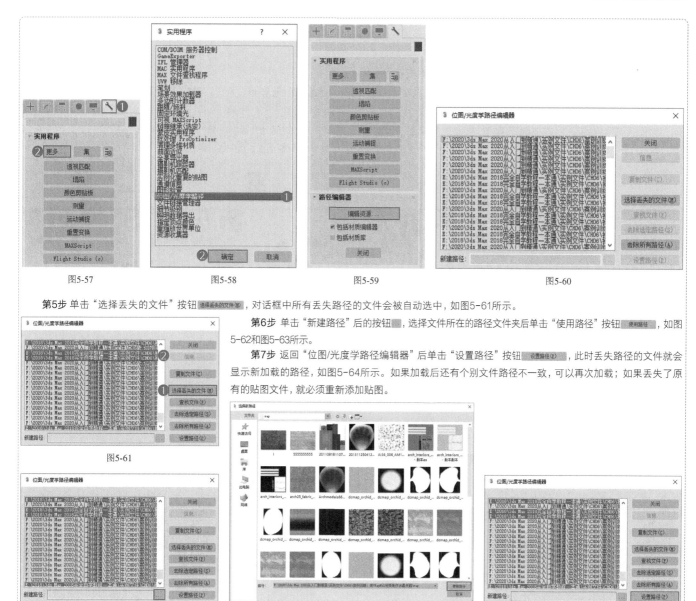

**第5步** 单击"选择丢失的文件"按钮 选择丢失的文件(M)，对话框中所有丢失路径的文件会被自动选中，如图5-61所示。

　　**第6步** 单击"新建路径"后的按钮，选择文件所在的路径文件夹后单击"使用路径"按钮 使用路径，如图5-62和图5-63所示。

　　**第7步** 返回"位图/光度学路径编辑器"后单击"设置路径"按钮 设置路径(P)，此时丢失路径的文件就会显示新加载的路径，如图5-64所示。如果加载后还有个别文件路径不一致，可以再次加载；如果丢失了原有的贴图文件，就必须重新添加贴图。

## 🔖 学后训练：用VRayMtl材质制作陶瓷花瓶

| 场景文件 | 场景文件>CH05>02.max |
| 实例文件 | 实例文件>CH05>学后训练：用VRayMtl材质制作陶瓷花瓶.max |
| 难易程度 | ★★☆☆☆ |
| 技术掌握 | VRayMtl材质 |

扫码观看视频

　　本案例是用"VRayMtl材质"制作纯色的陶瓷花瓶，案例效果如图5-65所示。

图5-65

♔ 重点

## 5.2.2 VRay灯光材质

"VRay灯光材质"主要用来模拟自发光效果,其参数面板如图5-66所示。

"VRay灯光材质"除了用颜色模拟自发光外,还可以在"颜色"通道中加载贴图模拟自发光,如图5-67所示。通道将根据贴图的颜色识别发光的颜色。

扫码观看视频

"不透明度"通道中一般加载黑白贴图,它遵循"黑透白不透"的原则,即黑色的部分会显示为镂空效果,如图5-68所示。

勾选"开"选项后,"VRay灯光材质"会被视为一个光源,对周围的对象产生照射效果,如图5-69所示。

图5-66

图5-67

图5-68

图5-69

♔ 重点

## 🖐 案例训练:用VRay灯光材质制作装饰灯

| 场景文件 | 场景文件>CH05>03.max |
|---|---|
| 实例文件 | 实例文件>CH05>案例训练:用VRay灯光材质制作装饰灯.max |
| 难易程度 | ★★☆☆☆ |
| 技术掌握 | VRay灯光材质 |

扫码观看视频

本案例用"VRay灯光材质"制作装饰灯的发光效果,案例效果如图5-70所示。

**01** 打开本书学习资源中的"场景文件>CH05>03.max"文件,如图5-71所示。

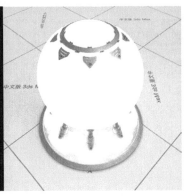
图5-70

图5-71

**02** 按M键打开"材质编辑器"面板,选中一个空白材质球,然后将其转换为"VRay灯光材质",如图5-72所示。

**03** 在"参数"卷展栏中,设置"颜色"为(红:255,绿:126,蓝:86),"倍增"为50,然后勾选"直接照明"选项组的"开"选项,如图5-73所示。

**04** 将材质赋予瓶子中的灯丝模型,效果如图5-74所示。

**05** 按F9键渲染当前场景,案例效果如图5-75所示。

图5-72

图5-73

图5-74

图5-75

**学后训练：用VRay灯光材质制作计算机屏幕**

| 场景文件 | 场景文件>CH05>04.max |
|---|---|
| 实例文件 | 实例文件>CH05>学后训练：用VRay灯光材质制作计算机屏幕.max |
| 难易程度 | ★★☆☆☆ |
| 技术掌握 | VRay灯光材质 |

本案例是用"VRay灯光材质"制作计算机屏幕的发光效果，案例效果如图5-76所示。

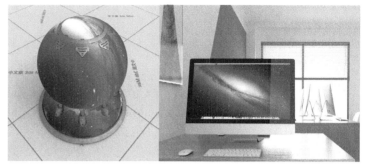

图5-76

## 5.2.3 VRay混合材质

"VRay混合材质"可以让多个材质以层的方式混合来模拟物理世界中的复杂材质。"VRay混合材质"和3ds Max里的"混合材质"的效果比较类似，但其渲染速度比3ds Max的"混合材质"的渲染速度快很多，其参数面板如图5-77所示。

"VRay混合材质"由1个"基本材质"和最多9个"镀膜材质"组成。"基本材质"可以理解为最基层的材质，而"镀膜材质"是在"基本材质"上叠加的材质，示意图如图5-78所示。

"镀膜材质"的显示量是由后方通道中加载的贴图决定的。通道识别灰度贴图，按照"黑透白不透"的原则控制"镀膜材质"的显示量，贴图的黑色部分显示"基本材质"，白色部分显示"镀膜材质"。

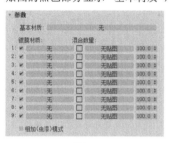

图5-77

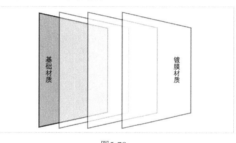

图5-78

> ① **技巧提示："替换材质"对话框**
>
> 在创建"VRay混合材质"的时候，系统会弹出"替换材质"对话框，其中会提示"丢弃旧材质"或"将旧材质保存为子材质"，如图5-79所示。
>
> 图5-79

## 案例训练：用VRay混合材质制作吊坠

| 场景文件 | 场景文件>CH05>05.max |
|---|---|
| 实例文件 | 实例文件>CH05>案例训练：用VRay混合材质制作吊坠.max |
| 难易程度 | ★★☆☆☆ |
| 技术掌握 | VRay混合材质 |

本案例用"VRay混合材质"制作吊坠的材质，案例效果如图5-80所示。

**01** 打开本书学习资源中的"场景文件>CH05>05.max"文件，如图5-81所示。

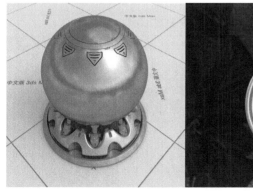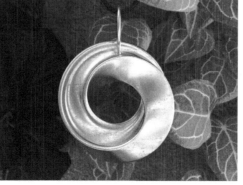

图5-80

图5-81

**02** 按M键打开"材质编辑器"面板,具体材质参数如图5-82所示。

**设置步骤**

① 在"漫反射"通道中加载"衰减"贴图,然后在"衰减"贴图的"前"通道中加载学习资源中的"实例文件>CH05>案例训练:用VRay混合材质制作吊坠> metal_noise.png"文件,接着设置"前"通道量为80,"衰减类型"为"垂直/平行"。

② 在"反射"通道中加载本书学习资源中的"实例文件>CH05>案例训练:用VRay混合材质制作吊坠> metal_noise_reflect.png"文件。

③ 在"光泽度"通道中同样加载步骤②中加载的文件,设置"光泽度"为0.85,"金属度"为1,在"贴图"卷展栏中设置"光泽度"通道量为50。

**03** 单击"VRayMtl"按钮 VRayMtl ,在弹出的"材质/贴图浏览器"对话框中选择"VRay混合材质"选项,如图5-83所示。此时系统会弹出"替换材质"对话框,选择默认的"将旧材质保存为子材质"选项,并单击"确定"按钮 确定 ,如图5-84所示。

**04** 切换为"VRay混合材质"的参数面板,拖曳鼠标将"基本材质"通道中的材质加入"镀膜材质"通道中,复制方法选择"复制",如图5-85所示。

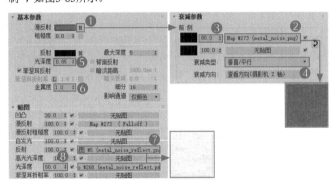

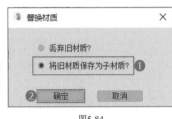

图5-82　　　　　　　　　　　图5-83　　　　　　　　　图5-85

---

① **技巧提示:** 步骤注意事项

"基本材质"和"镀膜材质"中的材质大致相同,这里直接进行复制,然后修改部分参数即可。

---

**05** 进入"镀膜材质"通道中,具体材质参数如图5-86所示。

**设置步骤**

① 在"漫反射"通道加载的"衰减"贴图中,设置"前"通道的颜色为(红:32,绿:28,蓝:24)。

② 设置"光泽度"为0.6。

③ 在"贴图"卷展栏中设置"反射"通道量为60,"光泽度"通道量为20。

---

① **技巧提示:** 步骤注意事项

步骤中提到的参数是在原有材质的基础上进行修改的参数,其余参数保持不变。

---

**06** 返回"VRay混合材质"的参数面板,在"混合数量"通道中加载本书学习资源中的"实例文件>CH05>案例训练:用VRay混合材质制作吊坠>metal_noise_reflect.jpg"文件,并设置通道量为30,如图5-87所示。材质球效果如图5-88所示。

**07** 将设置好的金属材质赋予吊坠模型,效果如图5-89所示。

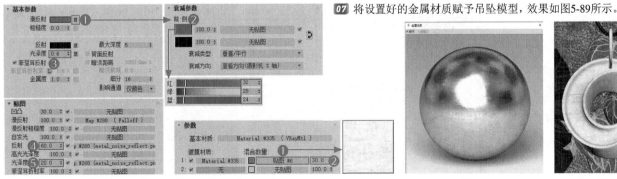

图5-86　　　　　　　　　图5-87　　　　　　　　图5-88　　　　图5-89

**08** 按F9键渲染场景，案例的最终效果如图5-90所示。

图5-90

## 🔒 学后训练：用VRay混合材质制作塑料摆件

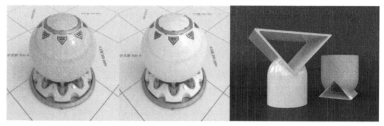

| 场景文件 | 场景文件>CH05>06.max |
| --- | --- |
| 实例文件 | 实例文件>CH05>学后训练：用VRay混合材质制作塑料摆件.max |
| 难易程度 | ★★☆☆☆ |
| 技术掌握 | VRay混合材质 |

扫码观看视频

本案例是用"VRay混合材质"制作塑料摆件，案例效果如图5-91所示。

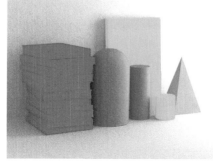

图5-91

## 5.2.4 VRay材质包裹器

扫码观看视频

"VRay材质包裹器"能有效控制色溢现象，使渲染的材质显示正确的颜色，其参数面板如图5-92所示。

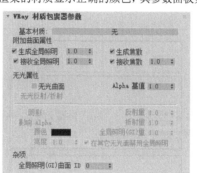

图5-92

"VRay材质包裹器"同样需要在原有的材质上进行添加，原有的材质会自动添加到"基本材质"通道中。为了实现"VRay材质包裹器"控制色溢现象，我们需要设置"生成全局照明"和"接收全局照明"的数值。

"生成全局照明"控制基本材质对其他材质产生的全局照明效果，默认为1。"接收全局照明"控制基本材质接收其他材质的全局照明效果，默认为1。

◎ 知识课堂：材质的色溢现象

　　将一张白纸和一张红纸放在灯光下，白纸就会被红纸染成红色。现实世界中，光线有直接光照和间接光照，直接光照如灯光光照，间接光照如被照亮的红纸反射的光照射在白纸上。红色的纸反射的红光照射在白纸上，就会将白纸染红，这就是色溢现象。

　　VRay渲染器也运用了这一原理，因此会产生色溢现象，如图5-93所示。

　　蓝色、绿色和红色的物体因为间接光照效果，将自身材质的颜色反射到左边白色的背景上，原本纯白的背景模型就被染上了蓝色、绿色和红色。要消除这一现象，就需要为这3个颜色的材质添加"VRay材质包裹器"，然后减小"生成全局照明"的数值，效果如图5-94所示。

　　添加了"VRay材质包裹器"后，每一个模型的亮度都没有发生改变，而且白色的模型上也基本观察不到旁边彩色模型所产生的色溢现象。

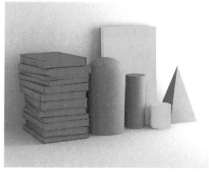

图5-93　　　　　　　　　　图5-94

# 5.3 常用贴图

贴图主要用于表现物体材质表面的纹理，利用贴图，不用增加模型的复杂程度就可以表现模型的细节，并且可以创建反射、折射、凹凸和镂空等多种效果。利用贴图可以增强模型的质感，完善模型的造型，使三维场景更加接近真实的环境。贴图分"通用"贴图和VRay贴图两大类，如图5-95所示。

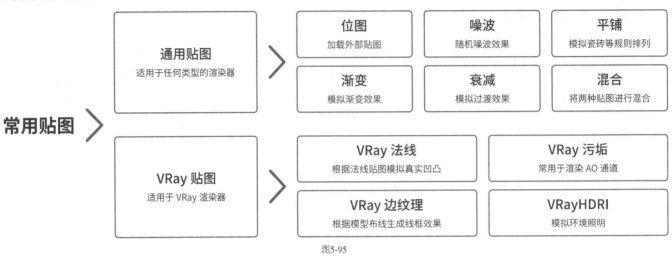

图5-95

☞重点

## 5.3.1 位图贴图

"位图"贴图是一种最基本的贴图类型，也是最常用的贴图类型。"位图"贴图支持很多种格式，包括FLC、AVI、BMP、GIF、JPEG、PNG、PSD和TIFF等主流图像格式，如图5-96所示。

"位图"贴图适用于所有的通道。以"漫反射"通道为例，单击通道后，在弹出的"材质/贴图浏览器"中选择"位图"选项，如图5-97所示。

扫码观看视频

加载位图后，系统会自动弹出位图的参数面板，如图5-98所示。"位图"后的通道中可以加载外部贴图。

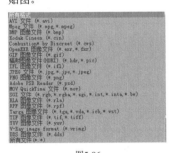

图5-96

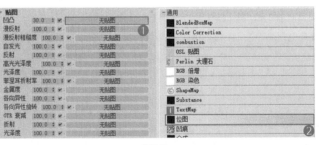

图5-97

图5-98

加载贴图后，贴图有两种模式，分别是"纹理""环境"。当作为材质贴图时，使用"纹理"模式；当作为环境贴图时，使用"环境"模式。

"贴图通道"控制不同作用贴图的坐标，拥有相同通道的贴图和坐标会形成关联，调整坐标后只会对关联通道的贴图起作用，而不会影响其他通道的贴图。

勾选"应用"选项后，加载的贴图可以被裁剪。单击"查看图像"按钮 查看图像 ，我们就可以在对话框中观察贴图，并设定需要保留（红框内）的部分，如图5-99所示。

图5-99

## 案例训练：用位图贴图制作照片墙

| 场景文件 | 场景文件>CH05>07.max |
|---|---|
| 实例文件 | 实例文件>CH05>案例训练：用位图贴图制作照片墙.max |
| 难易程度 | ★★☆☆☆ |
| 技术掌握 | 位图贴图 |

扫码观看视频

本案例用"位图"贴图制作照片墙，案例效果如图5-100所示。

**01** 打开本书学习资源中的"场景文件>CH05>07.max"文件，如图5-101所示。

图5-100

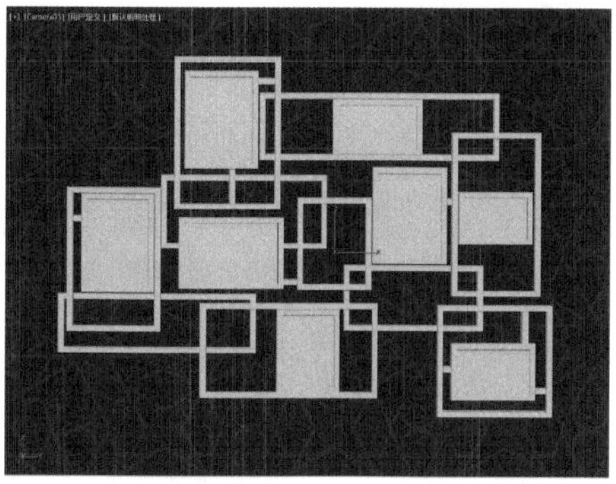

图5-101

**02** 制作相框材质，具体材质参数如图5-102所示，材质球效果如图5-103所示。

**设置步骤**

① 设置"漫反射"颜色为（红:38，绿:38，蓝:38）。

② 设置"反射"颜色为（红:160，绿:193，蓝:238），"光泽度"为0.96，"金属度"为0.2，"细分"为12。

**03** 将相框材质赋予模型，效果如图5-104所示。

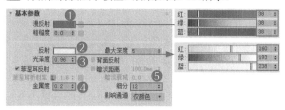

图5-102

图5-103

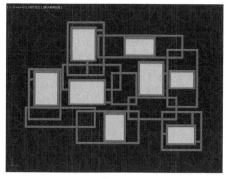

图5-104

**04** 下面制作照片材质，具体材质参数如图5-105所示，材质球效果如图5-106所示。

**设置步骤**

① 在"漫反射"通道中加载"位图"贴图。

② 在"位图"通道中加载本书学习资源中的"实例文件>CH05>案例训练：用位图贴图制作照片墙> 20111213061712168217.jpg"文件。

**05** 将制作好的照片材质赋予场景中的模型，效果如图5-107所示。

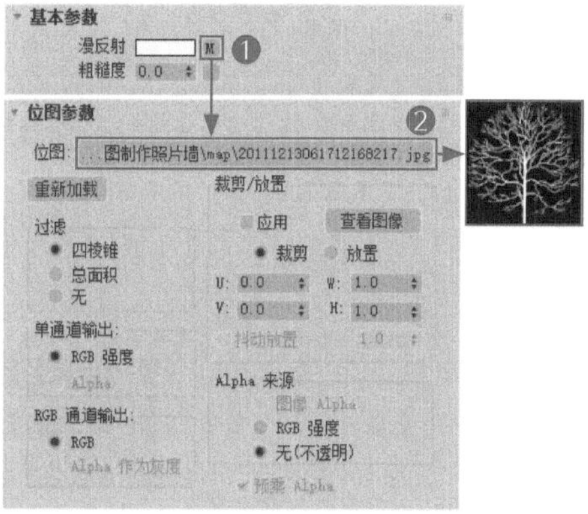

> ① **技巧提示：** 加载外部贴图常用方法
>
> 在实际制作中，我们只需要拖曳鼠标，就可以将文件夹中的贴图直接加入"漫反射"通道中。

图5-105

图5-106

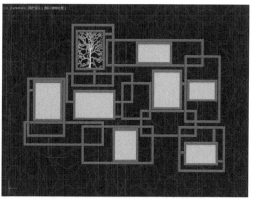

图5-107

**06** 按照上面的方法制作其他照片材质并赋予模型，效果如图5-108所示。

图5-108

**07** 按F9键渲染场景，案例的最终效果如图5-109所示。

图5-109

⚑ 重点
## 🔓 学后训练：用位图贴图制作挂画

| 场景文件 | 场景文件>CH05>08.max |
| --- | --- |
| 实例文件 | 实例文件>CH05>学后训练：用位图贴图制作挂画.max |
| 难易程度 | ★☆☆☆☆ |
| 技术掌握 | 位图贴图 |

扫码观看视频

本案例用"位图"贴图制作墙上的挂画，案例效果如图5-110所示。

图5-110

⚑ 重点
### 5.3.2 噪波贴图

"噪波"贴图可以将噪波效果添加到物体的表面，以突出材质的质感。"噪波"贴图通过应用分形噪波函数来扰动像素的UV贴图，从而表现出非常复杂的物体材质，其参数面板如图5-111所示。

扫码观看视频

图5-111

噪波按照生成的方式可以分为"规则""分形""湍流"3种类型，如图5-112所示。

"大小"是决定噪波点大小的参数，对比效果如图5-113所示。如果贴图加载了坐标，其大小也会受到坐标大小的影响。

规则　　分形　　湍流

图5-112

大小:1　　大小:0.5

图5-113

默认情况下，噪波的颜色是黑色和白色，用户也可以根据需要将其设置为其他颜色或加载贴图。

⚑ 重点
## 👆 案例训练：用噪波贴图制作水面波纹

| 场景文件 | 场景文件>CH05>09.max |
| --- | --- |
| 实例文件 | 实例文件>CH05>案例训练：用噪波贴图制作水面波纹.max |
| 难易程度 | ★★☆☆☆ |
| 技术掌握 | 噪波贴图 |

扫码观看视频

本案例是用"噪波"贴图模拟浴缸的水面波纹效果，案例效果如图5-114所示。

**01** 打开本书学习资源中的"场景文件>CH05>09.max"文件，如图5-115所示。

图5-114　　　　　　　　　　　　　　　　　　　图5-115

**02** 按M键打开"材质编辑器"面板，然后选择一个空白材质球，设置材质类型为"VRayMtl材质"，具体参数设置如图5-116所示。

**设置步骤**

① 设置"漫反射"颜色为（红:176，绿:205，蓝:237）。

② 设置"反射"颜色为（红:255，绿:255，蓝:255），"光泽度"为1。

③ 设置"折射"颜色为（红:228，绿:228，蓝:228），"折射率（IOR）"为1.33。

**03** 展开"贴图"卷展栏，在"凹凸"通道中加载一张"噪波"贴图，设置"噪波类型"为"湍流"，"大小"为300，"凹凸"通道量为30，如图5-117所示。

**04** 将材质赋予水模型，然后按F9键渲染当前场景，最终效果如图5-118所示。

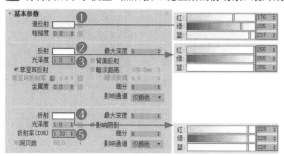
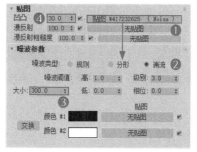

图5-116　　　　　　　　　　图5-117　　　　　　　　　　图5-118

---

♛ 重点

### 🔒 学后训练：用噪波贴图制作水面

| 场景文件 | 场景文件>CH05>10.max | |
|---|---|---|
| 实例文件 | 实例文件>CH05>学后训练：用噪波贴图制作水面.max | 扫码观看视频 |
| 难易程度 | ★★☆☆☆ | |
| 技术掌握 | 噪波贴图 | |

本案例是用"噪波"贴图模拟浴缸的水面波纹效果，案例效果如图5-119所示。

图5-119

♛ 重点

### 5.3.3 平铺贴图

"平铺"贴图可以创建类似于瓷砖的贴图，通常在制作砖块图案时使用，其参数面板如图5-120所示。

扫码观看视频

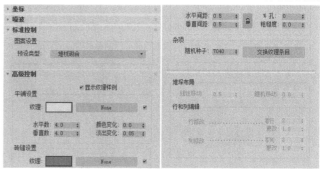

图5-120

"平铺"贴图提供了7种类型的平铺方式,如图5-121所示。其展示效果如图5-122所示。

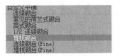

图5-121

连续砌合

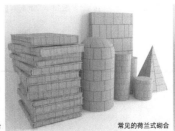

常见的荷兰式砌合

英式砌合

1/2连续砌合

堆栈砌合

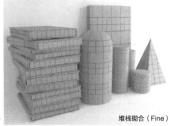

连续砌合(Fine)

堆栈砌合(Fine)

图5-122

无论是"平铺设置"还是"砖缝设置",其"纹理"都可以控制相应的颜色,也可以加载贴图。

"水平数"和"垂直数"控制砖块的数量,对比效果如图5-123所示。

"颜色变化"可以让砖块产生设定颜色上的随机变化,呈现更加丰富的效果,如图5-124所示。

"水平间距"和"垂直间距"用于设置砖缝的宽度,对比效果如图5-125所示。

水平数/垂直数:4

水平数/垂直数:8

图5-123

颜色变化

图5-124

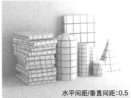

水平间距/垂直间距:0.5

水平间距/垂直间距:1

图5-125

👑 重点

🖐 **案例训练:用平铺贴图制作地砖**

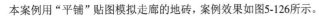

| 场景文件 | 场景文件>CH05>11.max |
| --- | --- |
| 实例文件 | 实例文件>CH05>案例训练:用平铺贴图制作地砖.max |
| 难易程度 | ★★☆☆☆ |
| 技术掌握 | 平铺贴图 |

扫码观看视频

本案例用"平铺"贴图模拟走廊的地砖,案例效果如图5-126所示。

**01** 打开本书学习资源中的"场景文件>CH05>11.max"文件,如图5-127所示。

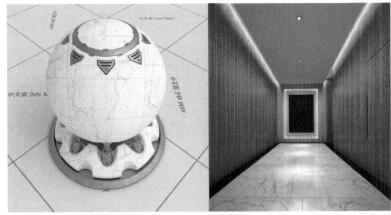

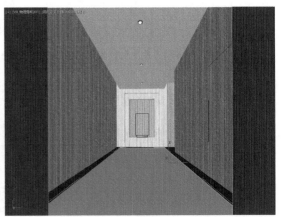

图5-126

图5-127

**02** 按M键打开"材质编辑器"面板，然后选择一个空白材质球，设置材质类型为"VRayMtl材质"，具体参数设置如图5-128所示。

**设置步骤**

① 在"漫反射"通道中加载"平铺"贴图。

② 在"标准控制"卷展栏中设置"预设类型"为"1/2连续砌合"。

③ 在"平铺设置"的"纹理"通道中加载本书学习资源中的"实例文件>CH05>案例训练：用平铺贴图制作地砖>88481192eree .jpg"文件，设置"水平数"为3，"垂直数"为2，"淡出变化"为0.05。

④ 在"砖缝设置"的"纹理"通道中加载本书学习资源中的"实例文件>CH05>案例训练：用平铺贴图制作地砖> 011e.jpg"文件，设置"水平间距""垂直间距"都为0.05。

**03** 返回"VRayMtl材质"面板，设置"反射"颜色为（红:220，绿:220，蓝:220），"光泽度"为0.95，"细分"为15，如图5-129所示。材质球效果如图5-130所示。

**04** 将材质赋予地面模型，效果如图5-131所示。

**05** 按F9键渲染场景，案例的最终效果如图5-132所示。

图5-128

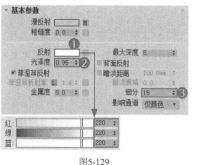

图5-129

图5-130

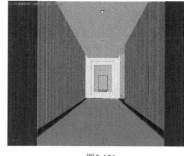

图5-131　　图5-132

**重点**

## 学后训练：用平铺贴图制作拼花地毯

| 场景文件 | 场景文件>CH05>12.max |
|---|---|
| 实例文件 | 实例文件>CH05>学后训练：用平铺贴图制作拼花地毯.max |
| 难易程度 | ★★☆☆☆ |
| 技术掌握 | 平铺贴图 |

扫码观看视频

本案例是用"平铺"贴图模拟走廊的拼花地毯，案例效果如图5-133所示。

图5-133

**重点**

## 5.3.4 渐变贴图

扫码观看视频

"渐变"贴图可以设置3种颜色的渐变效果，其参数面板如图5-134所示。

渐变颜色在"颜色#1""颜色#2""颜色#3"中进行设置即可，也可以加载贴图。默认情况下"颜色2"在渐变的中间位置，即"位置"为0.5。根据需要，我们可以设置不同的"位置"数值，移动"颜色2"在渐变中的位置。

渐变有"线性"和"径向"两种类型，如图5-135所示。

图5-134

线性　　径向

图5-135

① **技巧提示：渐变坡度贴图**

还有一种同类型的"渐变坡度"贴图，建议读者不要使用，因为渲染的画面中可能会出现彩色花斑。

### 5.3.5 衰减贴图

"衰减"贴图控制材质强烈到柔和的过渡效果,使用频率较高,其参数面板如图5-136所示。

"衰减"贴图通过"前"和"侧"两个通道控制材质的颜色,也可以加载贴图控制材质的颜色。不同的"衰减类型"会让"前"和"侧"两个通道的颜色产生不同的视觉效果。

"垂直/平行"是默认的衰减类型,"前"和"侧"两个通道的颜色会根据视觉方向(摄影机方向)进行确定。与视觉垂直的方向显示"前"通道颜色,与视觉平行的方向显示"侧"通道颜色,效果如图5-137所示。这种衰减类型常用在模拟绒布、纱帘等材质的"漫反射"通道中。

图5-136

图5-137

图5-138

"朝向/背离"衰减类型在日常制作中的使用频率不高,效果如图5-138所示。

Fresnel衰减类型常用在"反射"通道中,用来模拟菲涅耳反射。根据不同的"折射率(IOR)"数值,物体会形成不同的反射效果,如图5-139所示。读者需要特别注意的是,默认情况下,参数面板中"菲涅耳反射"选项是勾选状态,如果在"反射"通道中加载Fresnel类型的"衰减"贴图,物体就会产生错误的反射效果。"菲涅耳反射"选项和"衰减"贴图,二者只能选择其一。

"灯光/阴影"衰减类型在日常制作中不常用,这种类型会根据灯光的方向产生不同的颜色过渡效果,如图5-140所示。

"距离混合"衰减类型在日常制作中不常用,这种类型是根据"近端距离"值和"远端距离"值产生过渡颜色,如图5-141所示。

默认情况下,不论用哪种衰减类型,产生的过渡效果都是线性模式。如果想让两个通道的颜色过渡产生不一样的效果,就需要在下方的"混合曲线"卷展栏中设置曲线,如图5-142所示。

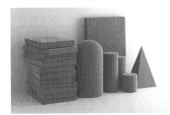

图5-139

图5-140

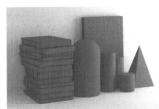

图5-141

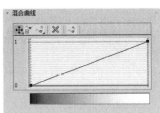

图5-142

不同的曲线角度会产生不一样的通道过渡效果,对比效果如图5-143所示。在曲线的点上单击鼠标右键,系统会弹出快捷菜单,我们可以选择点的模式,如图5-144所示。

单击"添加点"按钮 ,可以在曲线上的任意位置添加点,不仅能选择点的类型,也可以移动其位置,如图5-145所示。如果不想要曲线上的任意点,单击"删除点"按钮 ,即可将选中的点删除掉。

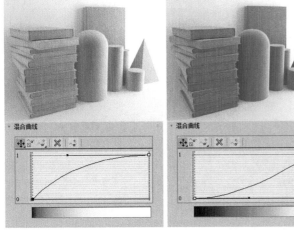

图5-143

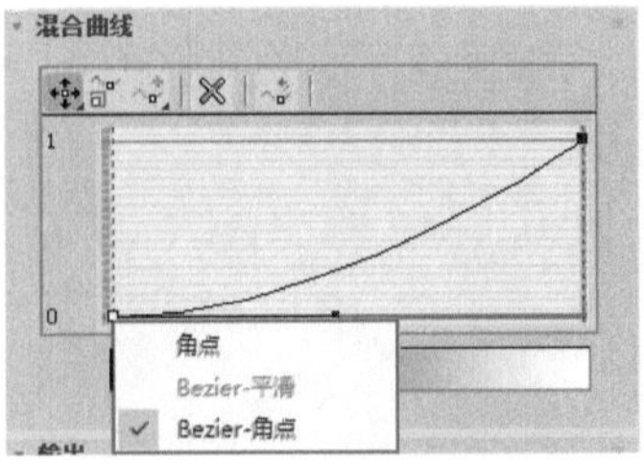

图5-144

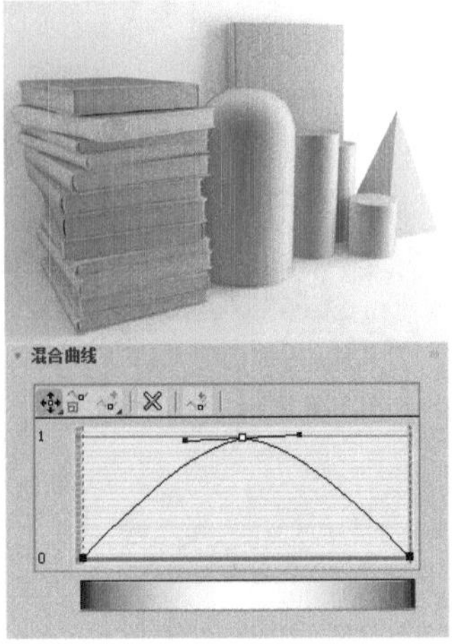

图5-145

◎ 知识课堂：菲涅耳反射原理

菲涅耳反射是指反射强度与视角之间的关系。当视线垂直于表面时，反射较弱，而当视线非垂直于表面时，两者夹角越小，反射越明显，如图5-146所示。当视线与物体表面的夹角越小，物体反射模糊就越大，而当视线与物体表面的夹角越大，物体反射模糊越小，如图5-147和图5-148所示。

图5-146　　　　　　　　　　　图5-147　　　　　　　　　　　图5-148

如果不使用"菲涅耳效应"，则反射是不考虑视线与表面之间的角度的。现实世界中，任何物质都存在菲涅耳反射，但金属的菲涅耳反射效果很弱。

✋ 重点

## 案例训练：用衰减贴图制作沙发布

| 场景文件 | 场景文件>CH05>13.max |
| --- | --- |
| 实例文件 | 实例文件>CH05>案例训练：用衰减贴图制作沙发布.max |
| 难易程度 | ★★☆☆☆ |
| 技术掌握 | 衰减贴图 |

扫码观看视频

本案例用"衰减"贴图模拟沙发的绒布效果，案例效果如图5-149所示。

**01** 打开本书学习资源中的"场景文件>CH05>13.max"文件，如图5-150所示。

图5-149　　　　　　　　　　　　　　　　　　　　图5-150

**02** 制作沙发布材质。按M键打开"材质编辑器"面板，然后选择一个空白材质球，设置材质类型为"VRayMtl材质"，具体参数设置如图5-151所示。

### 设置步骤

① 在"漫反射"通道中加载"衰减"贴图。

② 单击"交换颜色/贴图"按钮交换"前"通道和"侧"通道的颜色，然后在两个通道中加载本书学习资源中的"实例文件>CH05>案例训练：用衰减贴图制作沙发布>4.jpg"文件，接着设置"前"通道量为90，"衰减类型"为"垂直/平行"。

③ 设置"反射"颜色为（红:153，绿:153，蓝:153），"光泽度"为0.5，"细分"为16。

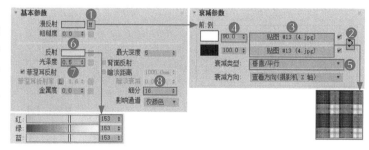

图5-151

**03** 继续在"VRayMtl材质"面板中设置参数，具体参数设置如图5-152所示。材质球效果如图5-153所示。

**设置步骤**

① 在"双向反射分布函数"卷展栏中设置类型为"沃德"。

② 在"凹凸"通道中加载"VRay法线贴图"，然后在"凹凸贴图"通道中加载本书学习资源中的"实例文件>CH05>案例训练：用衰减贴图制作沙发布>5.jpg"文件，接着设置"倍增"为1.5。

③ 返回"贴图"卷展栏，设置"凹凸"通道量为60。

**04** 将材质赋予场景中的沙发布模型，效果如图5-154所示。

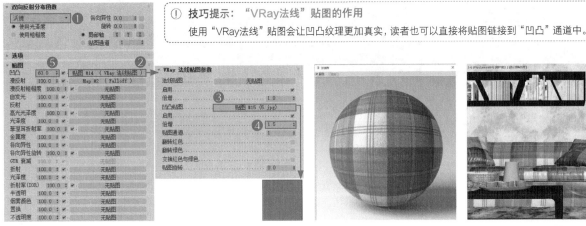

> ⓘ **技巧提示：**"VRay法线"贴图的作用
>
> 使用"VRay法线"贴图会让凹凸纹理更加真实，读者也可以直接将贴图链接到"凹凸"通道中。

图5-152　　　　　　　　　　图5-153　　　　　　　　　　图5-154

**05** 下面制作沙发毯材质。选择一个空白材质球，设置材质类型为"VRayMtl材质"，具体参数设置如图5-155所示。

**设置步骤**

① 在"漫反射"通道中加载"衰减"贴图。

② 在"衰减"贴图中设置"前"通道颜色为( 红:96，绿:96，蓝:96)，"侧"通道颜色为( 红:29，绿:29，蓝:29)，"衰减类型"为"垂直/平行"。

③ 设置"反射"颜色为 ( 红:121，绿:121，蓝:121 )，"光泽度"为0.5，"细分"为16。

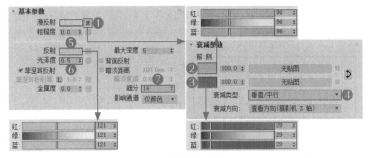

图5-155

**06** 继续在"VRayMtl材质"面板中设置参数，具体参数设置如图5-156所示。材质球效果如图5-157所示。

**设置步骤**

① 在"双向反射分布函数"卷展栏中设置类型为"沃德"。

② 在"凹凸"通道中加载"VRay法线贴图"，然后在"凹凸贴图"通道中加载本书学习资源中的"实例文件>CH05>案例训练：用衰减贴图制作沙发布>6.jpg"文件，接着设置"倍增"为5。

③ 返回"贴图"卷展栏，设置"凹凸"通道量为60。

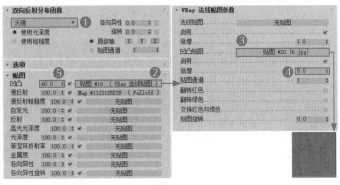

> ⓘ **技巧提示：步骤注意事项**
>
> 沙发毯材质与沙发布材质的参数类型相似，可以将沙发布材质复制一个后修改不同的参数。

图5-156　　　　　　　　　　图5-157

**07** 将设置好的材质赋予沙发毯模型，效果如图5-158所示。

**08** 按F9键渲染场景，案例的最终效果如图5-159所示。

图5-158　　　　　　　　　　　图5-159

🖑 **学后训练：用衰减贴图制作绒布**

| 场景文件 | 场景文件>CH05>14.max |
|---|---|
| 实例文件 | 实例文件>CH05>学后训练：用衰减贴图制作绒布.max |
| 难易程度 | ★★☆☆☆ |
| 技术掌握 | 衰减贴图 |

扫码观看视频

本案例是用"衰减"贴图模拟绒布面料，案例效果如图5-160所示。

图5-160

## 5.3.6 混合贴图

扫码观看视频

"混合"贴图是将两种颜色或贴图进行混合，从而形成一张新的贴图，其参数面板如图5-161所示。

"颜色#1"通道和"颜色#2"通道中的颜色或贴图会按照"混合量"进行一定比例的混合。"混合量"可以是数值，也可以是一张黑白贴图。

在"混合量"通道中加载黑白贴图时，贴图会按照黑和白分别显示"颜色#1"通道和"颜色#2"通道，如图5-162所示。

如果黑白贴图中存在灰色部分，贴图会将"颜色#1"通道和"颜色#2"通道混合后显示，如图5-163所示。

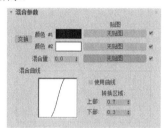

图5-161

图5-162　　　　　　　　　图5-163

## 5.3.7 VRay法线贴图

扫码观看视频

"VRay法线"贴图是一种蓝底贴图，通常加载在"凹凸"通道或"置换"通道中。与普通的黑白贴图相比，它能更好地模拟凹凸效果，其参数面板如图5-164所示。

"法线"贴图是一种蓝色底的贴图，如图5-165所示，这种贴图只能加载在"法线贴图"通道中。蓝色的"法线"贴图需要用户根据原有的贴图自行制作。

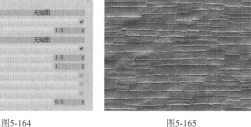

图5-164　　　　　　　　图5-165

(?) **疑难问答：如何自行制作"法线"贴图？**

如果用户需要自己制作蓝色的"法线"贴图，可以在网络上下载ShaderMap软件。该软件可以根据导入的贴图文件制作各种需要的贴图效果，如常见的"法线"贴图、"反射"贴图、"凹凸"贴图等，如图5-166所示。

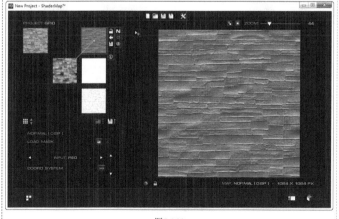

图5-166

"法线"贴图需要加载在"法线贴图"通道中，通过下方的"倍增"数值控制贴图的表现强度，对比效果如图5-167所示。

除了加载蓝色的"法线"贴图，也可以在"凹凸贴图"通道中加载普通贴图作为"凹凸"贴图使用，如图5-168所示。通道会识别加载的贴图灰度信息，按照"黑凹白凸"的原理显示贴图效果。

> ① **技巧提示：** 加载的通道
>
> "VRay法线"贴图一般加载在"凹凸"通道中，贴图的效果也会受到"凹凸"通道量的影响。

倍增:1

倍增:2

图5-167　　　　　　　　　　　　　　　　　　图5-168

👆 重点

## 👆 案例训练：用VRay法线贴图制作墙砖

| 场景文件 | 场景文件>CH05>15.max |
| --- | --- |
| 实例文件 | 实例文件>CH05>案例训练：用VRay法线贴图制作墙砖.max |
| 难易程度 | ★★☆☆☆ |
| 技术掌握 | VRay法线贴图 |

扫码观看视频

本案例用"VRay法线"贴图制作墙砖的凹凸纹理，案例效果如图5-169所示。

**01** 打开本书学习资源中的"场景文件>CH05>15.max"文件，如图5-170所示。

**02** 按M键打开"材质编辑器"面板，然后选择一个空白材质球，设置材质类型为"VRayMtl材质"。在"漫反射"通道中加载本书学习资源中的"实例文件>CH05>案例训练：用VRay法线贴图制作墙砖>Archinteriors_08_05_Stone.jpg"文件，如图5-171所示。

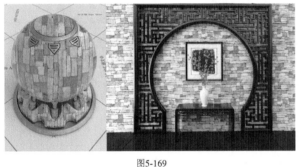

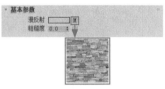

图5-169　　　　　　　　　　　图5-170　　　　　　　　　　　图5-171

**03** 在"凹凸"通道中加载"VRay法线"贴图，然后在"法线贴图"通道中加载本书学习资源中的"实例文件>CH05>案例训练：用VRay法线贴图制作墙砖>Archinteriors_08_05_Stone_NORM.jpg"文件，设置"倍增"为2，如图5-172所示。材质球效果如图5-173所示。

**04** 将材质赋予墙面，然后加载"UVW贴图"修改器，设置"贴图"为"长方体"，"长度"为1310.8mm，"宽度"为768mm，"高度"为800mm，如图5-174所示。

**05** 按F9键渲染当前场景，效果如图5-175所示。

图5-172　　　　　　　图5-173　　　　　　　图5-174　　　　　　　图5-175

扫码观看视频

## 5.3.8 VRay污垢贴图

"VRay污垢"贴图常用于渲染AO通道,以增强暗角效果,其参数面板如图5-176所示。

AO通道可以理解为一张黑白素描效果的图片,当其叠加在原有的效果图上时,会将白色信息去除,保留黑色信息,从而加深效果图的阴影部分,让画面整体看起来更有立体感。

除了渲染AO通道,"VRay污垢"贴图也可以用于材质颜色的表现上。"阻光颜色"代表阴影部分的颜色,"非阻光颜色"类似于漫反射的颜色,效果如图5-177所示。

图5-176

图5-177

"半径"可以控制阴影的范围大小,对比效果如图5-178所示。阴影范围过大,画面会显得很黑。"半径"数值需要按照画面进行设置。

半径:10mm

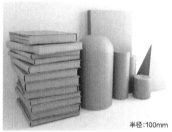

半径:100mm

图5-178

> ① **技巧提示:显示黑色的对象**
>
> 如果渲染的图片中存在黑色的对象,如图5-179所示,那么这个对象的法线方向是反的,需要反转对象的法线并重新渲染。
>
>
>
> 图5-179

## 5.3.9 VRay边纹理贴图

"VRay边纹理"贴图用于生成线框的和面的复合效果,常用于渲染线框效果图,其参数面板如图5-180所示。

本书第2章的案例中展示的线框效果,就是通过"VRay边纹理"贴图实现的。

扫码观看视频

"颜色"控制线框的颜色,而本书模型的颜色以"漫反射"通道的颜色为准,对比效果如图5-181所示。

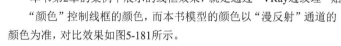

图5-180

颜色:白色

颜色:黑色

图5-181

如果需要渲染三角面的线框效果,勾选"隐藏边"选项即可,效果如图5-182所示。

"世界宽度"和"像素宽度"是控制线框粗细的参数,二者只需要设置一个即可,默认情况下设置"像素宽度"。图5-183所示是"像素宽度"为0.3和0.8时的对比效果。

图5-182

像素宽度:0.3

像素宽度:0.8

图5-183

👑 重点
## 5.3.10 VRayHDRI

VRayHDRI用于加载带有光信息的.hdr贴图，从而形成环境贴图为整个场景提供光照和反射，其参数面板如图5-184所示。

扫码观看视频

.hdr文件包含很多信息，其中就有亮度信息，因此常用作环境光。.hdr文件需要加载在"位图"通道中，默认情况下，贴图以"3ds Max标准"模式显示，如图5-185所示。

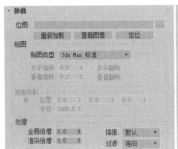

图5-184

图5-185

在"贴图类型"下拉列表中，我们还可以选择其他的贴图显示类型，如图5-186所示。其中最常用的是"球形"模式，它能360°环绕场景，形成球体的照明效果。

> ⓘ **技巧提示：球形.hdr文件**
>
> 有些.hdr文件本身就是球形效果，如图5-187所示。遇到这种类型的文件，我们需要选用"3ds Max标准"模式。
>
>
> 图5-187

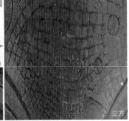
图5-186

加载的.hdr文件的亮部位置未必适合当前场景的布光方向，我们需要调整其角度。"水平旋转"和"垂直旋转"可以调整文件在场景中的角度，使其适合场景。

默认情况下，.hdr文件只会产生光照，让场景中的对象产生阴影，如图5-188所示。如果勾选"地面投影"选项，不仅场景中的对象会产生投影，文件本身也会根据信息产生投影，如图5-189所示。

如果需要改变文件产生光照的强度，我们可以设置"全局倍增"或"渲染倍增"，二者都可以改变光照的强度。不同点在于，设置"全局倍增"后，我们会在视口中观察到变化，而设置"渲染倍增"后，我们不会在视口中观察到变化。图5-190所示是"全局倍增"为1和5时的对比效果。

图5-188

图5-189

图5-190

👑 重点
## 🐭 案例训练：用VRayHDRI制作自然照明

| | |
|---|---|
| 场景文件 | 场景文件>CH05>16.max |
| 实例文件 | 实例文件>CH05>案例训练：用VRayHDRI制作自然照明.max |
| 难易程度 | ★★☆☆☆ |
| 技术掌握 | VRayHDRI |

本案例用VRayHDRI模拟环境光，制作出自然光照效果，案例效果如图5-191所示。

图5-191

**01** 打开本书学习资源中的"场景文件>CH05>16.max"文件，如图5-192所示。

**02** 按8键打开"环境和效果"面板，单击"环境贴图"的通道，在弹出的"材质/贴图浏览器"对话框中选择"VRayHDRI"选项，如图5-193所示。

**03** 按M键打开"材质编辑器"面板，将"环境贴图"通道中加载的VRayHDRI以"实例"形式复制到空白材质球上，如图5 194所示。

**04** 选中"VRayHDRI材质"，然后在"位图"通道中加载本书学习资源中的"实例文件>CH05>案例训练：用VRayHDRI制作自然照明>8.hdr"文件，设置"贴图类型"为"球形"，"水平旋转"为175，"全局倍增"为3，"渲染倍增"为2，如图5-195所示。

**05** 按F9键渲染场景，效果如图5-196所示。

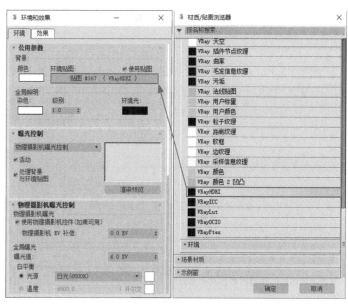

图5-192

图5-193

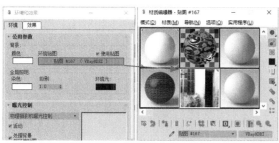

图5-194

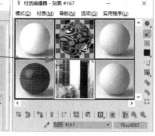

图5-195

图5-196

◎ **知识课堂：快速确定HDR贴图的角度**

加载的外部HDR贴图的内容各有不同，如何能快速确定贴图的光照角度恰好与场景相符合？下面就为读者详细讲解。

**第1步** 加载完HDR贴图后，按Alt+B快捷键打开"视口配置"对话框，如图5-197所示。

**第2步** 在"视口配置"对话框中选择"使用环境背景"选项，并单击"确定"按钮，如图5-198所示。

图5-197

图5-198

**第3步** 切换到透视视图，可以观察到原本灰色的背景变成加载的HDR文件，如图5-199所示。

**第4步** 将视角移动到窗口位置，然后在"VRayHDRI材质"面板中调整"水平旋转"数值，使高光区域朝向窗口位置，效果如图5-200所示。

这种方法可以快速确定HDR贴图的角度，再也不用一边调整"水平旋转"数值，一边渲染场景去寻找合适的角度。

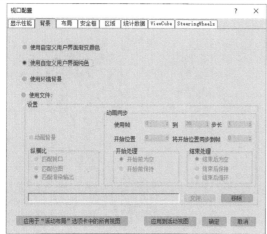

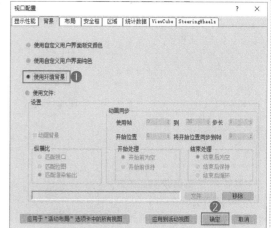

图5-199

图5-200

# 5.4 贴图坐标修改器

赋予了贴图的模型需要通过贴图坐标修改器调整显示位置，这样才能更好地展示贴图的效果。3ds Max中常用的贴图坐标修改器是"UVW贴图"修改器和"UVW展开"修改器，如图5-201所示。

## 贴图坐标修改器

| UVW 贴图修改器 | UVW 展开修改器 |
|---|---|
| 常规贴图调整 | 需要展开 UV |

图5-201

### 5.4.1 UVW贴图修改器

"UVW贴图"修改器是将贴图按照预设的投射方式投射到模型的每个面上，其参数面板如图5-202所示。

系统提供了6种投射方式，分别是"平面""柱形""球形""收缩包裹""长方体""面""XYZ到UVW"，如图5-203所示。这些投射方式都较为规整，适合大部分模型。通过设置"长度""宽度""高度"数值，投射到模型上的贴图可以调整到适合模型的大小。

扫码观看视频

图5-202

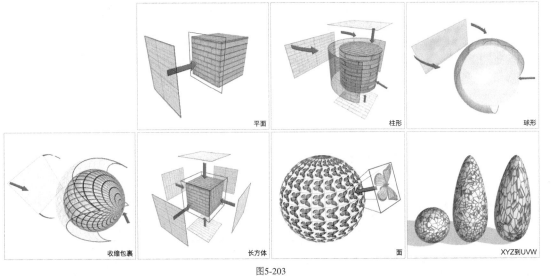

图5-203

除了调整贴图投射的大小，还需要调整贴图投射的方向。"对齐"选项组中的X/Y/Z决定了贴图投射的不同方向，如图5-204所示。

图5-204

调整贴图投射的方向后，单击"适配"按钮 适配 ，贴图将会按照模型的大小自动生成投射效果，适配前后的对比效果如图5-205所示。根据适配后的效果，调整"长度""宽度""高度"的数值，使贴图在模型上产生正确的分布。

无论贴图投射哪个方向，单击"视图对齐"按钮 视图对齐 后，贴图都会按照视图的方向显示，如图5-206所示。

若是调整的贴图坐标不合适，需要还原最初的效果，单击"重置"按钮 重置 即可。

图5-205 　　　　　　　　　　图5-206

## 案例训练：用UVW贴图修改器调整贴图坐标

| 场景文件 | 场景文件>CH05>17.max |
| --- | --- |
| 实例文件 | 实例文件>CH05>案例训练：用UVW贴图修改器调整贴图坐标.max |
| 难易程度 | ★★☆☆☆ |
| 技术掌握 | UVW贴图修改器 |

本案例是用"UVW贴图"修改器调整贴图坐标，案例效果如图5-207所示。

**01** 打开本书学习资源中的"场景文件>CH05>17.max"文件，如图5-208所示。

图5-207 　　　　　　　　　　图5-208

**02** 按M键打开"材质编辑器"面板，然后选择一个空白材质球，设置材质类型为"VRayMtl材质"，具体参数设置如图5-209所示。材质球效果如图5-210所示。

**设置步骤**

① 在"漫反射"通道中加载本书学习资源中的"实例文件>CH05>案例训练：用UVW贴图修改器调整贴图坐标>1.jpg"文件。

② 设置"反射"颜色为(红:23，绿:23，蓝:23)，"光泽度"为0.8，"细分"为10。

**03** 将材质赋予墙壁模型，效果如图5-211所示。可以观察到此时墙壁上的贴图没有呈现理想的效果。

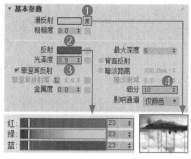

图5-209 　　　　　　　　图5-210 　　　　　　　　图5-211

**04** 选中墙壁模型，在"修改器列表"中选择"UVW贴图"选项，然后在"参数"卷展栏中设置贴图为"长方体"，"长度"为6871.91mm，"宽度"为540.019mm，"高度"为6315.19mm，"对齐"为Z，如图5-212所示。贴图效果如图5-213所示。

**05** 按F9键渲染场景，案例的最终效果如图5-214所示。

图5-212 　　　　　　　　图5-213 　　　　　　　　图5-214

## ✋ 学后训练：用UVW贴图修改器调整木地板贴图坐标

| 场景文件 | 场景文件>CH05>18.max |
|---|---|
| 实例文件 | 实例文件>CH05>学后训练：用UVW贴图修改器调整木地板贴图坐标.max |
| 难易程度 | ★★☆☆☆ |
| 技术掌握 | UVW贴图修改器 |

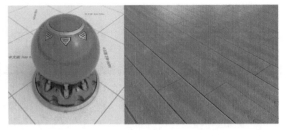

本案例用"UVW贴图"修改器调整木地板贴图坐标，案例效果如图5-215所示。

图5-215

👑 重点

## 5.4.2 UVW展开修改器

"UVW 展开"修改器用于将贴图（纹理）坐标指定给对象和子对象，并手动或通过各种工具来编辑这些坐标，还可以使用它来展开和编辑对象上已有的 UVW 坐标。对于一些复杂的模型和贴图，"UVW贴图"修改器不能很好地解决缝隙拐角等位置的贴图走向，而"UVW展开"修改器可以很好地解决这一问题，其参数面板如图5-216所示。

"UVW展开"修改器中的操作大多数是在"UVW编辑器"中进行的。单击"打开UV编辑器"按钮 打开 UV 编辑器 ，就可以打开"编辑UVW"对话框，如图5-217所示。在对话框中，我们可以选择UV的顶点、边或多边形，然后对其进行移动、旋转或缩放。

用户可以将拆分后的UV导出为图片，然后在Photoshop中绘制贴图内容，也可以将拆分的UV与已经添加的贴图相互对应。相比5.4.1小节学习的"UVW贴图"修改器来说，"UVW展开"修改器的难度会更大，操作也更加灵活。具体的操作方法在下面的案例训练中会详细演示。

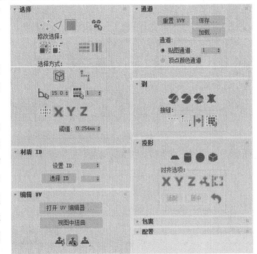

图5-216

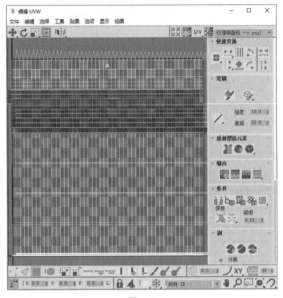

图5-217

👑 重点

## ✋ 案例训练：用UVW展开修改器调整贴图坐标

| 场景文件 | 场景文件>CH05>19.max |
|---|---|
| 实例文件 | 实例文件>CH05>案例训练：用UVW展开修改器调整贴图坐标.max |
| 难易程度 | ★★★☆☆ |
| 技术掌握 | UVW展开修改器 |

本案例是用"UVW展开"修改器调整茶叶盒的贴图，案例效果如图5-218所示。

**01** 打开本书学习资源中的"场景文件>CH05>19.max"文件，如图5-219所示。

图5-218

图5-219

**02** 按M键打开"材质编辑器"面板，然后选择一个空白材质球，设置材质类型为"VRayMtl材质"，具体参数设置如图5-220所示。材质球效果如图5-221所示。

**设置步骤**

① 在"漫反射"通道中加载本书学习资源中的"实例文件>CH05>案例训练：用UVW展开修改器调整贴图坐标>1.png"文件。

② 设置"反射"颜色为（红:81，绿:81，蓝:81），"光泽度"为0.85，"菲涅耳折射率"为3。

**03** 将贴图赋予左下角的茶叶罐模型，效果如图5-222所示。可以明显地发现贴图与模型不能很好地适配。

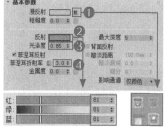

图5-220

图5-221　　　　图5-222

**04** 选中茶叶罐模型，然后在"修改器列表"中选择"UVW展开"选项，如图5-223所示。

**05** 在下方的"选择"卷展栏中单击"多边形"按钮，并单击"打开UV编辑器"按钮，如图5-224所示。

**06** 在弹出的"编辑UVW"对话框中执行"贴图>展平贴图"菜单命令，在弹出的"展平贴图"对话框中单击"确定"按钮，如图5-225所示。展平贴图后，"编辑UVW"对话框中会显示茶叶罐的各个面，如图5-226所示。

图5-223

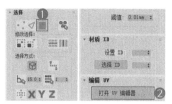

图5-224

图5-225

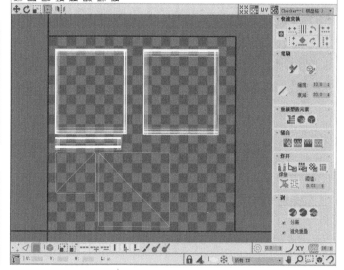

图5-226

**07** 单击右上角的下拉列表，然后选择茶叶罐的材质，如图5-227所示。效果如图5-228所示。

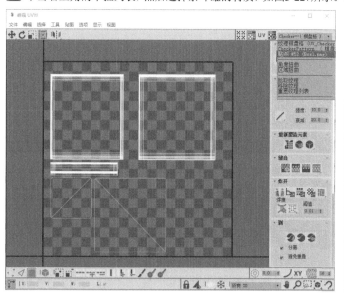

图5-227

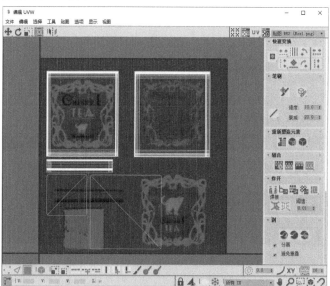

图5-228

**08** 选中模型的每一个多边形，然后对应到贴图上合适的区域，如图5-229所示。选择多边形的时候同时观察场景中的模型，就能更加直观地看到选中的多边形所对应模型的位置。

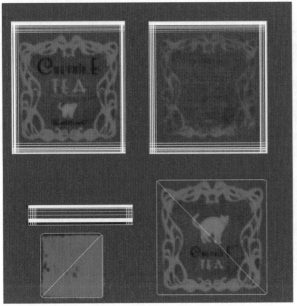

图5-229

图5-230

**09** 关闭"编辑UVW"对话框，返回场景中，我们可以观察到模型效果如图5-230所示。

**10** 按照上面的方法制作其他3个茶叶罐的材质，效果如图5-231所示。

**11** 按F9键渲染场景，效果如图5-232所示。

图5-231

图5-232

## 5.5 丰富材质细节

逼真的材质往往都拥有很多细节，如污垢、划痕和破损等，通过混合不同贴图可达到这些效果，如图5-233所示。

扫码观看视频

**丰富材质细节**

| 多种材质混合 | 增加贴图细节 | 多种凹凸纹理 |
|---|---|---|
| 一种材质表现多种属性 | 用贴图表现材质的反射等属性 | 模拟真实的纹理效果 |

图5-233

☞ 重点

### 5.5.1 多种材质混合

多种材质混合的复杂材质常出现在一些照片级效果图或CG效果图中，它是将不同种类的材质进行混合，从而表现出一种新的材质，参考图如图5-234所示。

图5-234

制作这类贴图大致有两种方法。第1种是在Photoshop中绘制出贴图的各种细节，然后通过"UVW展开"修改器将贴图与相应的模型部分连接。第2种是运用"VRay混合材质"将各种贴图和纹理进行混合，再赋予相应的模型。

☝ 重点
## ✋案例训练：制作带水渍的玻璃橱窗

| 场景文件 | 场景文件>CH05>20.max |
| --- | --- |
| 实例文件 | 实例文件>CH05>案例训练：制作带水渍的玻璃橱窗.max |
| 难易程度 | ★★★☆☆ |
| 技术掌握 | VRay混合材质；污垢效果材质 |

扫码观看视频

本案例用"VRay混合材质"制作带水渍的玻璃橱窗，案例效果如图5-235所示。

**01** 打开本书学习资源中的"场景文件>CH05>20.max"文件，如图5-236所示。

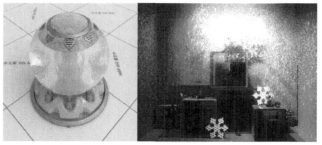
图5-235

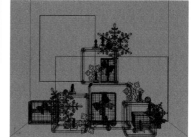
图5-236

**02** 创建橱窗的基础玻璃材质，材质参数如图5-237所示。材质球效果如图5-238所示。

**设置步骤**

① 设置"漫反射"颜色为（红:203，绿:203，蓝:203）。

② 设置"反射"颜色为（红:255，绿:255，蓝:255），"光泽度"为0.8，"细分"为12。

③ 设置"折射"颜色为（红:136，绿:136，蓝:136），"折射率（IOR）"为1.517，"细分"为12。

① **技巧提示：步骤注意事项**
这一步是制作带水雾的玻璃效果，玻璃透明度较低，整体呈白色。

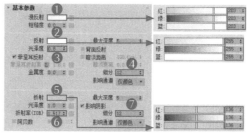
图5-237

图5-238

**03** 下面制作水渍材质，在"VRay混合"贴图面板中的"镀膜材质"通道1中加载"VRayMtl材质"，具体设置参数如图5-239所示。材质球效果如图5-240所示。

**设置步骤**

① 设置"漫反射"颜色为（红:0，绿:0，蓝:0）。

② 设置"反射"颜色为（红:255，绿:255，蓝:255），"细分"为12。

③ 设置"折射"颜色为（红:255，绿:255，蓝:255），"折射率（IOR）"为1.33，"细分"为12。

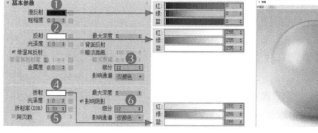
图5-239

图5-240

**04** 返回"VRay混合"贴图面板，然后在"混合数量"的通道1中加载学习资源中的"实例文件>CH05>案例训练：制作带水渍的玻璃橱窗> 234957.jpg"文件，如图5-241所示。材质球效果如图5-242所示。

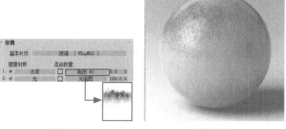
图5-241

图5-242

⑦ **疑难问答：为何加载水渍贴图后材质球没有正确显示水渍效果？**

读者按照步骤加载水渍贴图后，材质球会显示图5-243所示的效果。

这个效果与步骤04得到的效果不一致，有的读者会疑惑这是什么原因造成的。因为水渍贴图的水渍用黑色表示，黑白贴图中黑色是完全透明的，所以黑色的部分显示为玻璃材质，要将材质效果调整为步骤04得到的效果有两种方法。

**第1种** 将水渍贴图在Photoshop中进行反相，使水渍部分显示为白色。

**第2种** 进入水渍贴图的面板，展开"输出"卷展栏，勾选"反转"选项即可，如图5-244所示。

图5-243

图5-244

**05** 为玻璃模型加载"UVW 贴图"修改器，然后设置"贴图"为"平面"，"长度"为 211.524mm，"宽度"为 197.706mm，如图5-245所示。材质效果如图5-246所示。

**06** 在摄影机视图中按 F9键渲染场景，效果如图 5-247所示。

图5-245　　　　　　图5-246　　　　　　图5-247

## 5.5.2 增加贴图细节

在"反射"通道和"光泽度"通道中添加黑白贴图，比单纯使用颜色和数值控制的反射效果更好。贴图中包含了很多黑白灰的细节，添加在"反射"通道和"光泽度"通道中，会让材质通过黑白灰的细节表现出不同的反射和光泽度，从而显得更加逼真。图5-248所示是一些相关的参考图。

图5-248

## 🖐 案例训练：制作细节丰富的研磨器

| 场景文件 | 场景文件>CH05>21.max |
| --- | --- |
| 实例文件 | 实例文件>CH05>案例训练：制作细节丰富的研磨器.max |
| 难易程度 | ★★★☆☆ |
| 技术掌握 | 贴图控制材质属性 |

本案例用贴图控制材质的反射和光泽度，从而让材质更加真实，案例效果如图5-249所示。

**01** 打开本书学习资源中的"场景文件>CH05>21.max"文件，如图5-250所示。

  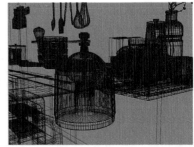

图5-249　　　　　　　　　　图5-250

**02** 制作把手的材质，材质参数如图5-251所示。材质球效果如图5-252所示。

**设置步骤**

① 设置"漫反射"颜色为（红:0，绿:0，蓝:0）。

② 设置"反射"颜色为（红:181，绿:181，蓝:181），"光泽度"为0.7。

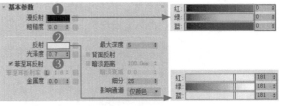

图5-251　　　　　　　　图5-252

**03** 制作研磨器主体的金属材质，材质参数如图5-253所示。材质球效果如图5-254所示。

**设置步骤**

① 在"漫反射"通道中加载本书学习资源中的"实例文件>CH05>案例训练：制作细节丰富的研磨器> 1.jpg"文件。

② 设置"反射"通道颜色为（红:144，绿:144，蓝:144），"光泽度"为0.6，"菲涅耳折射率"为14。

③ 在"双向反射分布函数"卷展栏中设置类型为"沃德"。

④ 在"贴图"卷展栏的"反射"通道中加载本书学习资源中的"实例文件>CH05>案例训练：制作细节丰富的研磨器> 2.jpg"文件，并设置通道量为90；在"光泽度"通道中加载本书学习资源中的"实例文件>CH05>案例训练：制作细节丰富的研磨器>4.jpg"文件，并设置通道量为10；在"凹凸"通道中加载本书学习资源中的"实例文件>CH05>案例训练：制作细节丰富的研磨器>3.jpg"文件，并设置通道量为8。

> ⑦ **疑难问答：为什么要设置通道量？**
>
> 通道量是将参数与贴图进行混合的比例。以"光泽度"为例，如果通道量是默认的100，则材质的光泽度是默认参数1；如果通道量是0，则材质的光泽度完全靠贴图进行控制。案例中设置"光泽度"通道量为10，是在原有贴图的基础上使其整体更加光滑一点儿。

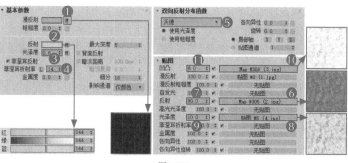

图5-253

图5-254

**04** 制作研磨器上的木纹材质，材质参数如图5-255所示。材质球效果如图5-256所示。

**设置步骤**

① 在"漫反射"通道中加载本书学习资源中的"实例文件>CH05>案例训练：制作细节丰富的研磨器>5.jpg"文件。

② 设置"反射"通道颜色为（红:144，绿:144，蓝:144），"光泽度"为0.7。

③ 在"双向反射分布函数"卷展栏中设置类型为"沃德"。

④ 在"贴图"卷展栏的"反射"通道中加载本书学习资源中的"实例文件>CH05>案例训练：制作细节丰富的研磨器>6.jpg"文件，并设置通道量为90；在"光泽度"通道中加载本书学习资源中的"实例文件>CH05>案例训练：制作细节丰富的研磨器>4.jpg"文件，并设置通道量为10；在"凹凸"通道中加载本书学习资源中的"实例文件>CH05>案例训练：制作细节丰富的研磨器>3.jpg"文件，并设置通道量为8。

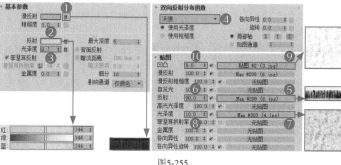

图5-255

图5-256

**05** 制作研磨器的滤芯材质，材质参数如图5-257所示。材质球效果如图5-258所示。

**设置步骤**

① 在"漫反射"通道中加载本书学习资源中的"实例文件>CH05>案例训练：制作细节丰富的研磨器>9.jpg"文件。

② 设置"反射"通道颜色为（红:144，绿:144，蓝:144），"光泽度"为1，"菲涅耳折射率"为8。

③ 在"双向反射分布函数"卷展栏中设置类型为"沃德"。

④ 在"贴图"卷展栏的"反射"通道中加载本书学习资源中的"实例文件>CH05>案例训练：制作细节丰富的研磨器>10.jpg"文件，并设置通道量为95；在"光泽度"通道中加载本书学习资源中的"实例文件>CH05>案例训练：制作细节丰富的研磨器>12.jpg"文件，并设置通道量为30；在"凹凸"通道中加载本书学习资源中的"实例文件>CH05>案例训练：制作细节丰富的研磨器>11.jpg"文件，并设置通道量为5。

**06** 将材质赋予相应的模型，渲染效果如图5-259所示。

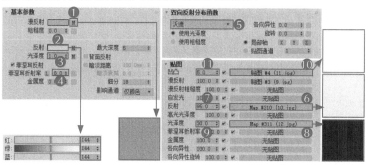

图5-257

图5-258

图5-259

👑 重点
### 5.5.3 多种凹凸纹理

一些布料类材质往往有两种凹凸效果，一种是布纹本身的纹理凹凸，另一种是布纹产生的褶皱凹凸，如图5-260所示。每个材质都只有一个凹凸通道，利用"混合"贴图可以很好地将两种凹凸纹理进行融合。除了布料，制作一些材质的划痕效果时有两种凹凸纹理，一种是划痕的凹凸，另一种是材质本身的纹理凹凸，如图5-261所示。

图5-260　　　　　　　　　　　　　　　　　　　图5-261

👑 重点
### 👆案例训练：制作多种凹凸纹理的沙发

| 场景文件 | 场景文件>CH05>22.max |
| --- | --- |
| 实例文件 | 实例文件>CH05>案例训练：制作多种凹凸纹理的沙发.max |
| 难易程度 | ★★★☆☆ |
| 技术掌握 | 混合凹凸纹理 |

本案例用"混合"贴图模拟沙发的多种凹凸纹理，案例效果如图5-262所示。

**01** 打开本书学习资源中的"场景文件>CH05>22.max"文件，如图5-263所示。场景中除了沙发、毯子和抱枕外的模型都添加了材质。

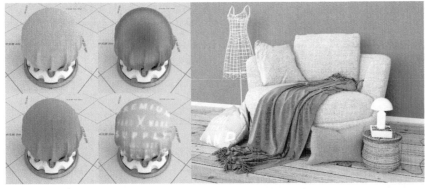

图5-262　　　　　　　　　　　　　　　　　　　图5-263

**02** 制作沙发材质，材质参数如图5-264所示。材质球效果如图5-265所示。

**设置步骤**

① 在"漫反射"通道中加载一张"衰减"贴图，然后在"前"通道和"侧"通道中加载本书学习资源中的"实例文件>CH05>案例训练：制作多种凹凸纹理的沙发> diff tec.jpg"文件，接着设置"侧"通道量为70，再设置"衰减类型"为"垂直/平行"。

② 设置"反射"颜色为（红:12，绿:12，蓝:12），"光泽度"为0.5。

③ 在"凹凸"通道中加载一张"混合"贴图，然后在"颜色#1"通道中加载本书学习资源中的"实例文件>CH05>案例训练：制作多种凹凸纹理的沙发> fabric_48.jpg"文件，接着在"颜色#2"通道中加载本书学习资源中的"实例文件>CH05>案例训练：制作多种凹凸纹理的沙发> bump tec.jpg"文件，再设置"混合量"为50，最后设置"凹凸"通道量为40。

**03** 将材质赋予沙发模型，然后加载"UVW贴图"修改器，设置"贴图"为"长方体"，再设置"长度""宽度""高度"都为1000mm，如图5-266所示。材质效果如图5-267所示。

---

⚠ **技巧提示：**"混合"贴图的作用

"混合"贴图制作的"凹凸"贴图包含了布纹褶皱和布纹凹凸两种效果，当"混合量"为50时，这两种效果以50%的比例进行混合。

---

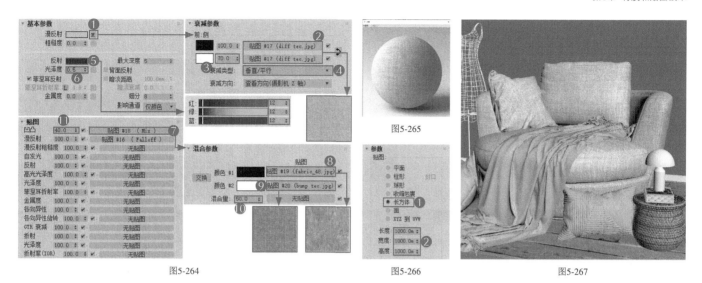

图5-264      图5-265      图5-266      图5-267

**04** 下面制作毯子材质，材质参数如图5-268所示。材质球效果如图5-269所示。

**设置步骤**

① 在"漫反射"通道中加载一张"衰减"贴图，然后在"前"通道和"侧"通道中加载本书学习资源中的"实例文件>CH05>案例训练：制作多种凹凸纹理的沙发> Diff_chair55.jpg"文件，接着设置"侧"通道量为70，再设置"衰减类型"为"垂直/平行"。

② 设置"反射"颜色为（红:44，绿:44，蓝:44），"光泽度"为0.6，"细分"为12。

③ 在"凹凸"通道中加载一张"混合"贴图，然后在"颜色#1"通道中加载本书学习资源中的"实例文件>CH05>案例训练：制作多种凹凸纹理的沙发> fabric_48.jpg"文件，接着在"颜色#2"通道中加载本书学习资源中的"实例文件>CH05>案例训练：制作多种凹凸纹理的沙发> bump_chair.jpg"文件，再设置"混合量"为50，最后设置"凹凸"通道量为40。

**05** 将设置好的材质赋予毯子模型，然后为其加载"UVW贴图"修改器，设置"贴图"为"长方体"，"长度"为1117.15mm，"宽度"为1115.38mm，"高度"为1100mm，如图5-270所示。材质效果如图5-271所示。

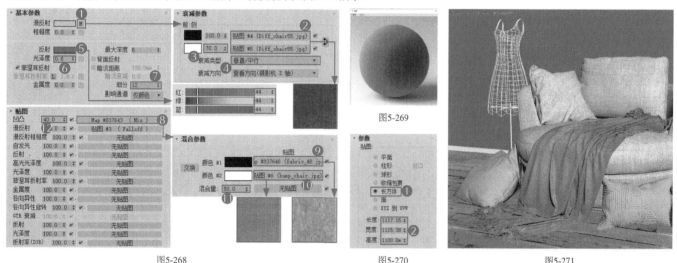

图5-268      图5-269      图5-270      图5-271

**06** 下面制作右侧抱枕材质，其制作方法与之前的材质类似，材质参数如图5-272所示。材质球效果如图5-273所示。

**设置步骤**

① 在"漫反射"通道中加载一张"衰减"贴图，然后在"前"通道和"侧"通道中加载本书学习资源中的"实例文件>CH05>案例训练：制作多种凹凸纹理的沙发>Diff_chair.jpg"文件，接着设置"侧"通道量为70，再设置"衰减类型"为"垂直/平行"。

② 在"反射"中设置"细分"为12。

③ 在"凹凸"通道中加载一张"混合"贴图，然后在"颜色#1"通道中加载本书学习资源中的"实例文件>CH05>案例训练：制作多种凹凸纹理的沙发> fabric_48.jpg"文件，接着在"颜色#2"通道中加载本书学习资源中的"实例文件>CH05>案例训练：制作多种凹凸纹理的沙发> bump_chair.jpg"文件，再设置"混合量"为20，最后设置"凹凸"通道量为140。

**07** 将设置好的材质赋予右侧的抱枕模型，然后为其加载"UVW贴图"修改器，接着设置"贴图"为"长方体"，其他参数保持默认即可，如图5-274所示。材质效果如图5-275所示。

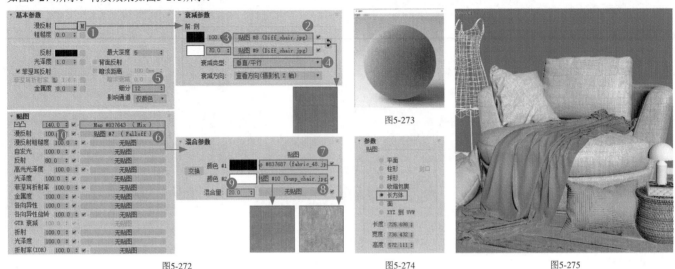

图5-272　　　　　　　　　　　　图5-273　　　　　　　　　图5-274　　　　　　　　图5-275

> ① **技巧提示：** "混合量"与通道的关系
>
> "混合量"数值越小，"颜色#1"通道所占的比例越大。

**08** 制作左侧抱枕材质，其制作方法是最简单的布纹制作方法，材质参数如图5-276所示。材质球效果如图5-277所示。

**设置步骤**

① 在"漫反射"通道中加载本书学习资源中的"实例文件>CH05>案例训练：制作多种凹凸纹理的沙发> hm_premium_diff2.jpg"文件。

② 设置"反射"颜色为（红:12，绿:12，蓝:12），"光泽度"为0.5，"细分"为12。

③ 在"凹凸"通道中加载本书学习资源中的"实例文件>CH05>案例训练：制作多种凹凸纹理的沙发> Textiles_74_bump.jpg"文件，然后设置"凹凸"通道量为45。

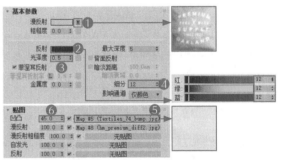

**09** 将材质赋予左侧的抱枕模型，效果如图5-278所示。

**10** 按F9键渲染场景，效果如图5-279所示。

图5-276　　　　　　　　　　图5-277

图5-278　　　　　　　　　　　　　　　　　图5-279

# 5.6 提升材质的真实度

扫码观看视频

设置材质面板中的一些参数，可以提升材质的真实度，如图5-280所示。

## 提升材质的真实度

| 添加各向异性 | 启用背面反射 | 调整最大深度 |
|---|---|---|
| 增加金属材质的真实度 | 增加透明材质的真实度 | 适用于所有类型的材质 |

图5-280

● 重点
## 5.6.1 添加各向异性

各向异性是指材质的部分物理性质随着方向的改变而有所变化，在不同方向上呈现差异化的性质。常见的各向异性是在金属材质中，图5-281所示的锅底就产生了各向异性，从而展现出不同角度的反射。

在制作各向异性的材质效果时，我们需要设置"双向反射分布函数"卷展栏中的参数，如图5-282所示。"各向异性"是设置高光点的形状的参数，"旋转"是设置高光点的方向的参数。

图5-281

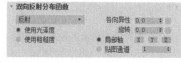

图5-282

● 重点
## 案例训练：制作不锈钢水壶

| 场景文件 | 场景文件>CH05>23.max |
|---|---|
| 实例文件 | 实例文件>CH05>案例训练：制作不锈钢水壶.max |
| 难易程度 | ★★★☆☆ |
| 技术掌握 | 双向反射分布函数 |

扫码观看视频

本案例通过设置"双向反射分布函数"卷展栏中的参数增加各向异性的效果，案例效果如图5-283所示。

**01** 打开本书学习资源中的"场景文件>CH05>23.max"文件，如图5-284所示。

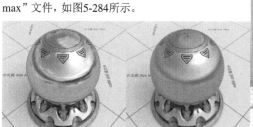

图5-283

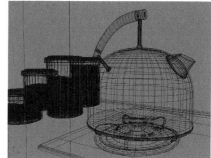

图5-284

**02** 制作壶身材质，材质参数如图5-285所示。材质球效果如图5-286所示。

**设置步骤**

① 设置"漫反射"颜色为（红:0，绿:0，蓝:0）。

② 设置"反射"颜色为（红:188，绿:188，蓝:188），"光泽度"为0.88，"菲涅耳折射率"为15，"金属度"为1，"细分"为20。

③ 在"双向反射分布函数"卷展栏中设置类型为"微面GTR（GGX）"，"各向异性"为0.7。

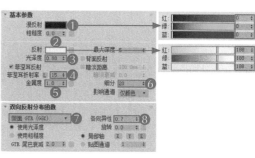

图5-285

图5-286

**03** 下面制作壶把材质，材质参数如图5-287所示。材质球效果如图5-288所示。

**设置步骤**

① 设置"漫反射"颜色为（红:39，绿:39，蓝:39）。

② 设置"反射"颜色为（红:196，绿:196，蓝:196），"光泽度"为0.71，"菲涅耳折射率"为6，"金属度"为1，"细分"为20。

③ 在"双向反射分布函数"卷展栏中设置类型为"微面GTR（GGX）"，"各向异性"为0.6。

**04** 将材质赋予相应的模型，渲染效果如图5-289所示。

① **技巧提示："各向异性"与高光点的关系**

当"各向异性"设置为0或1时，高光点为圆形；当"各向异性"设置为0~1（不包括0和1）时，高光点为细长形。

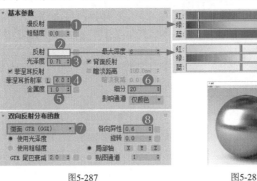

图5-287

图5-288

图5-289

🔺 重点

## 5.6.2 启用背面反射

玻璃等透明材质不仅表面会产生反射，内部也会产生反射。当勾选了"背面反射"选项后，系统会将透明材质内部的反射一并进行计算，这样渲染出来的效果会更加真实，对比效果如图5-290和图5-291所示。这样做虽然增加了材质的真实感，但是会消耗更多的时间，读者需要根据场景和计算机的配置决定是否勾选该选项。

图5-290

图5-291

🔺 重点

## 5.6.3 调整最大深度

现实世界的光要经过无限次反弹才能显示出材质的效果，而VRay材质则是通过"最大深度"参数进行模拟。"最大深度"数值越大，表示反弹的次数越多，材质也更加真实，所消耗的时间也越多。系统默认的"最大深度"为5，这一设置适用于大多数材质。图5-292和图5-293所示是不同"最大深度"参数的对比效果。

图5-292

图5-293

## 5.7 陶瓷类材质

陶瓷类材质是日常制作中使用概率较高的材质，制作方法也比较简单，如图5-294所示。

扫码观看视频

| **陶瓷类材质** ▷ | 瓷器<br>表面较光滑，有明显的反射 | 陶器<br>表面较粗糙 | ▷ | 材质颜色<br>"漫反射"通道决定 | 粗糙度<br>"光泽度"数值决定 | 材质纹理<br>"凹凸"通道决定 |
| --- | --- | --- | --- | --- | --- | --- |

图5-294

## 5.7.1 陶瓷类材质的常见类型

陶瓷类材质根据光滑程度可以大致分为两大类，一类是光滑的瓷器材质，另一类是粗糙的陶器材质。

家用的碗盘、花瓶、洗手面盆、浴缸和马克杯等都是常见的光滑的瓷器，如图5-295所示。根据光滑程度的差异，瓷器又分为高光和半亚光两种。

图5-295

陶罐和紫砂壶等是常见的粗糙的陶器，它们表面粗糙，高光点不明显，如图5-296所示。

图5-296

## 5.7.2 陶瓷类材质的颜色

陶瓷类材质的颜色通过"漫反射"通道进行设置。无论是设置颜色还是加载贴图，"漫反射"通道都可以控制陶瓷所要表现的颜色或花纹，如图5-297和图5-298所示。

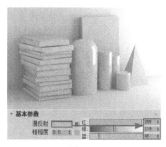

图5-297

图5-298

## 5.7.3 陶瓷类材质的粗糙度

陶瓷类材质的粗糙度是由"光泽度"数值决定的。光滑的高光瓷器一般设置"光泽度"为0.9及以上，如图5-299所示。半亚光的瓷器一般设置"光泽度"为0.8~0.9（不包括0.9），如图5-300所示。

粗糙的陶器一般设置"光泽度"为0.6~0.8（不包括0.8），如图5-301所示。

图5-299

图5-300

图5-301

## 5.7.4 陶瓷类材质的纹理

粗糙的陶器一般会添加凹凸纹理来体现粗糙的颗粒感，在"凹凸"通道中加载"噪波"贴图就可以很好地模拟这种颗粒感，如图5-302所示。

图5-302

重点

## 案例训练：制作陶瓷碗盘

| 场景文件 | 场景文件>CH05>24.max |
|---|---|
| 实例文件 | 实例文件>CH05>案例训练：制作陶瓷碗盘.max |
| 难易程度 | ★★★☆☆ |
| 技术掌握 | 纯色高光陶瓷；花纹高光陶瓷 |

扫码观看视频

本案例是为碗盘组合模型制作陶瓷材质，案例效果如图5-303所示。

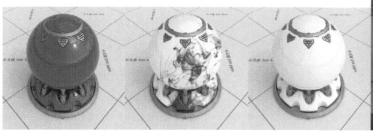

图5-303

**01** 打开本书学习资源中的"场景文件>CH05>24.max"文件,如图5-304所示。

**02** 制作蓝色陶瓷材质。蓝色陶瓷材质是高光瓷器,具体材质参数如图5-305所示,材质球效果如图5-306所示。

**设置步骤**

① 设置"漫反射"颜色为(红:0,绿:21,蓝:73)。

② 设置"反射"颜色为(红:215,绿:215,蓝:215),"光泽度"为0.95,"菲涅耳折射率"为1.8。

图5-304

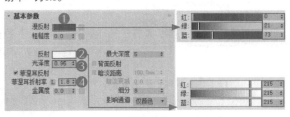

图5-305

图5-306

**03** 制作白色陶瓷材质,其制作方法与蓝色陶瓷材质的制作方法完全一致,具体材质参数如图5-307所示。材质球效果如图5-308所示。

**设置步骤**

① 设置"漫反射"颜色为(红:230,绿:230,蓝:230)。

② 设置"反射"颜色为(红:215,绿:215,蓝:215),"光泽度"为0.95,"菲涅耳折射率"为1.8。

> ① **技巧提示:** 步骤注意事项
>
> 将蓝色陶瓷的材质球复制一个并重命名后,只修改"漫反射"颜色即可生成白色陶瓷材质球。

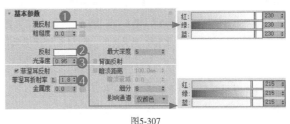

图5-307

图5-308

**04** 制作花纹陶瓷材质。将白色陶瓷材质球复制一个然后重命名,接着在"漫反射"通道中加载本书学习资源中的"实例文件>CH05>案例训练:制作陶瓷碗盘>20151014151250_788.jpg"文件,如图5-309所示。材质球效果如图5-310所示。

**05** 将设置好的材质赋予相应的模型后,模型的贴图基本没有显示出来。为模型加载"UVW贴图"修改器,设置"贴图"为"长方体","长度"为162.253mm,"宽度"为102.434mm,"高度"为14.175mm,如图5-311所示,修改后的效果如图5-312所示。

**06** 切换到摄影机视图后渲染场景,最终效果如图5-313所示。

图5-309

图5-310

图5-311

图5-312

图5-313

👆 重点

## 🖐 案例训练:制作紫砂茶壶

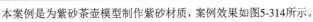

| 场景文件 | 场景文件>CH05>25.max |
|---|---|
| 实例文件 | 实例文件>CH05>案例训练:制作紫砂茶壶.max |
| 难易程度 | ★★★☆☆ |
| 技术掌握 | 紫砂材质 |

扫码观看视频

本案例是为紫砂茶壶模型制作紫砂材质,案例效果如图5-314所示。

**01** 打开本书学习资源中的"场景文件>CH05>25.max"文件,如图5-315所示。

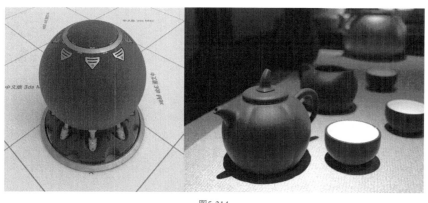

图5-314

图5-315

**02** 紫砂茶壶是亚光的陶器,具体材质参数如图5-316所示。材质球效果如图5-317所示。

**设置步骤**

① 在"漫反射"通道中加载"衰减"贴图,然后设置"前"通道颜色为(红:14,绿:3,蓝:3),"侧"通道颜色为(红:56,绿:25,蓝:20),"衰减类型"为"垂直/平行"。

② 设置"反射"颜色为(红:148,绿:148,蓝:148),"光泽度"为0.5,"细分"为25。

③ 在"凹凸"通道中加载"噪波"贴图,设置"噪波类型"为"分形","大小"为0.2,"凹凸"通道量为60。

**03** 将材质赋予茶壶和茶杯模型,渲染效果如图5-318所示。

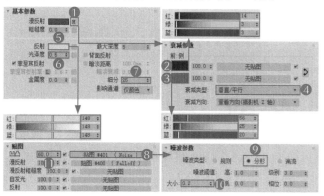

图5-316

图5-317

图5-318

👑 重点

🔓 **学后训练:制作陶瓷花瓶**

| 场景文件 | 场景文件>CH05>26.max |
| --- | --- |
| 实例文件 | 实例文件>CH05>学后训练:制作陶瓷花瓶.max |
| 难易程度 | ★★☆☆☆ |
| 技术掌握 | 高光陶瓷材质 |

扫码观看视频

本案例是为两个花瓶模型制作高光陶瓷材质,案例效果如图5-319所示。

图5-319

扫码观看视频

## 5.8 金属类材质

金属类材质是日常制作中常见的材质，制作方法较为复杂，如图5-320所示。

图5-320

### 5.8.1 金属类材质的常见类型

金属类材质按照颜色可以分为黑色金属和有色金属两大类。常见的不锈钢和铁都是黑色金属，如图5-321所示。金、银和铜这些生活中常见的金属材质则属于有色金属，如图5-322所示。

金属类材质按照光滑度可以分为高光金属和亚光金属，如图5-323所示。

图5-321　　　　　　　　　　图5-322　　　　　　　　　　图5-323

### 5.8.2 金属类材质的颜色

金属类材质的颜色由"漫反射"通道和"反射"通道共同决定。"漫反射"通道会显示金属本身的固有色，"反射"通道则显示金属反射的颜色，两者结合后才是金属所表现的颜色，如图5-324和图5-325所示。

图5-324　　　　　　　　　图5-325

### 5.8.3 金属类材质的光泽类型

金属类材质可以分为高光金属和亚光金属，"光泽度"就是区分这两种金属类型的参数。

高光金属一般设置"光泽度"为0.85~0.99，如图5-326所示，高光金属会清晰地反射出周围物体的轮廓。亚光金属一般设置"光泽度"为0.5~0.85，如图5-327所示，亚光金属不会清晰地反射出周围物体的轮廓，但视觉上会给人更加厚重的质感。

图5-326　　　　　　　　　图5-327

## 5.8.4 金属类材质的纹理

拉丝金属是最常见的带有纹理的金属类材质。在"凹凸"通道和"漫反射"通道中加载拉丝金属的贴图就可以制作出拉丝金属材质效果，其他参数设置则与一般金属无异，如图5-328所示。

一些镂空的金属材质则是在"凹凸"通道和"不透明度"通道中通过加载相关贴图来实现的，如图5-329所示。

图5-328

图5-329

☞ 重点

## 👆 案例训练：制作金属烛台

| 场景文件 | 场景文件>CH05>27.max |
|---|---|
| 实例文件 | 实例文件>CH05>案例训练：制作金属烛台.max |
| 难易程度 | ★★★☆☆ |
| 技术掌握 | 有色金属材质 |

扫码观看视频

本案例的烛台和装饰品是用金属类材质制作的，案例效果如图5-330所示。

**01** 打开本书学习资源中的"场景文件>CH05>27.max"文件，如图5-331所示。

图5-330

图5-331

**02** 制作黑色金属材质，具体参数设置如图5-332所示。材质球效果如图5-333所示。

**设置步骤**

① 设置"漫反射"颜色为（红:0，绿:0，蓝:0）。

② 设置"反射"颜色为（红:255，绿:255，蓝:255），"光泽度"为0.7，"菲涅耳折射率"为6，"金属度"为1，"细分"为15。

③ 在"双向反射分布函数"卷展栏中设置类型为"微面GTR（GGX）"，"各向异性"为0.6。

⌄ **技巧提示：亚光金属**
亚光金属更能体现金属的质感。

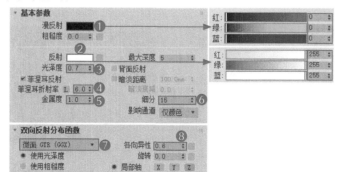

图5-332

图5-333

**03** 设置有色金属材质，有色金属类似于黄铜的质感，具体参数如图5-334所示。材质球效果如图5-335所示。

**设置步骤**

① 设置"漫反射"颜色为（红:55，绿:37，蓝:17）。

② 设置"反射"颜色为（红:119，绿:85，蓝:46），"光泽度"为0.82，"菲涅耳折射率"为5，"金属度"为1，"细分"为15。

③ 在"双向反射分布函数"卷展栏中设置类型为"微面GTR（GGX）"。

> ① **技巧提示：金属类材质与"双向反射分布函数"类型**
>
> 制作金属类材质时，"双向反射分布函数"类型最好设置为"微面GTR（GGX）"，这样材质的高光效果会更加真实。

**04** 在摄影机视图中进行渲染，效果如图5-336所示。

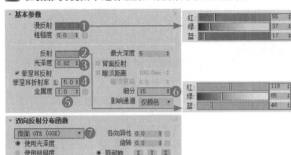

图5-334　　　　　　　　　　图5-335　　　　　　　　　　图5-336

👍重点

✋ **案例训练：制作不锈钢餐具**

| 场景文件 | 场景文件>CH05>28.max |
| --- | --- |
| 实例文件 | 实例文件>CH05>案例训练：制作不锈钢餐具.max |
| 难易程度 | ★★☆☆☆ |
| 技术掌握 | 不锈钢材质 |

扫码观看视频

本案例的餐具是用金属类材质制作的，案例效果如图5-337所示。

**01** 打开本书学习资源中的"场景文件> CH05>28.max"文件，如图5-338所示。

图5-337　　　　　　　　　　图5-338

**02** 制作不锈钢材质，具体参数设置如图5-339所示。材质球效果如图5-340所示。

**设置步骤**

① 设置"漫反射"颜色为（红:0，绿:0，蓝:0）。

② 设置"反射"颜色为（红:210，绿:210，蓝:210），"光泽度"为0.8，"菲涅耳折射率"为8，"金属度"为1，"细分"为20。

③ 在"双向反射分布函数"卷展栏中设置类型为"微面GTR（GGX）"，"各向异性"为0.6。

**03** 将设置好的材质赋予餐具模型，并在摄影机视图中进行渲染，渲染效果如图5-341所示。

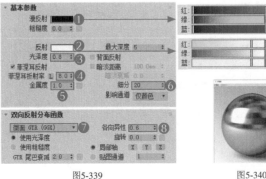

图5-339　　　　　　　　　　图5-340　　　　　　　　　　图5-341

重点

## 学后训练：制作银质勺子

| 场景文件 | 场景文件>CH05>29.max |
|---|---|
| 实例文件 | 实例文件>CH05>学后训练：制作银质勺子.max |
| 难易程度 | ★★☆☆☆ |
| 技术掌握 | 银材质 |

扫码观看视频

本案例是制作银材质的勺子，案例效果如图5-342所示。

图5-342

# 5.9 透明类材质

扫码观看视频

透明类材质是日常制作中使用频率较高的材质，制作方法较为复杂，如图5-343所示。

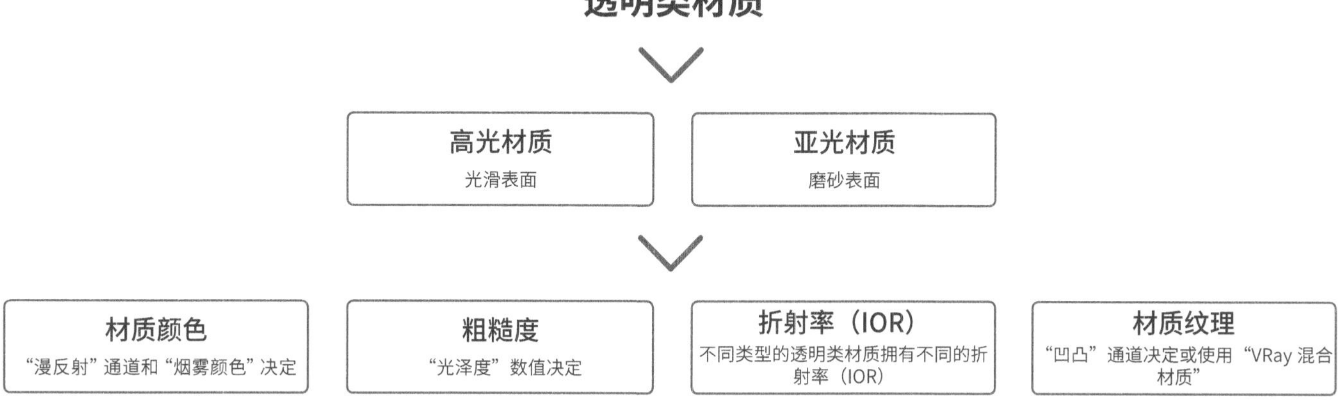

## 透明类材质

| 高光材质 | 亚光材质 |
|---|---|
| 光滑表面 | 磨砂表面 |

| 材质颜色 | 粗糙度 | 折射率（IOR） | 材质纹理 |
|---|---|---|---|
| "漫反射"通道和"烟雾颜色"决定 | "光泽度"数值决定 | 不同类型的透明类材质拥有不同的折射率（IOR） | "凹凸"通道决定或使用"VRay 混合材质" |

图5-343

### 5.9.1 透明类材质的常见类型

玻璃、钻石、水晶和聚酯等都是常见的透明类材质，如图5-344所示。透明类材质按照光滑程度可以分为高光材质和亚光材质两大类。

图5-344

### 5.9.2 透明类材质的颜色

透明类材质的颜色是由"漫反射"通道和"烟雾颜色"共同决定的。"漫反射"通道的颜色可以显示物体的固有色，"烟雾颜色"则是透明物体内部显示的颜色，两者相结合就会显示物体本身的颜色，如图5-345和图5-346所示。

图5-345

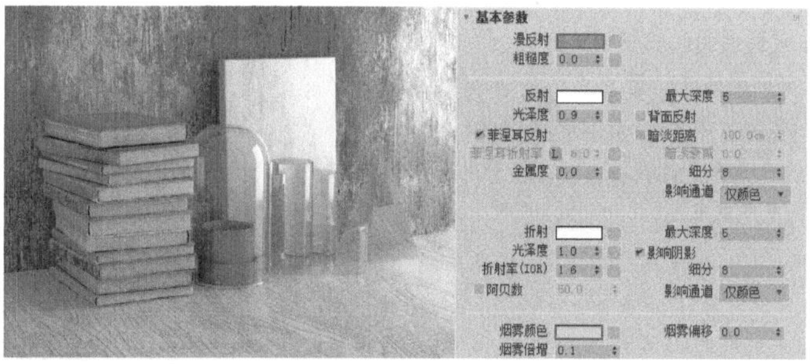

图5-346

### 5.9.3 透明类材质的粗糙度

透明类材质的粗糙度主要由"光泽度"数值进行控制。当"光泽度"数值为1时，材质为光滑的透明类材质；当"光泽度"数值小于1时，材质为磨砂的透明类材质，如图5-347和图5-348所示。

> ① **技巧提示：** "光泽度"的特性
> "光泽度"数值越小，材质的磨砂程度越大，渲染的速度也越慢。

图5-347　　　　　　　图5-348

### 5.9.4 透明类材质的折射率（IOR）

不同类型的透明类材质都拥有特定的折射率（IOR），如水为1.33，聚酯为1.6，钻石为2.4等。折射率（IOR）不同，材质所产生的透明效果也会有所差异，如图5-349~图5-351所示。

> ◎ **知识链接：** 折射率（IOR)
> 更多材质的折射率（IOR）请查阅"附录C 常见材质参数设置表"。

图5-349　　　　　　　图5-350　　　　　　　图5-351

### 5.9.5 透明类材质的纹理

透明类材质的纹理与金属类材质的纹理大同小异，这里介绍一种比较特殊的花纹玻璃，如图5-352所示。这种材质是由玻璃和另一种材质混合而成，需要使用"VRay混合材质"才能实现。

用"VRay混合材质"模拟花纹玻璃，需要用基本材质模拟普通玻璃，镀膜材质模拟磨砂玻璃，并在"混合数量"通道中加载黑白花纹贴图，如图5-353所示。

 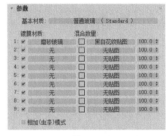

图5-352　　　　　　　图5-353

👑 重点

✋ **案例训练：制作钻石戒指**

| 场景文件 | 场景文件>CH05>30.max |
| --- | --- |
| 实例文件 | 实例文件>CH05>案例训练：制作钻石戒指.max |
| 难易程度 | ★★★☆☆ |
| 技术掌握 | 钻石材质；铂金材质 |

扫码观看视频

本案例的戒指模型是用钻石材质和铂金材质制作的，案例效果如图5-354所示。

**01** 打开本书学习资源中的"场景文件>CH05>30.max"文件，如图5-355所示。

  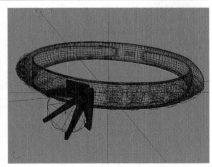

图5-354　　　　　　　图5-355

**02** 制作钻石材质，具体材质参数如图5-356所示。材质球效果如图5-357所示。

**设置步骤**

① 设置"漫反射"颜色为（红:0，绿:0，蓝:0）。

② 设置"反射"颜色为（红:255，绿:255，蓝:255），"光泽度"为0.98，"菲涅耳折射率"为2.4，"细分"为16，"最大深度"为10。

③ 设置"折射"颜色为（红:238，绿:238，蓝:238），"折射率（IOR）"为2.4，"细分"为16，"最大深度"为10。

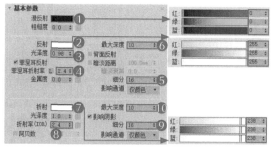
图5-356

图5-357

**03** 制作铂金材质，具体材质参数如图5-358所示。材质球效果如图5-359所示。

**设置步骤**

① 设置"漫反射"颜色为（红:4，绿:5，蓝:5）。

② 设置"反射"颜色为（红:166，绿:166，蓝:166），"光泽度"为0.82，"菲涅耳折射率"为20，"细分"为16，"最大深度"为10。

③ 在"双向反射分布函数"卷展栏中设置类型为"微面GTR（GGK）"。

**04** 将材质赋予模型，并在摄影机视图中进行渲染，渲染效果如图5-360所示。

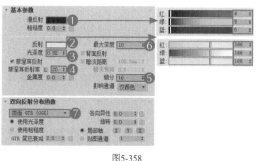
图5-358

图5-359

图5-360

★ 重点

✋ **案例训练：制作玻璃花瓶**

| 场景文件 | 场景文件>CH05>31.max |
|---|---|
| 实例文件 | 实例文件>CH05>案例训练：制作玻璃花瓶.max |
| 难易程度 | ★★★☆☆ |
| 技术掌握 | 玻璃材质 |

扫码观看视频

本案例的玻璃花瓶是用玻璃材质制作的，案例效果如图5-361所示。

**01** 打开本书学习资源中的"场景文件>CH05>31.max"文件，如图5-362所示。

图5-361

图5-362

**02** 制作透明的玻璃材质,具体材质参数如图5-363所示。材质球效果如图5-364所示。

### 设置步骤

① 设置"漫反射"颜色为(红:180,绿:200,蓝:197)。

② 设置"反射"颜色为(红:250,绿:250,蓝:250),"光泽度"为1,"细分"为16,"最大深度"为10,并勾选"背面反射"选项。

③ 设置"折射"颜色为(红:235,绿:235,蓝:235),"折射率(IOR)"为1.517,"最大深度"为10。

④ 设置"烟雾颜色"为(红:68,绿:150,蓝:126),"烟雾倍增"为0.01,"烟雾偏移"为-0.5。

⑤ 在"高光光泽度""光泽度""折射"和"光泽度"通道中加载本书学习资源中的"实例文件>CH05>案例训练:制作玻璃花瓶>AM134_29_jars.png"文件,然后设置这4个通道的通道量都为50。

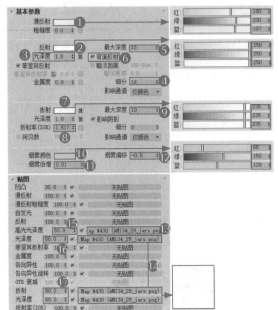

图5-363　　　　　　　　　图5-364

---

**⑦ 疑难问答:为什么要在通道中加入贴图?**

5.5.2小节介绍了在通道中加入贴图可以增加贴图细节,从而丰富材质的细节。本案例是制作玻璃材质,在贴图通道中加入污垢贴图后,可以让玻璃产生不同的反射和折射效果,模拟出有水渍污垢的玻璃效果。现实生活中的玻璃不可能是完全干净的,加入一些污垢效果能让材质看起来更加真实。

---

**03** 磨砂的玻璃材质是在透明的玻璃材质的基础上修改而成的,将"光泽度"设置为0.9,并取消"光泽度"通道中的贴图,如图5-365所示。材质球效果如图5-366所示。

**04** 将材质赋予相应的模型,并在摄影机视图中渲染场景,效果如图5-368所示。

图5-365

图5-366

**⑦ 疑难问答:选中实体模型后边缘的线框如何取消?**

在实体模型效果下,选中的模型边缘会出现图5-362所示的白色线框,有时候这种线框会影响我们对模型的观察。按键盘上的J键就可以取消这种白色线框,如图5-367所示。

图5-367

图5-368

---

⚑ 重点

**学后训练:制作玻璃花盒**

| 场景文件 | 场景文件>CH05>32.max |
| --- | --- |
| 实例文件 | 实例文件>CH05>学后训练:制作玻璃花盒.max |
| 难易程度 | ★★☆☆☆ |
| 技术掌握 | 清玻璃材质 |

扫码观看视频

本案例是用清玻璃材质制作玻璃花盒,案例效果如图5-369所示。

图5-369

# 5.10 液体类材质

扫码观看视频

液体类材质是日常制作中使用频率较高的材质，制作方法较为复杂，如图5-370所示。

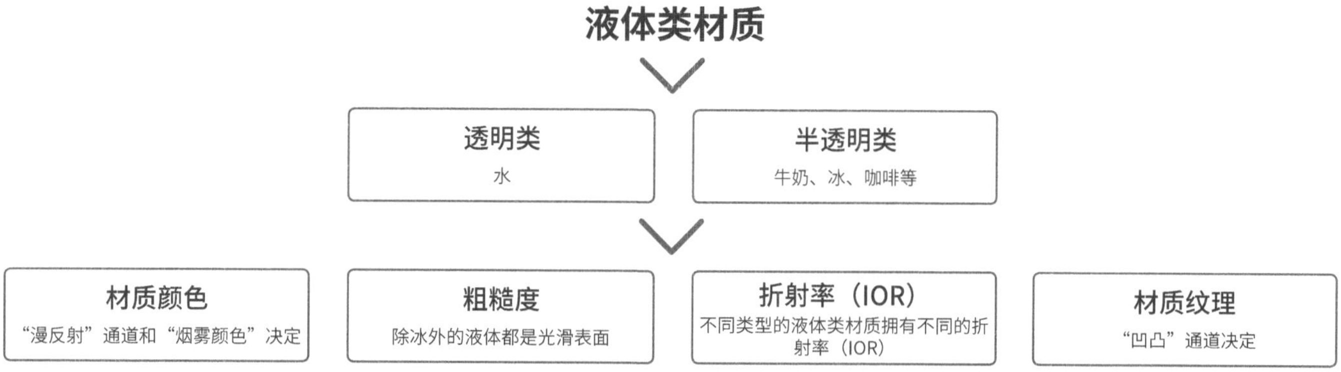

**液体类材质**

| 透明类 | 半透明类 |
|---|---|
| 水 | 牛奶、冰、咖啡等 |

| 材质颜色 | 粗糙度 | 折射率（IOR） | 材质纹理 |
|---|---|---|---|
| "漫反射"通道和"烟雾颜色"决定 | 除冰外的液体都是光滑表面 | 不同类型的液体类材质拥有不同的折射率（IOR） | "凹凸"通道决定 |

图5-370

## 5.10.1 液体类材质的常见类型

液体类材质与透明类材质类似，但液体类材质既有透明的类型，如水，也有半透明的类型，如牛奶、冰和咖啡等，如图5-371所示。

图5-371

## 5.10.2 液体类材质的颜色和折射率（IOR）

与透明类材质一样，液体类材质的颜色也是由"漫反射"和"烟雾颜色"共同决定的。液体类材质的折射率（IOR）也不尽相同，冰为1.309、水为1.33、牛奶为1.35。

> 🔗 **知识链接：液体类材质折射率 (IOR)**
>
> 更多液体类材质的折射率（IOR）请参阅"附录C 常见材质参数设置表"中的"十、液体材质"。

液体类材质在制作方法上与透明类材质大致相同，只是在折射率（IOR）和透明度上有所差别。

◆ 重点
## 👆 案例训练：制作柠檬水

| 场景文件 | 场景文件>CH05>33.max |
|---|---|
| 实例文件 | 实例文件>CH05>案例训练：制作柠檬水.max |
| 难易程度 | ★★★☆☆ |
| 技术掌握 | 水材质；冰块材质；气泡材质 |

扫码观看视频

本案例的柠檬水都是用液体类材质制作的，案例效果如图5-372所示。

**01** 打开本书学习资源中的"场景文件>CH05>33.max"文件，如图5-373所示。

图5-372

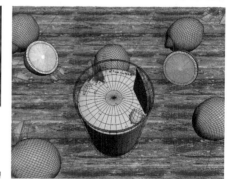

图5-373

**02** 本案例需要制作玻璃杯中的水材质、冰块材质和气泡材质。制作水材质，具体参数设置如图5-374所示。材质球效果如图5-375所示。

**设置步骤**

① 设置"漫反射"颜色为（红:128，绿:128，蓝:128）。

② 设置"反射"颜色为（红:255，绿:255，蓝:255），"光泽度"为0.99，"菲涅耳折射率"为1.6，"细分"为12。

③ 设置"折射"颜色为（红:254，绿:254，蓝:254），"折射率（IOR）"为1.33，"细分"为20。

**03** 制作冰块材质，具体材质参数如图5-376所示。材质球效果如图5-377所示。

**设置步骤**

① 设置"漫反射"颜色为（红:254，绿:254，蓝:254）。

② 设置"反射"颜色为（红:255，绿:255，蓝:255），"光泽度"为0.96，"菲涅耳折射率"为1.3，"细分"为12。

③ 在"折射"通道中添加"衰减"贴图，设置"前"通道颜色为（红:160，绿:160，蓝:160），"侧"通道颜色为（红:255，绿:255，蓝:255），"衰减类型"为"垂直/平行"，"光泽度"为0.6，"折射率（IOR）"为1.309，"细分"为10。

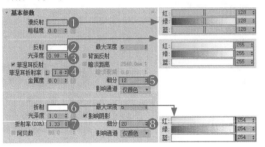

图5-374          图5-375

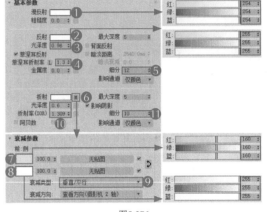

图5-376          图5-377

**04** 制作气泡材质，具体材质参数如图5-378所示。材质球效果如图5-379所示。

**设置步骤**

① 设置"漫反射"颜色为（红:192，绿:192，蓝192）。

② 设置"反射"颜色为（红:255，绿:255，蓝:255），"光泽度"为0.95，"菲涅耳折射率"为0.8，"细分"为12。

③ 设置"折射"颜色为（红:255，绿:255，蓝:255），"光泽度"为0.95，"折射率（IOR）"为0.8，"细分"为12。

**05** 在摄影机视图中渲染场景，效果如图5-380所示。

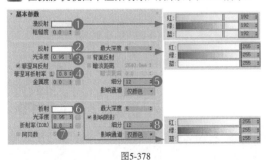

图5-378          图5-379          图5-380

👑重点

✋**案例训练：制作咖啡**

| 场景文件 | 场景文件>CH05>34.max |
|---|---|
| 实例文件 | 实例文件>CH05>案例训练：制作咖啡.max |
| 难易程度 | ★★★☆☆ |
| 技术掌握 | 咖啡材质 |

扫码观看视频

本案例的咖啡是用液体类材质制作的，案例效果如图5-381所示。

**01** 打开本书学习资源中的"场景文件>CH05>34.max"文件，如图5-382所示。

图5-381　　　　　　　　　　　　　　　图5-382

**02** 咖啡材质的具体参数如图5-383所示。材质球效果如图5-384所示。

**设置步骤**

① 设置"漫反射"颜色为（红:16，绿:8，蓝:2）。

② 设置"反射"颜色为（红:16，绿:9，蓝:4），"光泽度"为0.94，"菲涅耳折射率"为1.3。

③ 设置"折射"颜色为（红:160，绿:160，蓝:160），"折射率（IOR）"为1.34。

④ 设置"烟雾颜色"为（红:80，绿:27，蓝:2），"烟雾倍增"为0.66。

**03** 将材质赋予模型，并在摄影机视图中进行渲染，效果如图5-385所示。

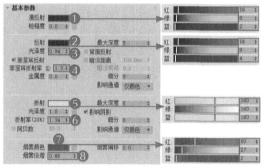

图5-383　　　　　　　图5-384　　　　　　图5-385

**学后训练：制作牛奶**

| 场景文件 | 场景文件>CH05>35.max |
| 实例文件 | 实例文件>CH05>学后训练：制作牛奶.max |
| 难易程度 | ★★☆☆☆ |
| 技术掌握 | 牛奶材质 |

扫码观看视频

本案例是用液体类材质制作牛奶，案例效果如图5-386所示。

图5-386

## 5.11 布料类材质

布料类材质是日常制作中使用频率较高的材质，制作方法较为复杂，如图5-387所示。

扫码观看视频

| 布料类材质 > | 普通布料 棉麻布 | 绒布 丝绸、绒布 | 半透明布料 纱 | > | 材质颜色 "漫反射"通道决定 | 粗糙度 "光泽度"数值决定 | 透明度 "折射"通道决定 |

图5-387

## 5.11.1 布料类材质的常见类型

棉麻布、丝绸、绒布和纱都是日常生活中常见的布料类型，如图5-388所示。不同的布料类材质的制作方法有所区别。

图5-388

## 5.11.2 布料类材质的颜色

布料类材质的颜色是由"漫反射"通道决定的，可以设置纯色或加载布纹贴图。棉麻布和纱材质直接设置颜色或加载贴图即可，丝绸和绒布材质需要加载"衰减"贴图后再设置颜色或加载贴图，分别如图5-389和图5-390所示。

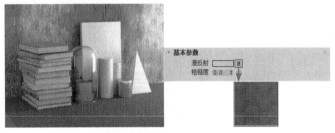

图5-389

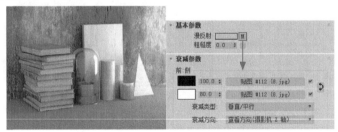

图5-390

## 5.11.3 布料类材质的粗糙度

除丝绸材质较为光滑外，其他布料类材质都比较粗糙，反射度低，高光范围大。

丝绸材质的"光泽度"设置为0.75~0.85，如图5-391所示。其他布料类材质的"光泽度"设置为0.5~0.75（不包括0.75），如图5-392所示。

图5-391

图5-392

## 5.11.4 布料类材质的透明度

纱材质能穿透光线，常用于制作纱帘、蚊帐等。这种半透明效果是通过设置"折射"通道的颜色或加载贴图模拟的，如图5-393和图5-394所示。纱帘、蚊帐等半透明布料几乎没有折射效果，"折射率（IOR）"一般设置为1.01左右。

图5-393

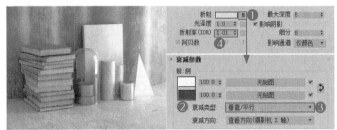

图5-394

扫码观看视频

## 案例训练：制作窗帘

| | |
|---|---|
| 场景文件 | 场景文件>CH05>36.max |
| 实例文件 | 实例文件>CH05>案例训练：制作窗帘.max |
| 难易程度 | ★★★☆☆ |
| 技术掌握 | 绒布材质；纱帘材质 |

本案例的窗帘都是用布料类材质制作的，案例效果如图5-395所示。

**01** 打开本书学习资源中的"场景文件> CH05>36.max"文件，如图5-396所示。

图5-395　　　　　　　　　　　　　　　图5-396

**02** 绒布材质的具体参数如图5-397所示。材质球效果如图5-398所示。

**设置步骤**

① 在"漫反射"通道中加载"混合"贴图，然后设置"颜色#1"为（红:56，绿:74，蓝:98），"颜色#2"为（红:93，绿:124，蓝:161），接着在"混合量"通道中加载本书学习资源中的"实例文件>CH05>案例训练：制作窗帘> 1.jpg"文件。

② 设置"反射"颜色为（红:35，绿:35，蓝:35），"光泽度"为0.65。

③ 在"双向反射分布函数"卷展栏中设置类型为"沃德"，"各向异性"为0.7。

④ 在"反射"通道和"光泽度"通道中加载本书学习资源中的"实例文件>CH05>案例训练：制作窗帘>1.jpg"文件，然后设置"反射"通道量为30，"光泽度"通道量为50。

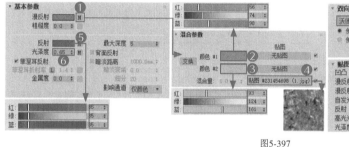
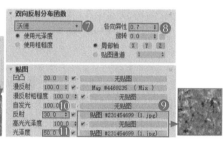

图5-397　　　　　　　　　　　　　　　　　图5-398

**03** 纱帘材质的具体参数如图5-399所示。材质球效果如图5-400所示。

**设置步骤**

① 设置"漫反射"颜色为（红:251，绿:248，蓝:243）。

② 在"折射"通道中加载"衰减"贴图，然后设置"前"通道颜色为（红:154，绿:154，蓝:154），"侧"通道颜色为（红:20，绿:20，蓝:20），"衰减类型"为"垂直/平行"，"光泽度"为0.98。

**04** 将材质赋予相应的模型，并在摄影机视图中进行渲染，渲染效果如图5-401所示。

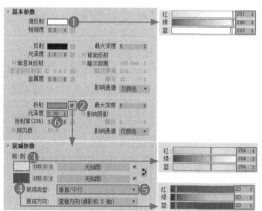

图5-399　　　　　　　　图5-400　　　　　　　　图5-401

👑 重点

## 🖐 案例训练：制作丝绸裙子

| 场景文件 | 场景文件>CH05>37.max |
|---|---|
| 实例文件 | 实例文件>CH05>案例训练：制作丝绸裙子.max |
| 难易程度 | ★★★☆☆ |
| 技术掌握 | 丝绸材质 |

扫码观看视频

本案例的丝绸裙子是用布料类材质制作的，案例效果如图5-402所示。

**01** 打开本书学习资源中的"场景文件>CH05>37.max"文件，如图5-403所示。

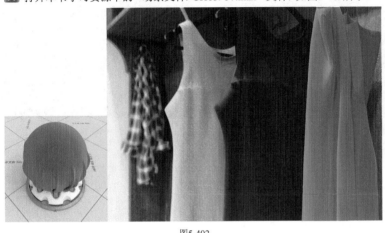

图5-402

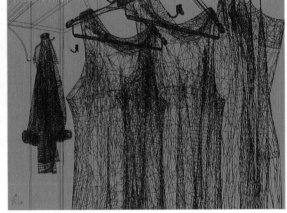

图5-403

**02** 以红色丝绸材质为例，其参数如图5-404所示。材质球效果如图5-405所示。

### 设置步骤

① 在"漫反射"通道中加载"衰减"贴图，然后设置"前"通道颜色为（红:150，绿:3，蓝:3），"侧"通道颜色为（红:218，绿:64，蓝:64），"衰减类型"为"垂直/平行"。

② 设置"反射"颜色为（红:235，绿:235，蓝:235），"光泽度"为0.9，"细分"为15。

> ⓘ **技巧提示：步骤注意事项**
> 其余两种颜色的丝绸材质只需要更改"漫反射"通道中的贴图颜色即可，其他参数完全一致。

**03** 将材质赋予相应的模型，并在摄影机视图中进行渲染，渲染效果如图5-406所示。

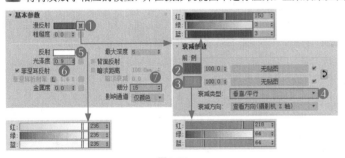

图5-404

图5-405

图5-406

👑 重点

## 🖐 学后训练：制作布艺床品

| 场景文件 | 场景文件>CH05>38.max |
|---|---|
| 实例文件 | 实例文件>CH05>学后训练：制作布艺床品.max |
| 难易程度 | ★★★☆☆ |
| 技术掌握 | 布纹材质 |

扫码观看视频

本案例是用布料类材质制作布艺床品，案例效果如图5-407所示。

图5-407

## 5.12 木质类材质

扫码观看视频

木质类材质是日常制作中使用频率较高的材质，其制作方法比较简单，如图5-408所示。

木质类材质 > 高光木纹（清漆木纹） | 半亚光木纹（木地板、木纹贴面） | 亚光木纹（原木） > 颜色和纹理（“漫反射”和“凹凸”通道决定） | 粗糙度（“光泽度”数值决定）

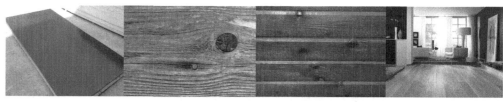

图5-408

### 5.12.1 木质类材质的常见类型

木纹贴面、原木、清漆木纹和木地板等都是日常制作中常见的木质类材质，如图5-409所示。木质类材质按照光滑程度可以分为高光木纹、半亚光木纹和亚光木纹3种类型。

图5-409

除了清漆木纹在清漆的作用下是高光木纹材质外，其他的木纹都是半亚光和亚光木纹材质。

### 5.12.2 木质类材质的颜色和纹理

木质类材质的颜色是通过在“漫反射”通道中加载相应的木纹贴图来呈现的，如图5-410所示。

木质类材质的纹理是通过在“凹凸”通道中加载相应的贴图来呈现的，如图5-411所示。但“凹凸”通道只能识别贴图的黑白信息，黑色部分呈现凹陷效果，白色部分呈现凸出效果。

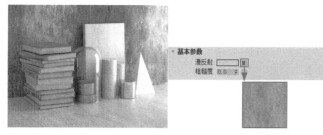

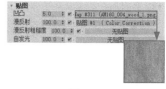

图5-410

图5-411

### 5.12.3 木质类材质的粗糙度

5.12.1小节介绍了根据光滑程度，木质类材质可以分为高光木纹、半亚光木纹和亚光木纹3种类型。木质类材质的粗糙度是由“光泽度”决定的。

高光木纹的“光泽度”为0.85~1，如图5-412所示。半亚光木纹是使用频率较高的材质，设置“光泽度”为0.75~0.85，如图5-413所示。亚光木纹设置“光泽度”为0.6~0.85，如图5-414所示。亚光木纹常用于制作原木，配合“凹凸”通道的设置，其纹理效果会更好。

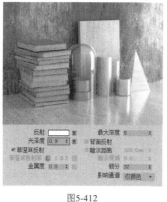

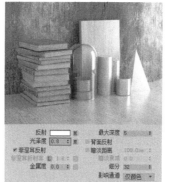

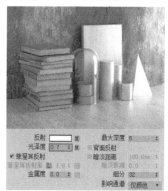

图5-412

图5-413

图5-414

👑 重点

## 🖐 案例训练：制作木地板

| 场景文件 | 场景文件>CH05>39.max |
|---|---|
| 实例文件 | 实例文件>CH05>案例训练：制作木地板.max |
| 难易程度 | ★★★☆☆ |
| 技术掌握 | 半亚光木纹材质 |

本案例的木地板是用木质类材质制作的，案例效果如图5-415所示。

**01** 打开本书学习资源中的"场景文件>CH05>39.max"文件，如图5-416所示。

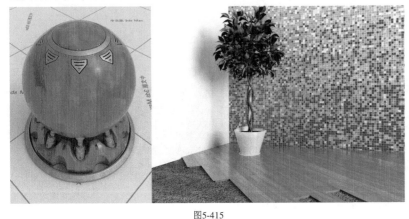

图5-415 · · · · · · · · · · · · · · · · 图5-416

**02** 木地板材质的具体参数如图5-417所示。材质球效果如图5-418所示。

**设置步骤**

① 在"漫反射"通道中加载本书学习资源中的"实例文件>CH05>案例训练：制作木地板> 1_Diffuse.jpg"文件。

② 设置"光泽度"为0.88，"细分"为16。

③ 在"反射"和"光泽度"通道中加载本书学习资源中的"实例文件>CH05>案例训练：制作木地板> 1_Reflect.jpg"文件，然后设置"光泽度"通道量为45，在"凹凸"通道中加载本书学习资源中的"实例文件>CH05>案例训练：制作木地板> 1_Bump.jpg"文件，然后设置"凹凸"通道量为2。

**03** 将材质赋予地板模型，并在摄影机视图中进行渲染，渲染效果如图5-419所示。

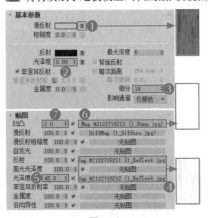

图5-417

> ① **技巧提示：木地板材质"光泽度"的处理方法**
>
> 木地板材质在设置"光泽度"参数时需要参考实际情况，最好不要将数值设置为0.9及以上。遇到一些特殊角度，为了画面的观赏性，可以适当地将该数值增大。

图5-418

图5-419

👑 重点

## 🖐 案例训练：制作清漆书柜

| 场景文件 | 场景文件>CH05>40.max |
|---|---|
| 实例文件 | 实例文件>CH05>案例训练：制作清漆书柜.max |
| 难易程度 | ★★★☆☆ |
| 技术掌握 | 清漆木纹材质 |

本案例的书柜是由木质类材质制作的，案例效果如图5-420所示。

**01** 打开本书学习资源中的"场景文件>CH05>40.max"文件，如图5-421所示。

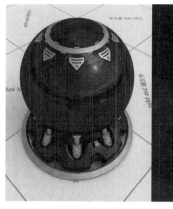

图5-420

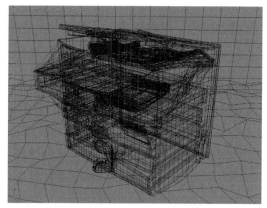

图5-421

**02** 清漆木纹材质的具体参数如图5-422所示。材质球效果如图5-423所示。

**设置步骤**

① 在"漫反射"通道中加载本书学习资源中的"实例文件>CH05>案例训练：制作清漆书柜> AM153_019_color.jpg"文件。

② 设置"反射"颜色为（红:255，绿:255，蓝:255），"光泽度"为0.95，然后取消勾选"菲涅耳反射"选项，并设置"细分"为16。

③ 在"反射"通道中加载本书学习资源中的"实例文件>CH05>案例训练：制作清漆书柜> AM153_019_spec.jpg"文件，然后设置通道量为90。

**03** 将材质赋予模型，并在摄影机视图中进行渲染，渲染效果如图5-424所示。

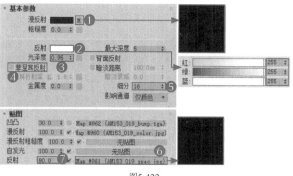

图5-422

图5-423

图5-424

> **? 疑难问答：为什么清漆木纹材质不勾选"菲涅耳反射"选项？**
>
> 　　相信有读者会疑惑在制作清漆木纹材质时为什么不勾选"菲涅耳反射"选项。清漆木纹材质的反射很强，类似于镜面反射效果，不勾选"菲涅耳反射"选项，系统可以很好地模拟出这种镜面反射效果。
>
> 　　如果在勾选"菲涅耳反射"选项的同时想要达到相同的镜面反射效果，需要设置"菲涅耳折射率"的数值，这与制作金属类材质的思路类似。

### ☞ 学后训练：制作木质餐桌

| | |
|---|---|
| 场景文件 | 场景文件>CH05>41.max |
| 实例文件 | 实例文件>CH05>学后训练：制作木质餐桌.max |
| 难易程度 | ★★★☆☆ |
| 技术掌握 | 亚光木纹材质 |

　　本案例是用木质类材质制作木质餐桌，案例效果如图5-425所示。

扫码观看视频

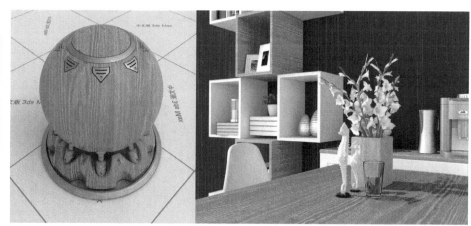

图5-425

扫码观看视频

# 5.13 塑料类材质

塑料类材质是日常制作中使用频率较高的材质，制作方法也较为复杂，如图5-426所示。

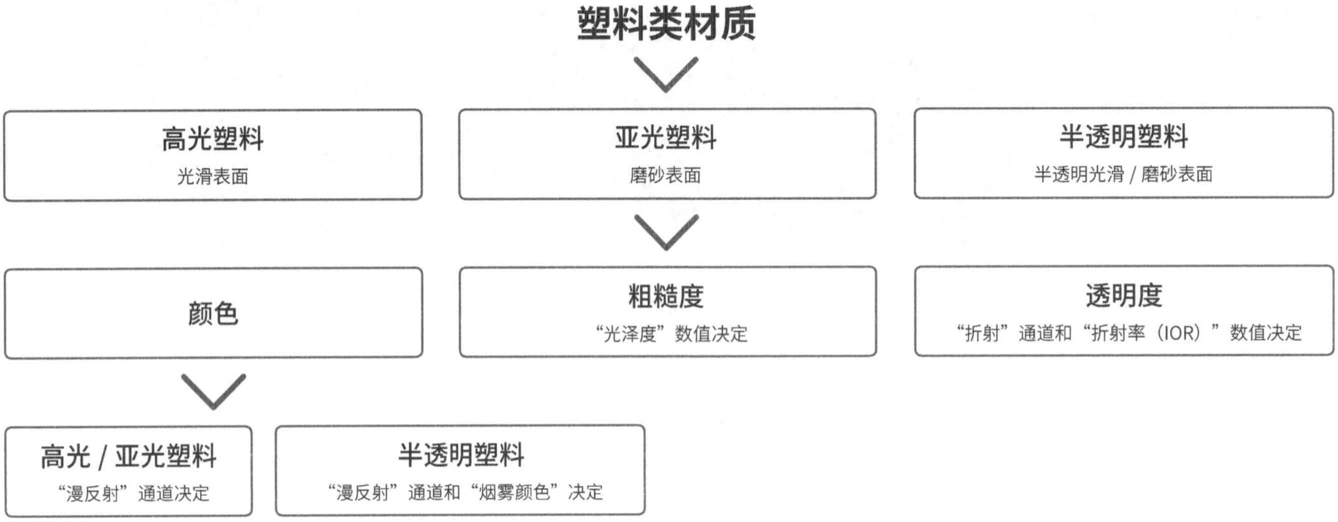

**塑料类材质**

| 高光塑料 | 亚光塑料 | 半透明塑料 |
|---|---|---|
| 光滑表面 | 磨砂表面 | 半透明光滑／磨砂表面 |

| 颜色 | 粗糙度 | 透明度 |
|---|---|---|
| | "光泽度"数值决定 | "折射"通道和"折射率（IOR）"数值决定 |

| 高光／亚光塑料 | 半透明塑料 |
|---|---|
| "漫反射"通道决定 | "漫反射"通道和"烟雾颜色"决定 |

图5-426

## 5.13.1 塑料类材质的常见类型

塑料类材质大致可以分为高光塑料、亚光塑料和半透明塑料3种类型。高光塑料和亚光塑料是根据"光泽度"进行区分，半透明塑料则是在之前两种塑料的基础上添加了半透明属性，如图5-427所示。

图5-427

## 5.13.2 塑料类材质的颜色

没有透明度的塑料类材质的颜色是由"漫反射"通道的颜色决定的，有透明度的塑料类材质的颜色则是由"漫反射"通道和"烟雾颜色"决定的，这一点和透明类材质相似，如图5-428和图5-429所示。

图5-428

图5-429

## 5.13.3 塑料类材质的粗糙度

与其他材质一样，塑料类材质的粗糙度也和"光泽度"有关。高光塑料的"光泽度"设置为0.8~1，如图5-430所示。亚光塑料的"光泽度"设置为0.6~0.8，如图5-431所示。

> ① **技巧提示：** 塑料类材质的"菲涅耳折射率"
>
> 塑料类材质的"菲涅耳折射率"设置为1.575~1.6，这样可以和陶瓷类材质产生区别。

图5-430

图5-431

### 5.13.4 塑料类材质的透明度

塑料类材质的透明度与透明类材质的透明度的设置方法一样，只是在"折射率（IOR）"数值上有所不同。塑料是聚酯的广泛叫法，其折射率（IOR）就是聚酯的折射率（IOR），一般设置为1.6左右。

☞ 重点

### 案例训练：制作塑料日用品

| | |
|---|---|
| 场景文件 | 场景文件>CH05>42.max |
| 实例文件 | 实例文件>CH05>案例训练：制作塑料日用品.max |
| 难易程度 | ★★★☆☆ |
| 技术掌握 | 高光塑料 |

扫码观看视频

本案例的日用品瓶子是用塑料类材质制作的，案例效果如图5-432所示。

**01** 打开本书学习资源中的"场景文件>CH05>42.max"文件，如图5-433所示。

图5-432

图5-433

**02** 制作褐色塑料材质，具体参数如图5-434所示。材质球效果如图5-435所示。

**设置步骤**

① 设置"漫反射"颜色为（红:8，绿:5，蓝:5）。

② 设置"反射"颜色为（红:255，绿:255，蓝:255），"光泽度"为0.97，"细分"为35。褐色塑料是高光塑料，表面光滑。

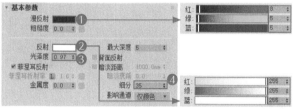

图5-434

图5-435

**03** 制作白色塑料材质，具体参数如图5-436所示。材质球效果如图5-437所示。

**设置步骤**

① 设置"漫反射"颜色为（红:255，绿:255，蓝:255）。

② 设置"反射"颜色为（红:255，绿:255，蓝:255），"光泽度"为0.97，"细分"为35。白色塑料与褐色塑料只是在颜色上有所区别，其余参数完全一致。

**04** 将材质赋予模型，并在摄影机视图中进行渲染，渲染效果如图5-438所示。

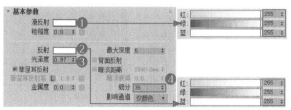

图5-436

图5-437

图5-438

👑 重点

## 👆 案例训练：制作半透明塑料水杯

| 场景文件 | 场景文件>CH05>43.max |
|---|---|
| 实例文件 | 实例文件>CH05>案例训练：制作半透明塑料水杯.max |
| 难易程度 | ★★★☆☆ |
| 技术掌握 | 半透明塑料 |

本案例的水杯是用塑料类材质制作的，案例效果如图5-439所示。

**01** 打开本书学习资源中的"场景文件>CH05>43.max"文件，如图5-440所示。

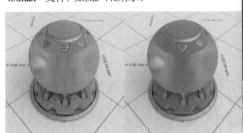

图5-439　　　　　　　　　　　　　　　　　　　　图5-440

**02** 橙色半透明塑料材质的具体参数如图5-441所示。材质球效果如图5-442所示。

**设置步骤**

① 设置"漫反射"颜色为（红:255，绿:81，蓝:12）。

② 设置"反射"颜色为（红:60，绿:60，蓝:60），"光泽度"为0.6，"细分"为16。半透明塑料表面呈亚光效果。

③ 在"折射"通道中加载"衰减"贴图，然后设置"前"通道颜色为（红:150，绿:150，蓝:150），"侧"通道颜色为黑色，"衰减类型"为"垂直/平行"，接着设置"光泽度"为0.9，"细分"为16。

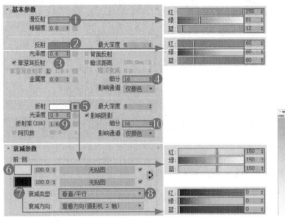

图5-441　　　　　　　　　　　　图5-442

**03** 蓝色半透明塑料材质的具体参数如图5-443所示。材质球效果如图5-444所示。

**设置步骤**

① 设置"漫反射"颜色为（红:12，绿:81，蓝255）。

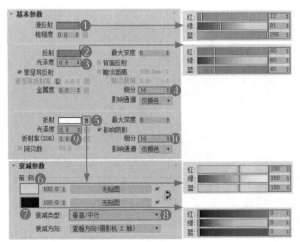

图5-443

② 设置"反射"颜色为（红:60，绿:60，蓝:60），"光泽度"为0.6，"细分"为16。半透明塑料表面呈亚光效果。

③ 在"折射"通道中加载"衰减"贴图，然后设置"前"通道颜色为（红:150，绿:150，蓝:150），"侧"通道颜色为黑色，"衰减类型"为"垂直/平行"，接着设置"光泽度"为0.9，"细分"为16。

ⓘ **技巧提示：制作技巧**

蓝色半透明塑料材质与橙色半透明塑料材质除了"漫反射"参数不同外，其余参数完全相同。读者在制作时可以将设置好的橙色半透明塑料材质球进行复制，重命名后修改"漫反射"的参数。

**04** 将材质赋予模型，并在摄影机视图中进行渲染，渲染效果如图5-445所示。

图5-444　　　　　图5-445

👑 重点

## 🎮 学后训练：制作彩色塑料椅

| 场景文件 | 场景文件>CH05>44.max |
|---|---|
| 实例文件 | 实例文件>CH05>学后训练：制作彩色塑料椅.max |
| 难易程度 | ★★☆☆☆ |
| 技术掌握 | 亚光塑料 |

本案例是用塑料类材质制作彩色塑料椅，案例效果如图5-446所示。

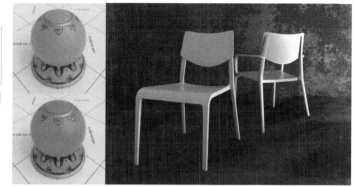

图5-446

# 5.14 综合训练营

下面通过两个综合案例复习本章所学的知识。

👑 重点

## 🔷 综合训练：北欧风格公寓材质

| 场景文件 | 场景文件>CH05>45.max |
|---|---|
| 实例文件 | 实例文件>CH05>综合训练：北欧风格公寓材质.max |
| 难易程度 | ★★★★☆ |
| 技术掌握 | 材质综合练习 |

本案例是为一套北欧风格的公寓制作材质，案例效果如图5-447所示。

图5-447

☞ 绿色墙漆----------------------------------------------------------------------------

**01** 打开本书学习资源中的"场景文件>CH05>45.max"文件，如图5-448所示。这是一套北欧风格的公寓，场景中已经创建了摄影机和灯光，我们需要为白模创建材质。

**02** 按M键打开"材质编辑器"面板，然后选择一个空白材质球，设置材质类型为"VRayMtl材质"，具体参数如图5-449所示。材质球效果如图5-450所示。

**设置步骤**

① 设置"漫反射"颜色为（红:124，绿:148，蓝143）。

② 设置"反射"颜色为（红:0，绿:0，蓝:0），"光泽度"为0.4。

③ 在"凹凸""反射""光泽度"3个通道中加载本书学习资源中的"实例文件>CH05>综合训练：北欧风格公寓材质> AM160_009_chrome_dirty_reflect.jpg"文件，然后分别设置3个通道的通道量为5、80、80。

图5-448

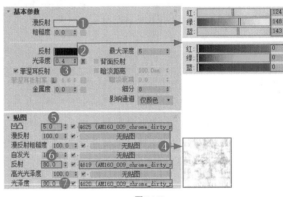

图5-449

图5-450

**03** 将设置好的材质赋予右侧的墙面模型，效果如图5-451所示。

**04** 为右侧的墙面模型添加"UVW贴图"修改器，设置"贴图"为"平面"，"长度""宽度"都为5000mm，"对齐"为X，如图5-452所示。纹理贴图的显示效果如图5-453所示。

图5-451

图5-452

图5-453

☞ 白色墙漆----------------------------------------------------------------------------

**01** 将绿色墙漆材质复制一份，并重命名为白色墙漆材质。白色墙漆材质与绿色墙漆材质基本相同，只是要在"漫反射"通道中加载本书学习资源中的"实例文件>CH05>综合训练：北欧风格公寓材质> AM160_009_chrome_dirty_reflect.jpg"文件，如图5-454所示。材质球效果如图5-455所示。

图5-454

图5-455

**02** 将白色墙漆材质赋予左侧的墙面模型，效果如图5-456所示。

**03** 同样为左侧的墙面模型添加"UVW贴图"修改器，设置"贴图"为"平面"，"长度""宽度"都为5000mm，"对齐"为X，如图5-457所示。纹理贴图的显示效果如图5-458所示。

图5-456　　　　　　　　　　图5-457　　　　　　　　　　　图5-458

### ☞ 挂画

**01** 按M键打开"材质编辑器"面板，然后选择一个空白材质球，设置材质类型为"VRayMtl材质"，接着在"漫反射"通道中加载本书学习资源中的"实例文件>CH05>综合训练：北欧风格公寓材质> 20181114234147.jpg"文件，如图5-459所示。材质球效果如图5-460所示。

**02** 将挂画材质赋予挂画模型，效果如图5-461所示。

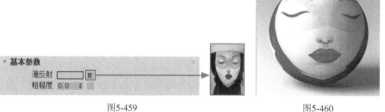

图5-459　　　　　　　　　图5-460　　　　　　　　　　图5-461

### ☞ 黑色金属

**01** 按M键打开"材质编辑器"面板，然后选择一个空白材质球，设置材质类型为"VRayMtl材质"，具体参数如图5-462所示。材质球效果如图5-463所示。

**设置步骤**

① 设置"漫反射"颜色为（红:0，绿:0，蓝:0）。

② 设置"反射"颜色为（红:255，绿:255，蓝:255），"光泽度"为0.8，"菲涅耳折射率"为3，"金属度"为1，"细分"为20。

③ 在"双向反射分布函数"卷展栏中设置类型为"微面GTR（GGX）"。

**02** 将设置好的材质赋予画框、沙发腿和茶几腿模型，效果如图5-464所示。

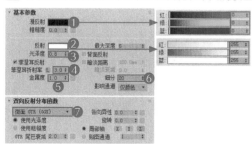

图5-462　　　　　　　　　图5-463　　　　　　　　　　图5-464

☞ **黄色沙发布**

**01** 按M键打开"材质编辑器"面板,然后选择一个空白材质球,设置材质类型为"VRayMtl材质",具体参数如图5-465所示。材质球效果如图5-466所示。

**设置步骤**

① 在"漫反射"通道中加载"衰减"贴图,设置"前"通道颜色为（红:146,绿:63,蓝:17）,"侧"通道颜色为（红:168,绿:101,蓝:65）,"衰减类型"为"垂直/平行"。

② 在"凹凸"通道中加载"混合"贴图,然后在"颜色#1"通道中加载"VRay法线贴图",并在"法线贴图"通道中加载本书学习资源中的"实例文件>CH05>综合训练:北欧风格公寓材质> Vol14-23-3.jpg"文件,接着在"颜色#2"通道中加载本书学习资源中的"实例文件>CH05>综合训练:北欧风格公寓材质> 1 (1).jpg"文件,再设置"混合量"为30,最后设置"凹凸"通道量为45。

**02** 将设置好的材质赋予长沙发和右侧靠前的软凳模型,效果如图5-467所示。

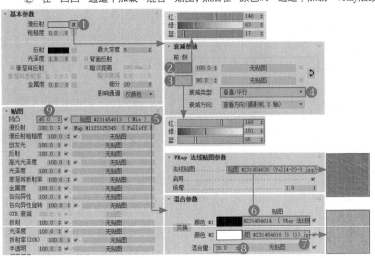

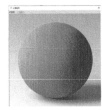

图5-465　　　　　　　　图5-466　　　　　　　　图5-467

☞ **绿色沙发布**

**01** 按M键打开"材质编辑器"面板,然后选择一个空白材质球,设置材质类型为"VRayMtl材质",具体参数如图5-468所示。材质球效果如图5-469所示。

**设置步骤**

① 在"漫反射"通道中加载"衰减"贴图,设置"前"通道颜色为（红:22,绿:44,蓝:31）,"侧"通道颜色为（红:136,绿:147,蓝:140）,然后在两个通道中加载本书学习资源中的"实例文件>CH05>综合训练:北欧风格公寓材质>脏2布1.jpg"文件,并设置两个通道量都为50,"衰减类型"为"垂直/平行"。

② 设置"反射"颜色为（红:0,绿:0,蓝:0）,"光泽度"为0.85,"细分"为20。

③ 在"凹凸"通道中加载本书学习资源中的"实例文件>CH05>综合训练:北欧风格公寓材质> 灰调纺织布纹_001cca.jpg"文件,接着在"反射""光泽度"两个通道中加载本书学习资源中的"实例文件>CH05>综合训练:北欧风格公寓材质>dr_55.png"文件,并设置两个通道的通道量都为50。

**02** 将设置好的材质赋予左侧的单人沙发、模型、长沙发上的小抱枕和右侧靠后的软凳模型,效果如图5-470所示。

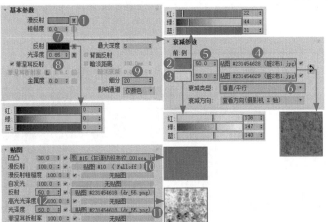

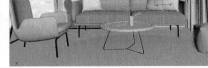

图5-468　　　　　　　　图5-469　　　　　　　　图5-470

⚠ **技巧提示:贴图与"UVW贴图"修改器**

如果材质中加载了纹理贴图,则需要根据每个模型的尺寸添加"UVW贴图"修改器,这里不再赘述。

☞ **地砖**

**01** 按M键打开"材质编辑器"面板，然后选择一个空白材质球，设置材质类型为"VRayMtl材质"，具体参数如图5-471所示。材质球效果如图5-472所示。

**设置步骤**

① 在"漫反射"通道中加载本书学习资源中的"实例文件>CH05>综合训练：北欧风格公寓材质>20160908182551_775.jpg"文件。

② 设置"反射"颜色为（红:176，绿:176，蓝:176），"细分"为20。

**02** 将设置好的材质赋予地面模型，然后添加"UVW贴图"修改器，设置"贴图"为"平面"，"长度""宽度"都为1000mm，如图5-473所示。效果如图5-474所示。

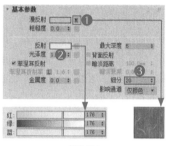

图5-471　　　　　图5-472　　　　　图5-473　　　　　　　　　图5-474

☞ **地毯**

**01** 按M键打开"材质编辑器"面板，然后选择一个空白材质球，设置材质类型为"VRayMtl材质"，具体参数如图5-475所示。材质球效果如图5-476所示。

**设置步骤**

① 在"漫反射"通道中加载"衰减"贴图，然后在"前"通道和"侧"通道中加载本书学习资源中的"实例文件CH05>综合训练：北欧风格公寓材质> 20180104204937.png"文件，并设置"侧"通道量为95，"衰减类型"为"垂直/平行"。

② 设置"反射"颜色为（红:12，绿:13，蓝:15），"光泽度"为0.5，"细分"为20。

③ 在"凹凸"通道中加载本书学习资源中的"实例文件>CH05>综合训练：北欧风格公寓材质>ee.jpg"文件，设置通道量为200，然后在"置换"通道中加载本书学习资源中的"实例文件>CH05>综合训练：北欧风格公寓材质>vv.jpg"文件，设置通道量为6。

**02** 将设置好的材质赋予地毯模型，效果如图5-477所示。

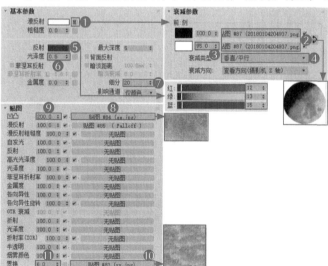

图5-475　　　　　　　　　图5-476　　　　　　　图5-477

☞ **窗帘**

**01** 按M键打开"材质编辑器"面板，然后选择一个空白材质球，设置材质类型为"VRayMtl材质"，具体参数如图5-478所示。材质球效果如图5-479所示。

**设置步骤**

① 在"漫反射"通道中加载"衰减"贴图，设置"前"通道颜色为（红:16，绿:18，蓝:29），"侧"通道颜色为（红:154，绿:156，蓝:162），"衰减类型"为"垂直/平行"。

　　② 在"凹凸"通道中加载本书学习资源中的"实例文件>CH05>综合训练：北欧风格公寓材质>灰调纺织布纹_001cca.jpg"文件，设置通道量为40。

**02** 将设置好的材质赋予窗帘模型，效果如图5-480所示。

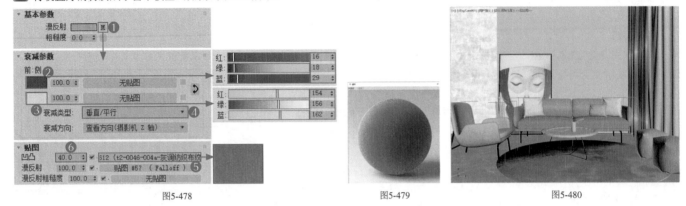

图5-478　　　　　　　图5-479　　　　　　　图5-480

👉 纱帘----------------------------------------------------------------------------

**01** 按M键打开"材质编辑器"面板，然后选择一个空白材质球，设置材质类型为"VRayMtl材质"，具体参数如图5-481所示。材质球效果如图5-482所示。

**设置步骤**

　　① 设置"漫反射"颜色为（红:240，绿:240，蓝:240）。

　　② 在"折射"通道中加载"衰减"贴图，交换"前"通道和"侧"通道颜色后，设置"前"通道颜色为（红:198，绿:198，蓝:198），"衰减类型"为"垂直/平行"，然后设置"折射率（IOR）"为1.01，"细分"为20。

　　③ 在"不透明度"通道中加载本书学习资源中的"实例文件>CH05>综合训练：北欧风格公寓材质> JD-B布料-常用-00020.jpg"文件，设置通道量为50。

**02** 将设置好的材质赋予纱帘模型，效果如图5-483所示。

**03** 其他材质比较简单，这里不再赘述。按F9键渲染场景，最终效果如图5-484所示。

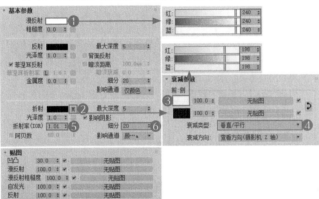

图5-481　　　　　　图5-482　　　　　　图5-483　　　　　　图5-484

👑 重点

### 综合训练：现代风格洗手台材质

| 场景文件 | 场景文件>CH05>46.max |
|---|---|
| 实例文件 | 实例文件>CH05>综合训练：现代风格洗手台材质.max |
| 难易程度 | ★★★★☆ |
| 技术掌握 | 材质综合练习 |

扫码观看视频

　　本案例是为一套现代风格的洗手台制作材质，案例效果如图5-485所示。

图5-485

## 墙砖

**01** 打开本书学习资源中的"场景文件>CH06>46.max"文件，如图5-486所示。

**02** 按M键打开"材质编辑器"面板，然后选择一个空白材质球，设置材质类型为"VRayMtl材质"，具体参数如图5-487所示。材质球效果如图5-488所示。

**设置步骤**

① 在"漫反射"通道中加载"平铺"贴图，设置"预设类型"为"堆栈砌合"，然后在"平铺设置"的"纹理"通道中加载本书学习资源中的"实例文件>CH05>综合训练：现代风格洗手台材质> 20160908182551_775.jpg"文件，设置"水平数"和"垂直数"都为2，接着设置"砖缝设置"的颜色为（红:8，绿:8，蓝:8），"水平间距"和"垂直间距"都为0.1。

② 设置"反射"的颜色为（红:255，绿:255，蓝:255），"光泽度"为0.88，"菲涅耳折射率"为1.8，"细分"为20。

**03** 将设置好的材质赋予墙砖模型，然后添加"UVW贴图"修改器，设置"贴图"为"长方体"，"长度""宽度""高度"都为1000mm，如图5-489所示。调整后的墙砖效果如图5-490所示。

图5-486

> ① **技巧提示：凹凸通道贴图**
>
> 在"凹凸"通道中加载与"漫反射"通道相同的"平铺"贴图，去掉"平铺设置"通道中的贴图后，就可以呈现砖块的凹凸效果。

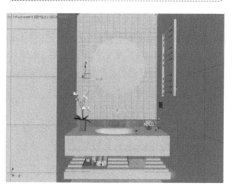

图5-490

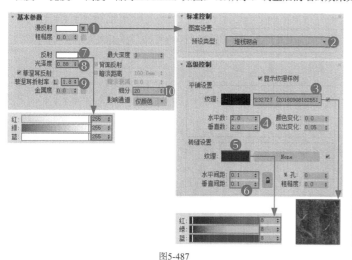

图5-487

图5-488

图5-489

☞ **绿色瓷砖**

**01** 按M键打开"材质编辑器"面板，然后选择一个空白材质球，设置材质类型为"VRayMtl材质"，具体参数如图5-491所示。材质球效果如图5-492所示。

**设置步骤**

① 在"漫反射"通道中加载"衰减"贴图，设置"前"通道颜色为（红:97，绿:115，蓝:105），"衰减类型"为"垂直/平行"。

② 设置"反射"的颜色为（红:255，绿:255，蓝:255），"光泽度"为0.98，"菲涅耳折射率"为1.8，"细分"为20。

**02** 将设置好的材质赋予镜子后的瓷砖模型，效果如图5-493所示。

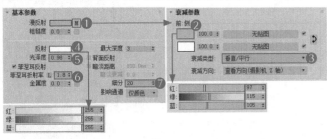

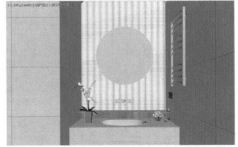

图5-491　　　　　　　　　　　图5-492　　　　　　　　　图5-493

☞ **洗手台**

**01** 按M键打开"材质编辑器"面板，然后选择一个空白材质球，设置材质类型为"VRayMtl材质"，具体参数如图5-494所示。材质球效果如图5-495所示。

**设置步骤**

① 在"漫反射"通道中加载本书学习资源中的"实例文件>CH05>综合训练：现代风格洗手台材质> JE065.jpg"。

② 设置"反射"的颜色为（红:255，绿:255，蓝:255），"光泽度"为0.7，"菲涅耳折射率"为1.8，"细分"为20。

**02** 将材质赋予洗手台模型，然后添加"UVW贴图"修改器，设置"贴图"为"长方体"，"长度""宽度""高度"都为600mm，如图5-496所示。效果如图5-497所示。

图5-495

图5-494　　　　　　　　　图5-496　　　　　　　　　图5-497

☞ **洗手盆**

按M键打开"材质编辑器"面板，然后选择一个空白材质球，设置材质类型为"VRayMtl材质"，具体参数如图5-498所示。材质球效果如图5-499所示。

**设置步骤**

**01** ① 设置"漫反射"的颜色为（红:255，绿:255，蓝:255）。

② 设置"反射"的颜色为（红:255，绿:255，蓝:255），"光泽度"为0.98，"菲涅耳折射率"为1.8，"细分"为20。

**02** 将设置好的材质赋予洗手盆模型，效果如图5-500所示。

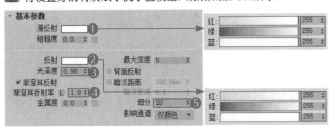

图5-498　　　　　　　　　图5-499　　　　　　　　　图5-500

☞ 架子--------------------------------------------------------------------------------------------------------

**01** 按M键打开"材质编辑器"面板，然后选择一个空白材质球，设置材质类型为"VRayMtl材质"，具体参数如图5-501所示。材质球效果如图5-502所示。

**设置步骤**

① 在"漫反射"通道中加载本书学习资源中的"实例文件>CH05>综合训练：现代风格洗手台材质> JE051.jpg"。

② 设置"反射"的颜色为( 红:198，绿:198，蓝:198 )，"光泽度"为0.7，"细分"为20。

**02** 将设置好的材质赋予洗手台下方的架子模型，然后为模型添加"UVW贴图"修改器，设置"贴图"为"长方体"，"长度""宽度""高度"都为600mm，"对齐"为X，如图5-503所示。效果如图5-504所示。

图5-501

图5-502

图5-503

图5-504

☞ 镜子--------------------------------------------------------------------------------------------------------

**01** 按M键打开"材质编辑器"面板，然后选择一个空白材质球，设置材质类型为"VRayMtl材质"，具体参数如图5-505所示。材质球效果如图5-506所示。

**设置步骤**

① 设置"漫反射"的颜色为( 红:218，绿:235，蓝:255 )。

② 设置"反射"的颜色为( 红:255，绿:255，蓝:255 )，"细分"为20。

**02** 将设置好的材质赋予镜子模型，效果如图5-507所示。

图5-505

图5-506

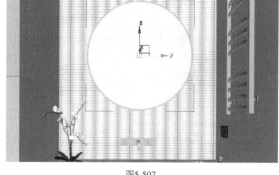

图5-507

☞ 铜--------------------------------------------------------------------------------------------------------

**01** 按M键打开"材质编辑器"面板，然后选择一个空白材质球，设置材质类型为"VRayMtl材质"，具体参数如图5-508所示。材质球效果如图5-509所示。

**设置步骤**

① 设置"漫反射"的颜色为( 红:60，绿:52，蓝:43 )。

② 设置"反射"的颜色为( 红:110，绿:88，蓝:72 )，"光泽度"为0.85，"菲涅耳折射率"为3，"金属度"为1，"细分"为20。

③ 在"双向反射分布函数"卷展栏中设置类型为"微面GTR ( GGX )"，"各向异性"为0.5。

**02** 将材质赋予镜子边缘的模型、水龙头模型和插座模型，效果如图5-510所示。

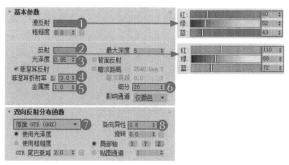

图5-508

图5-509

图5-510

**毛巾架**

**01** 按M键打开"材质编辑器"面板,然后选择一个空白材质球,设置材质类型为"VRayMtl材质",具体参数如图5-511所示。材质球效果如图5-512所示。

**设置步骤**

① 设置"漫反射"的颜色为(红:203,绿:203,蓝:203)。

② 设置"反射"的颜色为(红:148,绿:148,蓝:148),"光泽度"为0.95,"金属度"为1。

③ 在"双向反射分布函数"卷展栏中设置类型为"微面GTR(GGX)"。

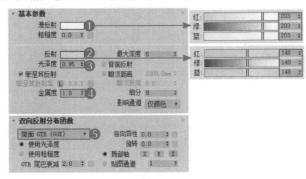

<table>
<tr><td>图5-511</td><td>图5-512</td></tr>
</table>

**02** 将设置好的材质赋予右侧的毛巾架模型,效果如图5-513所示。

**03** 按F9键渲染场景,效果如图5-514所示。

<table>
<tr><td>图5-513</td><td>图5-514</td></tr>
</table>

# 6 环境和效果技术

第　章　📹 基础视频集数：5集　📹 案例视频集数：15集　🕐 视频时间：93分钟

　　环境和效果是场景创建中的辅助对象，并不一定会在场景中出现。环境中的背景贴图较为重要，需要读者完全掌握。至于其他的大气和环境工具，读者只需要了解即可，有些功能甚至完全可以用其他软件替代，且效果更加逼真，制作效率也更高。

## 学习重点　🔍

## 学完本章能做什么

　　学完本章之后，读者可以掌握加载外景贴图的方法，熟悉常见的环境和效果技术的应用方法。

# 6.1 环境

环境对营造场景的氛围起到了至关重要的作用。3ds Max 2021可以为场景添加火、雾和体积光等环境效果，如图6-1所示。

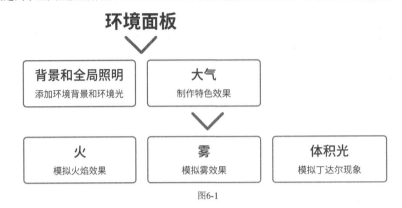

图6-1

▲重点

## 6.1.1 背景和全局照明

在3ds Max中，背景和全局照明都在"环境和效果"面板中进行设定，如图6-2所示。

> ⑦ **疑难问答：** 打开"环境和效果"面板的方法有哪些？
>
> 打开"环境和效果"面板的方法主要有以下3种。
> **第1种** 执行"渲染>环境"菜单命令。
> **第2种** 执行"渲染>效果"菜单命令。
> **第3种** 按键盘上的8键。

扫码观看视频

图6-2

在上一章使用VRayHDRI的案例中，我们使用了"环境和效果"面板，在"环境贴图"通道中加载设置好的VRayHDRI。在"环境贴图"通道中除了可以加载VRayHDRI外，还可以加载普通的"位图"贴图或是"衰减"贴图作为背景。

如果不在"环境贴图"通道中加载贴图，系统会按照"颜色"色块显示环境色，默认的黑色表示没有环境色，如图6-3所示。如果设置"颜色"为白色，代表环境光为白色，如图6-4所示。环境的颜色也可以设置为其他任意颜色，图6-5所示是将"颜色"设置为蓝色的效果。

图6-3

图6-4

图6-5

> ◎ **知识课堂：** 外景贴图的注意事项
>
> 我们为场景添加外景贴图时需要注意以下事项。
> **第1点** 所添加的外景贴图一定要符合场景视角。例如，如果背景图的地平线明显低于房间的地平线，背景图的透视角度与房间的透视角度有明显差异等，就需要在场景中调整背景图的位置。
> **第2点** 背景图的亮度一定要符合逻辑。现实生活中，白天的户外亮度会明显高于室内，夜晚的户外亮度会低于开灯的室内。因此在调整背景图的亮度时，白天的外景贴图要处理为曝光过度的效果，夜晚的外景贴图要处理为曝光不足的效果，分别如图6-6和图6-7所示。

图6-6

图6-7

☝重点

## 案例训练：为日景书房添加外景贴图

| 场景文件 | 场景文件>CH06>01.max |
|---|---|
| 实例文件 | 实例文件>CH06>案例训练：为日景书房添加外景贴图.max |
| 难易程度 | ★★☆☆☆ |
| 技术掌握 | 加载环境贴图 |

本案例为日景书房空间添加外景贴图，案例效果如图6-8所示。

**01** 打开本书学习资源中的"场景文件>CH06>01.max"文件，如图6-9所示。

**02** 场景中布置了摄影机、灯光和材质，此时需要在窗外创建外景贴图。使用"弧"工具  在窗外创建一个弧形样条线，然后为其加载"挤出"修改器，效果如图6-10所示。

**03** 按M键打开"材质编辑器"面板，选中一个空白材质球，然后将其转换为"VRay灯光材质"，并在

图6-8　　　　图6-9

"颜色"通道中加载本书学习资源中的"实例文件>CH06>案例训练：为日景书房添加外景贴图>13.jpg"文件，然后设置"倍增"为2，如图6-11所示。

**04** 将材质赋予步骤02中创建的模型，然后按F9键进行渲染，效果如图6-12所示。

图6-10

! **技巧提示：白天场景与贴图亮度**

本案例表现白天场景，环境贴图的亮度要大于室内空间的亮度。

图6-11

图6-12

☝重点

## 案例训练：为夜晚卧室添加外景贴图

| 场景文件 | 场景文件>CH06>02.max |
|---|---|
| 实例文件 | 实例文件>CH06>案例训练：为夜晚卧室添加外景贴图.max |
| 难易程度 | ★★☆☆☆ |
| 技术掌握 | 加载环境贴图 |

本案例为夜晚卧室空间添加外景贴图，案例效果如图6-13所示。

**01** 打开本书学习资源中的"场景文件>CH06>02.max"文件，如图6-14所示。

**02** 场景中布置了摄影机、灯光和材质，此时需要在窗外创建外景贴图。使用"弧"工具 在窗外创建一个弧形样条线，然后为其加载"挤出"修改器，效果如图6-15所示。

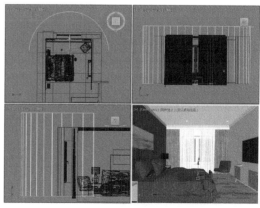

图6-13　　　　图6-14　　　　图6-15

**03** 按M键打开"材质编辑器"面板，选中一个空白材质球，然后将其转换为"VRay灯光材质"，并在"颜色"通道中加载本书学习资源中的"实例文件>CH06>案例训练：为夜晚卧室添加外景贴图>1.jpg"文件，如图6-16所示。

**04** 将材质赋予步骤02中创建的模型，然后按F9键进行渲染，效果如图6-17所示。

① **技巧提示：夜晚场景与贴图亮度**

本案例表现夜晚场景，环境贴图的亮度要小于室内空间的亮度。

图6-16　　　　　　　　　　　　　　　图6-17

👑 重点

👆 **学后训练：在场景中加载外景贴图**

| 场景文件 | 场景文件>CH06>03.max |
| --- | --- |
| 实例文件 | 实例文件>CH06>学后训练：在场景中加载外景贴图.max |
| 难易程度 | ★★☆☆☆ |
| 技术掌握 | 加载环境贴图 |

扫码观看视频

本案例是在"环境贴图"通道中加载贴图作为场景的外景贴图，案例效果如图6-18所示。

◎ **知识课堂：添加背景的其他方法**

添加背景的方法除了上面案例中提到的之外，还可以在Photoshop中进行添加。

将背景渲染为黑色或是白色的纯色，然后在Photoshop中抠除外景颜色，接着选择一张新的背景贴图嵌入窗外，如图6-19所示。

图6-19

图6-18

## 6.1.2 大气

3ds Max中的大气环境效果可以用来模拟自然界中的火、雾和体积光等环境效果。使用这些特殊的环境效果可以逼真地模拟出自然界的各种气候，同时还可以增强场景的景深感，使场景显得更为广阔，有时还能起到烘托场景气氛的作用，其参数面板如图6-20所示。

扫码观看视频

单击"添加"按钮 添加... ，在弹出的"添加大气效果"对话框中就可以选择需要的大气效果，如图6-21所示。

"火效果"用来模拟火焰效果，需要与场景中的大气装置进行关联才能生成特定的火焰，效果如图6-22所示。火焰本身是不产生照明效果的，如果要模拟火焰的照明效果，需要在内部添加灯光。

"雾"是为场景整体添加雾或蒸汽等效果，和它类似的是"体积雾"，效果如图6-23所示。"体积雾"是有体积的，其大小可以被控制，且必须和大气装置进行关联。

图6-20　　　　　　　　图6-21　　　　　　　　图6-22　　　　　　　　图6-23

"体积光"常用来模拟丁达尔现象，生成不规则的光束，效果如图6-24所示。"体积光"需要在场景中与灯光关联，VRay渲染器所带的灯光是无法与"体积光"进行关联的。

"VRay卡通"是VRay渲染器所带的环境效果，它所渲染的场景会生成带线条的卡通样式，如图6-25所示。

大气效果可以添加一个或多个，如果要移除不需要的大气效果，单击"删除"按钮 删除 即可。

图6-24

图6-25

## 案例训练：用火效果制作壁炉火焰

| 场景文件 | 场景文件>CH06>04.max |
|---|---|
| 实例文件 | 实例文件>CH06>案例训练：用火效果制作壁炉火焰.max |
| 难易程度 | ★★☆☆☆ |
| 技术掌握 | 火效果 |

本案例是用火效果模拟壁炉的火焰，案例效果如图6-26所示。

**01** 打开本书学习资源中的"场景文件>CH06>04.max"文件，如图6-27所示。

**02** 在"创建"面板中选择"辅助对象"选项卡，然后切换到"大气装置"，单击"球体Gizmo"按钮 球体 Gizmo ，如图6-28所示。在柴堆模型上创建一个球体大气装置，如图6-29所示。

图6-26

图6-27

图6-28

图6-29

**03** 在"修改"面板中勾选"半球"选项，此时球体大气装置变成半球大气装置，如图6-30和图6-31所示。

**04** 使用"选择并均匀缩放"工具 将半球大气装置向上拉长，形成火焰的高度，如图6-32所示。

**05** 按8键打开"环境和效果"面板，在"大气"卷展栏中单击"添加"按钮 添加 ，然后在弹出的"添加大气效果"对话框中选择"火效果"选项，单击"确定"按钮 确定 后"效果"选框中就出现了"火效果"，如图6-33所示。

图6-30

图6-31

图6-32

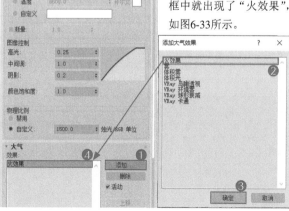

图6-33

**06** 在"火效果参数"卷展栏中单击"拾取Gizmo"按钮 拾取 Gizmo ，然后单击场景中的大气装置，如图6-34所示。这样大气装置就可以与火效果的参数形成关联效果。

**07** 在"火效果参数"卷展栏中设置"规则性"为0.5，"火焰大小"为26，"火焰细节"为8，"密度"为10，"采样"为50，如图6-35所示。

**08** 按F9键渲染场景，效果如图6-36所示。

> ⓘ **技巧提示：步骤注意事项**
>
> 火焰的参数仅供参考，读者可在所提供的参数基础上进行调整。

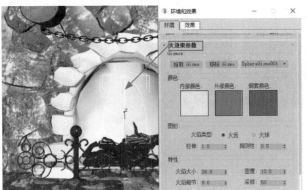
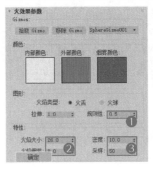

图6-34　　　　　　　　　　　图6-35　　　　　　　　　　　图6-36

👆 重点

## 🖐 案例训练：用雾效果制作晨雾

| | |
|---|---|
| 场景文件 | 场景文件>CH06>05.max |
| 实例文件 | 实例文件>CH06>案例训练：用雾效果制作晨雾.max |
| 难易程度 | ★★☆☆☆ |
| 技术掌握 | 雾效果 |

扫码观看视频

本案例是用雾效果模拟晨雾，案例效果如图6-37所示。

**01** 打开本书学习资源中的"场景文件>CH06>05.max"文件，如图6-38所示。

**02** 按F9键渲染场景，效果如图6-39所示。此时场景中还没有添加雾效果。

图6-37　　　　　　　　　　　图6-38　　　　　　　　　　　图6-39

**03** 按8键打开"环境和效果"面板，在"大气"卷展栏中单击"添加"按钮 添加 ，在弹出的"添加大气效果"对话框中选择"雾"选项，单击"确定"按钮 确定 后，"效果"选框中就出现了"雾"，如图6-40所示。

**04** 在"雾参数"卷展栏中勾选"指数"选项，然后设置"近端%"为0，"远端%"为20，如图6-41所示。

**05** 按F9键渲染场景，案例的最终效果如图6-42所示。

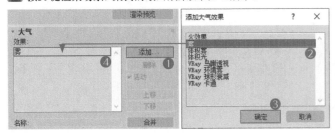
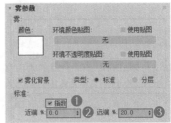

图6-40　　　　　　　　　　　图6-41　　　　　　　　　　　图6-42

👆 重点
## 🖐 案例训练：用体积光制作场景体积光

| 场景文件 | 场景文件>CH06>06.max |
|---|---|
| 实例文件 | 实例文件>CH06>案例训练：用体积光制作场景体积光.max |
| 难易程度 | ★★★☆☆ |
| 技术掌握 | 体积光效果 |

扫码观看视频

本案例是用体积光效果制作场景体积光，案例效果如图6-43所示。

**01** 打开本书学习资源中的"场景文件>CH06>06.max"文件，如图6-44所示。

**02** 设置灯光类型为"VRay"，然后使用"VRay太阳"工具 (VR)太阳 在场景中创建一盏灯光，其位置如图6-45所示。

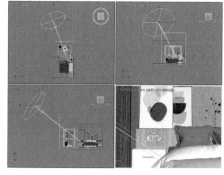

图6-43　　　　　　　　　　　　　图6-44　　　　　　　　　　　　　图6-45

**03** 选中上一步创建的灯光，然后在"VRay太阳参数"卷展栏下设置"强度倍增"为0.03，"大小倍增"为5，"阴影细分"为8，"天空模型"为Preetham et al.，具体参数设置如图6-46所示，接着按F9键测试渲染当前场景，效果如图6-47所示。

**04** 设置灯光类型为"标准"，然后使用"目标平行光"工具 目标平行光 在天空中创建一盏"目标平行光"，其位置如图6-48所示（与"VRay太阳"的位置相同）。

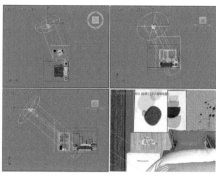

图6-46　　　　　　　　　　　　　图6-47　　　　　　　　　　　　　图6-48

**05** 选中上一步创建的"目标平行光"，然后进入"修改"面板，具体参数设置如图6-49所示。

**设置步骤**

① 展开"常规参数"卷展栏，勾选"阴影"选项组中的"启用"选项，设置阴影类型为"VRay阴影"。

② 展开"强度/颜色/衰减"卷展栏，设置"倍增"为0.3。

② 展开"平行光参数"卷展栏，设置"聚光区/光束"为1063mm，"衰减区/区域"为1875mm。

④ 展开"高级效果"卷展栏，然后在"投影贴图"通道中加载本书学习资源中的"实例文件>CH06>案例训练：用体积光制作场景体积光>55.jpg"文件。

**06** 按F9键测试渲染当前场景，效果如图6-50所示。

> ⚠ **技巧提示：步骤注意事项**
> 虽然在"投影贴图"通道中加载了黑白贴图，但是灯光还没有产生体积光效果。

图6-49　　　　　　　　　　　　　　　　　　　　　　　　　　　　图6-50

**07** 按8键打开"环境和效果"面板，展开"大气"卷展栏，单击"添加"按钮 添加 ，然后在弹出的"添加大气效果"对话框中选择"体积光"选项，单击"确定"按钮 确定 后，"效果"选框中就出现了"体积光"，如图6-51所示。

**08** 在"效果"列表中选择"体积光"选项，在"体积光参数"卷展栏下单击"拾取灯光"按钮 拾取灯光 ，然后在场景中拾取"目标平行光"，勾选"指数"选项，并设置"过滤阴影"为"高"，具体参数设置如图6-52所示。

**09** 按F9键渲染当前场景，最终效果如图6-53所示。

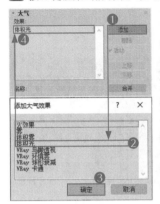

图6-51

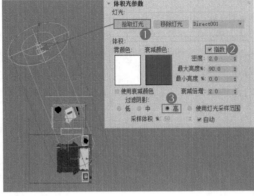

图6-52

图6-53

# 6.2 效果

在"效果"面板中可以为场景添加"毛发和毛皮""镜头效果""模糊""亮度和对比度""色彩平衡""景深""文件输出""胶片颗粒""照明分析图像叠加""运动模糊""VRay镜头效果"等13个效果，下面对重要效果进行讲解，如图6-54所示。

扫码观看视频

## 效果
∨

| 镜头效果 | 模糊 | 胶片颗粒 | 亮度和对比度 | 色彩平衡 |
|---|---|---|---|---|
| 模拟各种光晕 | 产生特定模糊 | 模拟颗粒效果 | 调整亮度和对比度 | 调整色彩平衡 |

图6-54

## 6.2.1 镜头效果

"镜头效果"可以模拟照相机拍照时镜头所产生的光晕效果，这些效果包括"光晕""光环""射线""自动二级光斑""手动二级光斑""星形""条纹"，如图6-55所示。

> ① **技巧提示**：添加和移除"镜头效果"的方法
> 在"镜头效果参数"卷展栏下选择要添加的效果，单击"添加"按钮 可以将其加载到右侧的列表中，以应用"镜头效果"；单击"移除"按钮 可以移除加载的"镜头效果"。

"镜头效果"既有全局参数，又有每种效果单独的参数。在全局参数中单击"拾取灯光"按钮 拾取灯光 ，可以拾取场景中需要产生镜头光晕效果的灯光。

需要注意的是，要产生镜头光晕效果，只能使用3ds Max自带的灯光、材质、摄影机和渲染器，使用VRay渲染器中的组件是不能产生镜头光晕效果的。

"镜头效果"在一些后期软件中可以添加，因此读者对这个功能了解即可。

图6-55

☝重点

## 👆案例训练：用镜头效果制作光斑

| 场景文件 | 场景文件>CH06>07.max |
|---|---|
| 实例文件 | 实例文件>CH06>案例训练：用镜头效果制作光斑.max |
| 难易程度 | ★★★☆☆ |
| 技术掌握 | 镜头效果 |

本案例是用"镜头效果"制作灯光光斑，案例效果如图6-56所示。

**01** 打开本书学习资源中的"场景文件>CH06>07.max"文件，如图6-57所示。

**02** 使用"泛光"工具 泛光 在灯具模型内创建一盏灯光，位置如图6-58所示。

> ① **技巧提示：步骤注意事项**
> 场景中如果存在VRay渲染器的材质和灯光，就不能渲染出镜头效果。

图6-56　　　　　　　　图6-57　　　　　　　　　　　　　　　　　　　图6-58

**03** 选中创建的灯光，然后进入"修改"面板，具体参数设置如图6-59所示。

**设置步骤**

① 展开"常规参数"卷展栏，设置阴影类型为"阴影贴图"。

② 展开"强度/颜色/衰减"卷展栏，设置"倍增"为3，"颜色"为（红:255，绿:169，蓝:92），勾选"远距衰减"选项组的"使用""显示"选项，设置"开始"为8cm，"结束"为23.6cm。

**04** 按F9键渲染场景，效果如图6-60所示。

**05** 按8键打开"环境和效果"面板，切换到"效果"选项卡，单击"添加"按钮 添加 ，在弹出的"添加效果"对话框中选择"镜头效果"选项，单击"确定"按钮 确定 后，"效果"选框中出现了"镜头效果"，如图6-61所示。

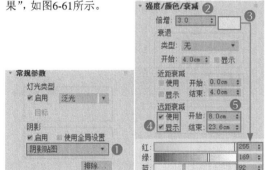

图6-59　　　　　　　　　　　　　图6-60　　　　　　　　　　　　　图6-61

**06** 在"镜头效果参数"卷展栏中选择"光晕""射线""手动二级光斑""条纹"选项，将其添加到右侧选框中，然后在"镜头效果全局"卷展栏中单击"拾取灯光"按钮 拾取灯光 ，并单击场景中的泛光灯，如图6-62所示。

**07** 选中"光晕"选项，在"光晕元素"卷展栏中设置"大小"为30，"强度"为60，如图6-63所示。

**08** 选中"条纹"选项，在"条纹元素"卷展栏中设置"大小"为50，"宽度"为2，"锥化"为0.5，"强度"为5，"锐化"为9.8，如图6-64所示。

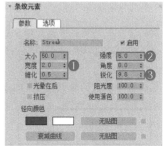

图6-62　　　　　　　　　　　　图6-63　　　　　　　　　　　　　图6-64

**09** 选中"射线"选项，在"射线元素"卷展栏中设置"大小"为300，"数量"为100，"锐化"为8，"强度"为10，如图6-65所示。

**10** 选中"手动二级光斑"选项，在"手动二级光斑元素"卷展栏中设置"大小"为50，"平面"为150，"强度"为35，"使用源色"为20，如图6-66所示。

**11** 按F9键渲染场景，案例的最终效果如图6-67所示。

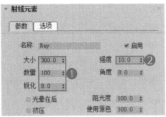
图6-65

图6-66

图6-67

👑 重点

## 6.2.2 模糊

"模糊"效果可以通过3种不同的方法使图像变得模糊，分别是"均匀型""方向型""径向型"。"模糊"效果根据"像素选择"选项卡下所选择的对象来应用各个像素，使整个图像变模糊，其参数包含"模糊类型""像素选择"两大部分，如图6-68所示。

"对象ID"或"材质ID"可以设置场景中需要模糊的对象。无论使用哪种方法，都需要将ID号与相关联的对象进行统一，这样才能产生模糊效果。

以"材质ID"为例，随意设置一个ID号，然后在"材质编辑器"面板中选中需要产生模糊的材质，并设置其ID号与"模糊"效果参数面板中的相同，如图6-69所示。

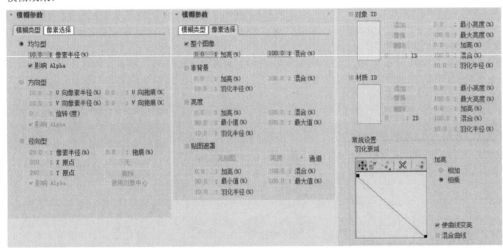
图6-68

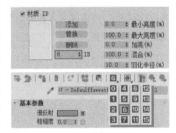
图6-69

"模糊"效果在后期软件中可以实现，读者对此了解即可。

👑 重点

## 🖐 案例训练：用模糊效果制作奇幻特效

| 场景文件 | 场景文件>CH06>08.max |
|---|---|
| 实例文件 | 实例文件>CH06>案例训练：用模糊效果制作奇幻特效.max |
| 难易程度 | ★★★☆☆ |
| 技术掌握 | 模糊效果；材质ID |

扫码观看视频

本案例是用"模糊"效果制作奇幻特效，案例效果如图6-70所示。

**01** 打开本书学习资源中的"场景文件>CH06>08.max"文件，如图6-71所示。

**02** 按F9键渲染场景，效果如图6-72所示。此时场景中还没有加入"模糊"效果。

图6-70

图6-71

图6-72

**03** 按8键打开"环境和效果"面板，在"效果"选项卡中添加"模糊"效果，如图6-73所示。

**04** 选中"模糊"选项，在"模糊参数"卷展栏的"模糊类型"选项卡中选择"均匀型"选项，设置"像素半径（%）"为10，如图6-74所示。

**05** 切换到"效果"选项卡，勾选"材质ID"选项，然后在"材质ID"输入框中输入8并单击"添加"按钮 添加 ，设置"最小亮度（%）"为50，"最大亮度（%）"为100，"加亮（%）"为100，"混合（%）"为50，"羽化半径（%）"为30，接着设置"羽化衰减"的曲线，如图6-75所示。

图6-73

图6-74

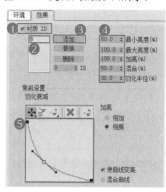

图6-75

**06** 按M键打开"材质编辑器"面板，选中"自发光"材质球，然后在"材质ID通道"中设置通道为8，如图6-76所示。

**07** 按F9键渲染场景，案例的最终效果如图6-77所示。

⊘ **疑难问答：为何要设置材质ID通道数值为8？**

设置"材质ID通道"数值设置为8，这样就能和"模糊"中的"材质ID"数值相一致，系统才能将两者进行关联，否则无法生成材质的模糊效果。

图6-76

图6-77

☛ 重点

## 6.2.3 胶片颗粒

"胶片颗粒"效果主要用于在渲染场景中重新创建胶片颗粒，同时还可以作为背景的源材质与软件中创建的渲染场景相匹配，其参数面板如图6-78所示。

"胶片颗粒"的参数很简单，设置"颗粒"的数值就能在渲染的效果图上增加颗粒质感，类似老电影画面，效果如图6-79所示。这个效果与Photoshop中的"添加杂色"滤镜完全一样，读者对此了解即可。

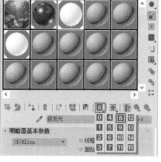

图6-78

图6-79

☛ 重点

## ✍ 案例训练：用胶片颗粒效果制作老电影画面

| 场景文件 | 场景文件>CH06>09.max |
|---|---|
| 实例文件 | 实例文件>CH06>案例训练：用胶片颗粒效果制作老电影画面.max |
| 难易程度 | ★★☆☆☆ |
| 技术掌握 | 胶片颗粒效果 |

扫码观看视频

本案例用"胶片颗粒"效果模拟老电影画面，案例效果如图6-80所示。

**01** 打开本书学习资源中的"场景文件>CH06>09.max"文件，如图6-81所示。

**02** 按F9键渲染场景，效果如图6-82所示。此时场景中还没有添加"胶片颗粒"效果。

图6-80

图6-81

图6-82

**03** 在"环境和效果"面板中添加"胶片颗粒"效果,如图6-83所示。

**04** 选中"胶片颗粒"选项,在下方的"胶片颗粒参数"卷展栏中设置"颗粒"为0.3,如图6-84所示。

**05** 按F9键渲染场景,案例的最终效果如图6-85所示。

图6-83

图6-84

图6-85

## 6.2.4 亮度和对比度

"亮度和对比度"效果可以调整图像的亮度和对比度,其参数面板如图6-86所示。

"亮度和对比度"效果可以调整画面整体的亮度和对比度,但是必须在渲染之后才能观察到效果,非常不方便。这个效果与Photoshop中的"亮度/对比度"命令完全一样,且Photoshop能实时显示调整效果,因此读者对这个功能了解即可。

图6-86

## 6.2.5 色彩平衡

"色彩平衡"效果可以通过调节"青-红""洋红-绿""黄-蓝"3个通道来改变场景或图像的色调,其参数面板如图6-87所示。

和"亮度和对比度"效果一样,"色彩平衡"效果也是在渲染结束后才能观察到效果,且使用方法与Photoshop中的"色彩平衡"命令一致,读者对此了解即可。

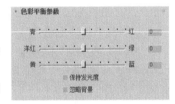

图6-87

# 6.3 自然光源的环境贴图

扫码观看视频

模拟现实世界中自然光源的好办法之一是在"环境贴图"通道中加载HDR贴图。

## 6.3.1 HDR贴图背景的优势

上一章讲到HDR贴图带有光信息,加载在"环境贴图"通道中可以作为环境光使用。

纯色背景会为场景整体添加一个强度完全一致的单色,且只能反射出其他模型,效果如图6-88所示。而HDR贴图不仅会为场景添加不同强度的颜色,使环境光更接近自然光源,还可以反射出HDR贴图上的信息从而让画面更丰富,效果如图6-89所示。

图6-88

图6-89

🖐 重点
## 6.3.2 HDR贴图背景的加载方法

HDR贴图的加载方法很简单,前面的内容中就有所涉及。

**第1步** 按8键打开"环境和效果"面板,然后单击"环境贴图"通道,在弹出的"材质/贴图浏览器"对话框中双击"VRayHDRI"选项即可将其加入该通道,如图6-90所示。

**第2步** 按M键打开"材质编辑器"面板，然后将上一步加载的VRayHDRI复制到空白材质球上，复制形式选择"实例"，如图6-91所示。

**第3步** 选中复制的VRayHDRI，然后在下方的"位图"通道中加载.hdr格式的贴图文件，设置"贴图类型"为"球形"，如图6-92所示。

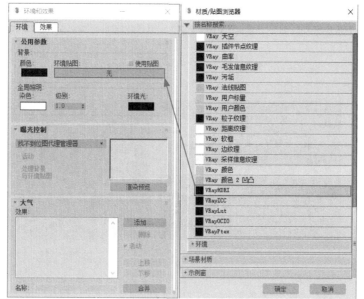

图6-90

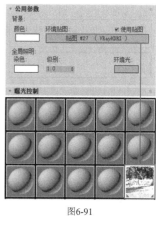

图6-91

图6-92

## 💧 案例训练：自然光照的儿童房

| 场景文件 | 场景文件>CH06>10.max |
|---|---|
| 实例文件 | 实例文件>CH06>案例训练：自然光照的儿童房.max |
| 难易程度 | ★★★☆☆ |
| 技术掌握 | HDR贴图环境光源 |

本案例用VRayHDRI模拟场景的环境光，案例效果如图6-93所示。

**01** 打开本书学习资源中的"场景文件>CH06>10.max"文件，如图6-94所示。

图6-93

图6-94

**02** 按8键打开"环境和效果"面板，然后在"环境贴图"通道中加载一张VRayHDRI，如图6-95所示。

**03** 将上一步加载的VRayHDRI以"实例"形式复制到空白材质球上，然后在"位图"通道中加载本书学习资源中的"实例文件>CH06>案例训练：自然光照的儿童房>8.hdr"文件，设置"贴图类型"为"球形"，如图6-96所示。

**04** 在摄影机视图中渲染当前场景，效果如图6-97所示，此时场景非常暗，这是因为贴图的亮度很低。

图6-95

图6-96

图6-97

**05** 设置"全局倍增"为10,如图6-98所示,然后在摄影机视图中进行渲染,渲染效果如图6-99所示。

**06** 此时环境光的亮度合适,需要为场景增加太阳光。使用"VRay太阳"工具 (VR)太阳 在窗外创建一盏灯光,位置如图6-100所示。

**07** 选中上一步创建的灯光,然后设置"强度倍增"为0.03,"大小倍增"为5,"阴影细分"为8,"天空模型"为Preetham et al.,如图6-101所示。

图6-98

图6-99

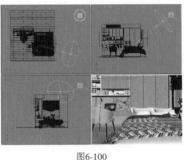

图6-100

图6-101

**08** 在摄影机视图中渲染场景,效果如图6-102所示。

**09** 此时太阳光的亮度合适,但屋内还是有些暗,需要在窗外添加一盏灯光以补充室内光源。使用"VRay灯光"工具 (VR)灯光 在窗外创建一盏灯光作为补充的环境光,位置如图6-103所示。灯光的大小与窗口大小差不多即可,强度自定。

**10** 在摄影机视图中渲染场景,效果如图6-104所示。由于HDR贴图的角度原因,所显示的外景效果未必适合场景视角,这个时候就需要添加外景贴图进行弥补。

图6-102

图6-103

图6-104

> 🔖 **知识链接:调整HDR贴图角度的方法**
>
> 关于调整HDR贴图角度的方法,请参阅第5章中的"知识课堂 快速确定HDR贴图的角度"的相关内容。

👑 重点

## 👆 学后训练:自然光照的卧室

| 场景文件 | 场景文件>CH06>11.max |
|---|---|
| 实例文件 | 实例文件>CH06>学后训练:自然光照的卧室.max |
| 难易程度 | ★★★☆☆ |
| 技术掌握 | HDR贴图环境光源 |

本案例是用VRayHDRI模拟室外的环境光,案例效果如图6-105所示。

图6-105

# 6.4 纯色光源的环境贴图

一些产品展示的效果图中需要使用纯色的环境光源,这个时候就要依靠"衰减"贴图进行模拟。

扫码观看视频

## 6.4.1 衰减贴图背景的应用领域

"衰减"贴图背景由于产生的光线分布均匀，常用于制作产品效果图。"第4章 灯光技术"的产品灯光案例中就使用了"衰减"贴图作为背景。以测试场景为例，在场景中进行纯白色环境光源渲染，效果如图6-106所示。除了纯白色的背景，纯黑色的背景也是常用的类型，效果如图6-107所示。

图6-106

图6-107

👆重点

## 6.4.2 衰减贴图背景的加载方法

"衰减"贴图的加载方法与HDR贴图一样，都十分简单。

**第1步** 按8键打开"环境和效果"面板，然后单击"环境贴图"通道，接着在弹出的"材质/贴图浏览器"对话框中双击"衰减"选项即可将其加入该通道，如图6-108所示。

**第2步** 按M键打开"材质编辑器"面板，然后将上一步加载的"衰减"贴图复制到空白材质球上，复制形式选择"实例"，如图6-109所示。

**第3步** 选中复制的"衰减"贴图，然后单击下方的"交换颜色/贴图"按钮，交换"前"通道和"侧"通道的颜色，如图6-110所示，场景就显示为白色背景。

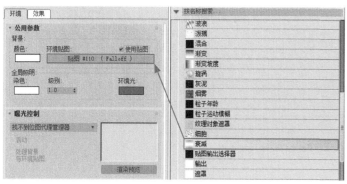
图6-108

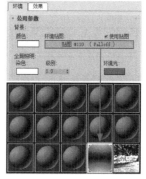
图6-109

图6-110

① 技巧提示：

默认的通道颜色，场景显示为黑色背景。

👆重点

## 🖐案例训练：纯色光照的自行车

| 场景文件 | 场景文件>CH06>12.max |
|---|---|
| 实例文件 | 实例文件>CH06>案例训练：纯色光照的自行车.max |
| 难易程度 | ★★★☆☆ |
| 技术掌握 | 衰减贴图环境光源 |

扫码观看视频

本案例用"衰减"贴图制作自行车的环境光，案例效果如图6-111所示。

**01** 打开本书学习资源中的"场景文件>CH06>12.max"文件，如图6-112所示。

**02** 按8键打开"环境和效果"面板，然后在"环境贴图"通道中加载一张"衰减"贴图，如图6-113所示。

**03** 将上一步加载的"衰减"贴图以"实例"形式复制到空白材质球上，然后单击"交换颜色/贴图"按钮，交换"前"通道和"侧"通道的颜色，如图6-114所示。

图6-111

图6-112

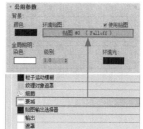
图6-113

图6-114

**04** 在摄影机视图中渲染场景，效果如图6-115所示。观察渲染的画面，白色的光线由于比较均匀，未在自行车模型上照射出高光区域。

**05** 使用"VRay灯光"工具 (VR)灯光 在场景中创建一盏"球形"灯光，位置如图6-116所示。

**06** 选中上一步创建的灯光，然后设置"半径"为50cm，"倍增"为200，"颜色"为白色，如图6-117所示。

**07** 在摄影机视图中渲染场景，效果如图6-118所示。

图6-115

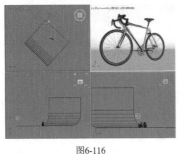

图6-116

图6-117

图6-118

🔖 **学后训练：纯色光照的三角钢琴**

| 场景文件 | 场景文件>CH06>13.max |
|---|---|
| 实例文件 | 实例文件>CH06>学后训练：纯色光照的三角钢琴.max |
| 难易程度 | ★★★☆☆ |
| 技术掌握 | 衰减贴图环境光源 |

扫码观看视频

本案例用"衰减"贴图制作三角钢琴的环境光，案例效果如图6-119所示。

# 6.5 综合训练营

下面通过两个综合训练复习巩固本章所学的知识。

⊗ **综合训练：北欧风格卧室夜景效果**

| 场景文件 | 场景文件>CH06>14.max |
|---|---|
| 实例文件 | 实例文件>CH06>综合训练：北欧风格卧室夜景效果.max |
| 难易程度 | ★★★★☆ |
| 技术掌握 | 外景贴图；HDR贴图环境光源 |

扫码观看视频

本案例制作北欧风格卧室的夜景效果，需要加载外景贴图，同时使用HDR贴图模拟环境光，案例效果如图6-120所示。

**01** 打开本书学习资源中的"场景文件>CH06>14.max"文件，如图6-121所示。这是一个北欧风格的卧室，下面为其制作夜景效果。

**02** 使用"长方体"工具 长方体 在窗外创建一个立方体模型，用来加载外景贴图，如图6-122所示。

图6-120

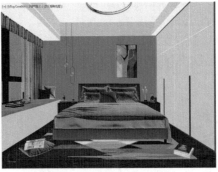

图6-121

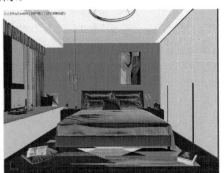

图6-122

ℹ️ **技巧提示：加载外景贴图的其他模型**
使用"平面"工具 平面 创建的平面模型同样也可以加载外景贴图。

**03** 按M键打开"材质编辑器"面板，选择一个空白材质球，将其转换为"VRay灯光材质"，然后在"颜色"通道中加载本书学习资源中的"实例文件>CH06>综合训练：北欧风格卧室夜景效果>都市夕阳窗景.jpg"文件，如图6-123所示。

**04** 将设置好的材质赋予创建的外景模型，然后添加"UVW贴图"修改器，效果如图6-124所示。

**05** 按F9键渲染场景，此时场景中只有窗外贴图的一点点亮度，其余都是黑色，效果如图6-125所示。

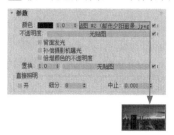

> ① **技巧提示：** 步骤技巧
> 为了让外景看起来更加美观，将贴图进行镜像翻转。

图6-123　　　　　　　　图6-124　　　　　　　　　　　　　　　图6-125

**06** 按8键打开"环境和效果"面板，在"环境贴图"通道中加载VRayHDRI，如图6-126所示。

**07** 将加载的VRayHDRI以"实例"形式复制到"材质编辑器"中的空白材质球上，然后在"位图"通道中加载本书学习资源中的"实例文件>CH06>综合训练：北欧风格卧室夜景效果>2.hdr"文件，并设置"贴图类型"为"球形"，如图6-127所示。

**08** 按F9键渲染场景，效果如图6-128所示。我们可以观察到加载的VRayHDRI使场景变亮，但此时场景中的亮度还不够。

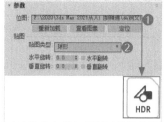

图6-126　　　　　　　　图6-127　　　　　　　　　　图6-128

> ⑦ **疑难问答：** 为何渲染后画面不显示环境亮度？
>
> 如果读者在渲染后发现画面的亮度没有改变，多是因为外景模型遮挡了环境光。下面介绍解决方法。
>
> **第1步** 选中外景模型，然后单击鼠标右键，在弹出的快捷菜单中选择"对象属性"选项，如图6-129所示。
>
> **第2步** 在"对象属性"对话框中取消勾选"接收阴影""投射阴影"两个选项，如图6-130所示。
>
>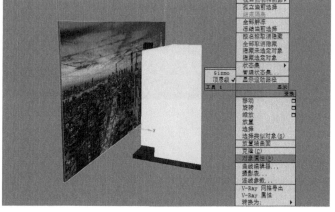
>
>
>
> 图6-129　　　　　　　　　　　　　　图6-130

**09** 选中VRayHDRI材质球，设置"全局倍增"为2，如图6-131所示。

**10** 按F9键渲染场景，效果如图6-132所示。此时场景中的灯光强度合适，但只有冷色灯光，没有暖色灯光，整个画面缺少冷暖对比。

**11** 使用"VRay灯光"工具 (VR)灯光 在床边的吊灯处创建两盏灯光，位置如图6-133所示。

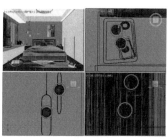

图6-131　　　　　　　　图6-132　　　　　　　　　图6-133

**12** 选中上一步创建的灯光，然后在"修改"面板中设置参数，如图6-134所示。

**设置步骤**

① 展开"常规"卷展栏，设置灯光"类型"为"球体"，然后设置"半径"为20mm，"倍增"为150，"温度"为3000。

② 展开"选项"卷展栏，勾选"不可见"选项。

**13** 按F9键渲染场景，效果如图6-135所示。

**14** 使用"VRay灯光"工具 (VR)灯光 在右侧的灯槽内创建一盏灯光，位置如图6-136所示。

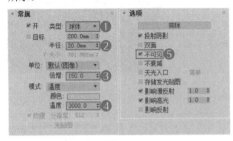

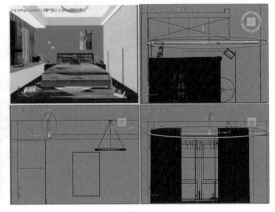

图6-134 　　　　图6-135 　　　　图6-136

**15** 选中上一步创建的灯光，然后在"修改"面板中设置参数，如图6-137所示。

**设置步骤**

① 展开"常规"卷展栏，设置灯光"类型"为"平面"，"长度"为85mm，"宽度"为1563.963mm，"倍增"为3，"温度"为4000。

② 展开"选项"卷展栏，勾选"不可见"选项，取消勾选"影响反射"选项。

**16** 按F9键渲染场景，效果如图6-138所示。

**17** 为了丰富场景中的灯光效果，使用"VRay灯光"工具 (VR)灯光 在画面外创建一盏灯光，位置如图6-139所示。

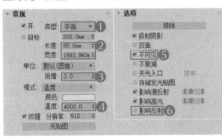

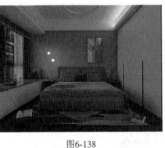

图6-137 　　　　图6-138 　　　　图6-139

> ① **技巧提示：** 创建画面外的灯光的作用
>
> 这盏灯光用于模拟其他空间照射到卧室的暖色灯光。

**18** 选中上一步创建的灯光，然后在"修改"面板中设置灯光"类型"为"平面"，"长度"为617.043mm，"宽度"为1665.585mm，"倍增"为3，"温度"为3500，如图6-140所示。

**19** 案F9键渲染场景，案例的最终效果如图6-141所示。

图6-140 　　　　图6-141

🔺重点

◈ **综合训练：新中式风格餐厅包间日景效果**

扫码观看视频

| 场景文件 | 场景文件>CH06>15.max |
| --- | --- |
| 实例文件 | 实例文件>CH06>综合训练：新中式风格餐厅包间日景效果.max |
| 难易程度 | ★★★★☆ |
| 技术掌握 | 外景贴图；HDR贴图环境光源 |

本案例为制作新中式风格餐厅包间的日景效果，需要加载外景贴图，同时需要使用HDR贴图模拟环境光，案例效果如图6-142所示。

**01** 打开本书学习资源中的"场景文件>CH06>15.max"文件，如图6-143所示。

**02** 使用"长方体"工具 长方体 在左侧窗外创建一个长方体模型，位置如图6-144所示。

图6-142

图6-143

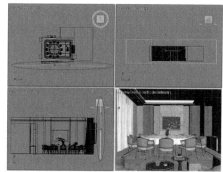
图6-144

**03** 按M键打开"材质编辑器"面板,选择一个空白材质球,然后将其转换为"VRay灯光材质",在"颜色"通道中加载本书学习资源中的"实例文件>CH06>综合训练:新中式风格餐厅包间日景效果> 20151023160256_694.jpg"文件,并设置"倍增"为5,如图6-145所示。

**04** 将材质赋予窗外的长方体模型,然后渲染场景,效果如图6-146所示。

**05** 窗外的亮度较低,不太符合日景的环境效果。将"VRay灯光材质"的"倍增"设置为20,渲染效果如图6-147所示。

**06** 按8键打开"环境和效果"面板,在"环境贴图"通道中加载VRayHDRI,如图6-148所示。

图6-145

图6-146

图6-147

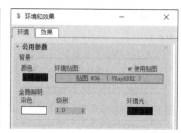
图6-148

**07** 将VRayHDRI以"实例"形式复制到"材质编辑器"中的空白材质球上,然后在"位图"通道中加载本书学习资源中的"实例文件>CH06>综合训练:新中式风格餐厅包间日景效果>005.hdr"文件,设置"贴图类型"为"球形","全局倍增"为5,如图6-149所示。

**08** 按F9键渲染场景,效果如图6-150所示。

> ① **技巧提示:** 步骤注意事项
> "水平旋转"的数值不是固定的,读者可以按照镜头自行设置合适的角度。

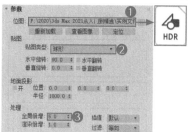
图6-149

图6-150

**09** 使用"VRay太阳"工具 (VR)太阳 在窗外创建一盏灯光,位置如图6-151所示。

**10** 选中上一步创建的灯光,在"修改"面板中设置"强度倍增"为0.03,"大小倍增"为3,"阴影细分"为20,如图6-152所示。

**11** 按F9键渲染场景,效果如图6-153所示。

**12** 观察渲染效果,发现太阳光的强度不够,于是设置"强度倍增"为0.05,效果如图6-154所示。

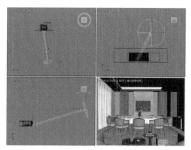
图6-151

图6-152

图6-153

图6-154

**13** 使用"VRay灯光"工具 (VR)灯光 在吊顶的灯槽内创建4盏灯光，位置如图6-155所示。

**14** 选中上一步创建的灯光，在"修改"面板中设置参数，如图6-156所示。

**设置步骤**

① 展开"常规"卷展栏，设置灯光"类型"为"平面"，"长度"为84.373mm，"宽度"为5857.67mm，"倍增"为6，"温度"为5000。

② 展开"选项"卷展栏，勾选"不可见"选项，取消勾选"影响反射"选项。

**15** 按F9键渲染场景，效果如图6-157所示。

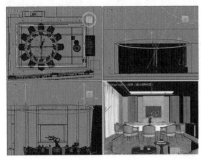

图6-155

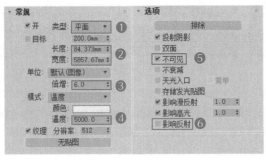

图6-156

图6-157

**16** 使用"VRay灯光"工具 (VR)灯光 在正前方和右侧的灯槽中创建灯光，位置如图6-158所示。

**17** 选中上一步创建的灯光，在"修改"面板中设置参数，如图6-159所示。

**设置步骤**

① 展开"常规"卷展栏，设置灯光"类型"为"平面"，"长度"为86.98mm，"宽度"为3082.229mm，"倍增"为14，"温度"为4600。

② 展开"选项"卷展栏，勾选"不可见"选项，取消勾选"影响反射"选项。

**18** 按F9键渲染场景，效果如图6-160所示。

图6-158

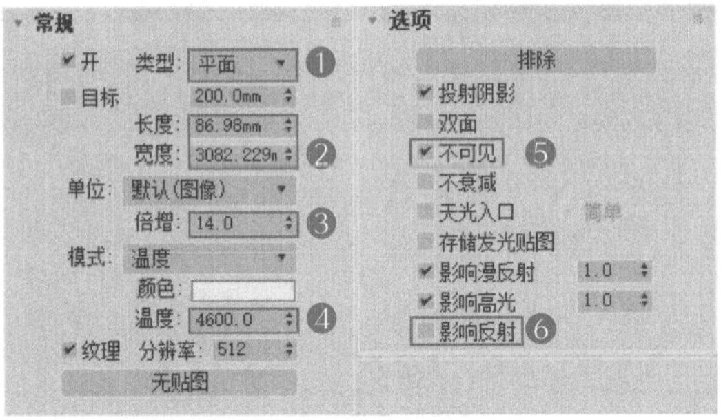

图6-159

图6-160

**19** 使用"目标灯光"工具 目标灯光 在场景中创建4盏灯光，位置如图6-161所示。这些灯光用于模拟吊顶上的筒灯的灯光效果。

**20** 选中创建的灯光，在"修改"面板中设置参数，如图6-162所示。

**设置步骤**

① 展开"常规参数"卷展栏，设置阴影类型为"VRay阴影"，"灯光分布（类型）"为"光度学Web"。

② 展开"分布（光度学Web）"卷展栏，在通道中加载本书学习资源中的"实例文件>CH06>综合训练：新中式风格餐厅包间日景效果>经典筒灯.ies"文件。

③ 展开"强度/颜色/衰减"卷展栏，设置"开尔文"为5000，"强度"为8000。

**21** 按F9键渲染场景，案例的最终效果如图6-163所示。

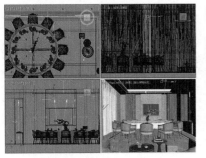

图6-161

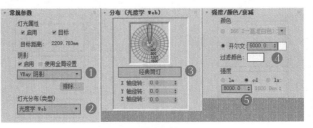

图6-162

图6-163

# 7

## 渲染技术

**第 章**

📹 基础视频集数：23集　　📹 案例视频集数：7集　　⏱ 视频时间：193分钟

　　渲染可以将创建好的场景生成单帧或是序列帧图片。场景中的灯光、材质和各种效果等都会直观地展现在渲染的图片上。合适的渲染参数不仅可以得到质量较高的渲染效果，还可以尽量减少渲染时间，这在实际工作中非常重要。

### 学习重点　🔍

### 学完本章能做什么

　　学完本章之后，读者可以掌握VRay渲染器的用法，并可以结合之前章节的学习内容渲染简单的效果图案例。

# 7.1 渲染器的类型

　　按F10键打开"渲染设置"面板，"渲染器"列表中会列出软件自带和加载的所有渲染器类型，如图7-1所示。

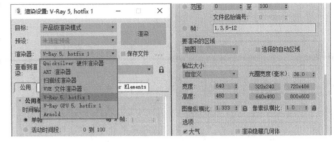

图7-1

## 7.1.1 扫描线渲染器

　　"扫描线渲染器"是3ds Max自带的渲染器，在VRay渲染器出现之前，一直是常用的渲染器之一，其参数面板如图7-2所示。

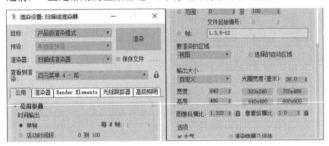

图7-2

## 7.1.2 ART渲染器

　　"ART渲染器"是3ds Max 2018中加入的自带渲染器。其优点是速度快、便捷、易上手，缺点是细节、光影不够细腻，图片质感偏硬，其参数面板如图7-3所示。

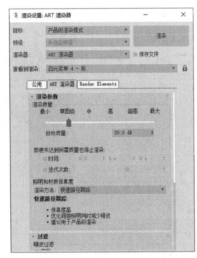

图7-3

## 7.1.3 Arnold渲染器

　　"Arnold渲染器"是3ds Max 2018中加入的内置渲染器。它是一款基于物理算法的电影级别渲染器，不仅操作简便，而且渲染的效果也十分逼真，已逐渐成为广大设计师选择的渲染器，其参数面板如图7-4所示。即使是中文版的3ds Max软件，"Arnold渲染器"的参数面板也为全英文。

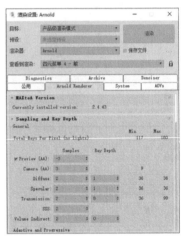

图7-4

## 7.1.4 VRay渲染器

　　"VRay渲染器"是一款广泛应用于三维软件的插件性渲染器，具有易操作、速度快和效果好的特点，其参数面板如图7-5所示。本书的VRay渲染器采用VRay 5，hotfix 1版本（VRay 5.0版本）。

图7-5

---

⑦ **疑难问答：VRay 5,hotfix 1和VRay GPU 5,hotfix 1有什么区别？**

　　相信有读者注意到VRay渲染器有两个版本，一个是VRay 5,hotfix 1，另一个是VRay GPU 5,hotfix 1。那么这两种渲染器有什么区别？我们应该怎么选择呢？

　　VRay 5,hotfix 1渲染器是基于CPU和内存计算的渲染器，也是我们工作中使用频率较高的渲染器。其优点是渲染稳定，缺点是必须单击渲染按钮后才能显示效果，效率较低。

　　VRay GPU 5,hotfix 1渲染器是基于GPU（显卡）计算的渲染器，是一种新类型的渲染器。其优点是可以即时显示、效率高，缺点是不稳定且硬件要求较高。

　　GPU类型的渲染器是渲染器发展的趋势，Redshift、NVIDIA Iray、OctaneRender等渲染器都是常用的GPU渲染器。

# 7.2 VRay渲染器

VRay渲染器的参数面板主要包括"公用"、V-Ray、GI、"设置"和Render Elements（渲染元素）5个选项卡，下面主要讲解其中常用的功能，如图7-6所示。

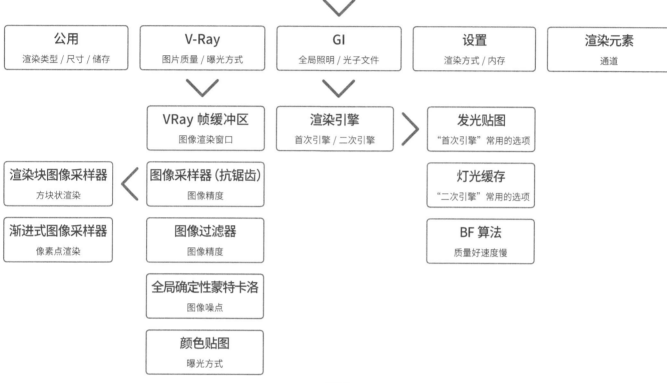

图7-6

● 重点

## 7.2.1 VRay帧缓冲区

展开"帧缓冲区"卷展栏，勾选"启用内置帧缓冲区"选项后，按F9键渲染场景，系统会弹出"VRay帧缓冲区"窗口，如图7-7所示。

单击通道 RGB color ，打开下拉列表，其中显示了渲染图像的各种通道，如图7-8所示。此通道默认显示RGB通道。如果想加入其他图像通道，就需要切换到"渲染元素"选项卡进行设置。

扫码观看视频

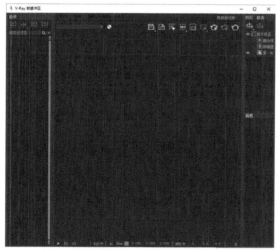

图7-7

图7-8

单击"切换到Alpha通道"按钮█，场景中会显示渲染图像的Alpha通道，效果如图7-9所示。如果渲染的场景中没有设置Alpha通道的对象，场景会显示为白色。

执行"视图>通道>单色模式"菜单命令，可以将视图转换为灰度图像，效果如图7-10所示。根据第4章的讲解，我们可以在灰度图像中直观地观察场景灯光的明暗、方向和阴影效果。

如果要保存渲染的图像，单击"保存当前通道"按钮█，在弹出的"保存图像"对话框中设置图像保存的路径、名称和格式，如图7-11所示。

图7-9 图7-10 图7-11

> ① **技巧提示：Alpha通道对应的图片格式**
> 如果不带Alpha通道，渲染图像一般保存为jpg格式；如果带Alpha通道，渲染图像一般保存为png、tga或tif格式。

执行"图像>复制到主机帧缓冲区"菜单命令，可以将图像单独保存在一个"VRay帧缓冲区"窗口中，渲染新的图像后，两者可以参考对比，如图7-12所示。

渲染时，系统会按照设置的顺序进行渲染，如从上到下。如果要先行渲染需要观察的地方，单击"跟踪鼠标渲染"按钮█，系统会按照光标所在的位置优先渲染，如图7-13所示。如果只想观察局部的渲染效果，单击"区域渲染"按钮█，然后在想要观察的区域绘制一个矩形框，再次单击"区域渲染"按钮█，系统就会只渲染矩形框内的区域，如图7-14所示。

图7-12 图7-13 图7-14

单击"开始交互式渲染"按钮█，系统会及时渲染每一步操作的效果，如图7-15所示。交互式渲染的质量不高，常用于测试渲染。对于一些配置不高的计算机，不建议开启交互式渲染，因为容易造成软件卡顿。单击"停止渲染"按钮█，系统会停止交互式渲染。调整好所有参数后，单击"渲染"按钮█，系统就可以渲染最终效果。

"VRay帧缓冲区"窗口的下方会显示像素的一些信息。

"VRay帧缓冲区"窗口的右侧新增加了"图层"面板，如图7-16所示。"图层"面板类似于简化的Photoshop，可以快速调节渲染效果的亮度、色彩平衡、色阶和曲线等一系列参数。其优点是对于只需要简单修饰的渲染效果可以快速保存，避免导入Photoshop中进行二次编辑；缺点是只能调整整体效果，不能对局部进行编辑。

选中"镜头特效"选项，我们可以在下方的"属性"面板中设置镜头效果，如图7-17所示。在"属性"面板中，我们可以设置镜头的光晕等效果。

> ① **技巧提示：停止渲染的使用情况**
> 除了交互式渲染，在最后的渲染模式中也可以单击"停止渲染"按钮█停止渲染。

图7-15 图7-16 图7-17

### ✿重点
## 7.2.2　图像采样器（抗锯齿）

"抗锯齿"在渲染设置中是一个必须调整的参数，其数值决定了图像的渲染精度和渲染时间。但"抗锯齿"与全局照明的精度没有关系，它只作用于场景物体的图像和物体的边缘精度，其参数面板如图7-18所示。

扫码观看视频

图7-18

"图像采样器"的类型一共有两种，一种是"渲染块"，另一种是"渐进式"。

"渲染块"是将以往版本中的"固定""自适应""自适应细分"3种"跑格子"形式的采样器进行整合，以每个小格子为单元进行计算。系统在渲染时，我们可以很明显地看到画面上有一个个小格子在计算渲染，如图7-19所示。

图7-19

"渐进式"是VRay3.0版本之后添加的图像采样器。和"渲染块"不同，"渐进式"的采样过程不再是按照小格子进行计算，而是整体画面由粗糙到精细，直到满足阈值或最大样本数为止，如图7-20所示。简单来说，"渐进式"就是按照画面中的像素点进行渲染，渲染的效果会更加精确。

图7-20

> ⑦ 疑难问答：为何渲染的小格子数量不一样？
>
> 　　有些读者可能会疑惑，为何自己计算机上的软件在渲染时，画面上显示的小格子数量和图7-19不一样。渲染时画面上显示的小格子数量取决于计算机CPU的线程数。例如，笔者的计算机是4核8线程的CPU，渲染时就会显示8个小格子。小格子的数量越多，软件同一时间渲染的区域越大，渲染的速度也就越快。

> ① 技巧提示：渲染器中的3种模式
>
> 　　VRay渲染器的一些卷展栏中会有模式按钮，分别为"默认模式"按钮 默认模式 、"高级模式"按钮 高级模式 和"专家模式"按钮 专家模式 。每种模式下的面板参数不尽相同，以"专家模式"最为全面，用户只需按照需求选择模式即可。

### ✿重点
## 7.2.3　图像过滤器

扫码观看视频

"图像过滤器"是配合"抗锯齿"一起使用的工具，不同的"图像过滤器"会呈现不同的效果，其参数面板如图7-21所示。只要勾选"图像过滤器"选项，就会激活该功能。

"过滤器"的下拉列表会显示系统自带的过滤器类型，如图7-22所示。每种"图像过滤器"所采用的算法不同，从而导致效果也不同。

"区域"过滤器是用区域大小来计算"抗锯齿"，计算的效果最差，但速度快，在测试渲染时用得最多，如图7-23所示。

Catmull-Rom过滤器是具有边缘锐化效果的过滤器，可以产生较清晰的图像效果，在最终渲染时经常用到，如图7-24所示。

图7-21

图7-22

图7-23

图7-24

"柔化"过滤器可以渲染出带模糊的图像，日常制作中使用得不多，如图7-25所示。

Mitchell-Netravali过滤器则是日常制作中经常使用的过滤器，会产生轻微的模糊效果，能遮挡一些噪点且不丢失细节，通常在最终渲染时使用，如图7-26所示。

VRayLanczosFilter过滤器是渲染器中默认的过滤器，可以很好地平衡渲染速度和渲染质量，如图7-27所示。

图7-25

图7-26

图7-27

👑 重点

## ✋ 案例训练：测试常用的图像过滤器效果

| 场景文件 | 场景文件>CH07>01.max |
|---|---|
| 实例文件 | 实例文件>CH07>案例训练：测试常用的图像过滤器效果.max |
| 难易程度 | ★★☆☆☆ |
| 技术掌握 | 图像过滤器 |

扫码观看视频

本案例是用一个场景测试"区域"、Catmull-Rom、Mitchell-Netravali和VRayLanczosFilter过滤器，案例效果如图7-28所示。在同一套渲染参数下，"区域"过滤器的图像质量最差，其他3种过滤器质量相差无几。

区域　　Catmull-Rom　　Mitchell-Netravali　　VRayLanczosFilter

图7-28

01 打开本书学习资源中的"场景文件>CH07>01.max"文件，如图7-29所示。

02 按F10键打开"渲染设置"面板，在VRay选项卡的"图像采样器（抗锯齿）"卷展栏中设置"类型"为"渲染块"，在"图像过滤器"卷展栏中设置"过滤器"为"区域"，如图7-30所示。

03 按F9键渲染场景，效果如图7-31所示。我们可以观察到画面中存在明显的噪点，但渲染速度较快，用时3分18秒。

04 在"图像过滤器"卷展栏中设置"过滤器"为Catmull-Rom，如图7-32所示。

图7-29

图7-30

图7-31

图7-32

05 按F9键渲染场景，效果如图7-33所示。我们可以观察到地毯的纹理变得清晰，噪点也不太明显，但渲染速度稍慢，用时3分43秒。

06 在"图像过滤器"卷展栏中设置"过滤器"为Mitchell-Netravali，如图7-34所示。

07 按F9键渲染场景，效果如图7-35所示。我们可以观察到画面中的噪点不太明显，且同样用时3分34秒。

08 在"图像过滤器"卷展栏中设置"过滤器"为默认的VRayLanczosFilter，如图7-36所示。

09 按F9键渲染场景，效果如图7-37所示。我们可以观察到画面中的噪点不太明显，与使用Mitchell-Netravali过滤器的效果相似，且用时仅为3分17秒，时间较短。

图7-33

图7-34

图7-36

图7-35 图7-37

扫码观看视频

### 🔖重点
## 7.2.4 渲染块图像采样器

当"图像采样器"的"类型"选择为"渲染块"时,其参数面板会自动生成"渲染块图像采样器"卷展栏,如图7-38所示。

"最小细分"和"最大细分"两个参数控制像素采样数目。"最小细分"保持1即可,一般只用设置"最大细分"数值。"最大细分"的数值一般设置为4~100。"最大细分"数值越大,渲染效果越好,但渲染速度也越慢,对比效果如图7-39和图7-40所示。

图7-38

图7-39

图7-40

借助"噪波阈值"可以控制图像产生的噪点,数值越小效果越好,但渲染速度也越慢,对比效果如图7-41和图7-42所示。设置"最大细分"和"噪波阈值"为一个合适的范围时,不仅渲染效果好,还可以减少渲染时间。由于每台计算机的配置不同,因此这个取值范围需要读者自行测试。

想要控制"渲染块"的大小,设置"渲染块宽度"和"渲染块高度"的数值即可,如图7-43和图7-44所示。"渲染块"的大小与渲染速度没有太大的关系,一般保持默认值即可。

图7-41

图7-42

图7-43

图7-44

### 🔖重点
## 7.2.5 渐进式图像采样器

扫码观看视频

当"图像采样器"的"类型"选择为"渐进式"时,其参数面板会自动生成"渐进式图像采样器"卷展栏,如图7-45所示。

"最小细分"和"最大细分"的作用与"渲染块图像采样器"卷展栏中的"最小细分"和"最大细分"的作用一样,都是控制像素的采样值。"渲染时间"以分钟为单位控制渲染时长的上限,渲染时间越长,渲染的质量越高,如图7-46和图7-47所示。

图7-45

图7-46

图7-47

> ① **技巧提示:渲染时间的具体使用情况**
>
> "渲染时间"只代表最终渲染效果的时间上限,不包含GI预采样的时间。

"噪波阈值"的作用与"渲染块图像采样器"卷展栏中的"噪波阈值"的作用相同,都是控制图像噪点的参数。"光束大小"则用在分布式渲染中,用以控制共同参与渲染计算的工作块大小。

扫码观看视频

👑 重点

## 7.2.6 全局确定性蒙特卡洛

"全局确定性蒙特卡洛"卷展栏下的参数可以用来控制整体的渲染质量和速度,其参数面板如图7-48所示。

有时候打开一些场景,我们会发现材质和灯光的"细分"参数呈现灰色状态,无法进行设置,如图7-49所示。遇到这种情况,我们就需要在"全局确定性蒙特卡洛"卷展栏中勾选"使用局部细分"选项,如图7-50所示,这样就可以激活材质和灯光的"细分"选项。如果不勾选该选项,系统会自动计算场景的细分。

图7-48　　　　　　　　图7-49　　　　　　　　图7-50

"细分倍增"数值会成倍增加材质、灯光和GI引擎的细分,从而使画面的噪点减少,渲染速度也会随之加快,其默认数值为1,如图7-51所示。

"最小采样"用于计算画面的最小采样,其数值越小,渲染质量就越低,渲染速度就越快,对比效果如图7-52和图7-53所示。

① 技巧提示:细分倍增的用法

只有勾选"使用局部细分"选项后,才能设置"细分倍增"数值。

图7-51　　　　　　　　图7-52　　　　　　　　图7-53

"全局确定性蒙特卡罗"卷展栏中也有一个"噪波阈值"参数,且同样用于控制画面噪点的生成,两者的区别在生成原理上。建议读者在调整参数时,保持"最小采样""自适应数量""噪波阈值"的默认参数即可。

👑 重点

## 7.2.7 颜色贴图

"颜色贴图"卷展栏下的参数主要用来控制整个场景的颜色和曝光方式,如图7-54所示。

VRay渲染器中提供了7种曝光方式,分别是"线性倍增""指数""HSV指数""强度指数""伽玛校正""强度伽玛""莱因哈德",如图7-55所示。

扫码观看视频

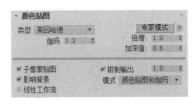

图7-54　　　　　　　　　图7-55

"线性倍增"方式使画面明暗对比强烈,颜色更接近真实效果,但会造成画面局部曝光或局部发黑,效果如图7-56所示。"暗部倍增"和"亮部倍增"的数值可以单独控制画面暗部和亮部的亮度。

使用"指数"方式,画面的明暗对比不会很强烈,其最大的优点是画面不会出现曝光和发黑的部分,缺点是画面整体偏灰,没有层次感,效果如图7-57所示。

"HSV指数"方式会避免"指数"方式渲染时画面偏灰的弊端,可以保留场景物体的颜色饱和度,缺点是会取消高光的计算,效果如图7-58所示。

"莱因哈德"方式是把"线性倍增"和"指数"曝光混合起来,效果如图7-59所示。它包括一个"加深值"局部参数,用来控制"线性倍增"和"指数"曝光的混合值。0表示"线性倍增"不参与混合;1表示"指数"不参加混合;0.5表示"线性倍增"和"指数"曝光效果各占一半。

图7-56　　　　　　　　图7-57　　　　　　　　图7-58　　　　　　　　图7-59

👑 重点

## 🖐 案例训练：测试常用的颜色贴图效果

| | |
|---|---|
| 场景文件 | 场景文件>CH07>02.max |
| 实例文件 | 实例文件>CH07>案例训练：测试常用的颜色贴图效果.max |
| 难易程度 | ★★☆☆☆ |
| 技术掌握 | 颜色贴图 |

本案例是用一个场景测试"线性倍增""指数""莱因哈德"3种曝光方式的区别，案例效果如图7-60所示。在同一套渲染参数下，使用

"线性倍增"的画面颜色饱和度最高，且明暗对比强烈，存在曝光现象；使用"指数"的画面颜色偏灰，且明暗对比较弱，不存在曝光现象；使用"莱因哈德"的画面效果介于之前两种曝光方式之间。

图7-60

**01** 打开本书学习资源中的"场景文件>CH07>02.max"文件，如图7-61所示。

**02** 按F10键打开"渲染设置"面板，在VRay选项卡的"颜色贴图"卷展栏中设置"类型"为"线性倍增"，如图7-62所示。

**03** 按F9键渲染场景，效果如图7-63所示。画面明暗对比强烈，局部出现曝光现象。

图7-61

图7-62

图7-63

**04** 在"颜色贴图"卷展栏中设置"类型"为"指数"，如图7-64所示。

图7-64

**05** 按F9键渲染场景，效果如图7-65所示。相比"线性倍增"曝光方式，使用"指数"曝光方式渲染的画面没有强烈的明暗对比，且颜色饱和度偏低。

**06** 在"颜色贴图"卷展栏中设置"类型"为"莱因哈德"，如图7-66所示。

**07** 按F9键渲染场景，效果如图7-67所示。通过对比，我们会发现其渲染效果与"线性倍增"曝光方式相同。

图7-65

图7-66

图7-67

**08** 在"颜色贴图"卷展栏中设置"加深值"为0，如图7-68所示。

**09** 按F9键渲染场景，效果如图7-69所示。通过对比，我们会发现其渲染效果与"指数"曝光方式相同。

**10** 设置"加深值"为0.5，如图7-70所示。按F9键渲染场景，效果如图7-71所示。通过对比，我们会发现其渲染效果介于"线性倍增"曝光方式和"指数"曝光方式之间，画面既有明暗对比，整体的颜色饱和度也不会太低。

图7-68

图7-69

图7-70

图7-71

👑 重点
## 7.2.8 渲染引擎

扫码观看视频

使用VRay渲染器渲染场景时，如果没有开启全局照明，得到的效果就是直接照明效果，开启后得到的是间接照明效果。开启全局照明后，光线会在物体与物体之间互相反弹，因此光线计算会更加准确，图像也更加真实，其参数面板如图7-72所示。

"全局照明"卷展栏中必须要调整的参数是"首次引擎"和"二次引擎"。"首次引擎"中包含"发光贴图""光子图""BF算法""灯光缓存"4个引擎，如图7-73所示。"二次引擎"中包含"无贴图""光子图""BF算法""灯光缓存"4个引擎，如图7-74所示。

不同的引擎组合不仅呈现的渲染效果会有差异，还会在渲染时间上相差较多。

图7-72

图7-73　图7-74

◉ 知识课堂：全局照明详解

场景中的光源可以分为两大类，一类是直接照明光源，另一类是间接照明光源。直接照明效果是光源所发出的光线直接照射到物体上形成的照明效果；间接照明效果是发散的光线由物体表面反弹后照射到其他物体表面形成的照明效果，如图7-75所示。全局照明效果是由直接照明效果和间接照明效果一起形成的照明效果，更符合现实中的真实光照。

图7-76所示是环境中只有直接照明时的效果，画面整体明暗对比强烈，尤其是餐椅靠背的阴影部分非常暗，看不到任何细节。

图7-77所示是开启了全局照明的效果，此时场景中不仅有灯光产生的直接照明，还有物体之间光线相互反弹产生的间接照明，场景显得很明亮。图7-77中靠背的阴影部分也有了细节，没有显得特别黑。

对比两张图后，我们可以明显地看出开启了全局照明效果的图片更接近真实光照，因此在日常制作中，我们都会开启全局照明效果。

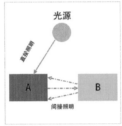
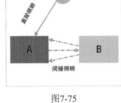
图7-75

图7-76　图7-77

👑 重点
## 7.2.9 发光贴图

"发光贴图"是"全局照明"卷展栏中的"首次引擎"参数常用的选项，描述了三维空间中的任意一点以及全部可能照射到这点的光线，其参数面板如图7-78所示。

扫码观看视频

通过"当前预设"中的选项，我们可以快速控制引擎的渲染质量，如图7-79所示。

图7-78

图7-79

除了使用预设外，我们也可以手动输入"最小比率"和"最大比率"的数值以控制引擎的渲染质量。"最小比率"控制场景中平坦区域的采样数量，对比效果如图7-80所示。"最大比率"控制场景中的物体边线、角落、阴影等细节的采样数量，对比效果如图7-81所示。

图7-80

图7-81

ⓘ 技巧提示：“最小比率”和“最大比率”的不同数值组合与渲染次数的关系

相信读者在测试渲染时会发现，"最小比率"和"最大比率"的数值组合不同，"发光贴图"所渲染的次数也不相同。例如，"最小比率"为-4，"最大比率"为0时渲染5次；"最小比率"为-4，"最大比率"为-3时渲染2次。"发光贴图"渲染的次数越多，光子计算得越精确，渲染质量也会越好，但时间消耗也会越长。

"细分"是用来控制渲染效果的参数，对比效果如图7-82所示。

"插值采样"参数用于对画面进行模糊处理，较大的值可以得到比较模糊的效果，较小的值可以得到比较锐利的效果，对比效果如图7-83所示。

图7-82

图7-83

勾选"显示计算相位"选项后，系统会显示发光贴图渲染的过程，这样我们能及时观察渲染的画面，从而及时停止有错误的渲染，节省大量的制作时间。

"模式"参数可以设置发光贴图文件的类型，如图7-84所示。常用的为"单帧""从文件""增量添加到当前贴图"3个选项。"单帧"用于渲染静帧图像。"从文件"用于加载已有的发光贴图文件。"增量添加到当前贴图"用于渲染动画。

图7-84

## 7.2.10 灯光缓存

"灯光缓存"一般用在"二次引擎"中，用于计算灯光的光照效果，其参数面板如图7-85所示。

图7-85

"灯光缓存"大多数情况下只需要调节"细分"的数值。"细分"数值越大，渲染效果越好，渲染速度也会越慢，对比效果。如图7-86所示。

图7-86

"采样大小"控制"灯光缓存"的样本大小，比较小的样本可以得到更多的细节，一般情况下保持默认数值即可。

## 7.2.11 BF算法

"BF算法"是VRay渲染器引擎中渲染效果最好的一种引擎，它会单独计算每一个点的全局照明，但计算速度较慢。"BF算法"引擎既可以作为"首次引擎"，也可以作为"二次引擎"，其参数面板如图7-87所示。在制作一些灯光较少的场景时，我们会使用"BF算法"作为"二次引擎"。

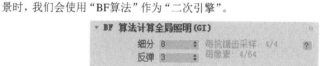

图7-87

"细分"是设置"BF算法"的样本数量的参数。"细分"数值越大，样本数量越多，渲染效果越好，渲染时间越慢，对比效果如图7-88所示。"反弹"在"二次引擎"中用于渲染计算中次级光线的反弹次数。

图7-88

## 7.2.12 设置

"设置"选项卡下包含4个卷展栏，分别是"默认置换""系统""平铺纹理选项""代理预览缓存"，如图7-89所示。虽然面板中的参数很多，但常用的仅有"序列""动态内存限制（MB）""分布式渲染"3个参数。

图7-89

"序列"的下拉列表中可以选择渲染的顺序，如图7-90所示。建议读者使用"上—>下"或"左—>右"，这样方便图像在未渲染完成时被迫取消渲染，并在下一次渲染时可以用区域渲染的方式继续渲染。

"动态内存限制（MB）"控制渲染时内存的使用量，如果默认为0，系统会占用更多的内存。勾选"分布式渲染"选项后，渲染的图像会在局域网中的计算机上同时渲染。

图7-90

⑦ 疑难问答：什么是分布式渲染？

　分布式渲染是一种联机渲染模式。系统会将需要渲染的场景分配给参与联机的计算机，让这些计算机共同渲染一个场景。渲染的场景既可以是单帧效果图，也可以是序列帧动画。分布式渲染会极大地提高渲染速度，常运用在专业效果图公司和动画公司中。

## 7.2.13 渲染元素

"渲染元素"面板中可以添加许多种类的渲染通道，以方便进行后期处理，如图7-91所示。

单击"添加"按钮 添加..，在弹出的"渲染元素"对话框中选择需要添加的通道，然后单击"确定"按钮 确定 即可将其添加到"渲染元素"面板，如图7-92所示。

日常工作中常用的通道有"VRay反射""VRay折射""VRay渲染ID""VRay Z深度""VRay降噪器"等，当这些加载的通道渲染完成后，单击RGB通道就可以切换并保存，如图7-93所示。

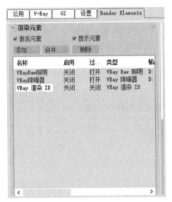

图7-91

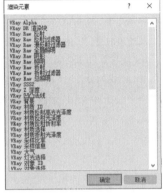

图7-92

图7-93

## 7.2.14 VRay属性

选中场景中的对象，然后单击鼠标右键，在弹出的快捷菜单中选择"V-Ray属性"选项，系统会弹出图7-94所示的对话框。

取消勾选"生成全局照明"和"接收全局照明"选项，所选择的对象在场景中不会产生全局光照效果，同时也不会对周围的对象产生全局光照。图7-95所示是左侧的餐椅取消全局照明后的效果。

勾选"无光对象"选项后，所选择的对象会渲染为纯黑色，这样就方便在后期进行抠图操作，如图7-96所示。

对象默认的"Alpha基值"为1，代表对象没有Alpha通道。若是将该数值设置为-1，则代表该对象拥有Alpha通道，在渲染时可以显示，如图7-97所示，这样也方便在后期进行抠图操作。

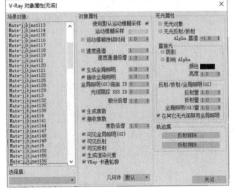

图7-94

图7-95　　　　　　图7-96　　　　　　图7-97

## 7.3 图像采样器与图像过滤器的常用搭配方式

7.2.2和7.2.3小节介绍了图像采样器与图像过滤器的常用类型，下面介绍3种常用的搭配方式。

🔺 重点
### 7.3.1 渐进式+区域

图像采样器的类型为"渐进式"，图像过滤器的类型为"区域"，这种搭配方式常用于测试渲染。测试渲染不需要很好的图像质量，只需要观察渲染的大致效果，如材质的颜色、灯光的强弱、阴影的方向和画面的冷暖等，更为重要的一点是需要很快的速度。"渐进式+区域"这一搭配方式就满足了以上这些条件，系统可以在最短的时间内渲染出测试效果，效果如图7-98所示。

图7-98

🔺 重点
### 7.3.2 渲染块+Catmull-Rom

最终渲染需要较高的图像质量，重点展示材质的颜色、灯光的强弱、阴影的细节和画面的冷暖等。Catmull-Rom过滤器具有边缘增强的功能，可以产生较清晰的图像效果，是最终渲染常用的过滤器之一，效果如图7-99所示。

图7-99

🔺 重点
### 7.3.3 渲染块+Mitchell-Netravali

Mitchell-Netravali过滤器能产生微量模糊的效果，可以平滑成图上的微量噪点，也是最终渲染常用的过滤器之一，效果如图7-100所示。

> ⑦ **疑难问答：最终渲染时应选择哪一种图像过滤器？**
>
> Catmull-Rom和Mitchell-Netravali两种过滤器都适用于最终渲染，初学者可能会疑惑应该选择哪一种。
>
> 这就要从最终渲染图所要表达的效果来选择。Mitchell-Netravali过滤器是带有轻微模糊效果的过滤器，可以用在带有景深、运动模糊和散景等模糊效果的图中；Catmull-Rom过滤器是带有锐化效果的过滤器，可以用在一些表现毛发和植物等细小物体的图中。
>
> 当然上面总结的使用方法也不是绝对的，读者可以按照自己的喜好进行选择。

图7-100

## 7.4 渲染引擎的常用搭配方式

扫码观看视频

不同的渲染引擎搭配方式会产生不同的渲染效果，并且影响渲染速度。按照场景的类型合理地选择渲染引擎的搭配方式，不仅可以得到高质量的成图，而且可以提高制作效率。

🔺 重点
### 7.4.1 发光贴图+灯光缓存

渲染引擎的各种搭配方式中，"发光贴图+灯光缓存"这一搭配方式的使用频率较高，且适用于大多数场景。"发光贴图"的"最小比率""最大比率""细分""插值采样""灯光缓存"的"细分"都是影响渲染效果和渲染速度的因素，下面列举两组适用于大多数场景的测试渲染和最终渲染的参数。

测试渲染的参数设置如图7-101所示,渲染效果如图7-102所示。

**设置步骤**

① 在"发光贴图"卷展栏中设置"当前预设"为"低"或"非常低",然后设置"细分"为50,"插值采样"为20。

② 在"灯光缓存"卷展栏中设置"细分"为200~600。

图7-101

图7-102

最终渲染的参数设置如图7-103所示,渲染效果如图7-104所示。

**设置步骤**

① 在"发光贴图"卷展栏中设置"当前预设"为"中"或"高","细分"为60~80,"插值采样"为30~60。

② 在"灯光缓存"卷展栏中设置"细分"为1000~1500。

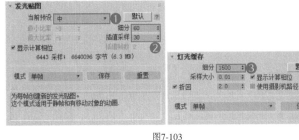

图7-103

图7-104

☝ 重点
## 7.4.2 发光贴图+BF算法

"发光贴图+BF算法"的搭配方式常用于制作一些室外场景。室外场景的灯光相对单一,用"BF算法"引擎就可以得到很好的效果。下面列举两组适用于大多数场景的测试渲染和最终渲染的参数。

测试渲染的参数设置如图7-105所示,渲染效果如图7-106所示。

**设置步骤**

① 在"发光贴图"卷展栏中设置"当前预设"为"低"或"非常低","细分"为50,"插值采样"为20。

② 在"BF强算全局照明"卷展栏中设置"细分"为8,"反弹"为3,即默认参数。

图7-105

图7-106

最终渲染的参数设置如图7-107所示,渲染效果如图7-108所示。

**设置步骤**

① 在"发光贴图"卷展栏中设置"当前预设"为"中"或"高","细分"为60,"插值采样"为30。

② 在"BF强算全局照明"卷展栏中设置"细分"为8~16,"反弹"为8。

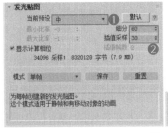

图7-107

图7-108

☝ 重点
## 7.4.3 BF算法+BF算法

"BF算法+BF算法"是特别费时间的渲染引擎的搭配方式,但却可以得到很好的效果。如果用户的计算机配置强大,不妨使用这一渲染引擎的搭配方式。下面列举两组适用于大多数场景的测试渲染和最终渲染的参数。

在测试渲染参数中,设置"细分"为8,"反弹"为3,即默认参数,如图7-109所示,渲染效果如图7-110所示。我们可以从效果图中看到明显的噪点,画面效果很差且用时最多。

在最终渲染参数中设置"细分"为16，然后设置"反弹"为8，如图7-111所示，渲染效果如图7-112所示。我们可以观察到画面效果很好，但是所消耗的渲染时间很长。

图7-109

图7-110

图7-111

图7-112

★ 重点

## 案例训练：测试常用的渲染引擎搭配方式

| 场景文件 | 场景文件>CH07>03.max | |
| --- | --- | --- |
| 实例文件 | 实例文件>CH07>案例训练：测试常用的渲染引擎搭配方式.max | 扫码观看视频 |
| 难易程度 | ★★☆☆☆ | |
| 技术掌握 | 常用的渲染引擎搭配方式 | |

本案例用上面提到的3种渲染引擎搭配方式进行测试渲染，案例效果如图7-113所示。

**01** 打开本书学习资源中的"场景文件>CH07>03.max"文件，如图7-114所示。

图7-113

图7-114

**02** 首先测试"发光贴图+灯光缓存"这一搭配方式。按F10键打开"渲染设置"面板，切换到GI选项卡，然后设置"首次引擎"为"发光贴图"，"二次引擎"为"灯光缓存"，如图7-115所示。

**03** 在"发光贴图"卷展栏中设置"当前预设"为"中"，"细分"为60，"插值采样"为30，如图7-116所示。

**04** 在"灯光缓存"卷展栏中设置"细分"为1000，如图7-117所示。

**05** 按F9键渲染场景，渲染效果如图7-118所示。画面整体效果不错，且渲染时间较快，用时6分13秒。

> ① **技巧提示：渲染时间的差异**
> 由于计算机之间存在配置差异，所以消耗的时间也会有差异。

图7-115

图7-116

图7-117

图7-118

**06** 下面测试"发光贴图+BF算法"这一搭配方式。设置"首次引擎"为"发光贴图"，"二次引擎"为"BF算法"，如图7-119所示。

**07** 在"发光贴图"卷展栏中设置"当前预设"为"中"，"细分"为60，"插值采样"为30，如图7-120所示。

**08** 在"BF强算全局照明"卷展栏中设置"细分"为16，"反弹"为8，如图7-121所示。

**09** 按F9键渲染场景，渲染效果如图7-122所示。画面整体效果不错，但渲染时间较慢，用时17分23秒。

图7-119

图7-120

图7-121

图7-122

**10** 下面测试"BF算法+BF算法"这一搭配方式。设置"首次引擎"和"二次引擎"都为"BF算法"，如图7-123所示。

**11** 在"BF强算全局照明"卷展栏中设置"细分"为16，"反弹"为8，如图7-124所示。

**12** 按F9键渲染场景，渲染效果如图7-125所示。画面效果较好，但渲染速度很慢，用时21分13秒。

图7-123　　　　　　　　图7-124　　　　　　　　图7-125

# 7.5 减少图像噪点的方法

噪点是渲染图像时不可避免的问题，修改以下一些参数就可以尽量减少画面中的噪点。

👑重点
## 7.5.1 调整噪波阈值

"噪波阈值"是控制画面中噪波数量的最直接的参数，数值越小噪波越少，渲染速度越慢。

图7-126所示的"噪波阈值"为0.01，可以看到地板反光处的白色噪点；将"噪波阈值"设置为0.001，效果如图7-127所示，此时地板反光处的白色噪点基本消除。

图7-126　　　　　　　　图7-127

## 7.5.2 调整局部细分

勾选"全局确定性蒙特卡洛"卷展栏下的"使用局部细分"选项，这样渲染器将拾取材质、灯光和渲染引擎的"细分"参数。

图7-128所示的地板反光处有一些噪点。在"材质编辑器"面板中选中地板材质，然后设置反射的"细分"为20，渲染效果如图7-129所示。修改了地板材质的"细分"数值后，地板反光处的噪点问题得到完全解决。

图7-128　　　　　　　　图7-129

除了增加材质的"细分"数值外，也可以增加灯光的"细分"数值，如果这些方法都不能消除噪点，还可以增加"全局确定性蒙特卡洛"卷展栏中的"细分倍增"数值，如图7-130所示。

噪点产生的原因是多方面的，需要以上几个参数同时进行调整才能得到理想的渲染效果。这些参数也会影响渲染速度，我们需要平衡渲染速度与渲染效果之间的关系。

图7-130

# 7.6 加快渲染速度的方法

拥有好的渲染效果的同时，也要提高渲染速度，下面介绍一些可以提高渲染速度的小技巧。

👑重点
## 7.6.1 使用VRay降噪器

"VRay降噪器"是VRay3.4版本中增加的功能，可以消除画面中一定程度的噪点。低质量的渲染参数虽然可以很快地渲染出画面，但容易产生噪点，用"VRay降噪器"功能去除这些噪点后，就可以得到媲美高质量渲染参数所渲染的效果。对于一些计算机配置一般的用户来说，这个功能可以解决渲染费时的问题，从而尽可能提高渲染效率。

下面讲解加载"VRay降噪器"的方法。

**第1步** 在"渲染元素"卷展栏中单击"添加"按钮 添加 ，在弹出的"渲染元素"对话框中选择"VRay降噪器"选项，并双击该选项加入，如图7-131所示。

**第2步** 在下方的"VRay降噪参数"卷展栏中设置"预设"为"自定义"，如图7-132所示。

**第3步** 渲染完场景后，单击"VRay帧缓冲区"左上角的RGB通道，系统会自动切换到effectsResult通道，即降噪后的效果，如图7-133所示。

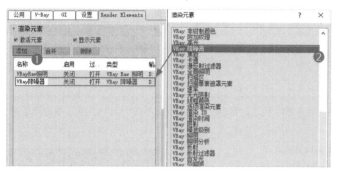

图7-131  图7-132  图7-133

> ① **技巧提示：旧版本中的名称**
>
> VRay3.0系列的渲染器中，"VRay降噪器"的名字是VRayDenoiser。

> ① **技巧提示：预设模式的应用场合**
>
> "自定义"模式的参数适用于大多数场景。如果降噪效果不明显，还可以在"预设"下拉列表中选择"强烈"选项，或是增加"强度"和"半径"的数值。

👆 重点

## 🤚案例训练：用VRay降噪器渲染效果图

| 场景文件 | 场景文件>CH07>04.max |
| --- | --- |
| 实例文件 | 实例文件>CH07>案例训练：用VRay降噪器渲染效果图.max |
| 难易程度 | ★★☆☆☆ |
| 技术掌握 | VRay降噪器 |

扫码观看视频

本案例用"VRay降噪器"对低质量的渲染图进行降噪处理，案例对比效果如图7-134所示。

**01** 打开本书学习资源中的"场景文件>CH07>04.max"文件，如图7-135所示。

图7-134  图7-135

**02** 按F10键打开"渲染设置"面板，然后在"输出大小"选项组中设置"宽度"为1500，"高度"为1125，如图7-136所示。

**03** 在"图像采样器（抗锯齿）"卷展栏中设置"类型"为"渲染块"，如图7-137所示。

**04** 在"图像过滤器"卷展栏中设置"过滤器"为VRayLanczosFilter，如图7-138所示。

**05** 在"渲染块图像采样器"卷展栏中设置"最小细分"为1，"最大细分"为4，"噪波阈值"为0.01，如图7-139所示。

图7-136  图7-137  图7-138  图7-139

**06** 切换到GI选项卡，设置"首次引擎"为"发光贴图"，"二次引擎"为"灯光缓存"，如图7-140所示。

**07** 在"发光贴图"卷展栏中设置"当前预设"为"非常低"，"细分"为50，"插值采样"为20，如图7-141所示。

**08** 在"灯光缓存"卷展栏中设置"细分"为600，如图7-142所示。到了这一步，基本上是按照测试渲染参数进行设置。

**09** 按F9键渲染场景，效果如图7-143所示。我们可以观察到在低质量参数下渲染的图像质量并不高。

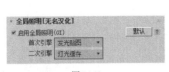
图7-140

图7-141

图7-142

图7-143

**10** 切换到"渲染元素"选项卡，在"渲染元素"卷展栏中单击"添加"按钮 添加 ，然后在弹出的"渲染元素"对话框中选择"VRay降噪器"选项，并双击该选项加入，如图7-144所示。

**11** 在下方的"VRay降噪参数"卷展栏中设置"预设"为"自定义"，如图7-145所示。

**12** 按F9键渲染当前场景，"VRay帧缓冲区"会自动跳转到降噪后的效果，如图7-146所示。

图7-144

图7-145

图7-146

👑 重点
## 7.6.2 调整动态内存

"动态内存限制（MB）"可以设置计算机内存参与渲染的量，参与的内存越多，渲染速度越快。当设置为默认的0时，计算机会根据自身情况尽可能多地使用内存，渲染效果如图7-147所示，渲染时间为1分07秒。

扫码观看视频

在一些旧版本的VRay中，默认设置"动态内存限制（MB）"为400，渲染效果如图7-148所示，渲染时间为4分29秒。

读者也可以根据计算机的物理内存设置最大值。例如，物理内存为8GB就设置为8000，渲染效果如图7-149所示，渲染时间为3分31秒。

图7-147

图7-148

图7-149

通过以上3组参数的对比，我们可以发现该参数只影响渲染速度，不会影响渲染效果。

# 7.7 商业效果图的渲染技巧

掌握一些必要的渲染技巧可以尽可能减少工作量。

👑 重点
## 7.7.1 区域渲染

"区域渲染"是对"VRay帧缓冲区"中框选出的需要重新渲染的部分单独进行渲染，相比于整体渲染，区域渲染会减少渲染时间，尤其在测试渲染时使用较多。

打开本书学习资源中的"第7章 测试场景"文件，原有的效果如图7-150所示。

扫码观看视频

笔者决定将餐椅的颜色全换成蓝色，然后测试效果。

**第1步** 在"VRay帧缓冲区"中单击"区域渲染"按钮回，然后在视图中框选出餐椅的范围，如图7-151所示。

**第2步** 按F9键进行渲染，可以观察到系统只会渲染红框范围内的画面，效果如图7-152所示。

**第3步** 再次单击"区域渲染"按钮回，绘制的红框就会消失，如图7-153所示。相比重新渲染整张图，区域渲染非蓝色餐椅只需要1分29秒。

图7-150

图7-151

图7-152

图7-153

此方法还可以用在最终渲染后更改材质颜色或纹理，但如果更改了场景中的灯光，新图就有可能无法与原图完美重合，导致需要重新渲染整张图。

★重点

## 7.7.2 单独渲染对象

扫码观看视频

最终渲染后，需要更改其中某些物体的材质或亮度时，设置"VRay属性"将物体单独渲染，然后在后期软件中单独调整并与原有成图拼合，就可以避免重新调整场景、再次渲染效果图这一复杂又耗时的步骤。

7.2.14小节中介绍了"VRay属性"中的"Alpha基值"参数可以为物体添加Alpha通道，下面以"第7章 测试场景"文件为例简单讲解其使用方法。

**第1步** 选中场景中的护墙板模型，然后单击鼠标右键，在弹出的快捷键菜单中选择"V-Ray属性"选项，如图7-154所示。

**第2步** 在弹出的"V-Ray对象属性"对话框中设置"Alpha基值"为-1，如图7-155所示。

图7-154

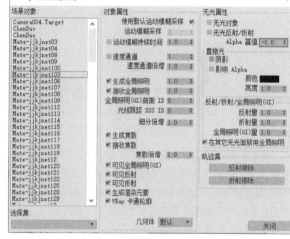
图7-155

**第3步** 单独渲染出护墙板模型，Alpha通道效果如图7-156所示。

**第4步** 在后期软件中通过Alpha通道选出护墙板模型，然后修改其颜色，效果如图7-157和图7-158所示。

图7-156

图7-157

图7-158

(!) **技巧提示：**另一种制作思路

也可以反选除护墙板以外的对象，然后将其设置为"无光对象"，这样渲染效果就是除护墙板以外全为黑色，这种方法适用于修改动画渲染帧。

👑 重点
### 7.7.3 渲染通道

扫码观看视频

为了方便后期处理,一般在渲染效果图时都会渲染一些通道。"VRay渲染ID"就是经常会用到的通道之一,它会对场景中每一个单独的物体赋予一种颜色,如图7-159所示。

后期软件可以通过"VRay渲染ID"通道的色块选取原图中对应的部分,然后修改颜色、亮度,添加纹理等效果。"VRay渲染ID"通道的加载方法与前面讲到的"VRay降噪器"的加载方法一样,这里不再赘述。

图7-159

👑 重点
### 7.7.4 联机渲染

扫码观看视频

联机渲染是通过局域网中的计算机同时渲染同一张图片,将以往一台计算机的工作量同时分配给局域网中的其他计算机,从而提升工作效率。

建立联机渲染的方法如下。

**第1步** 在当前项目的主机中,任意非中文目录下建立一个文件夹,例如,在F盘创建文件夹VRayGroup(全路径不能出现中文),并在局域网中共享,如图7-160所示。

**第2步** 将场景中的贴图、光度学等文件的路径设置为VRayGroup文件夹的路径,并将贴图等文件复制到这个文件夹内。

**第3步** 打开"渲染设置"面板,然后切换到"设置"选项卡,展开"系统"卷展栏,勾选"分布式渲染"选项,如图7-161所示。

图7-160

图7-161

**第4步** 单击"设置"按钮 设置... ,在弹出的"V-Ray分布式渲染设置"对话框中单击"添加服务器"按钮 添加服务器 ,然后弹出"添加渲染服务器"对话框,在"服务器"一栏输入其他所有局域网中的计算机名,或者直接键入其IP地址(两者选其一),单击"确定"按钮 确定 ,如图7-162所示。

**第5步** 添加完成后,单击"解析服务器"按钮 解析服务器 ,解析正确会出现IP地址,如图7-163所示。设置完成后再渲染场景,添加的计算机会一同进行渲染。

图7-162

图7-163

◎ 知识课堂:A360云渲染

A360云渲染是Autodesk公司推出的一款云渲染工具,用户将场景和贴图提交给云渲染平台,云渲染平台会按照用户的设置渲染出成品图并反馈给用户。云渲染不仅减少了用户渲染的时间消耗,还减少了计算机的硬件消耗。

单击"在线渲染"按钮🗔打开"渲染设置:A360在线渲染"面板,如图7-164所示。

用户必须先单击"登录"按钮 登录 登录A360云渲染平台才可以使用该功能,登录界面如图7-165所示。

如果用户没有账号,需要单击下方蓝绿色的CREATE ACCOUNT文字进入链接后的页面注册账号。用户登录后在下方设置渲染的各项参数,然后提交渲染即可。

如果用户想要切换回产品级渲染模式,单击上方的"目标"下拉列表,选择"产品级渲染模式"选项,渲染面板就会返回原来的样式,如图7-166所示。

图7-164

图7-165

图7-166

# 7.8 光子渲染

扫码观看视频

渲染光子文件是渲染成图必不可少的步骤，无论是单帧图还是动画都可以节省很多时间。

👆 重点
## 7.8.1 单帧图的光子渲染方法

单帧图的光子渲染是渲染一个比成图尺寸小的效果图，同时保存光子文件，以便在渲染大尺寸的成图时调取光子文件。下面以一个案例来详细演示单帧图的光子渲染方法。

👆 重点
## 👆 案例训练：单帧图的光子渲染方法

| 场景文件 | 场景文件>CH07>05.max |
|---|---|
| 实例文件 | 实例文件>CH07>案例训练：单帧图的光子渲染方法.max |
| 难易程度 | ★★★☆☆ |
| 技术掌握 | 单帧图光子文件 |

扫码观看视频

本案例通过一个场景演示如何渲染单帧图的光子文件，如图7-167所示。

**01** 打开本书学习资源中的"场景文件>CH07>05.max"文件，如图7-168所示。

图7-167

图7-168

**02** 下面渲染场景的光子文件，按F10键打开"渲染设置"面板，然后设置"宽度"为800，"高度"为600，如图7-169所示。

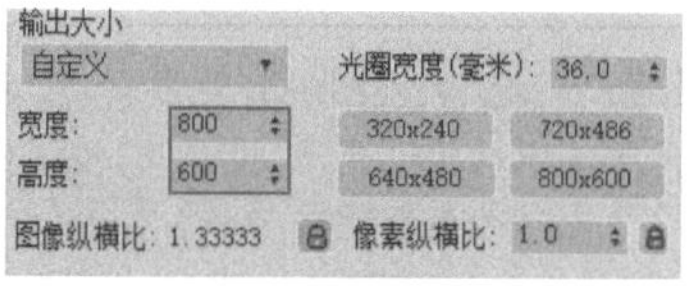

图7-169

① **技巧提示：光子文件的尺寸**
光子文件的尺寸一般为最终渲染图的25%~50%，最好不要小于最终渲染图的25%。

**03** 在"全局开关"卷展栏中勾选"不渲染最终的图像"选项，如图7-170所示，这样系统只会渲染光子文件，不会渲染最终图像。

**04** 在"图像采样器（抗锯齿）"卷展栏中设置"类型"为"渲染块"，然后在"图像过滤器"卷展栏中设置"过滤器"为Mitchell-Netravali，如图7-171所示。

**05** 在"渲染块图像采样器"卷展栏中设置"最小细分"为1，"最大细分"为4，"噪波阈值"为0.005，如图7-172所示。

**06** 在"全局确定性蒙特卡洛"卷展栏中勾选"使用局部细分"选项，如图7-173所示。

图7-170

图7-171

图7-172

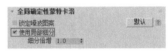
图7-173

**07** 在"颜色贴图"卷展栏中设置"类型"为"莱因哈德"，然后设置"加深值"为0.6，如图7-174所示。

**08** 在"全局照明"卷展栏中设置"首次引擎"为"发光贴图"，"二次引擎"为"灯光缓存"，如图7-175所示。

**09** 在"发光贴图"卷展栏中设置"当前预设"为"中"，"细分"为80，"插值采样"为50，"模式"为"单帧"，并勾选"自动保存"和"切换到保存的贴图"选项，然后设置发光贴图文件的保存路径，如图7-176所示。

**10** 在"灯光缓存"卷展栏中设置"细分"为1500，"模式"为"单帧"，然后勾选"自动保存"和"切换到已保存的缓存"选项，接着设置灯光缓存文件的保存路径，如图7-177所示。

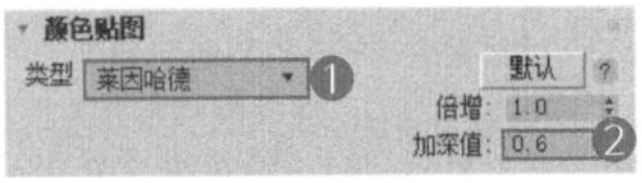

图7-174

图7-175

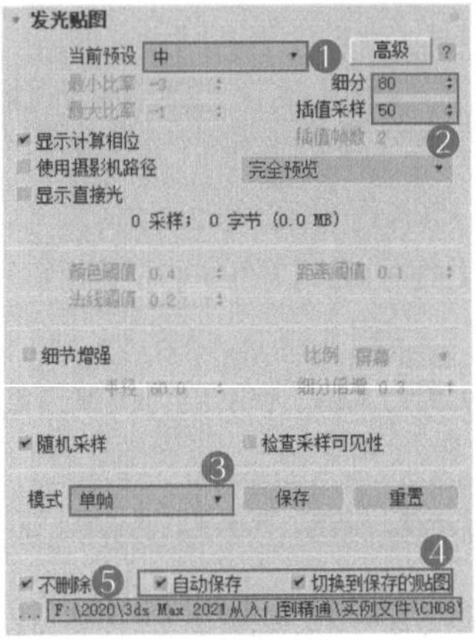

图7-176

图7-177

**11** 在摄影机视图中渲染场景，"VRay帧缓冲区"的效果如图7-178所示。根据保存光子文件的路径我们可以找到渲染好的光子文件，如图7-179所示。

**12** 下面渲染成图。设置成图的"宽度"为2000，"高度"为1500，如图7-180所示。

**13** 在"全局开关"卷展栏中取消勾选"不渲染最终的图像"选项，如图7-181所示。如果没有取消该选项，是无法渲染出成图效果的。

图7-178

图7-179

图7-180

图7-181

**14** 在"发光贴图"卷展栏中设置"模式"为"从文件"，然后在下方通道中加载刚才保存的发光贴图文件，如图7-182所示。

**15** 在"灯光缓存"卷展栏中设置"模式"为"从文件"，然后在下方通道中加载刚才保存的灯光缓存文件，如图7-183所示。

① **技巧提示：不同光子文件的后缀名**
　发光贴图文件的后缀名是.vrmap，灯光缓存文件的后缀名是.vrlmap。

**16** 在摄影机视图中渲染场景，最终效果如图7-184所示。

图7-182

图7-183

图7-184

## 7.8.2 动画的光子渲染方法

动画的光子渲染方法与单帧图大致相同，只不过动画会将多帧的光子文件合并为一个光子文件。动画虽然要渲染序列帧，但光子文件并不用每帧都渲染，只需要按照一定的间隔跳帧渲染即可。

下面列举渲染动画的光子文件与渲染单帧图的光子文件的不同之处。

**第1步** 在"时间输出"选项组中选择"活动时间段"选项，设置"每N帧"为10，然后在"输出大小"选项组中设置"宽度"为720，"高度"为405，如图7-185所示。"活动时间段"代表整个场景文件的时长，"每N帧"代表间隔帧的数值，这里设置为10表示每隔10帧渲染一次光子文件。动画场景多采用16∶9的画幅，因此光子文件的"宽度"设置为720即可。

图7-185

> ① **技巧提示：动画输出的规格**
>
> 动画的输出大小一般有以下几种规格。
>
> 标清：720×405    超清：1920×1080
> 高清：1280×720    4K：3840×2160

**第2步** 在"发光贴图"卷展栏中设置"模式"为"增量添加到当前贴图"选项，如图7-186所示。这个选项是将之前每隔10帧渲染的发光贴图文件合并为一个发光贴图文件。

**第3步** 在"灯光缓存"卷展栏中设置"模式"为"穿行"，如图7-187所示。这个选项是将之前每隔10帧渲染的灯光缓存文件合并为一个灯光缓存文件，最终在保存光子文件的路径里只有一个发光贴图文件和一个灯光缓存文件。

**第4步** 当光子文件渲染好后，在"时间输出"选项组中将"每N帧"设置为1，这样就可以渲染出时间轴上的每一帧效果，如图7-188所示。其他操作方法与渲染单帧图的光子文件完全相同，这里不再赘述。

图7-186

图7-187

图7-188

# 7.9 综合训练营

下面通过两个综合训练案例，复习之前学过的知识，同时熟悉效果图的制作流程。

## ⬡ 综合训练：北欧风格的浴室

| 场景文件 | 场景文件>CH07>06.max |
| --- | --- |
| 实例文件 | 实例文件>CH07>综合训练：北欧风格的浴室.max |
| 难易程度 | ★★★★☆ |
| 技术掌握 | 效果图制作流程 |

扫码观看视频

本案例是为一个北欧风格的浴室场景创建摄影机、灯光和材质，案例效果如图7-189所示。通过这个案例，读者可以熟悉效果图的制作流程。

☞ 摄影机创建------------------------------------

**01** 打开本书学习资源中的"场景文件>CH07>06.max"文件，如图7-190所示。

图7-189

图7-190

**02** 使用"VRay物理摄影机"工具 (VR)物理摄影机 在场景中创建一台摄影机，位置如图7-191所示。

**03** 选中创建的摄影机，在"修改"面板中设置"焦距（毫米）"为36，"胶片速度（ISO）"为1200，"光圈数"为4，如图7-192所示。修改后摄影机视图的效果如图7-193所示。

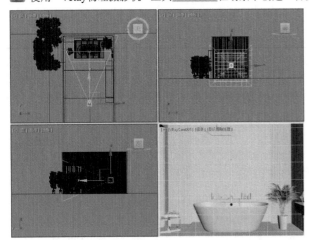

图7-191

图7-192

图7-193

## 测试渲染

**01** 按F10键打开"渲染设置"面板，在"图像采样器（抗锯齿）"卷展栏中设置"类型"为"渲染块"，如图7-194所示。

**02** 在"图像过滤器"卷展栏中设置"过滤器"为"区域"，如图7-195所示。

**03** 在"渲染块图像采样器"卷展栏中设置"最小细分"为1，"最大细分"为4，"噪波阈值"为0.01，如图7-196所示。

**04** 在"颜色贴图"卷展栏中设置"类型"为"莱因哈德"，"加深值"为0.6，如图7-197所示。

图7-194

图7-195

图7-196

图7-197

**05** 在"全局照明"卷展栏中设置"首次引擎"为"发光贴图"，"二次引擎"为"灯光缓存"，如图7-198所示。

**06** 在"发光贴图"卷展栏中设置"当前预设"为"低"，"细分"为50，"插值采样"为20，如图7-199所示。

**07** 在"灯光缓存"卷展栏中设置"细分"为600，如图7-200所示。

图7-198

图7-199

图7-200

> **⑦ 疑难问答：找不到调整错误的渲染参数怎么办？**
>
> 某些情况下，调整了渲染参数后会忘记修改了哪些参数，因而无法顺利地进行渲染，这个时候就可以将渲染器重置一次。
>
> 将渲染器先切换为默认的"扫描线渲染器"，然后再切换回"VRay渲染器"，这样所有的渲染参数将重置为默认参数，以方便后续调整参数。

## 灯光布置

**01** 首先创建环境光。按8键打开"环境和效果"面板，在"环境贴图"通道中加载VRayJDRI贴图，如图7-201所示。

**02** 将贴图复制到空白材质球上，然后在"位图"通道中加载本书学习资源中的"实例文件>CH07>综合训练：北欧风格的浴室>113.hdr"文件，接着设置"贴图类型"为"球形"，"水平旋转"为208，如图7-202所示。

**03** 在摄影机视图中按F9键测试灯光效果，效果如图7-203所示。

图7-201

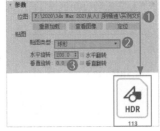

图7-202

图7-203

**04** 用 "VRay灯光" 工具 (VR)灯光 在左侧的窗外创建一盏灯光,位置如图7-204所示。

**05** 选中创建的灯光,然后设置参数如图7-205所示。

**设置步骤**

① 展开 "常规" 卷展栏,设置灯光 "类型" 为 "平面",灯光与窗口差不多大即可,然后设置 "倍增" 为3,"颜色" 为(红:158,绿:192,蓝:255)。

② 展开 "选项" 卷展栏,勾选 "不可见" 选项。

**06** 按F9键测试灯光效果,效果如图7-206所示。我们可以明显观察到窗口附近出现曝光效果,需要稍微降低灯光的强度。

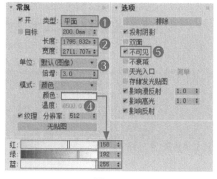

| 图7-204 | 图7-205 | 图7-206 |
|---|---|---|

**07** 设置 "倍增" 为1.5,测试效果如图7-207所示。

**08** 下面制作人工光源。使用 "VRay灯光" 工具 (VR)灯光 在吊灯下创建一盏灯光,位置如图7-208所示。

**09** 选中创建的灯光,然后设置灯光 "类型" 为 "球体","半径" 为38.22mm,"倍增" 为180,"温度" 为4000,如图7-209所示。

| 图7-207 | 图7-208 | 图7-209 |
|---|---|---|

> ① **技巧提示:** 步骤注意事项
>
> 这里不需要勾选灯光的 "不可见" 选项,保持灯光本身可见以便模拟灯泡效果。

**10** 在摄影机视图中测试灯光效果,效果如图7-210所示。灯光的亮度有些大,且颜色偏浅。

**11** 设置灯光的 "倍增" 为100,"温度" 为3600,测试效果如图7-211所示。至此,本案例的灯光创建完成。

> ① **技巧提示:** 灯光亮度与材质的关系
>
> 在白模状态下创建的灯光的亮度不是绝对的,受材质的漫反射和反射影响,我们需要灵活调整灯光的亮度。

| 图7-210 | 图7-211 |
|---|---|

☞ 材质制作------------------------------------------------------------------

**01** 制作陶瓷材质。新建一个"VRayMtl材质",具体参数如图7-212所示。材质球效果如图7-213所示。

**设置步骤**

① 设置"漫反射"颜色为(红:119,绿:159,蓝:165)。

② 设置"反射"颜色为(红:255,绿:255,蓝:255),"光泽度"为0.95,"菲涅耳折射率"为1.8。

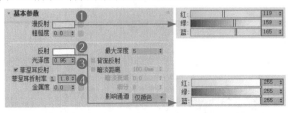

图7-212　　　　　　　　　　　　　　　图7-213

**02** 制作不锈钢材质。新建一个"VRayMtl材质",具体参数如图7-214所示。材质球效果如图7-215所示。

**设置步骤**

① 设置"漫反射"颜色为(红:0,绿:0,蓝:0)。

② 设置"反射"颜色为(红:232,绿:232,蓝:232),"光泽度"为0.8,"菲涅耳折射率"为3,"金属度"为1。

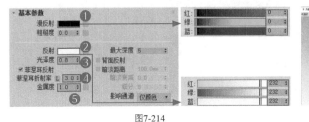

图7-214　　　　　　　　　　　　　　　图7-215

**03** 制作水材质。新建一个"VRayMtl材质",具体参数如图7-216所示。材质球效果如图7-217所示。

**设置步骤**

① 设置"反射"颜色为(红:255,绿:255,蓝:255)。

② 设置"折射"颜色为(红:255,绿:255,蓝:255),"折射率(IOR)"为1.33。

**04** 将这3种材质赋予浴缸模型,效果如图7-218所示。

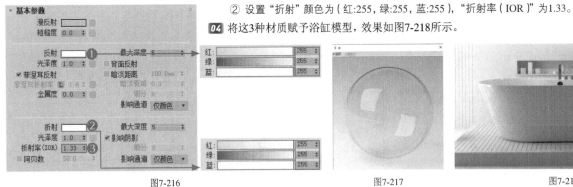

图7-216　　　　　　　　　图7-217　　　　　　　　　图7-218

**05** 制作木纹材质。新建一个"VRayMtl材质",具体参数如图7-219所示。材质球效果如图7-220所示。

**设置步骤**

① 在"漫反射"通道中加载本书学习资源中的"实例文件>CH07>综合训练:北欧风格的浴室> 208892.jpg"文件。

② 设置"反射"颜色为(红:193,绿:193,蓝:193),"光泽度"为0.6。

③ 将"漫反射"通道中的贴图复制到"凹凸"通道中,设置通道量为30。

**06** 将材质赋予背景墙、地面和洗漱台的木板模型,并添加贴图坐标,效果如图7-221所示。

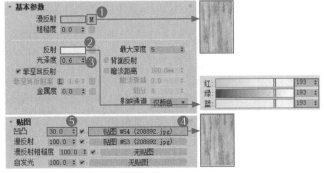

图7-219　　　　　　　　　图7-220　　　　　　　　　图7-221

**07** 制作水泥材质。新建一个"VRayMtl材质",在"凹凸""漫反射""反射""光泽度"3个通道中加载本书学习资源中的"实例文件>CH07>综合训练：北欧风格的浴室> jjkjnet-2020-03-08-02-s006.tif"文件,并设置"凹凸"通道量为60,如图7-222所示。材质球效果如图7-223所示。

**08** 将材质赋予墙面、地台和洗漱台,并添加贴图坐标,测试效果如图7-224所示。

图7-222

图7-223

图7-224

**09** 下面制作黑铁材质。新建一个"VRayMtl材质",具体参数如图7-225所示。材质球效果如图7-226所示。

**设置步骤**

① 设置"漫反射"颜色为( 红:17,绿:17,蓝:17 )。

② 设置"反射"颜色为( 红:101,绿:101,蓝:101 ),"光泽度"为0.6,"菲涅耳折射率"为2,"金属度"为1。

**10** 将材质赋予凳子和灯管模型,测试效果如图7-227所示。

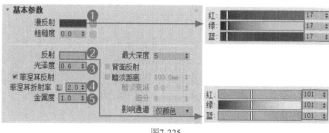

图7-225

图7-226

图7-227

**11** 下面制作地砖材质。新建一个"VRayMtl材质",具体参数如图7-228所示。材质球效果如图7-229所示。

**设置步骤**

① 在"漫反射"通道中加载本书学习资源中的"实例文件>CH07>综合训练：北欧风格的浴室> 20170113181852_619.jpg"文件。

② 设置"反射"颜色为( 红:211,绿:211,蓝:211 ),"光泽度"为0.8。

**12** 将材质赋予地面模型,并添加贴图坐标,测试效果如图7-230所示。

**13** 其余材质较为简单,这里不再讲解,读者可参考实例文件,效果如图7-231所示。

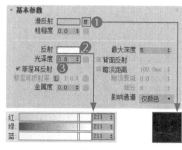

图7-228

图7-229

图7-230

图7-231

👉 **效果图渲染**----------------------------------------------------------------

**01** 渲染光子文件。按F10键打开"渲染设置"面板,设置"宽度"为1000,"高度"为750,如图7-232所示。

**02** 在"全局开关"卷展栏中勾选"不渲染最终的图像"选项,如图7-233所示。

图7-232

图7-233

**03** 在"图像过滤器"卷展栏中设置"过滤器"为Mitchell-Netravali，如图7-234所示。

**04** 在"渲染块图像采样器"卷展栏中设置"最大细分"为6，"噪波阈值"为0.001，如图7-235所示

**05** 在"发光贴图"卷展栏中设置"当前预设"为"中"，"细分"为60，"插值采样"为30，"模式"为"单帧"，然后勾选"自动保存"和"切换到保存的贴图"选项，并设置发光贴图文件的保存路径，如图7-236所示。

图7-234

图7-235

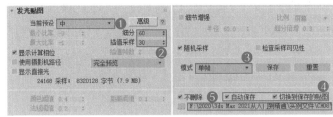

图7-236

**06** 在"灯光缓存"卷展栏中设置"细分"为1500，"模式"为"单帧"，然后勾选"自动保存"和"切换到已保存的缓存"选项，并设置灯光缓存文件的保存路径，如图7-237所示。最后切换到摄影机视图渲染场景，效果如图7-238所示。

**07** 下面渲染效果图。在"输出大小"选项组中设置"宽度"为2000，"高度"为1500，如图7-239所示。

**08** 在"全局开关"卷展栏中取消勾选"不渲染最终的图像"选项，如图7-240所示。

图7-237

图7-238

图7-239

图7-240

**09** 在"发光贴图"卷展栏中设置"模式"为"从文件"，如图7-241所示。

**10** 在"灯光缓存"卷展栏中设置"模式"为"从文件"，如图7-242所示。

**11** 按F9键渲染场景，案例的最终效果如图7-243所示。

图7-241

图7-242

图7-243

---

⑦ **疑难问答：渲染时，进度条停在"灯光缓存"启动部分怎么办？**

在渲染一些较大的场景时，进度条会一直停在"灯光缓存"启动部分，甚至很久都不会移动。造成这种情况的原因是设定的最大内存限量不够"灯光缓存"的引擎使用。

遇到这种问题有两种解决方法。

**第1种** 提高内存的最大使用限量。

**第2种** 尽量减少场景中的灯光数量。

扫码观看视频

### ◆ 重点
## ◈ 综合训练：现代风格的书房

| 场景文件 | 场景文件>CH07>07.max |
| --- | --- |
| 实例文件 | 实例文件>CH07>综合训练：现代风格的书房.max |
| 难易程度 | ★★★★☆ |
| 技术掌握 | 效果图制作流程 |

本案例是为一个现代风格的书房场景创建摄影机、灯光和材质，案例效果如图7-244所示。通过这个案例，读者可以熟悉效果图的制作流程。

图7-244

### ☞ 摄影机创建

**01** 打开本书学习资源中的"场景文件>CH07>07.max"文件，如图7-245所示。

**02** 使用"VRay物理摄影机"工具 (VR)物理摄影机 在场景中创建一台摄影机，位置如图7-246所示。

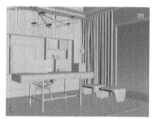

图7-245

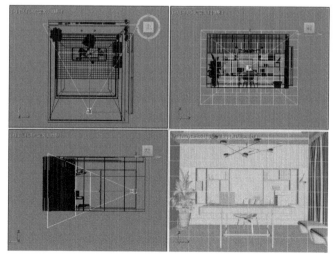

图7-246

**03** 选中创建的摄影机，在"修改"面板中设置"焦距（毫米）"为32，"胶片速度（ISO）"为1200，"光圈数"为4，如图7-247所示。修改后的摄影机视图效果如图7-248所示。

图7-247　　　　　　　图7-248

### ☞ 测试渲染

**01** 按F10键打开"渲染设置"面板，在"图像采样器（抗锯齿）"卷展栏中设置"类型"为"渲染块"，如图7-249所示。

**02** 在"图像过滤器"卷展栏中设置"过滤器"为"区域"，如图7-250所示。

图7-249　　　　　　　图7-250

**03** 在"渲染块图像采样器"卷展栏中设置"最小细分"为1，"最大细分"为4，"噪波阈值"为0.01，如图7-251所示。

**04** 在"颜色贴图"卷展栏中设置"类型"为"莱因哈德"，"加深值"为0.6，如图7-252所示。

图7-251

图7-252

**05** 在"全局照明"卷展栏中设置"首次引擎"为"发光贴图"，"二次引擎"为"灯光缓存"，如图7-253所示。

**06** 在"发光贴图"卷展栏中设置"当前预设"为"低"，"细分"为50，"插值采样"为20，如图7-254所示。

**07** 在"灯光缓存"卷展栏中设置"细分"为600，如图7-255所示。

图7-253

图7-254　　　　　　　图7-255

☞ **灯光布置**------

**01** 使用"VRay太阳"工具 (VR)太阳 在窗外创建一盏灯光,位置如图7-256所示。

**02** 选中上一步创建的灯光,在"修改"面板中设置"强度倍增"为0.03,"大小倍增"为5,"阴影细分"为8,如图7-257所示。

**03** 按F9键在摄影机视图中测试渲染,效果如图7-258所示。

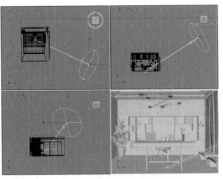

图7-256　　　　　图7-257　　　　　图7-258

**04** 观察渲染效果,可以发现室内的亮度仍然较暗,需要在窗外补充环境光。使用"VRay灯光"工具 (VR)灯光 在窗外创建一盏灯光,位置如图7-259所示。

**05** 选中上一步创建的灯光,然后设置参数如图7-260所示。

**设置步骤**

① 展开"常规"卷展栏,设置灯光"类型"为"平面",灯光与窗口差不多大即可,然后设置"倍增"为15,"颜色"为(红:208,绿:232,蓝:255)。

② 展开"选项"卷展栏,勾选"不可见"选项。

**06** 测试渲染效果,效果如图7-261所示。窗口位置出现曝光,可以适当将灯光强度调低,但添加材质后可能会出现灯光偏暗的问题,需要读者灵活处理。

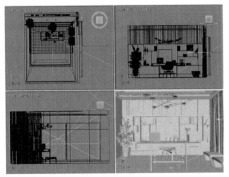

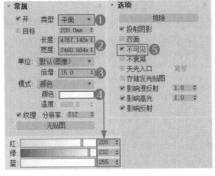

图7-259　　　　　图7-260　　　　　图7-261

☞ **材质制作**------

**01** 首先制作柜面材质。新建一个"VRayMtl材质",具体参数如图7-262所示。材质球效果如图7-263所示。

**设置步骤**

① 设置"漫反射"颜色为(红:2,绿:3,蓝:4)。

② 设置"反射"颜色为(红:47,绿:47,蓝:47),"光泽度"为0.6,"菲涅耳折射率"为2。

③ 在"反射"和"光泽度"通道中加载本书学习资源中的"实例文件>CH07>综合训练:现代风格的书房>200422-14146.jpg"文件,并设置两个通道量都为20。

**02** 将柜面材质赋予后方的书柜模型,并添加贴图坐标,效果如图7-264所示。

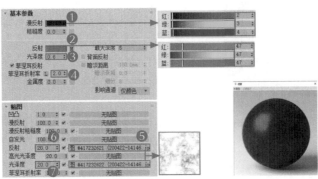

图7-262　　　　　图7-263　　　　　图7-264

**03** 下面制作乳胶漆材质。新建一个"VRayMtl材质",具体参数如图7-265所示。材质球效果如图7-266所示。

**设置步骤**

① 设置"漫反射"颜色为（红:204，绿:202，蓝:201）。

② 设置"反射"颜色为（红:39，绿:39，蓝:39），"光泽度"为0.7。

**04** 将乳胶漆材质赋予吊顶模型，效果如图7-267所示。

图7-265　　　　　　　　　　图7-266　　　　　　　　　　图7-267

**05** 下面制作墙漆材质。新建一个"VRayMtl材质"，具体参数如图7-268所示。材质球效果如图7-269所示。

**设置步骤**

① 设置"漫反射"颜色为（红:97，绿:76，蓝:61）。

② 设置"反射"颜色为（红:119，绿:119，蓝:119），"光泽度"为0.7。

**06** 将墙漆材质赋予墙面模型，测试效果如图7-270所示。

图7-268　　　　　　　　　　图7-269　　　　　　　　　　图7-270

**07** 下面制作地板材质。新建一个"VRayMtl材质"，具体参数如图7-271所示。材质球效果如图7-272所示。

**设置步骤**

① 在"漫反射"通道中加载本书学习资源中的"实例文件>CH07>综合训练：现代风格的书房> a23-08004.jpg"文件。

② 在"反射"和"光泽度"通道中加载本书学习资源中的"实例文件>CH07>综合训练：现代风格的书房> a23-08005.jpg"文件，然后设置"光泽度"通道量为50。

③ 在"凹凸"通道中加载本书学习资源中的"实例文件>CH07>综合训练：现代风格的书房> a23-08007.jpg"文件，然后设置通道量为30。

**08** 将地板材质赋予地板模型，然后添加贴图坐标，测试效果如图7-273所示。

图7-271　　　　　　　　　　图7-272　　　　　　　　　　图7-273

**09** 下面制作地毯材质。新建一个"VRayMtl材质"，然后在"凹凸"和"漫反射"通道中加载本书学习资源中的"实例文件>CH07>综合训练：现代风格的书房>200422-14149.jpg"文件，并设置"凹凸"通道量为80，如图7-274所示。材质球效果如图7-275所示。

**10** 将地毯材质赋予地毯模型，并添加贴图坐标，测试效果如图7-276所示。添加了地板和地毯的材质后，窗口位置的曝光得到一定的改善，没有特别强烈的发白现象。没有添加材质的软凳模型仍然处于曝光状态。

图7-274　　　　　　　　　　图7-275　　　　　　　　　　图7-276

**11** 下面制作软凳材质。新建一个"VRayMtl材质",具体参数如图7-277所示。材质球效果如图7-278所示。

**设置步骤**

① 在"漫反射"通道中加载"衰减"贴图,设置"前"通道颜色为(红:19,绿:10,蓝:8),"侧"通道颜色为(红:33,绿:19,蓝:15),"衰减类型"为"垂直/平行"。

② 在"凹凸"和"反射"通道中加载本书学习资源中的"实例文件>CH07>综合训练:现代风格的书房>a23-08036.jpg"文件,然后设置两个通道量都为60。

③ 在"光泽度"通道中加载本书学习资源中的"实例文件>CH07>综合训练:现代风格的书房> a23-08037.jpg"文件,然后设置通道量为20。

**12** 将软凳材质赋予座椅和软凳模型,并添加贴图坐标,测试效果如图7-279所示。添加材质后,软凳的曝光现象也得到了明显的改善。

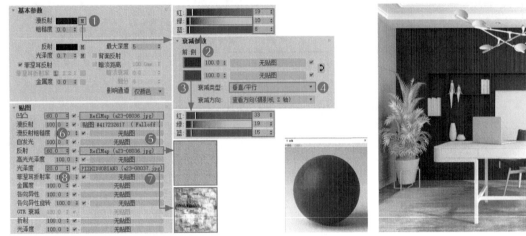

图7-277      图7-278      图7-279

**13** 下面制作黑铁材质。新建一个"VRayMtl材质",具体参数如图7-280所示。材质球效果如图7-281所示。

**设置步骤**

① 设置"漫反射"颜色为(红:2,绿:2,蓝:2)。

② 设置"反射"颜色为(红:47,绿:47,蓝:47),"光泽度"为0.9,"菲涅耳折射率"为1.6,"金属度"为1。

③ 在"反射"和"光泽度"通道中加载本书学习资源中的"实例文件>CH07>综合训练:现代风格的书房> 200422-14146.jpg"文件,然后设置两个通道量都为20。

**14** 将黑铁材质赋予椅子、桌子和落地灯模型,并添加贴图坐标,测试效果如图7-282所示。

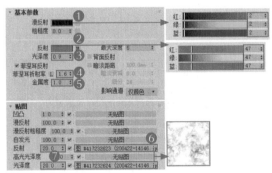

图7-280      图7-281      图7-282

**15** 下面制作桌面材质。新建一个"VRayMtl材质",具体参数如图7-283所示。材质球效果如图7-284所示。

**设置步骤**

① 在"漫反射"通道中加载"衰减"贴图,设置"前"通道颜色为(红:19,绿:10,蓝:8),"侧"通道颜色为(红:33,绿:19,蓝:15),"衰减类型"为"垂直/平行"。

② 设置"反射"颜色为(红:47,绿:47,蓝:47),"光泽度"为0.8。

③ 在"反射"和"光泽度"通道中加载本书学习资源中的"实例文件>CH07>综合训练:现代风格的书房> 200422-14146.jpg"文件,然后设置两个通道量都为50。

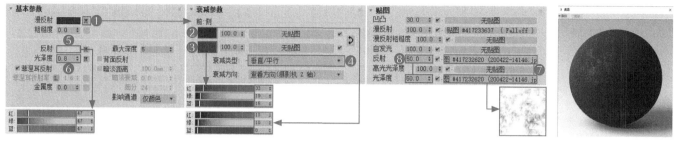

图7-283

图7-284

> ① **技巧提示：步骤注意事项**
>
> 桌面材质和软凳材质的参数大致相同，读者可以在软凳材质的基础上修改个别参数后生成桌面材质，这样能够减少制作步骤。

**16** 将桌面材质赋予桌面模型，并添加贴图坐标，测试效果如图7-285所示。

**17** 其他材质较为简单，这里不再赘述。最终测试效果如图7-286所示。

图7-285

图7-286

## 效果图渲染

**01** 渲染光子文件。按F10键打开"渲染设置"面板，设置"宽度"为1000，"高度"为750，如图7-287所示。

**02** 在"全局开关"卷展栏中勾选"不渲染最终的图像"选项，如图7-288所示。

图7-287

图7-288

**03** 在"图像过滤器"卷展栏中设置"过滤器"为Mitchell-Netravali，如图7-289所示。

**04** 在"渲染块图像采样器"卷展栏中设置"最大细分"为6，"噪波阈值"为0.001，如图7-290所示。

**05** 在"发光贴图"卷展栏中设置"当前预设"为"中"，"细分"为60，"插值采样"为30，"模式"为"单帧"，然后勾选"自动保存"和"切换到保存的贴图"选项，并设置发光贴图文件的保存路径，如图7-291所示。

图7-289

图7-290

图7-291

**06** 在"灯光缓存"卷展栏中设置"细分"为1500，"模式"为"单帧"，然后勾选"自动保存"和"切换到已保存的缓存"选项，并设置灯光缓存文件的保存路径，如图7-292所示。最后切换到摄影机视图渲染场景，效果如图7-293所示。

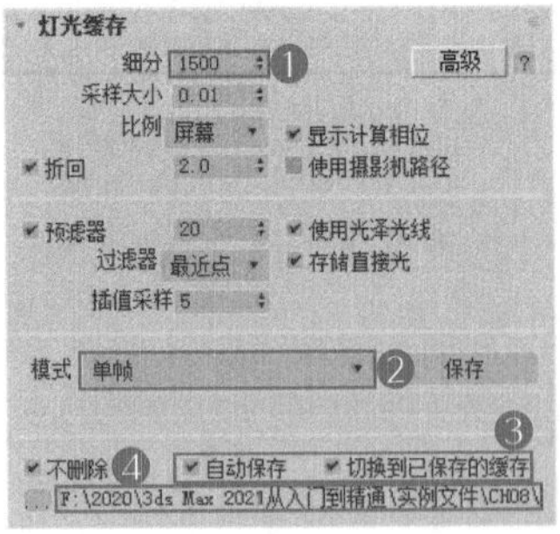

图7-292

图7-293

**07** 下面渲染效果图。在"输出大小"选项组中设置"宽度"为2000，"高度"为1500，如图7-294所示。

**08** 在"全局开关"卷展栏中取消勾选"不渲染最终的图像"选项，如图7-295所示。

图7-294

图7-295

**09** 在"发光贴图"卷展栏中设置"模式"为"从文件"，如图7-296所示。

**10** 在"灯光缓存"卷展栏中设置"模式"为"从文件"，如图7-297所示。

**11** 按F9键渲染场景，案例的最终效果如图7-298所示。

图7-296

图7-297

图7-298

---

◎ **知识课堂**：渲染效果图时如何不让系统产生卡顿

在使用VRay渲染器渲染的同时使用别的软件，计算机会出现卡顿现象，甚至会影响渲染。如果这时计算机弹出一些软件弹窗，就有可能造成渲染崩溃。这就需要在渲染之前释放1~2个计算机内核，以Windows 10版本为例，具体操作方法如下。

**第1步** 打开"任务管理器"面板，然后在"详细信息"选项卡中找到3dsmax.exe选项，如图7-299所示。

**第2步** 在该选项上单击鼠标右键，在弹出的快捷菜单中选择"设置相关性"选项，如图7-300所示。

**第3步** 在弹出的"处理器相关性"对话框中取消勾选1~2个CPU选项，如图7-301所示。这里需要根据用户计算机的CPU数量决定，一般取消勾选1~2个即可。

图7-299

图7-300

图7-301

# 第 **8** 章

## 3ds Max在商业效果图中的应用

📁 案例视频集数: 5集　　⏱ 视频时间: 111分钟

　　3ds Max在室内设计、建筑设计、环艺设计、产品设计等行业具有重要的地位。效果图是3ds Max重要的应用领域，常见的表现形式有室内家装和工装效果图、室外建筑效果图、市政园艺效果图和产品展示效果图等。商业效果图在效果表现上的难度会更大，且需要营造一定的意境。

### 学习重点 🔍

### 学完本章能做什么

　　学完本章之后，读者能结合之前学习的章节内容制作商业效果图案例。

☑重点

# 8.1 商业项目实战：现代风格客厅效果图

| 场景文件 | 场景文件>CH08>01.max |
| --- | --- |
| 实例文件 | 实例文件>CH08>商业项目实战：现代风格客厅效果图.max |
| 难易程度 | ★★★★★ |
| 技术掌握 | 商业室内效果图制作流程 |

本案例是制作现代风格的客厅效果图，案例效果如图8-1所示。

图8-1

## 8.1.1 案例概述

本案例的场景是现代风格的客厅空间。从模型结构上看，该场景属于半封闭空间，光源由室外的环境光和室内的人工光源两部分组成。本案例中，笔者表现的是阴天场景，因此环境光只有室外的天光，没有太阳光。室内的人工光源由壁灯和筒灯两部分组成。

现代风格的建筑类型比较多，本案例是一个大开间客厅，要选择具有设计感和高级感的硬装方案。图8-2所示是笔者收集的一些具有设计感和高级感的现代风格场景的参考图。

图8-2

## 8.1.2 摄影机创建

**01** 打开本书学习资源中的"场景文件>CH08>01.max"文件,如图8-3所示。

**02** 场景中的主要模型都集中于画面正对的背景墙边,因此主镜头就按照画面显示的方式创建。使用"物理"工具 物理 在场景中创建一台"物理摄影机",镜头效果如图8-4所示。

**03** 切换到"修改"面板,然后设置"焦距"为31毫米,"光圈"为f/4,ISO为400,如图8-5所示。

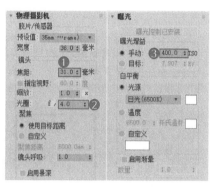

图8-3　　　　　　　　　　　　图8-4　　　　　　　　　　　　图8-5

**04** 此时的摄影机视图效果如图8-6所示。画面上方和下方留出了很多空白区域,我们需要设置画幅以裁掉空白的部分。

**05** 按F10键打开"渲染设置"面板,设置"宽度"为600,"高度"为413,如图8-7所示。

**06** 在摄影机视图中按Shift+F快捷键打开"渲染安全框",画幅效果如图8-8所示。设置为16:9的画幅后,画面上方和下方的空白区域被裁掉了。

图8-6　　　　　　　　　　　　图8-7　　　　　　　　　　　　图8-8

## 8.1.3 测试渲染

创建好摄影机后,下面设置测试渲染参数,为后面布置灯光和添加材质做准备。

**01** 按F10键打开"渲染设置"面板,在"图像采样器(抗锯齿)"卷展栏中设置"类型"为"渲染块",如图8-9所示。

**02** 在"图像过滤器"卷展栏中设置"过滤器"为"区域",如图8-10所示。

**03** 在"渲染块图像采样器"卷展栏中设置"最小细分"为1,"最大细分"为4,"噪波阈值"为0.01,如图8-11所示。

**04** 在"颜色贴图"卷展栏中设置"类型"为"莱因哈德","加深值"为0.6,如图8-12所示。

图8-9　　　　　　　　　图8-10　　　　　　　　　图8-11　　　　　　　　　图8-12

**05** 在"全局照明"卷展栏中设置"首次引擎"为"发光贴图","二次引擎"为"灯光缓存",如图8-13所示。

**06** 在"发光贴图"卷展栏中设置"当前预设"为"低","细分"为50,"插值采样"为20,如图8-14所示。

**07** 在"灯光缓存"卷展栏中设置"细分"为600,如图8-15所示。

① **技巧提示:步骤注意事项**
后面案例的测试渲染参数完全相同,就不再赘述。

图8-13　　　　　　　　　图8-14　　　　　　　　　图8-15

## 8.1.4 灯光布置

根据8.1.1小节中的分析，本案例的灯光分为环境光和人工光源两部分，下面分别进行制作。

☞ 环境光-----------------------------------------------------------------------------

**01** 在窗外使用"VRay灯光"工具 (VR)灯光 创建一盏灯光用于模拟环境光的效果，位置如图8-16所示。

**02** 选中上一步创建的灯光，然后设置参数，如图8-17所示。

**设置步骤**

① 展开"常规"卷展栏，设置灯光"类型"为"平面"，灯光与窗口差不多大即可，"倍增"为7，"颜色"为（红:206，绿:235，蓝:255）。

② 展开"选项"卷展栏，勾选"不可见"选项。

**03** 在摄影机视图中渲染场景，效果如图8-18所示。

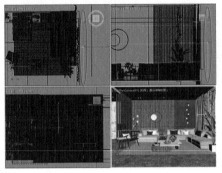 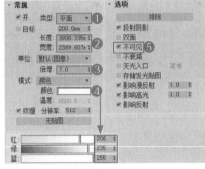 

图8-16           图8-17           图8-18

> ① **技巧提示：灯光颜色的设定依据**
>
> 将灯光设置为浅蓝色不仅模拟了天空的颜色，也可以为场景增加冷色调。

☞ 人工光源----------------------------------------------------------------------------

**01** 场景中的人工光源是壁灯和屋顶的筒灯，首先创建壁灯灯光。使用"VRay灯光"工具 (VR)灯光 在窗帘一侧的壁灯灯罩内创建一盏灯光，然后以"实例"形式复制到其他灯罩内，位置如图8-19所示。

**02** 选中上一步创建的灯光，然后设置参数，如图8-20所示。

**设置步骤**

① 展开"常规"卷展栏，设置灯光"类型"为"球体"，灯光的大小不要超过灯罩，"倍增"为500，"温度"为3400。

② 展开"选项"卷展栏，勾选"不可见"选项。

**03** 在摄影机视图中渲染场景，效果如图8-21所示。添加了暖色的壁灯灯光后，画面中就有了冷暖对比。

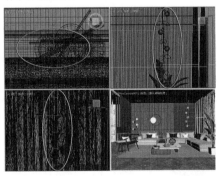 

图8-19           图8-20           图8-21

**04** 下面创建筒灯灯光，筒灯虽然也是暖色灯光，但它的颜色要比壁灯的颜色浅一些，这样才能形成层次感。使用"目标灯光"工具 目标灯光 在场景中创建一盏"目标灯光"，然后以"实例"形式复制到其他筒灯模型下方，注意灯光不要穿插在模型内，位置如图8-22所示。

**05** 选中上一步创建的"目标灯光",然后设置参数,如图8-23所示。

**设置步骤**

① 在"常规参数"卷展栏中,勾选"阴影"选项组中的"启用"选项,设置阴影类型为"VRay阴影","灯光分布(类型)"为"光度学Web"。

② 在"分布(光度学Web)"通道中加载本书学习资源中的"实例文件>CH08>商业项目实战:现代风格客厅效果图>16(3600cd)r.ies"文件。

③ 在"强度/颜色/衰减"卷展栏中设置"过滤颜色"为(红:255,绿:207,蓝:156),"强度"为15000。

**06** 在摄影机视图中渲染场景,效果如图8-24所示。筒灯不仅为墙面增加了光斑效果,还增加了模型的硬阴影,使场景更加丰富立体。

**07** 观察渲染效果,筒灯的灯光太强,需要降低强度。将灯光的"强度"设置为3600,效果如图8-25所示。

灯光的强度是暂时的,为场景赋予材质后,灯光的强度会根据测试渲染的情况按比例增加或减少。

图8-24

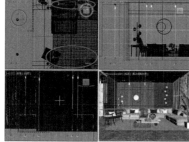

图8-22

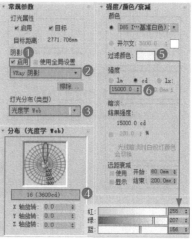

图8-23

图8-25

## 8.1.5 材质制作

下面详细介绍场景中木质、布纹、大理石等重要材质的制作方法。

☞ **亚光木纹** --------------------------------------------------------------------

**01** 沙发后的背景墙使用的是亚光木纹。相比于纯色的乳胶漆,亚光木纹的墙面更加大气、高级。墙面与顶部全部使用同一种亚光木纹,与大多数现代风格的空间进行区别,使其更有设计感。具体参数设置如图8-26所示。材质球效果如图8-27所示。

**设置步骤**

① 在"漫反射"通道中加载本书学习资源中的"实例文件>CH08>商业项目实战:现代风格客厅效果图>dgsda126.jpg"文件。

② 设置"反射"颜色为(红:124,绿:124,蓝:124),"光泽度"为0.88,"细分"为24。

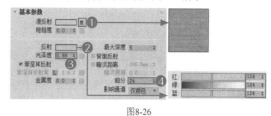

图8-26

图8-27

此时观察材质球,感觉颜色不理想,我们需要调整贴图颜色。调整贴图颜色的办法有两种,第1种是在Photoshop中进行调整,第2种是为贴图添加"颜色校正"贴图进行调整。3ds Max 2021版本中已经没有"颜色校正"贴图,但可以兼容使用低版本软件中的"颜色校正"贴图。

◎ 知识课堂:"颜色校正"贴图

这里简单介绍"颜色校正"贴图的具体使用方法。

进入"漫反射"的贴图通道,然后单击Bitmap按钮 Bitmap ,在弹出的"材质/贴图浏览器"对话框中选择"颜色校正"选项,并将其作为子贴图,接着设置"饱和度"为-51.495,"亮度"为-23.588,"对比度"为-28.904,如图8-28所示。此时材质球的效果如图8-29所示。

**02** 笔者在Photoshop中调整贴图的颜色后,将材质赋予相应的模型,效果如图8-30所示。

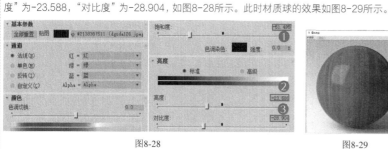

图8-28

图8-29

图8-30

☞ **磨砂黑漆金属**----------------------------------------------------------

**01** 背景墙的右侧有条状的装饰板，这里使用磨砂黑漆金属材质以与木纹材质进行区分。具体材质参数如图8-31所示。材质球效果如图8-32所示。

### 设置步骤

① 设置"漫反射"颜色为（红:15，绿:15，蓝:15）。

② 设置"反射"颜色为（红:140，绿:140，蓝:140），"光泽度"为0.7，"菲涅耳折射率"为3，"金属度"为1，"细分"为16。

③ 在"双向反射分布函数"卷展栏中设置类型为"微面GTR（GGX）"。

**02** 沙发左侧的隔断与墙面装饰板一样都是条状，因此都赋予磨砂黑漆金属材质，效果如图8-33所示。

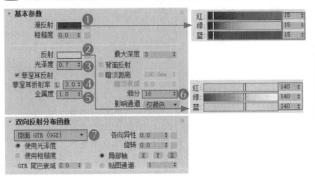

图8-31 　　　　　　　　　　图8-32 　　　　　　　　　　图8-33

☞ **大理石地砖**----------------------------------------------------------

**01** 现有的墙面和屋顶大量使用木板，如果地面也使用木地板会感觉空间没有层次感。本案例的地面使用大理石地砖，具体材质参数如图8-34所示。材质球效果如图8-35所示。

### 设置步骤

① 在"漫反射"通道中加载本书学习资源中的"实例文件>CH08>商业项目实战：现代风格客厅效果图> 20160713113936_605.jpg"文件。

② 设置"反射"颜色为（红:240，绿:240，蓝:240），"光泽度"为0.9，"细分"为16。

**02** 将材质赋予模型并调整贴图坐标，效果如图8-36所示。

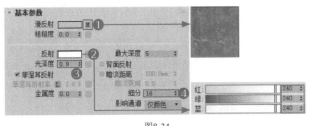

图8-34 　　　　　　　　　　图8-35 　　　　　　　　　　图8-36

☞ **窗帘**----------------------------------------------------------

**01** 窗帘是普通的布纹，制作方法相对简单，具体材质参数如图8-37所示。材质球效果如图8-38所示。

### 设置步骤

① 在"漫反射"通道中加载"衰减"贴图，然后再"前"通道和"侧"通道中加载本书学习资源中的"实例文件>CH08>商业项目实战：现代风格客厅效果图>222（3）.jpg"文件，接着设置"衰减类型"为"垂直/平行"。

② 在"凹凸"通道中加载本书学习资源中的"实例文件>CH08>商业项目实战：现代风格客厅效果图>dgsda059.jpg"文件，并设置通道量为30。

**02** 将材质赋予相应的模型，效果如图8-39所示。

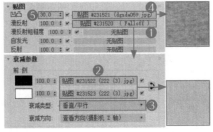

图8-37 　　　　　　　　　　图8-38 　　　　　　　　　　图8-39

**☞ 纱帘** --------------------------------------------------------------------------

**01** 纱帘材质的重点是制作出半透明的效果,具体参数如图8-40所示。材质球效果如图8-41所示。

**设置步骤**

① 设置"漫反射"颜色为(红:190,绿:190,蓝:190)。

② 在"折射"通道中加载"衰减"贴图,然后设置"前"通道颜色为(红:133,绿:133,蓝:133),"侧"通道颜色为(红:20,绿:20,蓝:20),"衰减类型"为"垂直/平行","光泽度"为0.98,"细分"为16。

**02** 将材质赋予纱帘模型,效果如图8-42所示。

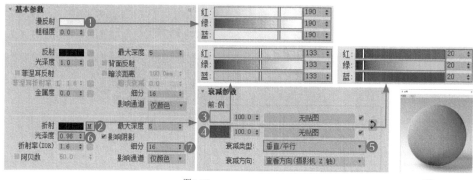

图8-40 · · · · · · · · · · · · · · · · · · · · · · · · · · · · · · · · · · · · · · · · · · · · · · 图8-41 · · · · · · · · · · · · · · · · · · · · · · · 图8-42

**☞ 沙发布** --------------------------------------------------------------------------

**01** 沙发布与窗帘一样,都是浅色布纹,具体材质参数如图8-43所示。材质球效果如图8-44所示。

**设置步骤**

① 在"漫反射"通道中加载"衰减"贴图,然后在"前"通道和"侧"通道中加载本书学习资源中的"实例文件>CH08>商业项目实战:现代风格客厅效果图>地毯和布料.jpg"文件,接着设置"侧"通道量为50,"衰减类型"为"垂直/平行"。

② 在"凹凸"通道中加载本书学习资源中的"实例文件>CH08>商业项目实战:现代风格客厅效果图>地毯和布料.jpg"文件,并设置通道量为30。

**02** 将材质赋予模型并调整贴图坐标,效果如图8-45所示。

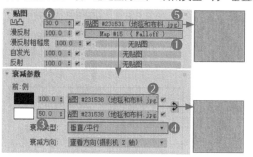

图8-43 · · · · · · · · · · · · · · · · · · · · · · · · · · · · · 图8-44 · · · · · · · · · · · · · · · · · · · · 图8-45

**☞ 蓝色布纹** --------------------------------------------------------------------------

**01** 椅子和沙发上的一些抱枕使用蓝色布纹。在"漫反射"通道中加载一张"衰减"贴图,然后在"前"通道和"侧"通道中加载本书学习资源中的"实例文件>CH08>商业项目实战:现代风格客厅效果图>003.jpg"文件,接着设置"侧"通道量为90,再设置"衰减类型"为"垂直/平行",如图8-46所示。材质球效果如图8-47所示。

**02** 将材质赋予椅子和抱枕模型,效果如图8-48所示。

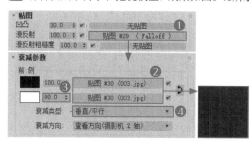

图8-46 · · · · · · · · · · · · · · · · · · · · · · · · · · 图8-47 · · · · · · · · · · · · · · · · · · · · · · · 图8-48

☞ **深色木纹**

**01** 椅子的木纹使用深色木纹,以区别于亚光木纹,具体材质参数如图8-49所示。材质球效果如图8-50所示。

**设置步骤**

① 在"漫反射"通道中加载本书学习资源中的"实例文件>CH08>商业项目实战:现代风格客厅效果图>00002.jpg"文件。

② 设置"反射"颜色为(红:213,绿:213,蓝:213),"光泽度"为0.8,"细分"为24。

**02** 将材质赋予椅子模型,效果如图8-51所示。

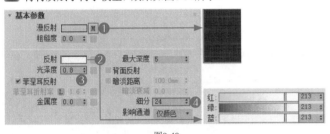
图8-49

图8-50

图8-51

☞ **地毯**

**01** 地毯与沙发布一样也是浅色布纹,具体材质参数如图8-52所示。材质球效果如图8-53所示。

**设置步骤**

① 在"漫反射"通道中加载一张"混合"贴图,然后设置"颜色#1"为(红:45,绿:45,蓝:45),"颜色#2"为(红:168,绿:165,蓝:157),接着在"混合量"通道中加载本书学习资源中的"实例文件>CH08>商业项目实战:现代风格客厅效果图> c_904_2627437.jpg"文件。

② 在"置换"通道中加载本书学习资源中的"实例文件>CH08>商业项目实战:现代风格客厅效果图> 2.jpg"文件,并设置通道量为1.5。

**02** 将材质赋予地毯模型,并调整贴图坐标,效果如图8-54所示。

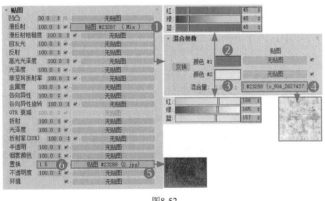
图8-52

图8-53

图8-54

☞ **乳胶漆**

**01** 左侧墙面部分全部刷白色乳胶漆,只需要设置"漫反射"颜色为白色即可,如图8-55所示。材质球效果如图8-56所示。

**02** 将材质赋予吊顶和墙面模型,效果如图8-57所示。

> ① **技巧提示**:墙面材质的选择
>
> 如果读者觉得纯白色的墙面太过单调,也可以为其添加贴图,让墙面的细节更加丰富。在实例文件中,笔者用了两种方法制作乳胶漆,读者可以进行参考。本案例中为讲解的模型材质都较为简单,读者可以查看实例文件。

图8-55

图8-56

图8-57

## 8.1.6 效果图渲染

本案例场景中较大模型的面数较多，需要渲染光子文件。

☞ 渲染光子文件------------------------------------------------------------

**01** 按F10键打开"渲染设置"面板，然后设置"宽度"为1000，"高度"为688，如图8-58所示。

**02** 在"全局开关"卷展栏中勾选"不渲染最终的图像"选项，如图8-59所示。

**03** 在"图像过滤器"卷展栏中设置"过滤器"为Mitchell-Netravali，如图8-60所示。

**04** 在"渲染块图像采样器"卷展栏中设置"最大细分"为6，"噪波阈值"为0.001，如图8-61所示

**05** 在"全局确定性蒙特卡洛"卷展栏中勾选"使用局部细分"选项，如图8-62所示。

图8-58

图8-59

图8-60

图8-61

图8-62

> ① **技巧提示**：设置"细分"的必备条件
>
> 勾选"使用局部细分"选项后，渲染器会使用材质和灯光自身设置的"细分"数值。

**06** 在"发光贴图"卷展栏中设置"当前预设"为"中"，"细分"为60，"插值采样"为30，"模式"为"单帧"，然后勾选"自动保存"和"切换到保存的贴图"选项，并设置发光贴图文件的保存路径，如图8-63所示。

**07** 在"灯光缓存"卷展栏中设置"细分"为1500，"模式"为"单帧"，然后勾选"自动保存"和"切换到已保存的缓存"选项，并设置灯光缓存文件的保存路径，如图8-64所示。

**08** 按F9键渲染场景，效果如图8-65所示。

图8-63

图8-64

图8-65

> ① **技巧提示**：步骤注意事项
>
> 在渲染光子文件之前最好保存一次文件。

☞ 渲染效果图------------------------------------------------------------

**01** 在"输出大小"选项组中设置"宽度"为3000，"高度"为2065，如图8-66所示。

**02** 在"全局开关"卷展栏中取消勾选"不渲染最终的图像"选项，如图8-67所示。

图8-66

图8-67

**03** 在"发光贴图"卷展栏中设置"模式"为"从文件",如图8-68所示。

**04** 在"灯光缓存"卷展栏中设置"模式"为"从文件",如图8-69所示。

**05** 按F9键渲染场景,最终效果如图8-70所示。

图8-68　　　　　　　　图8-69　　　　　　　　　　图8-70

★重点

# 8.2　商业项目实战:欧式风格卧室效果图

| 场景文件 | 场景文件>CH08>02.max |
|---|---|
| 实例文件 | 实例文件>CH08>商业项目实战:欧式风格卧室效果图.max |
| 难易程度 | ★★★★★ |
| 技术掌握 | 商业室内效果图制作流程 |

本案例是制作欧式风格的卧室效果图,案例效果如图8-71所示。

图8-71

## 8.2.1 案例概述

本案例的场景是欧式风格的卧室空间。从模型结构上看，该场景属于半封闭空间，光源由室外的环境光和室内的人工光源两部分组成。

本案例中，笔者表现的是夜晚场景，因此环境光只有室外的天光。室内的人工光源由台灯、烛光和筒灯3部分组成。

欧式风格建筑的分类比较多，有简欧、法式、北欧、新古典、美式和洛可可等，本案例的场景是偏美式的卧室空间。图8-72所示是笔者收集的一些相关类型场景的参考图。

图8-72

## 8.2.2 摄影机创建

**01** 打开本书学习资源中的"场景文件>CH08>02.max"文件，如图8-73所示。

**02** 使用"物理"工具 物理 在场景中创建一台"物理摄影机"，其位置如图8-74所示。

**03** 选中上一步创建的摄影机，设置"焦距"为20毫米，"光圈"为f/8，ISO为400，如图8-75所示。

图8-73

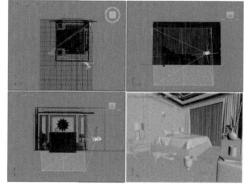

图8-74

图8-75

**04** 切换到摄影机视图，效果如图8-76所示。

**05** 按F10键打开"渲染设置"面板，然后设置"宽度"为640，"高度"为480，如图8-77所示。

**06** 按Shift+F快捷键打开"渲染安全框"，此时画面效果如图8-78所示。

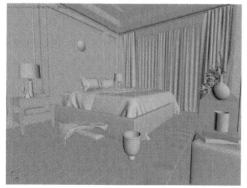

图8-76

图8-78

图8-77

## 8.2.3 灯光布置

场景中的灯光由环境光和人工光源两部分组成,人工光源由台灯、烛光和筒灯组成。

### ☞ 环境光

**01** 使用"VRay灯光"工具 (VR)灯光 在窗外创建一盏灯光,位置如图8-79所示。

**02** 选中上一步创建的灯光,然后设置参数,如图8-80所示。

**设置步骤**

① 展开"常规"卷展栏,设置灯光"类型"为"平面",灯光的大小与窗口的大小相似即可,"倍增"为20,"颜色"为(红:4,绿:27,蓝:73)。
② 展开"选项"卷展栏,勾选"不可见"选项,取消勾选"影响反射"选项。
③ 展开"采样"卷展栏,设置"细分"为16。

**03** 在摄影机视图中渲染场景,效果如图8-81所示。

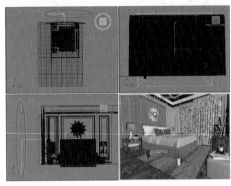
图8-79

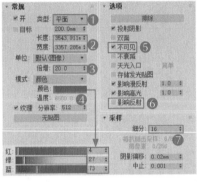
图8-80

图8-81

**04** 观察画面,发现环境光对屋内的照射还不够。使用"VRay灯光"工具 (VR)灯光 在窗帘内侧创建一盏灯光,位置如图8-82所示。

**05** 选中上一步创建的灯光,然后设置参数,如图8-83所示。

**设置步骤**

① 展开"常规"卷展栏,设置灯光"类型"为"平面",灯光的大小小于窗户的大小即可,"倍增"为25,"颜色"为(红:4,绿:27,蓝:73)。
② 展开"选项"卷展栏,勾选"不可见"选项。
③ 展开"采样"卷展栏,设置"细分"为16。

**06** 在摄影机视图中渲染场景,效果如图8-84所示。至此,环境光创建完成。

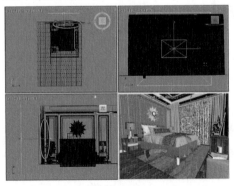

图8-82

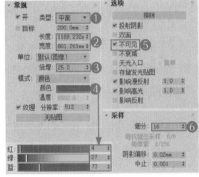
图8-83

图8-84

> ① **技巧提示:** 窗帘内侧灯光的作用
> 这个灯光是环境光的补光,其大小和强度需根据实际情况灵活调整。

### ☞ 人工光源

**01** 本案例的场景中有3种人工光源:台灯、烛光和筒灯。首先制作球形台灯,使用"VRay灯光"工具 (VR)灯光 在灯罩内创建一盏灯光,然后以"实例"形式复制到另一个灯罩内，位置如图8-85所示。

**02** 选中上一步创建的灯光，参数设置如图8-86所示，

**设置步骤**

① 展开"常规"卷展栏，设置灯光"类型"为"球体"，灯光的大小不超过灯罩的大小即可，"倍增"为500，"温度"为3400。

② 展开"选项"卷展栏，勾选"不可见"选项，然后取消勾选"影响反射"选项。

③ 展开"采样"卷展栏，设置"细分"为12。

**03** 在摄影机视图中渲染场景，效果如图8-87所示。

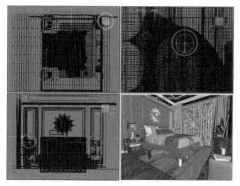
图8-85

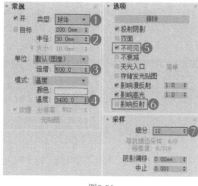
图8-86

图8-87

**04** 下面制作烛光，使用"VRay灯光"工具 (VR)灯光 在蜡烛模型上创建一盏灯光，然后以"实例"形式复制到另一个蜡烛模型上，位置如图8-88所示。

**05** 选中上一步创建的灯光，具体参数设置如图8-89所示。

**设置步骤**

① 展开"常规"卷展栏，设置灯光"类型"为"球体"，灯光的大小不超过灯罩的大小即可，"倍增"为150，"温度"为2800。

② 展开"选项"卷展栏，勾选"不可见"选项。

③ 展开"采样"卷展栏，设置"细分"为12。

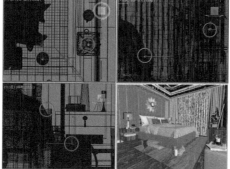
图8-88

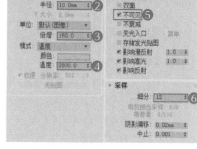
图8-89

**06** 在摄影机视图中渲染场景，效果如图8-90所示。

**07** 下面制作筒灯。使用"目标灯光"工具 目标灯光 在场景中创建一盏"目标灯光"，然后以"实例"形式复制到其余筒灯模型的下方，位置如图8-91所示。

图8-90

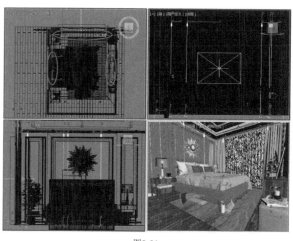
图8-91

**08** 选中上一步创建的"目标灯光"，然后设置参数，如图8-92所示。

**设置步骤**

① 在"常规参数"卷展栏中勾选"阴影"选项组中的"启用"选项，然后设置阴影类型为"VRay阴影"，"灯光分布（类型）"为"光度学Web"。

② 在"分布（光度学Web）"通道中加载本书学习资源中的"实例文件>CH08>商业项目实战：欧式风格卧室效果图>ChenZc-1128-56.ies"文件。

③ 在"强度/颜色/衰减"卷展栏中设置"开尔文"为4500，"强度"为10000。

**09** 在摄影机视图中渲染场景，效果如图8-93所示。

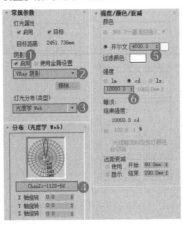

图8-92

图8-93

---

⑦ **疑难问答：为何不在灯槽中创建灯光？**

本案例中，笔者并没有按照效果图制作的一贯套路在灯槽中创建灯光，相信不少读者对此会有疑惑。

观察画面构图，我们可以发现灯槽占画面的比例很小，且现有的灯光层次和冷暖对比都已经合适。若在灯槽中创建灯光，笔者觉得这会破坏现有的层次感，并且干扰笔者自身对画面主体的观察。虽然效果图的灯光布置有"套路"可言，但套路也是可以被打破的，只要最终呈现的效果是漂亮且合理的即可。

读者不妨尝试在灯槽中创建灯光，找到自己觉得合适的效果。

---

## 8.2.4 材质制作

下面介绍场景中主要材质的制作方法。

👉 **绿色护墙板**------------------------------------------------------

**01** 护墙板是欧式风格中常见的元素，墨绿色则是近几年比较流行的颜色。具体材质参数如图8-94所示。材质球效果如图8-95所示。

**设置步骤**

① 设置"漫反射"颜色为（红:46，绿:56，蓝:42）。

② 设置"反射"颜色为（红:255，绿:255，蓝:255），"光泽度"为0.9，"菲涅耳折射率"为2，"细分"为12。

③ 在"反射"和"光泽度"通道中加载本书学习资源中的"实例文件>CH08>商业项目实战：欧式风格卧室效果图> 20151021154423_973.jpg"文件，并设置"反射"通道量为50。

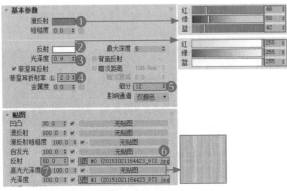

图8-94

**02** 将材质赋予护墙板模型，效果如图8-96所示。

图8-95

图8-96

👉 **金属装饰线**------------------------------------------------------

**01** 护墙板上有一圈金属装饰线，具体材质参数如图8-97所示。材质球效果如图8-98所示。

**设置步骤**

① 设置"漫反射"颜色为（红:34，绿:32，蓝:30）。

② 设置"反射"颜色为（红:192，绿:154，蓝:109），"光泽度"为0.85，"菲涅耳折射率"为15，"金属度"为1，"细分"为24。

③ 在"反射""高光光泽度""光泽度"3个通道中加载本书学习资源中的"实例文件>CH08>商业项目实战：欧式风格卧室效果图> ChenZc-1128-53 .jpg"文件，并设置3个通道量都为10。

**02** 将材质赋予相应的模型，效果如图8-99所示。

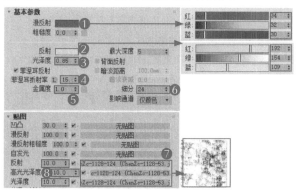

图8-97　　　　　　　　　　　　　　　　　　图8-98　　　　　　　　　　　　　　　图8-99

> ① **技巧提示：步骤注意事项**
>
> 金属装饰线模型的面积很小，因此在"双向反射分布函数"卷展栏中设置类型为"反射"或"微面GTR（GGX）"皆可。

☞ **木地板**

**01** 木地板材质的制作方法较为简单，具体材质参数如图8-100所示。材质球效果如图8-101所示。

**设置步骤**

① 在"漫反射"通道中加载本书学习资源中的"实例文件>CH08>商业项目实战：欧式风格卧室效果图> 20160504171518_848.jpg"文件。

② 设置"反射"颜色为（红:100，绿:100，蓝:100），"光泽度"为0.8，"菲涅耳折射率"为1.6，"细分"为10。

③ 在"凹凸"和"光泽度"通道中加载本书学习资源中"实例文件>CH08>商业项目实战：欧式风格卧室效果图> 20160504171518_848.jpg"文件，并设置"光泽度"通道量为20，"凹凸"通道量为6。

**02** 将材质赋予地面模型并调整贴图坐标，效果如图8-102所示。

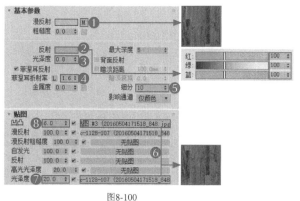

图8-100　　　　　　　　　　　　　　　　　　图8-101　　　　　　　　　　　　　　　图8-102

☞ **白色乳胶漆**

**01** 吊顶部分使用的是白色乳胶漆材质，其制作方法很简单，只需要设置"漫反射"颜色为（红:238，绿:238，蓝:238）即可，如图8-103所示。材质球效果如图8-104所示。

**02** 将材质赋予相应的模型，效果如图8-105所示。

图8-103　　　　　　　　　　　　　　　　　　图8-104　　　　　　　　　　　　　　　图8-105

☞ **木质**

**01** 床头柜和床尾的五斗橱都使用木质类材质。具体参数如图8-106所示。材质球效果如图8-107所示。

**设置步骤**

① 在"漫反射"通道中加载本书学习资源中的"实例文件>CH08>商业项目实战：欧式风格卧室效果图> 20151021153356_504.jpg"文件。

② 设置"反射"颜色为（红:255，绿:255，蓝:255），"光泽度"为0.85，"细分"为12。

③ 在"反射"通道中加载本书学习资源中的"实例文件>CH08>商业项目实战：欧式风格卧室效果图>20151021153704_785.jpg"文件，并设置通道量为50。

④ 在"光泽度"通道中加载本书学习资源中的"实例文件>CH08>商业项目实战：欧式风格卧室效果图>20151021154423_973.jpg"文件，并设置通道量为70。

**02** 将材质赋予相应的模型，效果如图8-108所示。

图8-106 　　　　　　　　　图8-107 　　　　　　　　　图8-108

☞ **窗帘**

**01** 窗帘材质的制作方法较为复杂，具体材质参数如图8-109所示。材质球效果如图8-110所示。

**设置步骤**

① 在"漫反射"通道中加载"衰减"贴图，然后在"前"通道中加载本书学习资源中的"实例文件>CH08>商业项目实战：欧式风格卧室效果图>ChenZc-1128-17.jpg"文件，接着设置"侧"通道颜色为（红:102，绿:102，蓝:102），"衰减类型"为"垂直/平行"。

② 在"凹凸"通道中加载本书学习资源中的"实例文件>CH08>商业项目实战：欧式风格卧室效果图>ChenZc-1128-18.jpg"文件，并设置通道量为10。

**02** 将材质赋予相应的模型，并调整贴图坐标，效果如图8-111所示。

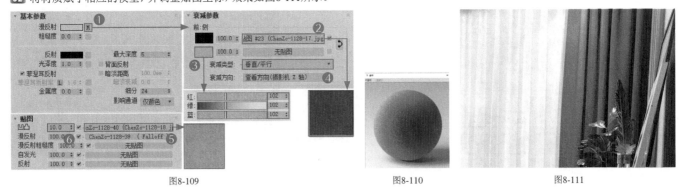

图8-109 　　　　　　　　　图8-110 　　　　　　　　　图8-111

☞ **蓝色绒布**

**01** 场景近处的两个软凳和部分枕头使用蓝色绒布材质。具体材质参数设置如图8-112所示。材质球效果如图8-113所示。

**设置步骤**

① 在"漫反射"通道中加载"衰减"贴图，然后在"前"通道和"侧"通道中加载本书学习资源中的"实例文件>CH08>商业项目实战：欧式风格卧室效果图> ChenZc-1128-6.jpg"文件，并设置"侧"通道量为80，接着设置"衰减类型"为"垂直/平行"。

② 设置"光泽度"为0.23，取消勾选"菲涅耳反射"选项，并设置"细分"为24。

③ 在"反射"通道中加载本书学习资源中的"实例文件>CH08>商业项目实战：欧式风格卧室效果图> ChenZc-1128-7.jpg"文件。

④ 在"凹凸"通道中加载学习资源中的"实例文件>CH08>商业项目实战：欧式风格卧室效果图> ChenZc-1128-8.jpg"文件，并设置通道量为30。

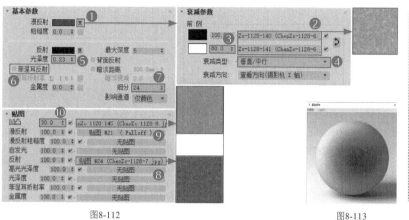

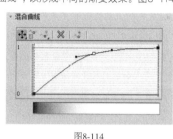

① 技巧提示：不同的渐变效果

　　在调节"漫反射"通道中的"衰减"贴图时，读者可以调节下方的"混合曲线"，以形成不同的渐变效果。图8-114所示是笔者调节的"混合曲线"效果。若是读者觉得调节"混合曲线"太复杂，也可以省略此步骤。

图8-112

图8-113

图8-114

**02** 将材质赋予相应的模型，效果如图8-115所示。

图8-115

☞ 地毯------------------------------------------------------

**01** 地毯材质的制作方法较为复杂。材质的具体参数如图8-116所示。材质球效果如图8-117所示。

**设置步骤**

　　① 在"漫反射"通道中加载"衰减"贴图，然后在"前"通道和"侧"通道中加载本书学习资源中的"实例文件>CH08>商业项目实战：欧式风格卧室效果图> 214769.jpg"文件，接着设置"侧"通道量为90，"衰减类型"为"垂直/平行"。

　　② 设置"反射"颜色为（红:96，绿:96，蓝:96），"光泽度"为0.6，"细分"为10。

　　③ 在"凹凸"通道中加载"混合"贴图，然后在"颜色#1"通道中加载本书学习资源中的"实例文件>CH08>商业项目实战：欧式风格卧室效果图>214769.jpg"文件，在"颜色#2"通道中加载本书学习资源中的"实例文件>CH08>商业项目实战：欧式风格卧室效果图>地毯bump.jpg"文件，并设置"混合量"为30，接着设置"凹凸"通道量为90。

**02** 将材质赋予相应的模型，并调整贴图坐标，效果如图8-118所示。

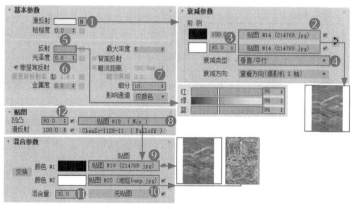

图8-116

图8-117

图8-118

　　至此，场景中的主要材质制作完成，其余模型的材质制作方法较为简单，这里不再赘述。

## 8.2.5 效果图渲染

本案例场景中较大模型的面数较多，需要渲染光子文件。

👉 渲染光子文件-----------------------------------------------------------------

**01** 按F10键打开"渲染设置"面板，设置"宽度"为1000，"高度"为750，如图8-119所示。

**02** 在"全局开关"卷展栏中勾选"不渲染最终的图像"选项，如图8-120所示。

**03** 在"图像过滤器"卷展栏中设置"过滤器"为Mitchell-Netravali，如图8-121所示。

**04** 在"渲染块图像采样器"卷展栏中设置"最大细分"为6，"噪波阈值"为0.001，如图8-122所示

图8-119

图8-120

图8-121

图8-122

**05** 在"发光贴图"卷展栏中设置"当前预设"为"中"，"细分"为60，"插值采样"为30，"模式"为"单帧"，然后勾选"自动保存"和"切换到保存的贴图"选项，并设置发光贴图文件的保存路径，如图8-123所示。

**06** 在"灯光缓存"卷展栏中设置"细分"为1500，"模式"为"单帧"，然后勾选"自动保存"和"切换到已保存的缓存"选项，并设置灯光缓存文件的保存路径，如图8-124所示。最后切换到摄影机视图渲染场景。

图8-123

图8-124

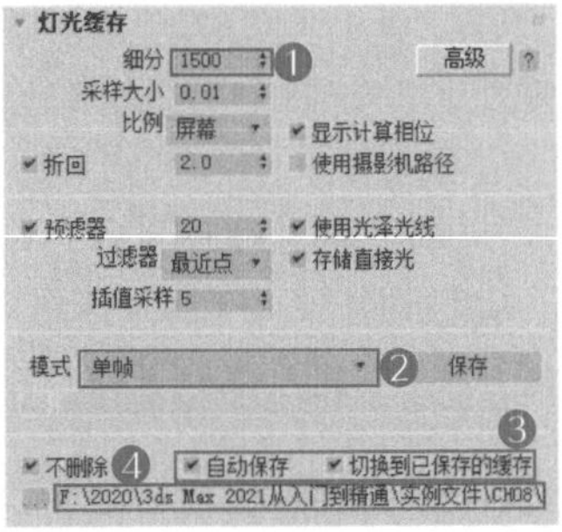

👉 渲染效果图-----------------------------------------------------------------

**01** 在"输出大小"选项组中设置"宽度"为3000，"高度"为2250，如图8-125所示。

**02** 在"全局开关"卷展栏中取消勾选"不渲染最终的图像"选项，如图8-126所示。

**03** 在"发光贴图"卷展栏中设置"模式"为"从文件"，如图8-127所示。

**04** 在"灯光缓存"卷展栏中设置"模式"为"从文件"，如图8-128所示。

**05** 按F9键渲染场景，最终效果如图8-129所示。

图8-125　　图8-126

图8-127

图8-128

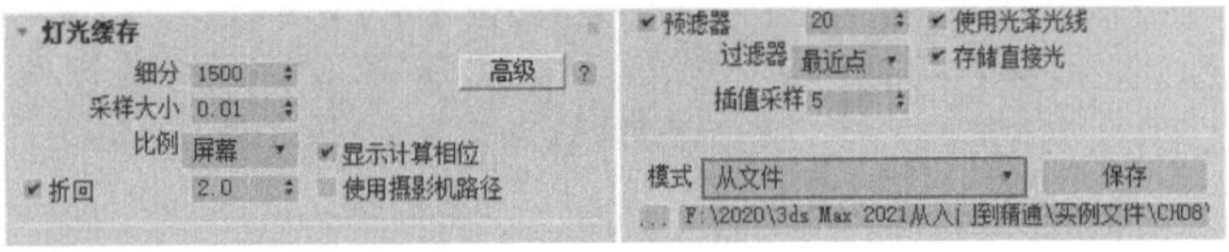

图8-129

# 8.3 商业项目实战：工业风格办公大厅效果图

| | |
|---|---|
| 场景文件 | 场景文件>CH08>03.max |
| 实例文件 | 实例文件>CH08>商业项目实战：工业风格办公大厅效果图.max |
| 难易程度 | ★★★★★ |
| 技术掌握 | 商业工装效果图制作流程 |

本案例是制作工业风格的办公大厅效果图，案例效果如图8-130所示。

图8-130

## 8.3.1 案例概述

本案例的场景是一个工业风格的前台大厅。从模型结构看，该场景属于半封闭空间，光源由室外的环境光和室内的人工光源两部分组成。本案例中，笔者表现的是晴天场景，因此环境光由室外的天光和太阳光组成。室内的人工光源由吊灯组成。

水泥、金属和涂料是工业风格场景使用较多的材质，木质则相对较少；整个空间颜色简单，没有绚烂的颜色。图8-131所示是笔者寻找的一些参考图。

图8-131

## 8.3.2 摄影机创建

**01** 打开本书学习资源中的"场景文件>CH08>03.max"文件，如图8-132所示。

**02** 使用"物理"工具 物理 在场景中创建一"台物理摄影机"，位置如图8-133所示。

**03** 选中上一步创建的摄影机，然后设置"焦距"为20毫米，"光圈"为f/8，ISO为400，如图8-134所示。

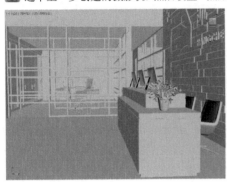

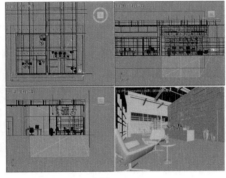

图8-132　　　　　　　　　　　图8-133　　　　　　　　　　　图8-134

---

① **技巧提示：创建摄影机的注意事项**

创建摄影机时，根据实际情况，我们可能会勾选"自动垂直倾斜校正"选项。

---

**04** 切换到摄影机视图，效果如图8-135所示。

**05** 按F10键打开"渲染设置"面板，然后设置"宽度"为640，"高度"为480，如图8-136所示。

**06** 按Shift+F快捷键打开"渲染安全框"，此时画面效果如图8-137所示。

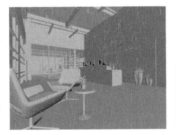

图8-135　　　　　　　　　　图8-136　　　　　　　　　　图8-137

## 8.3.3 灯光布置

场景中的灯光由环境光和人工光源两部分组成。环境光由天光和太阳光两部分组成，人工光源则由两种吊灯组成。

☞ 环境光-----------------------------------------------------------------

**01** 使用"VRay太阳"工具 (VR)太阳 在左侧玻璃墙外创建一盏灯光，位置如图8-138所示。

**02** 选中上一步创建的灯光，然后设置"强度倍增"为0.08，"大小倍增"为2，"阴影细分"为8，"天空模型"为Preetham et al.，如图8-139所示。

**03** 在摄影机视图中渲染场景，效果如图8-140所示。

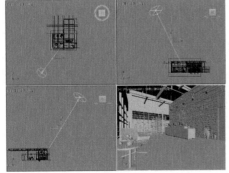

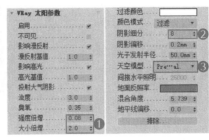

图8-138　　　　　　　　　　图8-139　　　　　　　　　　图8-140

**04** 观察画面，发现环境光的强度不够，需要为室内补充蓝色环境光。使用"VRay灯光"工具 (VR)灯光 在玻璃墙外创建一盏灯光，位置如图8-141所示。

**05** 选中上一步创建的灯光，然后设置参数，如图8-142所示。

**设置步骤**

① 展开"常规"卷展栏，设置灯光"类型"为"平面"，灯光的大小与幕墙的大小相似即可，"倍增"为5，"颜色"为（红:211，绿:227，蓝:255）。

② 展开"选项"卷展栏，勾选"不可见"选项。

③ 展开"采样"卷展栏，设置"细分"为16。

**06** 在摄影机视图中渲染场景，效果如图8-143所示。至此，环境光创建完成。

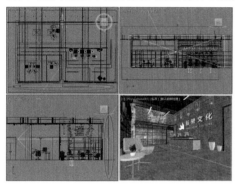

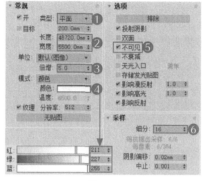

图8-141  图8-142  图8-143

### 👉 人工光源

**01** 本案例的场景中有两种人工光源，一种是日光灯，另一种是球形吊灯。首先制作球形吊灯，使用"VRay灯光"工具 (VR)灯光 在球形灯罩内创建一盏灯光，然后以"实例"形式复制到其他灯罩内，位置如图8-144所示。

**02** 选中上一步创建的灯光，参数设置如图8-145所示。

**设置步骤**

① 展开"常规"卷展栏，设置灯光"类型"为"球体"，灯光的大小不超过灯罩的大小即可，"倍增"为50，"温度"为4500。

② 展开"选项"卷展栏，勾选"不可见"选项。

③ 展开"采样"卷展栏，设置"细分"为12。

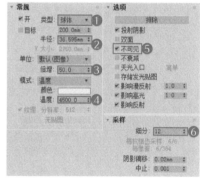

图8-144  图8-145

**03** 在摄影机视图中渲染场景，效果如图8-146所示。

**04** 日光灯的制作方法很简单，只需要在发光的位置赋予白色的"VRay灯光材质"即可，效果如图8-147所示。

图8-146  图8-147

> ⓘ **技巧提示：制作人工光源需要注意的问题**
>
> 本案例是日景，环境光的强度远大于人工光源的强度，因此室内的灯光亮度不宜过大。

**05** 前台模型的下方可以增加一圈灯光，从而与地面模型进行区分。使用"VRay灯光"工具 (VR)灯光 在前台模型的下方创建一圈灯光，位置如图8-148所示。

**06** 选中上一步创建的灯光，具体参数设置如图8-149所示。

**设置步骤**

① 展开"常规"卷展栏，设置灯光"类型"为"平面"，灯光的大小根据前台的大小进行确定，"倍增"为10，"颜色"为白色。

② 展开"选项"卷展栏，勾选"不可见"选项。

**07** 在摄影机视图中渲染场景，效果如图8-150所示。

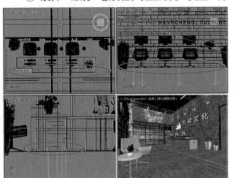

图8-148

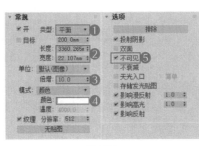

图8-149

图8-150

## 8.3.4 材质制作

下面介绍场景中主要材质的制作方法。

### ☞ 黑色涂料

**01** 黑色的屋顶是工业风格场景的特点之一，整个空间的顶部全部使用了黑色涂料材质。具体材质参数如图8-151所示。材质球效果如图8-152所示。

**设置步骤**

① 设置"漫反射"颜色为（红:10，绿:10，蓝:10）。

② 设置"反射"颜色为（红:146，绿:146，蓝:146），"光泽度"为0.6，"细分"为16。黑色涂料虽然有一定的反射，但表面仍然很粗糙。

**02** 将材质赋予屋顶模型，效果如图8-153所示。

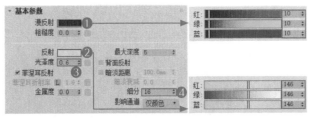

图8-151

图8-152

图8-153

### ☞ 黑色亚光金属

**01** 屋顶的管道、门的边框、玻璃的框架和前台的边沿都使用了黑色亚光金属。具体材质参数如图8-154所示。材质球效果如图8-155所示。

**设置步骤**

① 设置"漫反射"颜色为（红:5，绿:5，蓝:5）。

② 设置"反射"颜色为（红:195，绿:195，蓝:195），"光泽度"为0.75，"菲涅耳折射率"为3，"金属度"为1，"细分"为16。

③ 在"双向反射分布函数"卷展栏中设置类型为"微面GTR（GGX）"。

**02** 将材质赋予相应的模型，如图8-156所示。

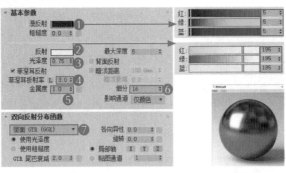

图8-154

图8-155

图8-156

### ☞ 水泥地面

**01** 水泥材质的地面也是工业风格场景的特点之一。具体材质参数如图8-157所示。材质球效果如图8-158所示。

**设置步骤**

① 在"漫反射"通道中加载本书学习资源中的"实例文件>CH08>商业项目实战：工业风格办公大厅效果图>1.jpg"文件。

② 设置"反射"颜色为（红:255，绿:255，蓝:255），"光泽度"为0.9，"细分"为16。

③ 在"反射"通道中加载本书学习资源中的"实例文件>CH08>商业项目实战：工业风格办公大厅效果图>2.jpg"文件，并设置通道量为60。

**02** 将材质赋予地面模型并调整贴图坐标，效果如图8-159所示。

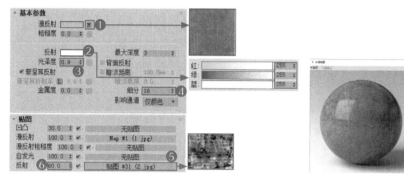

图8-157　　　　　　　　图8-158　　　　　　　　图8-159

### ☞ 木质

**01** 背景墙两侧的门和前台主体都使用了木质类材质，这样可以让场景减少冰冷感。具体参数如图8-160所示。材质球效果如图8-161所示。

**设置步骤**

① 在"漫反射"通道中加载本书学习资源中的"实例文件>CH08>商业项目实战：工业风格办公大厅效果图>3.jpg"文件。

② 设置"反射"颜色为（红:250，绿:250，蓝:250），然后设置"光泽度"为0.7，"菲涅耳折射率"为2.5，"细分"为12。

③ 在"反射"通道中加载本书学习资源中的"实例文件>CH08>商业项目实战：工业风格办公大厅效果图>4.jpg"文件，并设置通道量为50。

④ 将"反射"通道中的贴图复制到"凹凸"通道中，并设置通道量为5。

**02** 将材质赋予相应的模型，然后加载"UVW贴图"修改器，调整贴图坐标，效果如图8-162所示。

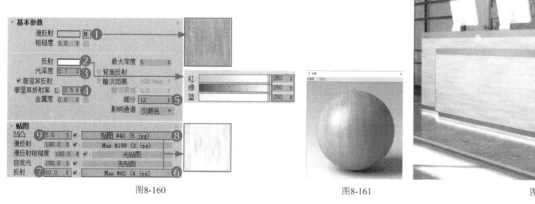

图8-160　　　　　　　　图8-161　　　　　　　　图8-162

### ☞ 透明玻璃

**01** 玻璃门隔断部分使用了透明玻璃材质。创建一个"VRayMtl材质"，具体参数如图8-163所示。材质球效果如图8-164所示。

**设置步骤**

① 设置"漫反射"颜色为（红:192，绿:207，蓝:194）。

② 设置"反射"颜色为（红:255，绿:255，蓝:255），"细分"为10。

③ 设置"折射"颜色为（红:240，绿:240，蓝:240），"折射率（IOR）"为1.517，"细分"为10。

**02** 将材质赋予相应的模型，效果如图8-165所示。

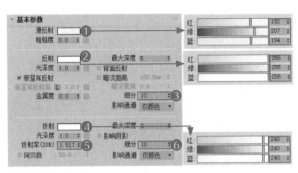
图8-163

图8-164

图8-165

## 👉 磨砂玻璃

**01** 玻璃门隔断中间部分使用了磨砂玻璃材质。具体材质参数如图8-166所示。材质球效果如图8-167所示。

**设置步骤**

① 设置"漫反射"颜色为（红:192，绿:207，蓝:194）。

② 设置"反射"颜色为（红:65，绿:65，蓝:65），"光泽度"为1，"细分"为16。

③ 设置"折射"颜色为（红:216，绿:216，蓝:216），"光泽度"为0.9，"细分"为16。

**02** 将材质赋予相应的模型，并调整贴图坐标，效果如图8-168所示。

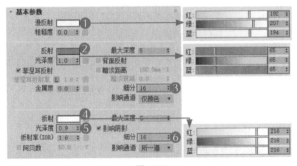
图8-166

图8-167

图8-168

## 👉 白墙

**01** 场景的大部分墙面是白墙，但白墙也不是单一的纯白色，仍然有一些纹理。具体材质参数设置如图8-169所示。材质球效果如图8-170所示。

**设置步骤**

① 设置"漫反射"颜色为（红:240，绿:240，蓝:240）。

② 在"漫反射""反射""光泽度"3个通道中加载本书学习资源中的"实例文件>CH08>商业项目实战：工业风格办公大厅效果图>6.jpg"文件，然后设置"漫反射"通道量为20，"光泽度"通道量为60。

**02** 将材质赋予相应的模型，效果如图8-171所示。

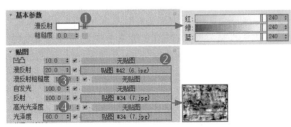
图8-169

图8-170

图8-171

**☞ 水泥背景墙** --------

**01** 前台后的背景墙使用水泥材质,水泥有很强的纹理,且具有粗糙、低反射的特点,与地面的水泥材质完全不同。材质的具体参数如图8-172所示。材质球效果如图8-173所示。

**设置步骤**

① 设置"光泽度"为0.6,"细分"为12。

② 在"反射"和"光泽度"通道中加载本书学习资源中的"实例文件>CH08>商业项目实战:工业风格办公大厅效果图>6.jpg"文件,并设置"光泽度"通道量为60。

③ 在"漫反射"和"凹凸"通道中加载本书学习资源中的"实例文件>CH08>商业项目实战:工业风格办公大厅效果图>8.jpg"文件,并设置"凹凸"通道量为100。

**02** 将材质赋予相应的模型,并调整贴图坐标,效果如图8-174所示。

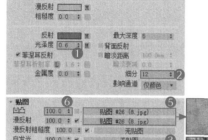

图8-172　　　　　　　　图8-173　　　　　　　　图8-174

**☞ 红砖** --------

**01** 摄影机正面玻璃门上方的墙面部分使用红砖,以增加场景的细节。具体材质参数设置如图8-175所示。材质球效果如图8-176所示。

**设置步骤**

① 在"漫反射"通道中加载本书学习资源中的"实例文件>CH08>商业项目实战:工业风格办公大厅效果图>11.jpg"文件。

② 设置"反射"颜色为(红:39,绿:39,蓝:39),"光泽度"为0.63,"细分"为12。

③ 在"凹凸"通道中加载本书学习资源中的"实例文件>CH08>商业项目实战:工业风格办公大厅效果图>11.jpg"文件,并设置通道量为-150。

**02** 将材质赋予相应的墙面模型,并调整贴图坐标,效果如图8-177所示。

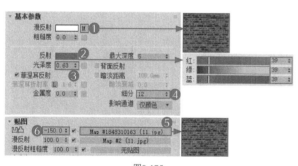

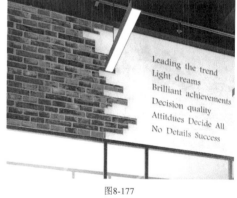

图8-175　　　　　　　　图8-176　　　　　　　　图8-177

至此,场景中的主要材质制作完成,其余模型的材质的制作方法较为简单,这里不再赘述。

## 8.3.5 效果图渲染

本案例场景中较大模型的面数较多,需要渲染光子文件。

**☞ 渲染光子文件** --------

**01** 按F10键打开"渲染设置"面板,然后设置"宽度"为1000,"高度"为750,如图8-178所示。

**02** 在"全局开关"卷展栏中勾选"不渲染最终的图像"选项,如图8-179所示。

图8-178　　　　　　　　图8-179

**03** 在"图像过滤器"卷展栏中设置"过滤器"为Mitchell-Netravali，如图8-180所示。

**04** 在"渲染块图像采样器"卷展栏中设置"最大细分"为6，"噪波阈值"为0.001，如图8-181所示

**05** 在"发光贴图"卷展栏中设置"当前预设"为"中"，"细分"为60，"插值采样"为30，"模式"为"单帧"，然后勾选"自动保存"和"切换到保存的贴图"选项，并设置发光贴图文件的保存路径，如图8-182所示。

**06** 在"灯光缓存"卷展栏中设置"细分"为1500，"模式"为"单帧"，然后勾选"自动保存"和"切换到已保存的缓存"选项，并设置灯光缓存文件的保存路径，如图8-183所示。最后切换到摄影机视图渲染场景。

图8-180

图8-182

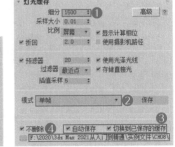

图8-183

图8-181

## 👉 渲染效果图

**01** 在"输出大小"选项组中设置"宽度"为3000，"高度"为2250，如图8-184所示。

**02** 在"全局开关"卷展栏中取消勾选"不渲染最终的图像"选项，如图8-185所示。

图8-184

图8-185

**03** 在"发光贴图"卷展栏中设置"模式"为"从文件"，如图8-186所示。

**04** 在"灯光缓存"卷展栏中设置"模式"为"从文件"，如图8-187所示。

**05** 按F9键渲染场景，最终效果如图8-188所示。

图8-186

图8-187

图8-188

# 8.4 商业项目实战：智能手机效果图

| 场景文件 | 场景文件>CH08>04.max |
| --- | --- |
| 实例文件 | 实例文件>CH08>商业项目实战：智能手机效果图.max |
| 难易程度 | ★★★★★ |
| 技术掌握 | 商业产品效果图制作流程 |

扫码观看视频

本案例是制作智能手机的产品效果图，案例效果如图8-189所示。

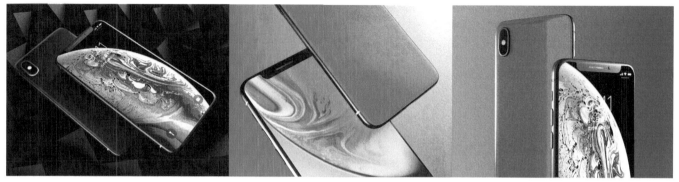

图8-189

## 8.4.1 案例概述

与之前案例的材质不同，产品展示效果图的材质会更加精细，布光方法则与之前讲解的产品布光完全相同。

## 8.4.2 摄影机创建

**01** 打开本书学习资源中的"场景文件>CH08>04.max"文件，如图8-190所示，场景中已经创建好背景了。

**02** 在模型前方建立一台"物理摄影机"，位置如图8-191所示。

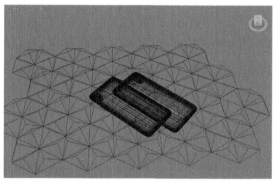

图8-190

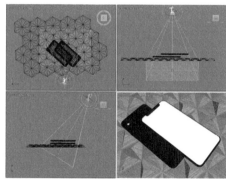

图8-191

**03** 选中上一步创建的摄影机，设置"焦距"为40毫米，"光圈"为f/2，ISO为200，如图8-192所示。

**04** 切换到摄影机视图，效果如图8-193所示。

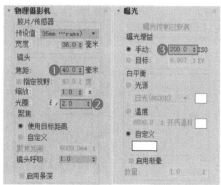

图8-192

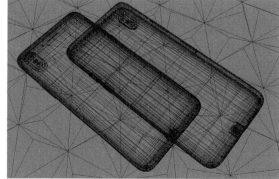

图8-193

## 8.4.3 灯光布置

**01** 使用"VRay灯光"工具 (VR)灯光 在背景模型的右上角和左下角分别创建一盏灯光,位置如图8-194所示。

**02** 选中上一步创建的灯光,然后设置参数,如图8-195所示。

**设置步骤**

① 展开"常规"卷展栏,设置灯光"类型"为"平面",灯光的大小适当即可,"倍增"为3,"颜色"为白色。

② 展开"选项"卷展栏,勾选"不可见"选项。

③ 展开"采样"卷展栏,设置"细分"为16。

**03** 在摄影机视图中测试灯光效果,如图8-196所示。

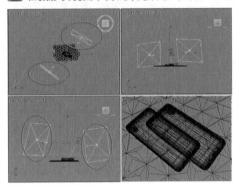
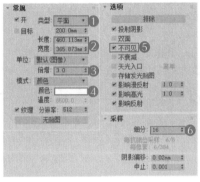
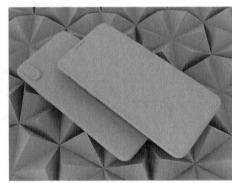

图8-194　　　　　　图8-195　　　　　　图8-196

> ① **技巧提示:** 制作注意事项
> 创建其中一盏灯光,然后以"实例"形式复制到另一侧即可。

> ① **技巧提示:** 制作注意事项
> 测试渲染的参数与本章第1个案例相同,这里不再赘述。

## 8.4.4 材质制作

本案例需要制作3种颜色的手机材质,除了手机后盖和屏幕有区别外,其他材质都是通用的。

☞ **玻璃**

**01** 手机的后盖外层是一块玻璃,具体材质参数如图8-197所示。材质球效果如图8-198所示。

**设置步骤**

① 设置"漫反射"颜色为(红:0,绿:0,蓝:0)。

② 设置"反射"颜色为(红:255,绿:255,蓝:255),"光泽度"为0.99,"细分"为32。

③ 设置"折射"为(红:243,绿:243,蓝:243),"折射率(IOR)"为1.517,"细分"为32。

**02** 将材质赋予手机模型的后盖外侧,效果如图8-199所示。

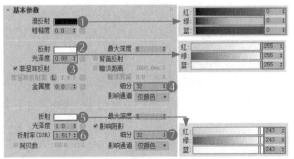

图8-197　　　　　　图8-198　　　　　　图8-199

☞ 闪光灯

**01** 闪光灯是一种黄色高光金属材质，具体材质参数如图8-200所示。材质球效果如图8-201所示。

**设置步骤**

① 在"漫反射"通道中加载"衰减"贴图，然后设置"前"通道颜色为（红:255，绿:75，蓝:39），"侧"通道颜色为（红:255，绿:244，蓝:123），"衰减类型"为"垂直/平行"。

② 设置"反射"颜色为（红:169，绿:169，蓝:169），"光泽度"为0.94，"菲涅耳折射率"为4.6。

**02** 将材质赋予相应的模型，效果如图8-202所示。

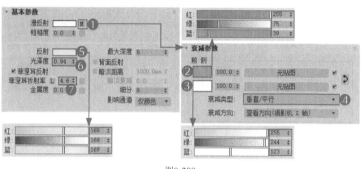

图8-200        图8-201        图8-202

☞ 边框

**01** 手机屏幕边缘是黑色边框，具体材质参数如图8-203所示。材质球效果如图8-204所示。

**设置步骤**

① 设置"漫反射"颜色为（红:0，绿:0，蓝:0）。

② 设置"反射"颜色为（红:82，绿:82，蓝:82），"光泽度"为0.62。

**02** 将材质赋予相应的模型，效果如图8-205所示。

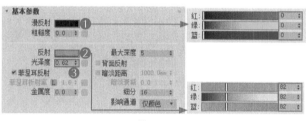

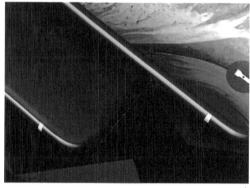

图8-203        图8-204        图8-205

☞ 听筒

**01** 听筒的颜色要比边框浅，且反射较强，具体参数如图8-206所示。材质球效果如图8-207所示。

**设置步骤**

① 设置"漫反射"颜色为（红:15，绿:15，蓝:15）。

② 设置"反射"颜色为（红:158，绿:158，蓝:158），"光泽度"为0.9。

**02** 将材质赋予相应的模型，效果如图8-208所示。

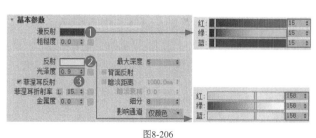

图8-206        图8-207        图8-208

### ☞ 前置摄像头

**01** 前置摄像头呈紫色,具体材质参数如图8-209所示。材质球效果如图8-210所示。

**设置步骤**

① 设置"漫反射"颜色为(红:5,绿:5,蓝:5)。

② 设置"反射"颜色为(红:30,绿:0,蓝:255),"光泽度"为0.8。

**02** 将材质赋予相应的模型,效果如图8-211所示。

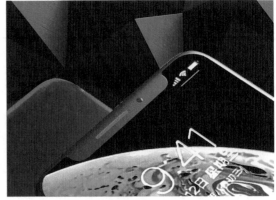

图8-209　　　　　　　　　　图8-210　　　　　　　　　　图8-211

### ☞ 蓝色后盖

**01** 蓝色后盖呈金属效果,具体材质参数如图8-212所示。材质球效果如图8-213所示。

**设置步骤**

① 设置"漫反射"颜色为(红:4,绿:14,蓝:47)。

② 设置"反射"颜色为(红:20,绿:46,蓝:132),"光泽度"为0.6,"菲涅耳折射率"为10,"金属度"为1,"细分"为32。磨砂金属容易产生噪点,增加"细分"数值可以尽量减少噪点的生成。

③ 在"双向反射分布函数"卷展栏中设置类型为"微面GTR(GGX)"。

**02** 将材质赋予相应的模型,效果如图8-214所示。

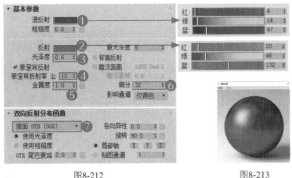

图8-212　　　　　　　　　　图8-213　　　　　　　　　　图8-214

### ☞ 黑色后盖

**01** 黑色后盖与蓝色后盖的制作方法相似,具体材质参数如图8-215所示。材质球效果如图8-216所示。

**设置步骤**

① 设置"漫反射"颜色为(红:1,绿:1,蓝:1)。

② 设置"反射"颜色为(红:15,绿:15,蓝:15),"光泽度"为0.6,"菲涅耳折射率"为10,"金属度"为1,"细分"为32。

③ 在"双向反射分布函数"卷展栏中设置类型为"微面GTR(GGX)","各向异性"为0.6,"旋转"为90。

**02** 将材质赋予相应的模型,效果如图8-217所示。

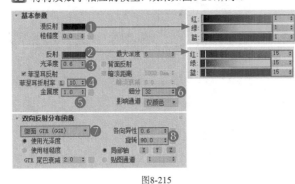

图8-215　　　　　　　　　　图8-216　　　　　　　　　　图8-217

**橙色后盖**-------------------------------------------------------------------------

**01** 橙色后盖呈金属效果，具体材质参数如图8-218所示。材质球效果如图8-219所示。

**设置步骤**

① 设置"漫反射"颜色为（红:255，绿:46，蓝:18）。

② 设置"反射"颜色为（红:72，绿:72，蓝:72），"光泽度"为0.6，"菲涅耳折射率"为10，"金属度"为0.5，"细分"为32。

③ 在"双向反射分布函数"卷展栏中设置类型为"微面GTR（GGX）"，"各向异性"为0.6，"旋转"为90。

**02** 将材质赋予相应的模型，效果如图8-220所示。

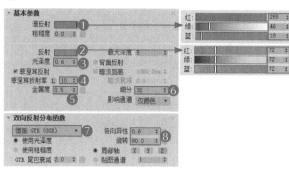

图8-218

图8-219

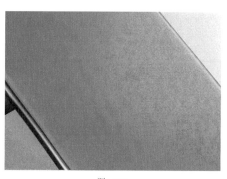

图8-220

**屏幕**-------------------------------------------------------------------------

**01** 屏幕呈自发光效果，因此使用"VRay灯光材质"进行模拟，具体材质参数如图8-221所示。材质球效果如图8-222所示。

**设置步骤**

① 设置"颜色"的强度为1。

② 在"颜色"通道中加载本书学习资源中的"实例文件>CH08>商业项目实战：智能手机效果图>222.jpg"文件。

**02** 将材质赋予相应的模型，效果如图8-223所示。

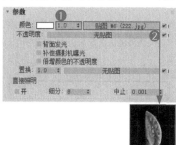

图8-221

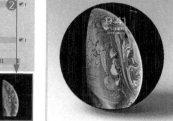

图8-222

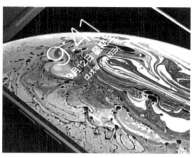

图8-223

> **① 技巧提示：步骤注意事项**
> 另一个屏幕的制作方法完全一致，只需更换屏幕贴图即可。

## 8.4.5 效果图渲染

本案例中材质和灯光的参数较高，需要渲染光子文件。

**渲染光子文件**-------------------------------------------------------------------------

**01** 按F10键打开"渲染设置"面板，然后设置"宽度"为1000，"高度"为750，如图8-224所示。

**02** 在"全局开关"卷展栏中勾选"不渲染最终的图像"选项，如图8-225所示。

**03** 在"图像过滤器"卷展栏中设置"过滤器"为Catmull-Rom，如图8-226所示。

**04** 在"渲染块图像采样器"卷展栏中设置"最大细分"为8，"噪波阈值"为0.001，如图8-227所示。

图8-224

图8-225

图8-226

图8-227

365

**05** 在"发光贴图"卷展栏中设置"当前预设"为"中","细分"为80,"插值采样"为60,"模式"为"单帧",然后勾选"自动保存"和"切换到保存的贴图"选项,并设置发光贴图文件的保存路径,如图8-228所示。

**06** 在"灯光缓存"卷展栏中设置"细分"为1200,"模式"为"单帧",然后勾选"自动保存"和"切换到已保存的缓存"选项,并设置灯光缓存文件的保存路径,如图8-229所示。

图8-228

图8-229

☞ 渲染效果图------------------------------------------------------------

**01** 在"输出大小"选项组中设置"宽度"为3000,"高度"为2250,如图8-230所示。

**02** 在"全局开关"卷展栏中取消勾选"不渲染最终的图像"选项,如图8-231所示。

图8-230

图8-231

**03** 在"发光贴图"卷展栏中设置"模式"为"从文件",如图8-232所示。

**04** 在"灯光缓存"卷展栏中设置"模式"为"从文件",如图8-233所示。

**05** 按F9键渲染场景,最终效果如图8-234所示。

图8-232

图8-233

图8-234

# 8.5 商业项目实战：建筑街景效果图

| 场景文件 | 场景文件>CH08>05.max |
|---|---|
| 实例文件 | 实例文件>CH08>商业项目实战：建筑街景效果图.max |
| 难易程度 | ★★★★★ |
| 技术掌握 | 商业建筑效果图制作流程 |

扫码观看视频

本案例是制作傍晚时分街景的效果图，案例效果如图8-235所示。

图8-235

## 8.5.1 案例概述

本案例的场景中有一组室外建筑模型以及树木、汽车和马路等街道常见的元素。案例表现的是傍晚雨过天晴的氛围，场景中既有夕阳，又有街道残留的水迹，画面整体偏冷。图8-236所示是笔者收集的一些相似氛围的参考图，根据参考图制作灯光和材质可以降低这个案例的制作难度。

图8-236

## 8.5.2 摄影机创建

**01** 打开本书学习资源中的"场景文件>CH08>05.max"文件,如图8-237所示。

**02** 图8-238所示红圈中的建筑模型制作得最为精细,因此以该建筑模型为画面表现的主体,并在该建筑模型的斜下方创建一台"物理摄影机",位置如图8-239所示。

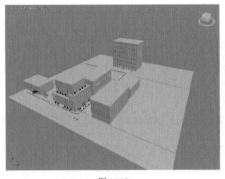

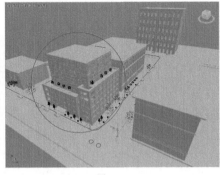

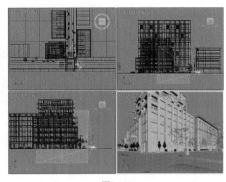

图8-237        图8-238        图8-239

**03** 选中上一步创建的摄影机,然后设置"焦距"为24毫米,"光圈"为f/8,ISO为400,如图8-240所示。

**04** 切换到摄影机视图,效果如图8-241所示。

**05** 画面整体是表现建筑,但现有的构图不满足画面表现的需要。按F10键打开"渲染设置"面板,然后设置"宽度"为600,"高度"为750,如图8-242所示。

**06** 按Shift+F快捷键打开"渲染安全框",此时画面效果如图8-243所示。

图8-240        图8-241        图8-242        图8-243

## 8.5.3 灯光布置

场景中的灯光由环境光和人工光源两部分组成。环境光由天光和夕阳的阳光两部分组成;人工光源则较多,由室内灯光、红绿灯灯光和路灯灯光组成。

☞ 环境光-------------------------------------------------------------------------

**01** 傍晚的天空是深蓝色的,使用"VRay灯光"工具 (VR)灯光 在场景中创建一盏灯光,位置如图8-244所示。

**02** 选中上一步创建的灯光,然后设置具体参数,如图8-245所示。

**设置步骤**

① 展开"常规"卷展栏,设置灯光"类型"为"穹顶","倍增"为1.5,"颜色"为(红:25,绿:60,蓝:99)。

② 展开"选项"卷展栏,勾选"不可见"选项。

③ 展开"采样"卷展栏,设置"细分"为16。

**03** 在摄影机视图中渲染场景,效果如图8-246所示。

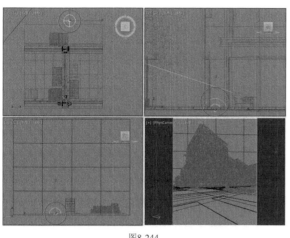
图8-244

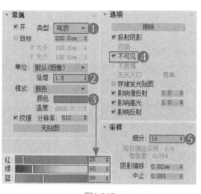
图8-245

图8-246

> **⚠ 技巧提示：创建灯光时需要注意的问题**
>
> 在VRay渲染器中，蓝色和白色的灯光容易产生噪点，在设置这类颜色的灯光时，尽量将"细分"数值设置得大一些，可以有效减少画面中因灯光产生的噪点。

**04** 夕阳的阳光可以使用"VRay太阳"工具 (VR)太阳 、"目标平行光"工具 目标平行光 和"VRay灯光"工具 (VR)灯光 进行模拟。本案例表现雨后的夕阳，阳光会较为柔和，因此笔者在这里使用"VRay灯光"工具 (VR)灯光 模拟阳光。使用"VRay灯光"工具 (VR)灯光 在场景中创建一盏灯光，位置如图8-247所示。

**05** 选中上一步创建的灯光，然后设置参数，如图8-248所示。

**设置步骤**

① 展开"常规"卷展栏，设置灯光"类型"为"球体"，"半径"为600cm，"倍增"为8000，"颜色"为（红:255，绿:88，蓝:30）。

② 展开"采样"卷展栏，设置"细分"为10。

**06** 在摄影机视图中渲染场景，效果如图8-249所示。

> **❓ 疑难问答：为何不勾选"不可见"选项？**
>
> 本案例中创建的灯光在摄影机以外，不会被渲染，因此这里不用勾选"不可见"选项。如果读者没有把握，勾选此选项也无妨。

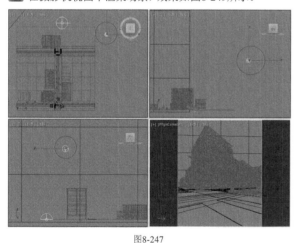
图8-247

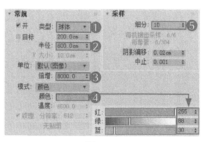
图8-248

图8-249

> **⚠ 技巧提示：灯光与投影的画面占比**
>
> 读者在确定灯光位置时，要一边渲染一边观察投影的位置和阳光占据画面的比例。当画面中冷暖或明暗部分比例为3：7或4：6时，整体画面看起来会更加和谐。

☞ **人工光源**

**01** 室内的灯光可以有很多种颜色，常见的是黄色、白色和浅蓝色。这里以一种室内灯光为例，讲解其制作方法。使用"VRay灯光"工具 (VR)灯光 在主建筑的某一窗内创建一盏灯光，然后以"实例"形式复制到其他窗内，位置如图8-250所示。

**02** 选中上一步创建的灯光,参数设置如图8-251所示,

**设置步骤**

① 展开"常规"卷展栏,设置灯光"类型"为"平面",灯光大小自定,设置"倍增"为40,"温度"为5000。

② 展开"选项"卷展栏,勾选"双面"和"不可见"选项。

**03** 在摄影机视图中渲染场景,效果如图8-252所示。

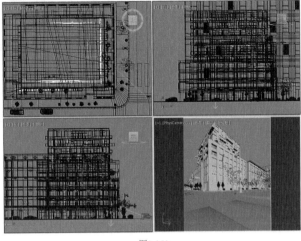

图8-250　　　　　　　　　　图8-251　　　　　　　　　　图8-252

**04** 按照同样的方法,在该建筑的其他楼层中设置不同颜色和强度的灯光,效果如图8-253所示。

**05** 在其他的配楼中也创建一些灯光,灯光的位置和颜色自定,效果如图8-254所示。

**06** 路灯的灯光比较简单,只需要在灯罩内创建一盏球形灯光。使用"VRay灯光"工具 (VR)灯光 在路灯的灯罩内创建一盏灯光,然后以"实例"形式复制到其他路灯的灯罩中,位置如图8-255所示。

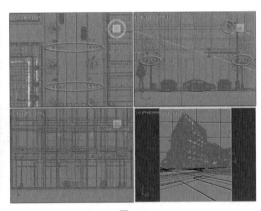

图8-253　　　　　　　　　　图8-254　　　　　　　　　　图8-255

> ① **技巧提示:设置灯光参数的注意事项**
>
> 灯光的位置、颜色和强度都不要太统一,否则画面看起来会很死板。

**07** 选中上一步创建的灯光,设置灯光参数,如图8-256所示。

**设置步骤**

① 展开"常规"卷展栏,设置灯光"类型"为"球体",灯光的大小不要超过灯罩的大小即可,"倍增"为300,"温度"为4000。

② 展开"选项"卷展栏,勾选"不可见"选项。

**08** 在摄影机视图中渲染场景,效果如图8-257所示。

**09** 用"VRay灯光"工具 (VR)灯光 模拟红绿灯的灯光。使用"VRay灯光"工具 (VR)灯光 在红绿灯模型前创建一盏灯光,位置如图8-258所示。

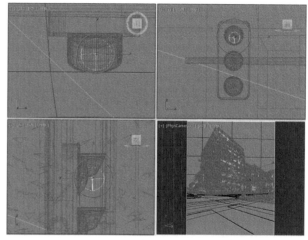

图8-256          图8-257          图8-258

**10** 选中上一步创建的灯光,设置灯光参数,如图8-259所示。

**设置步骤**

① 展开"常规"卷展栏,设置灯光"类型"为"球体",灯光的大小不要超过灯罩的大小即可,"倍增"为1000,"颜色"为(红:0,绿:255,蓝:255)。

② 展开"选项"卷展栏,勾选"双面"和"不可见"选项。

**11** 将灯光复制到另一个红绿灯模型,并修改灯光颜色为绿色,位置如图8-260所示。

**12** 切换到摄影机视图进行渲染,效果如图8-261所示。至此,本案例场景中的灯光全部创建完成。

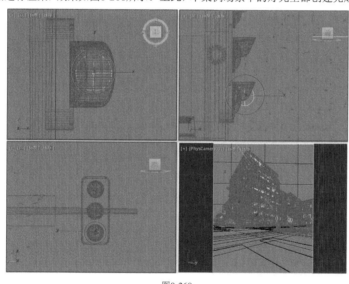

图8-259          图8-260          图8-261

## 8.5.4 材质制作

下面介绍场景中重要材质的制作方法。

👉 马路----------------------------------------------------------------------

**01** 马路材质除了要表现路面粗糙的纹理外,还要表现雨后的水渍。具体材质参数如图8-262所示。材质球效果如图8-263所示。

**设置步骤**

① 在"漫反射"通道中加载本书学习资源中的"实例文件>CH08>商业项目实战:建筑街景效果图> Archexteriors_20_002_asphalt_color.jpg"文件。

② 设置"反射"颜色为(红:120,绿:120,蓝:120),"光泽度"为0.95,"菲涅耳折射率"为3,"细分"为16。

③ 在"反射"通道中加载"混合"贴图，然后在"颜色#1"通道中加载本书学习资源中的"实例文件>CH08>商业项目实战：建筑街景效果图>Archexteriors_20_002_asphalt_color.jpg"文件，在"颜色#2"通道中加载本书学习资源中的"实例文件>CH08>商业项目实战：建筑街景效果图>Archexteriors_20_002_ dirt_color.jpg"文件，并设置"混合量"为50，"反射"通道量为15。

④ 在"光泽度"通道中加载本书学习资源中的"实例文件>CH08>商业项目实战：建筑街景效果图> Archexteriors_20_002_ dirt_color_re.jpg"文件，并设置通道量为20。

⑤ 在"凹凸"通道中加载"混合"贴图，然后在"颜色#1"通道中加载本书学习资源中的"实例文件>CH08>商业项目实战：建筑街景效果图> Archexteriors_20_002_asphalt_color.jpg"文件，在"颜色#2"通道中加载本书学习资源中的"实例文件>CH08>商业项目实战：建筑街景效果图> Archexteriors_20_002_ dirt_color.jpg"文件，并设置"混合量"为15，"凹凸"通道量为4。

**02** 将材质赋予马路模型，然后调整模型的贴图坐标，效果如图8-264所示。

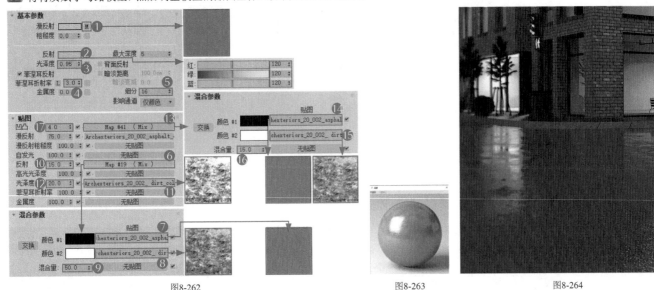

图8-262　　　　　　　　　　图8-263　　　　　　　　　　图8-264

👉 **斑马线**-------------------------------------------------------------------------------------

**01** 斑马线材质与马路材质类似，既要表现斑马线的粗糙纹理，又要表现水渍的高反射。具体材质参数如图8-265所示。材质球效果如图8-266所示。

**设置步骤**

① 在"漫反射"通道中加载本书学习资源中的"实例文件>CH08>商业项目实战：建筑街景效果图> Archexteriors_20_002_roadmarks_color.png"文件。

② 在"反射"通道中加载本书学习资源中的"实例文件>CH08>商业项目实战：建筑街景效果图> Archexteriors_20_002_ dirt_color.jpg"文件，然后设置"光泽度"0.95，"菲涅耳折射率"为3，"细分"为16。

③ 在"光泽度"通道中加载载本书学习资源中的"实例文件>CH08>商业项目实战：建筑街景效果图> Archexteriors_20_002_ dirt_color_re.jpg"文件，并设置通道量为20。

④ 在"凹凸"通道中加载"混合"贴图，然后在"颜色#1"通道中加载本书学习资源中的"实例文件>CH08>商业项目实战：建筑街景效果图> Archexteriors_20_002_asphalt_color.jpg"文件，在"颜色#2"通道中加载本书学习资源中的"实例文件>CH08>商业项目实战：建筑街景效果图> Archexteriors_20_002_roadmarks_color.png"文件，并设置"混合量"为60，"凹凸"通道量为50。

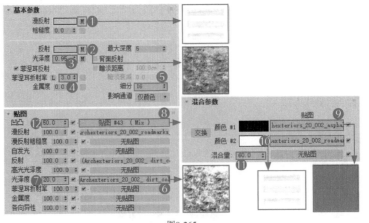

图8-265　　　　　　　　　　图8-266

> **! 技巧提示：斑马线贴图的处理方式**
>
> 斑马线贴图由3条不太相同的斑马线组成，笔者将贴图部分截取，如图8-267所示。
>
> 以这样的方式制作出3个不同的斑马线材质球，然后随机赋予斑马线模型，最终呈现出的效果会更加真实。

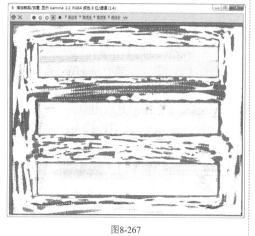

图8-267

**02** 制作3个斑马线材质球并随机赋予斑马线模型，然后添加贴图坐标，效果如图8-268所示。

图8-268

---

**👉 路牙**

**01** 路牙材质的制作方法与马路材质的制作方法类似，具体材质参数如图8-269所示。材质球效果如图8-270所示。

**设置步骤**

① 在"漫反射"通道中加载本书学习资源中的"实例文件>CH08>商业项目实战：建筑街景效果图> Archexteriors_20_002_ concrete01_color.jpg"文件。

② 在"反射"通道中加载"混合"贴图，然后在"颜色#1"通道中加载本书学习资源中的"实例文件>CH08>商业项目实战：建筑街景效果图> Archexteriors_20_002_ concrete01_color.jpg"文件，在"颜色#2"通道中加载本书学习资源中的"实例文件>CH08>商业项目实战：建筑街景效果图> Archexteriors_20_002_ dirt_color.jpg"文件，并设置"混合量"为30，接着设置"光泽度"为0.95，"菲涅耳折射率"为3。

③ 将"反射"通道中的贴图复制到"光泽度"通道，并设置通道量为34。

④ 在"凹凸"通道中加载本书学习资源中的"实例文件>CH08>商业项目实战：建筑街景效果图> Archexteriors_20_002_ concrete01_color.jpg"文件，并设置通道量为30。

**02** 将材质赋予相应的模型并调整贴图坐标，效果如图8-271所示。

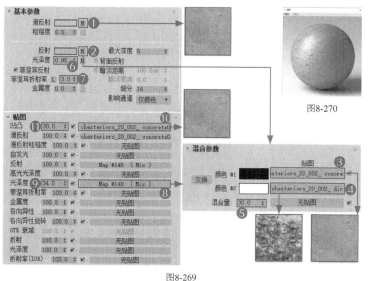

图8-269

图8-270

图8-271

---

**👉 人行道**

**01** 人行道材质的制作方法与以上材质类似，制作也较为复杂，具体材质参数如图8-272所示。材质球效果如图8-273所示。

**设置步骤**

① 在"漫反射"通道中加载本书学习资源中的"实例文件>CH08>商业项目实战：建筑街景效果图> Archexteriors_20_002_floor_color.jpg"文件。

② 设置"反射"颜色为 ( 红:115, 绿:115, 蓝:115 ), 然后设置"光泽度"为0.95, "菲涅耳折射率"为3, "细分"为16。

③ 在"反射"通道中加载本书学习资源中的"实例文件>CH08>商业项目实战:建筑街景效果图> Archexteriors_20_002_floor_specular.jpg"文件,并设置通道量为54。

④ 在"光泽度"通道中加载"混合"贴图,然后在"颜色#1"通道中加载本书学习资源中的"实例文件>CH08>商业项目实战:建筑街景效果图> Archexteriors_20_002_floor_specular.jpg"文件,在"颜色#2"中加载本书学习资源中的"实例文件>CH08>商业项目实战:建筑街景效果图>Archexteriors_20_002_dirt_color_re.jpg"文件,接着设置"混合量"为50,"光泽度"通道量为18。

⑤ 在"凹凸"通道中加载"法线凹凸"贴图,然后在"法线"通道中加载本书学习资源中的"实例文件>CH08>商业项目实战:建筑街景效果图> Archexteriors_20_002_floor_normal.jpg"文件,并设置"凹凸"通道量为100。

**02** 将材质赋予相应的模型,然后加载"UVW贴图"修改器调整贴图坐标,效果如图8-274所示。

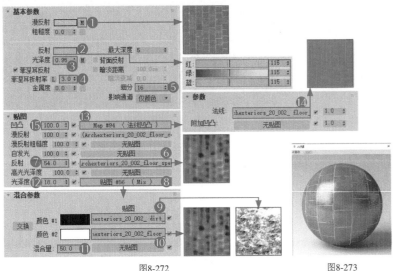

> ! **技巧提示:步骤注意事项**
> "法线凹凸"贴图也可以更换为"VRay法线凹凸"贴图。

图8-272　　　　　　图8-273　　　　　　图8-274

☞ 墙砖 ------------------------------------------------

**01** 主建筑的下半部分外墙是墙砖材质。创建一个"VRayMtl材质",具体材质参数如图8-275所示。材质球效果如图8-276所示。

**设置步骤**

① 在"漫反射"通道中加载"混合"贴图,然后在"颜色#1"通道中加载本书学习资源中的"实例文件>CH08>商业项目实战:建筑街景效果图> Archexteriors_20_002_brick01_color.jpg"文件,在"颜色#2"通道中加载本书学习资源中的"实例文件>CH08>商业项目实战:建筑街景效果图> Archexteriors_20_002_dirt_color.jpg"文件,接着设置"混合量"为10。

② 设置"菲涅耳折射率"为3,"细分"为16。

③ 在"反射"通道和"光泽度"通道中加载本书学习资源中的"实例文件>CH08>商业项目实战:建筑街景效果图> Archexteriors_20_002_specular.jpg"文件。

④ 在"凹凸"通道中加载"法线凹凸"贴图,然后在"法线"通道中加载本书学习资源中的"实例文件>CH08>商业项目实战:建筑街景效果图> Archexteriors_20_002_brick01_normal.jpg"文件,并设置"凹凸"通道量为50。

**02** 将材质赋予相应的模型,效果如图8-277所示。

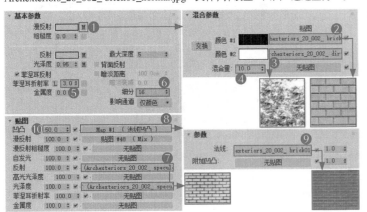

图8-275　　　　　　图8-276　　　　　　图8-277

☞ **黑色涂料**

**01** 主建筑的上半部分外墙是黑色涂料材质,具体材质参数如图8-278所示。材质球效果如图8-279所示。

**设置步骤**

① 设置"漫反射"颜色为(红:10,绿:10,蓝:10),然后设置"光泽度"为0.6。

② 在"反射"通道和"光泽度"通道中加载本书学习资源中的"实例文件>CH08>商业项目实战:建筑街景效果图>Archexteriors_20_002_ dirt_ color.jpg"文件,然后设置"反射"通道量为50,"光泽度"通道量为30。

③ 在"凹凸"通道中加载本书学习资源中的"实例文件>CH08>商业项目实战:建筑街景效果图>Archexteriors_20_002_ concrete03_color.jpg"文件,并设置通道量为80。

**02** 将材质赋予相应的模型,并调整贴图坐标,效果如图8-280所示。

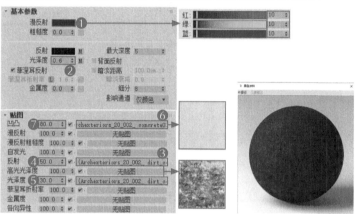

图8-278     图8-279     图8-280

☞ **窗玻璃**

**01** 窗玻璃材质的具体参数设置如图8-281所示。材质球效果如图8-282所示。

**设置步骤**

① 设置"漫反射"颜色为(红:128,绿:128,蓝:128)。

② 设置"反射"颜色为(红:255,绿:255,蓝:255),"菲涅耳折射率"为2。

③ 设置"折射"颜色为(红:240,绿:240,蓝:240),"折射率(IOR)"为1.517。

**02** 将材质赋予相应的模型,效果如图8-283所示。

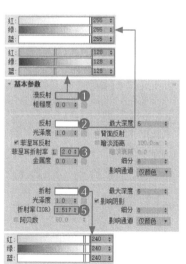

图8-281     图8-282     图8-283

☞ **环境背景**----------------------------------------------------------------------------------

**01** 在正对摄影机的角度创建一个平面模型，然后赋予"标准"材质，具体材质参数如图8-284所示。材质球效果如图8-285所示。

**设置步骤**

① 在"漫反射"通道中加载本书学习资源中的"实例文件>CH08>商业项目实战：建筑街景效果图>225408.jpg"文件。

② 在"自发光"选项组中设置"颜色"为100。

**02** 将材质赋予相应的模型，并调整贴图坐标，使较亮的一面与场景主光的方向一致，效果如图8-286所示。

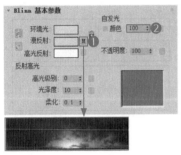

图8-284                                      图8-285                                               图8-286

**03** 选中赋予环境背景材质的平面模型，然后单击鼠标右键，在弹出的快捷菜单中选择"V-Ray属性"选项；在弹出的"V-Ray对象属性"对话框中设置"Alpha基值"为−1，分别如图8-287和图8-288所示。这样在渲染最终效果时，我们可以在Photoshop中通过Alpha通道将背景部分完全抠除，替换为更合适的天空素材。

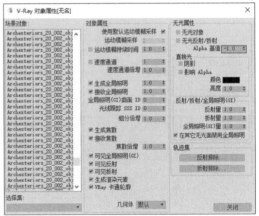

图8-287                                               图8-288

---

⚠ **技巧提示：背景的选择**

如果读者觉得案例中的环境背景贴图合适，也可以不进行此步骤。

---

至此，场景中的主要材质已制作完成，其余配楼、路灯和桌椅等材质的制作方法较为简单，这里不再赘述，读者可以查看实例文件。

## 8.5.5 效果图渲染

本案例场景中较大模型的面数较多，需要渲染光子文件。

☞ **渲染光子文件**--------------------------------------------------------------------------------

**01** 按F10键打开"渲染设置"面板，然后设置"宽度"为1000，"高度"为1250，如图8-289所示。

**02** 在"全局开关"卷展栏中勾选"不渲染最终的图像"选项，如图8-290所示。

**03** 在"图像过滤器"卷展栏中设置"过滤器"为Mitchell-Netravali，如图8-291所示。

**04** 在"渲染块图像采样器"卷展栏中设置"最大细分"为6，"噪波阈值"为0.001，如图8-292所示。

图8-289

图8-290

图8-291

图8-292

**05** 在"发光贴图"卷展栏中设置"当前预设"为"中"，"细分"为60，"插值采样"为30，"模式"为"单帧"，然后勾选"自动保存"和"切换到保存的贴图"选项，最后设置发光贴图文件的保存路径，如图8-293所示。

**06** 在"灯光缓存"卷展栏中设置"细分"为1500，"模式"为"单帧"，然后勾选"自动保存"和"切换到已保存的缓存"选项，并设置灯光缓存文件的保存路径，如图8-294所示。最后切换到摄影机视图渲染场景。

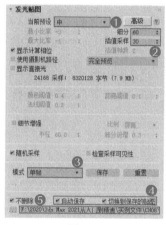

图8-293

图8-294

☞ **渲染效果图**--------------------------------------------------------------------------------

**01** 在"输出大小"选项组中设置"宽度"为3000，"高度"为3750，如图8-295所示。

**02** 在"全局开关"卷展栏中取消勾选"不渲染最终的图像"选项，如图8-296所示。

**03** 在"发光贴图"卷展栏中设置"模式"为"从文件"，如图8-297所示。

**04** 在"灯光缓存"卷展栏中设置"模式"为"从文件"，如图8-298所示。

图8-295

图8-296

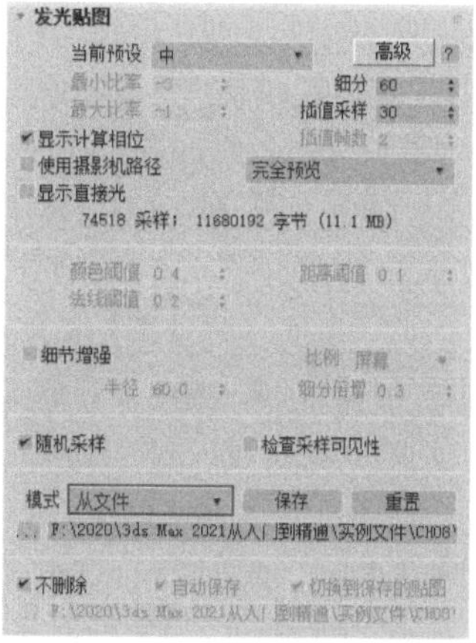

图8-297

图8-298

**05** 按F9键渲染场景，最终效果如图8-299所示。

图8-299

---

◎ 知识课堂：效果图的后期处理

渲染完成的效果图大多数需要进行后期处理，调整亮度、色调和替换背景等是常见的后期步骤。

本案例中，笔者将渲染的效果图保存为.exr格式。这种格式的优点是保留了图片所有的信息，是一种无损的格式，缺点是保存的图片所占内存很大，必须在Photoshop中才能观察到效果。

在Photoshop中打开渲染完成的.exr图片，系统会自动抠掉环境背景部分，如图8-300所示。

笔者在"赠送资源"文件夹中找到一张合适的天空素材图片，直接拖曳鼠标，将其移动到画面中形成一个新的图层，并缩放移动素材的位置，效果如图8-301所示。

.exr格式的图片是32位的，不能使用大多数调色工具，笔者使用Camera Raw滤镜调整亮度、颜色和饱和度，效果如图8-302所示。当然，读者也可以将32位的图片转换为8位，这样就可以使用所有的调色工具。

使用"光圈模糊"或"场景模糊"命令可以为场景制作出景深效果，效果如图8-303所示。

图8-300

图8-301

图8-302

图8-303

# 9 粒子系统和空间扭曲

第 **9** 章

📹 基础视频集数：10集　　📹 案例视频集数：15集　　⏱ 视频时间：136分钟

　　粒子系统和空间扭曲用于制作特效动画，比起之前章节学习的内容会更加抽象，也更难。依靠不同的发射器生成的粒子，配合各种力场就能生成丰富的动画效果。这些动画效果既可以运用在静帧效果图中，也可以运用在商业动画中。

## 学习重点　🔍

## 学完本章能做什么

　　学完本章后，读者能用粒子工具制作一些特效和流体动画效果。

# 9.1 粒子系统

3ds Max的"粒子系统"是一种很强大的动画制作工具，设置"粒子系统"可以控制密集对象群的运动效果。3ds Max 2021包含7种粒子，分别是"粒子流源""喷射""雪""超级喷射""暴风雪""粒子阵列""粒子云"，如图9-1所示。本节重点讲解其中的5种粒子。

图9-1

👆 重点

## 9.1.1 粒子流源

扫码观看视频

"粒子流源"是每个流的视口图标，同时也可以作为默认的发射器。默认情况下，它显示为带有中心徽标的矩形，如图9-2所示，其参数面板如图9-3所示。

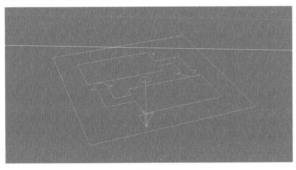

图9-2

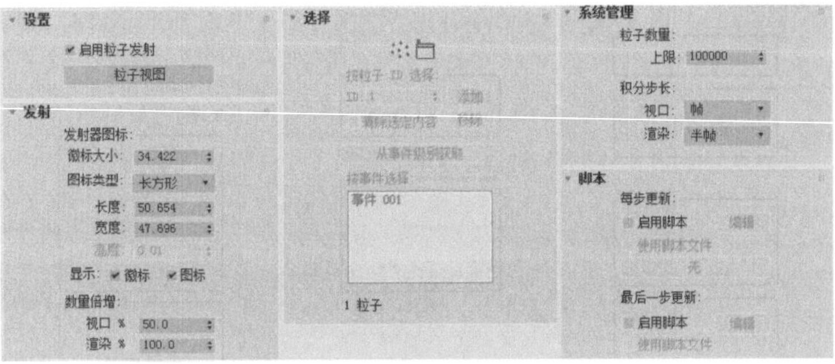

图9-3

粒子的属性都要在"粒子视图"面板中才能进行设置，单击"粒子视图"按钮 <u>粒子视图</u> 就能打开"粒子视图"面板，如图9-4所示。除了粒子自带的属性外，其他属性都需要从"粒子视图"面板中添加，这样才能显示粒子的一些特定效果。这些属性中常用的有"力""图形实例""材质静态"等。

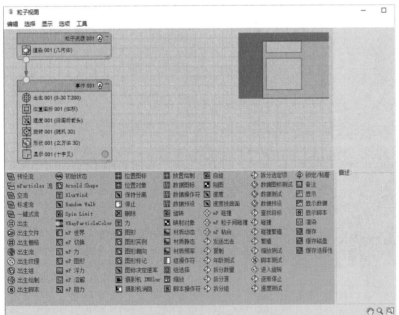

图9-4

粒子徽标除了在创建时可以设置大小外，还可以在"发射"卷展栏中设置其他参数，例如可以设置徽标的类型，如图9-5所示。

场景中的粒子数量太多会造成软件在计算粒子效果时出现卡顿现象，甚至可能造成软件意外退出。在"数量倍增"选项组中可以设置视口中显示粒子的数量和渲染的粒子数量，如图9-6所示。

图9-5

图9-6

👆重点

🖑案例训练：用粒子流源制作粒子动画

| 场景文件 | 场景文件>CH09>01.max |
|---|---|
| 实例文件 | 实例文件>CH09>案例训练：用粒子流源制作粒子动画.max |
| 难易程度 | ★★☆☆☆ |
| 技术掌握 | 粒子流源 |

扫码观看视频

本案例是为文字模型添加粒子效果，案例效果如图9-7所示。

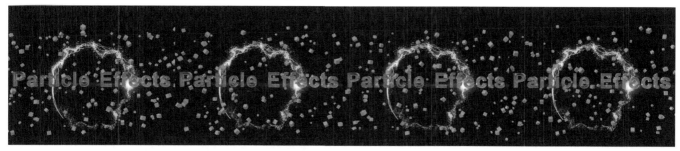

图9-7

**01** 打开本书学习资源中的"场景文件>CH09>01.max"文件，如图9-8所示。

**02** 使用"粒子流源"工具 粒子流源 在场景左侧创建一个发射器，位置如图9-9所示。

**03** 选中创建的发射器，在"发射"卷展栏中设置"长度"为80mm，"宽度"为45mm，如图9-10所示。

**04** 滑动时间滑块，会观察到粒子在视图中从左往右移动，如图9-11所示。

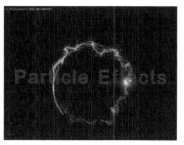

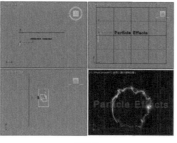

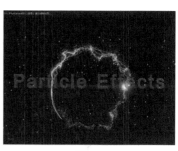

图9-8　　　　　　　　　　图9-9　　　　　　　　　　图9-10　　　　　　　　　　图9-11

**05** 单击"粒子视图"按钮 粒子视图 打开"粒子视图"面板，选择"出生001"选项，在右侧设置"发射停止"为100，"数量"为1000，如图9-12所示。

**06** 选择"速度001"选项，然后在右侧设置"速度"为300mm，"变化"为50mm，如图9-13所示。

**07** 选择"形状001"选项，然后在右侧设置3D为"立方体"，"大小"为2mm，"变化%"为50，如图9-14所示。

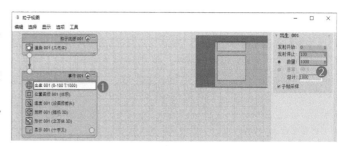

图9-12

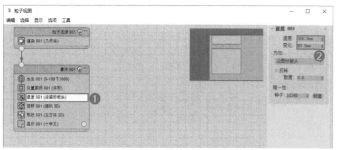

图9-13

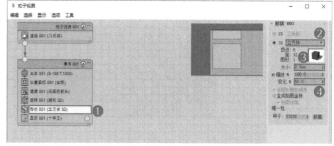

图9-14

**08** 选择"显示001"选项，然后在右侧设置"类型"为"几何体"，颜色为（红:61，绿:199，蓝:209），如图9-15所示。此时视图中的粒子呈现立方体效果，如图9-16所示。

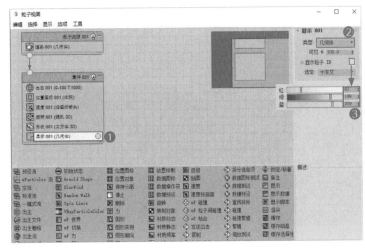

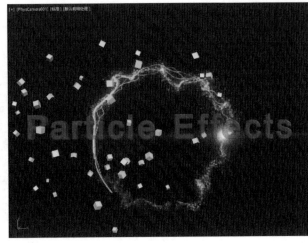

图9-15                                                            图9-16

**09** 移动时间滑块，随意选择4帧进行渲染，效果如图9-17所示。

图9-17

👑 重点

## 9.1.2 喷射

扫码观看视频

"喷射"粒子常用来模拟雨和喷泉等效果，其参数面板如图9-18所示。

"视口计数"和"渲染计数"控制视口与渲染时的粒子数量。"水滴大小"控制粒子的大小，对比效果如图9-19所示。

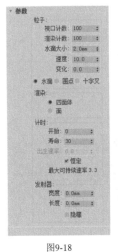

图9-18                                                            图9-19

"速度"数值可以控制水滴的运动速度。其数值越大，水滴的运动速度越快，对比效果如图9-20所示。

默认的粒子运动速度是匀速的，如果想让粒子运动产生不同的速度效果，需要设置"变化"的数值，对比效果如图9-21所示。

除了默认的"四面体"形态外，还可以将粒子设置为"面"形态，效果如图9-22所示。

"开始"参数可以控制粒子生成的帧数，如果想在第0帧就出现粒子，就需要将该数值设置为负数。"寿命"参数则控制粒子持续存在的时间，如果粒子存在的时间小于时间轴的长度，就会在到达寿命时间后自动消失。

图9-20

图9-21

图9-22

👆重点

✋ **案例训练：用喷射制作下雨动画**

| 场景文件 | 无 |
| --- | --- |
| 实例文件 | 实例文件>CH09>案例训练：用喷射制作下雨动画.max |
| 难易程度 | ★★☆☆☆ |
| 技术掌握 | 喷射粒子 |

扫码观看视频

本案例是用"喷射"粒子制作下雨动画，案例效果如图9-23所示。

图9-23

**01** 新建一个空白场景，然后使用"喷射"工具 ▭喷射▭ 在场景中创建一个发射器，如图9-24所示。

**02** 在场景中创建一台摄影机，然后找到一个合适的角度，让发射器在画面的顶部，如图9-25所示。

① **技巧提示：摄影机类型的选择**
摄影机的类型不限，读者按照自己熟悉的摄影机进行创建即可。

图9-24　　　　　图9-25

**03** 选中发射器，在"修改"面板中设置"视口计数"为500，"渲染计数"为4000，"水滴大小"为15mm，"速度"为7，"变化"为0.56，"开始"为-100，"寿命"为100，如图9-26所示。可以观察到在第0帧时，画面中就出现了"喷射"粒子，效果如图9-27所示。

**04** 按8键打开"环境和效果"面板，在"环境贴图"通道中加载本书学习资源中的"实例文件>CH09>案例训练：用喷射制作下雨动画>00001.jpg"文件，如图9-28所示。

**05** 将"环境贴图"通道中加载的贴图复制到"材质编辑器"面板中的空白材质球上，然后设置"贴图"为"屏幕"，如图9-29所示。

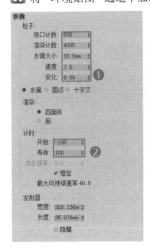

图9-26

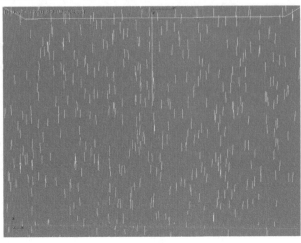

图9-27

图9-28

图9-29

🔗 **知识链接：复制贴图**

复制贴图的方法在"6.1.1 背景和全局照明"中有详细讲解。

**06** 选中一个空白材质球，将其转换为"VRayMtl材质"，然后设置材质参数，如图9-30所示。材质球效果如图9-31所示。

**设置步骤**

① 设置"漫反射"颜色为（红:215，绿:215，蓝:215）。

② 设置"反射"颜色为（红:29，绿:29，蓝:29），"细分"为16。

③ 设置"折射"颜色为（红:237，绿:237，蓝:237），"折射率（IOR）"为1.33，"细分"为16。

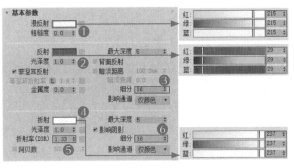

图9-30

图9-31

❓ **疑难问答：雨水材质和普通水材质有何区别？**

普通水材质可以看作纯净水，没有杂质，它的反射和折射都是理想状态。雨水从高空落下，夹杂灰尘杂质，再加上高速落下造成的形态变化等，都会影响雨滴的反射和折射，甚至影响雨水本身的颜色。

**07** 将雨水材质赋予发射器，然后移动时间滑块随意渲染4帧，效果如图9-32所示。

图9-32

## 9.1.3 雪

"雪"粒子主要用来模拟飘落的雪花或洒落的纸屑等动画效果,其参数面板如图9-33所示。

"雪"粒子的参数面板与"喷射"粒子的参数面板大致相同,下面介绍一些不同的参数。

雪花在飘落的过程中不会是直线下落的,而是有旋转的效果,这时候就需要用"翻滚"参数进行模拟,"翻滚速率"则可以控制雪花翻滚的速度,对比效果如图9-34所示。

除了默认的"六角形"外,"雪"粒子还可以渲染为"三角形"和"面",效果如图9-35和图9-36所示。

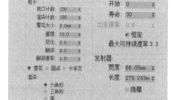
扫码观看视频

图9-33

图9-34　　　　　　　　　　　　　　　　　　图9-35　　　　　　　　图9-36

✦重点

🖑 **案例训练:用雪制作下雪动画**

| 场景文件 | 无 |
|---|---|
| 实例文件 | 实例文件>CH09>案例训练:用雪制作下雪动画.max |
| 难易程度 | ★★☆☆☆ |
| 技术掌握 | 雪粒子 |

扫码观看视频

本案例是用"雪"粒子制作下雪动画,案例效果如图9-37所示。

图9-37

**01** 新建一个空白场景,然后使用"雪"工具 ▢▢雪▢▢ 在场景中创建一个发射器,如图9-38所示。

**02** 在场景中创建一台摄影机,然后找到一个合适的角度,让发射器在画面的顶部,如图9-39所示。

**03** 选中发射器,在"修改"面板中设置"视口计数"为200,"渲染计数"为700,"雪花大小"为1mm,"速度"为6,"变化"为1,"翻滚"为0.5,"翻滚速率"为1,"开始"为-60,"寿命"为60,如图9-40所示。可以观察到在第0帧时,画面中就出现了"雪"粒子,效果如图9-41所示。

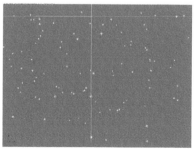

图9-38　　　　　　　图9-39　　　　　　　图9-40　　　　　　　图9-41

**04** 按8键打开"环境和效果"面板，在"环境贴图"通道中加载本书学习资源中的"实例文件>CH09>案例训练：用雪制作下雪动画> bg.jpg"文件，如图9-42所示。

**05** 将"环境贴图"通道中加载的贴图复制到"材质编辑器"面板中的空白材质球上，然后设置"贴图"为"屏幕"，如图9-43所示。

**06** 选中一个空白材质球，将其转换为"VRayMtl"材质，然后设置"自发光"颜色为（红:255，绿:255，蓝:255），如图9-44所示。材质球效果如图9-45所示。

图9-42　　　　　　　　　　图9-43　　　　　　　　　　图9-44　　　　　　　图9-45

**07** 将雪材质赋予发射器，然后移动时间滑块随意渲染4帧，效果如图9-46所示。

图9-46

⑦ **疑难问答：雪花如何产生模糊的效果？**

在上面展示的效果图中，雪花产生了一些模糊效果，这可以通过两种做法得到。

**第1种** 在后期软件中添加模糊滤镜。添加的背景图片在Alpha通道中呈黑色，而"雪"粒子呈白色，如图9-47所示。正好可以在后期软件中单独选择"雪"粒子，然后添加模糊滤镜。

**第2种** 在"环境和效果"面板中添加"模糊"效果。这种方法有个缺点，不能使用VRay材质和VRay渲染器，只能用系统自带的"标准"材质模拟雪花，用"扫描线渲染器"进行渲染。

图9-47

👑 重点

## 9.1.4 超级喷射

扫码观看视频

"超级喷射"粒子可以用来制作暴雨和喷泉等效果，若将其绑定到"路径跟随"空间扭曲上，还可以生成瀑布效果，其参数面板如图9-48所示。

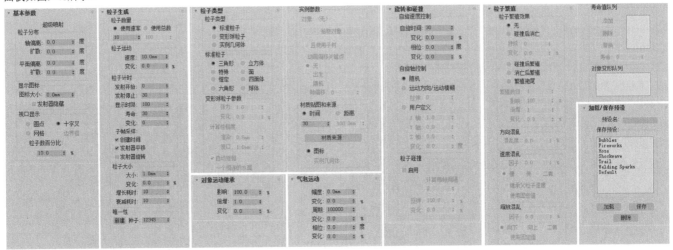

图9-48

默认情况下，粒子会朝着发射器的朝向直线发射，形成一条直线，如图9-49所示。"轴偏离"参数可以设置粒子与发射方向之间的夹角，如图9-50所示。"轴偏离"下方的"扩散"参数可以控制粒子在发射方向平面的扩散效果，效果如图9-51所示。

如果想让粒子在发射方向360°全面发射粒子，就需要设置"平面偏离"下方的"扩散"参数，效果如图9-52所示。

图9-49 　　　　　　　　　　图9-50 　　　　　　　　　　图9-51 　　　　　　　　　　图9-52

> ① 技巧提示："扩散"的不同效果
>
> 如果将"扩散"设置为180，一部分粒子会朝发射器的反方向发射，形成360°的发射平面。

"使用速率"参数可以控制每帧所发射的粒子数量，数值越大，粒子也越多，对比效果如图9-53所示。

"粒子大小"选项组中的"大小"参数可以控制粒子的尺寸大小，效果如图9-54所示。"粒子大小"选项组中的"变化"参数则控制这些粒子的随机变化比例。

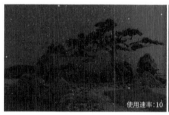

图9-53 　　　　　　　　　　　　　　　　　　　图9-54

"超级喷射"粒子的形态有很多种，包括"三角形""立方体""特殊""面""恒定""四面体""六角形""球体"8种类型的标准粒子。如图9-55所示，我们还可以设置变形的粒子和关联的几何体。

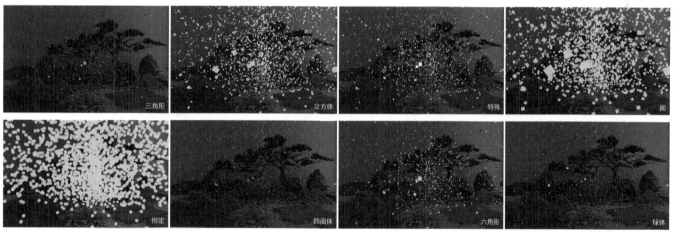

图9-55

👆重点

## 🖐 案例训练：用超级喷射制作彩色烟雾

| 场景文件 | 场景文件>CH09>02.max |
| --- | --- |
| 实例文件 | 实例文件>CH09>案例训练：用超级喷射制作彩色烟雾.max |
| 难易程度 | ★★★☆☆ |
| 技术掌握 | 超级喷射粒子 |

扫码观看视频

本案例是用"超级喷射"粒子制作彩色烟雾动画，案例效果如图9-56所示。

图9-56

**01** 打开本书学习资源中的"场景文件>CH09>02.max"文件,如图9-57所示。

**02** 火箭模型已经建立了关键帧,移动时间滑块就可以观察到火箭模型移动和旋转的效果,如图9-58所示。

**03** 在第0帧使用"超级喷射"工具 超级喷射 在火箭模型下方创建一个发射器,如图9-59所示。

**04** 选中发射器,然后在主工具栏中单击"选择并链接"按钮 ,将发射器与火箭模型进行关联,如图9-60所示。

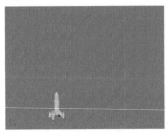

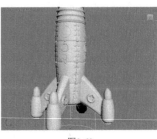

图9-57      图9-58      图9-59      图9-60

**05** 移动时间滑块,发射器会随着火箭模型一起移动,如图9-61所示。

**06** 选中发射器,在"修改"面板中设置"轴偏离"为5度,"扩散"为5度,"平面偏离"为51度,"扩散"为50度,如图9-62所示。

**07** 在"粒子生成"卷展栏中设置"使用速率"为600,"速度"为10cm,"变化"为20%,"发射停止"为100,"显示时限"为100,"寿命"为17,"大小"为1cm,"变化"为10%,如图9-63所示。

**08** 移动时间滑块,观察粒子效果,如图9-64所示。

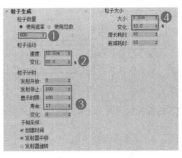
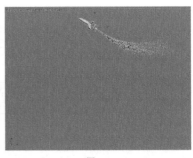

图9-61      图9-62      图9-63      图9-64

**09** 在"材质编辑器"面板中新建一个"VRayMtl材质",然后设置参数,如图9-65所示。

**设置步骤**

① 在"漫反射"通道中加载"渐变"贴图,然后分别设置3个颜色通道的颜色。

② 在"不透明度"通道中加载"渐变"贴图,然后分别设置3个颜色通道的颜色。

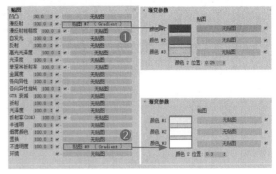

图9-65

---

! **技巧提示:粒子颜色参考**

粒子材质的颜色仅供参考,读者可根据上图的方法设置不同的颜色效果。

**10** 将材质赋予粒子发射器，效果如图9-66所示。

**11** 使用"平面"工具 平面 在火箭模型后方创建一个平面模型，然后赋予本书学习资源中的"实例文件>CH09>案例训练：用超级喷射制作彩色烟雾> timg.jpg"文件，效果如图9-67所示。

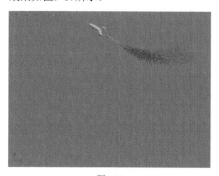

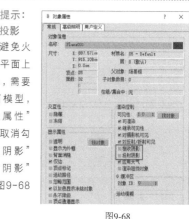

> ① **技巧提示：取消投影**
> 为了避免火箭模型在平面上留下投影，需要选中平面模型，在"对象属性"对话框中取消勾选"接收阴影"和"投射阴影"选项，如图9-68所示。

图9-66 图9-67 图9-68

**12** 移动时间滑块，然后任意选择4帧进行渲染，效果如图9-69所示。

图9-69

## 9.1.5 粒子阵列

"粒子阵列"可以用来创建复制对象的爆炸效果，其参数面板如图9-70所示。

扫码观看视频

图9-70

> ① **技巧提示："粒子阵列"的参数**
> "粒子阵列"的参数与"超级喷射"的参数类似，这里不再赘述。

👑 重点

👆 **案例训练：用粒子阵列制作水晶球爆炸动画**

| 场景文件 | 场景文件>CH09>03.max |
|---|---|
| 实例文件 | 实例文件>CH09>案例训练：用粒子阵列制作水晶球爆炸动画.max |
| 难易程度 | ★★★☆☆ |
| 技术掌握 | 粒子阵列 |

本案例是用"粒子阵列"制作水晶球爆炸动画，案例效果如图9-71所示。

图9-71

**01** 打开本书学习资源中的"场景文件>CH09>03.max"文件，如图9-72所示。

**02** 使用"粒子阵列"工具 粒子阵列 在场景中创建一个发射器，如图9-73所示。

**03** 选中发射器，然后在"修改"面板中单击"拾取对象"按钮 拾取对象 ，并单击场景中的球体模型，如图9-74所示。这样就能将球体模型与发射器进行关联。

**04** 滑动时间滑块，球体模型的周围会生成炸裂的碎片模型，效果如图9-75所示。

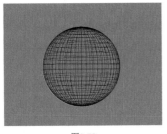
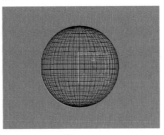
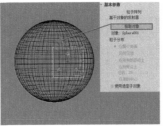
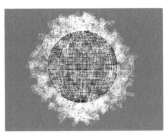

图9-72　　　　　　　　图9-73　　　　　　　　图9-74　　　　　　　　图9-75

**05** 选中发射器，然后在"粒子生成"卷展栏中设置"速度"为15mm，"变化"为90%，"散度"为10度，"发射开始"为10，如图9-76所示。此时移动时间滑块，画面在第0帧到第9帧不会产生爆炸的碎片，而是从第10帧开始产生爆炸碎片，而且中间的球体模型一直存在。

**06** 选中球体模型，单击"自动关键点"按钮 自动关键点 并移动时间滑块到第10帧，然后单击鼠标右键打开"对象属性"对话框，设置"可见性"为0，如图9-77所示。

**07** 将时间滑块移动到第9帧，然后打开"对象属性"对话框，设置"可见性"为1，如图9-78所示。同样在第0帧也设置球体模型的"可见性"为1，然后再次单击"自动关键点"按钮 自动关键点 关闭动画记录。

> ⓘ **技巧提示：参数显示的红框**
> 　输入框后显示的红框代表此参数被添加了关键帧，画面会产生动画效果。同时，圆锥体会变成圆柱体。

图9-76　　　　　　　　图9-77　　　　　　　　图9-78

**08** 移动时间滑块,此时球体模型会在第0帧到第9帧显示,从第10帧开始消失,粒子爆炸效果则是从第10帧开始显示。使用"平面"工具 ▭平面▭ 在球体模型后方创建一个背景模型,然后赋予本书学习资源中的"实例文件>CH09>案例训练:用粒子阵列制作水晶球爆炸动画> timg (1).jpg"文件的"VRay灯光材质",如图9-79所示。

**09** 任意选择4帧进行渲染,案例的最终效果如图9-80所示。

图9-79

图9-80

## 9.2 空间扭曲

使用"空间扭曲"可以模拟真实世界中存在的"力"效果,当然"空间扭曲"需要与"粒子系统"一起配合使用才能制作出动画效果。

"空间扭曲"包括5种类型,分别是"力""导向器""几何/可变形""基于修改器""粒子和动力学",如图9-81所示。本书重点讲解其中2种类型。

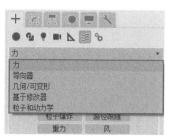

图9-81

### 👑重点

### 9.2.1 力

"力"可以为"粒子系统"提供外力影响,共有9种类型,分别是"推力""马达""漩涡""阻力""粒子爆炸""路径跟随""重力""风""置换",如图9-82所示。

"推力"可以为粒子提供正向或负向的力,让粒子朝着推力的方向运动,效果如图9-83所示。

扫码观看视频

图9-82

图9-83

"漩涡"可以让粒子在运动方向上移动的同时形成旋转的效果,效果如图9-84所示。

"阻力"则可以减小运动的粒子的速度,形成阻挡的效果,效果如图9-85所示。

"重力"则是为粒子添加重力效果,在模拟喷泉等效果时是常用的工具,效果如图9-86所示。

"风"可以使粒子按风的方向进行移动,这样方便控制粒子的运动轨迹,效果如图9-87所示。

图9-84

图9-85

图9-86

图9-87

　　无论是哪种力，都需要与粒子中的"力"属性进行关联，才能对粒子产生作用，如图9-88所示。如果不进行关联，则无法影响粒子的运动轨迹。

图9-88

♛ 重点

🖑 **案例训练：用推力制作泡泡动画**

| 场景文件 | 场景文件>CH09>04.max |
| --- | --- |
| 实例文件 | 实例文件>CH09>案例训练：用推力制作泡泡动画.max |
| 难易程度 | ★★★☆☆ |
| 技术掌握 | 推力；超级喷射粒子 |

扫码观看视频

　　本案例是用"推力"和"超级喷射"粒子制作泡泡动画，案例效果如图9-89所示。

图9-89

**01** 打开本书学习资源中的"场景文件>CH09>04.max"文件，如图9-90所示。

**02** 使用"超级喷射"工具 超级喷射 在画面右下角创建一个发射器，如图9-91所示。

**03** 选中发射器并切换到"修改"面板，设置"轴偏离"为5度，"扩散"为5度，"平面偏离"为5度，"扩散"为42度，如图9-92所示。

**04** 在"粒子生成"卷展栏中设置"使用速率"为20，"速度"为15mm，"寿命"为60，"大小"为5mm，"变化"为50%，如图9-93所示。

图9-90

图9-91

图9-92

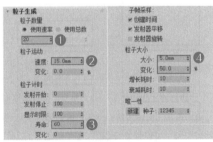

图9-93

**05** 在"粒子类型"卷展栏中设置粒子为"球体"，如图9-94所示。

**06** 移动时间滑块，粒子会从下往上喷射，如图9-95所示。

**07** 此时的粒子是直线喷射，我们需要改变粒子的运动方向。使用"推力"工具 推力 在场景右侧创建一个推力图标，如图9-96所示。

图9-94

图9-95

图9-96

**08** 使用"绑定到空间扭曲"工具 将推力和发射器进行链接，此时粒子朝左运动，效果如图9-97所示。

**09** 选中推力，在"修改"面板中设置"基本力"为2，如图9-98所示。粒子效果如图9-99所示。

**10** 在"材质编辑器"面板中新建一个"VRayMtl"材质，具体参数如图9-100所示。材质球效果如图9-101所示。

**设置步骤**

① 设置"反射"颜色为（红:255，绿:255，蓝:255），"细分"为16。

② 设置"折射"颜色为（红:248，绿:248，蓝:248），"折射率（IOR）"为0.8，"细分"为16。

图9-97

图9-98

图9-99

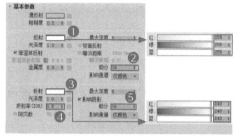

图9-100

图9-101

**11** 将材质赋予粒子，然后任意选择4帧进行渲染，案例效果如图9-102所示。

图9-102

👆 重点

✋ **案例训练：用路径跟随制作发光动画**

| | |
|---|---|
| 场景文件 | 场景文件>CH09>05.max |
| 实例文件 | 实例文件>CH09>案例训练：用路径跟随制作发光动画.max |
| 难易程度 | ★★★☆☆ |
| 技术掌握 | 路径跟随；超级喷射粒子 |

本案例是用"路径跟随"和"超级喷射"粒子制作发光动画，案例效果如图9-103所示。

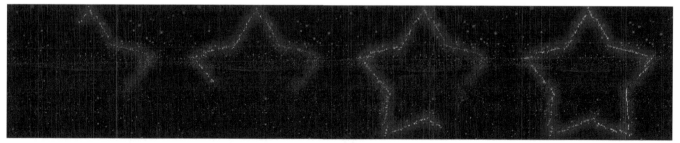

图9-103

**01** 打开本书学习资源中的"场景文件>CH09>05.max"文件，如图9-104所示。场景中已经创建了背景和星形样条线。

**02** 使用"超级喷射"工具 超级喷射 在星形样条线上创建一个发射器，如图9-105所示。

**03** 使用"路径跟随"工具 路径跟随 在场景的任意位置创建控制器，如图9-106所示。

**04** 选中控制器，然后在"修改"面板中单击"拾取图形对象"按钮 拾取图形对象 ，并单击场景中的星形样条线，这样就将"路径跟随"与星型样条线进行了关联，如图9-107所示。

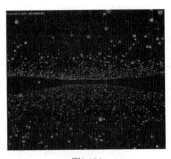
图9-104

图9-105

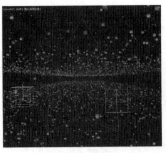
图9-106

图9-107

**05** 使用"绑定到空间扭曲"工具 将发射器与"路径跟随"的控制器进行关联,此时滑动时间滑块,粒子会随着星形样条线进行运动,如图9-108所示。

**06** 选中发射器,在"修改"面板中设置"使用速率"为10,"速度"为10mm,"大小"为1mm,如图9-109所示。

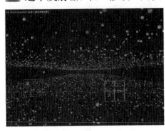
图9-108

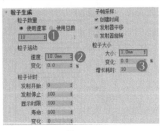
图9-109

**07** 在"材质编辑器"面板中设置一个紫色的自发光材质,然后赋予发射器,任意选择4帧进行渲染,案例的最终效果如图9-110所示。

图9-110

👑重点

### 👆 学后训练:用风制作水面波纹动画

| | |
|---|---|
| 场景文件 | 场景文件>CH09>06.max |
| 实例文件 | 实例文件>CH09>学后训练:用风制作水面波纹动画.max |
| 难易程度 | ★★★☆☆ |
| 技术掌握 | 风;超级喷射粒子 |

扫码观看视频

本案例是用"风"和"超级喷射"粒子阵列制作水面波纹动画,案例效果如图9-111所示。

图9-111

👑重点

## 9.2.2 导向器

"导向器"可以为"粒子系统"提供导向功能,共有6种类型,分别是"泛方向导向板""泛方向导向球""全泛方向导向""全导向器""导向球""导向板",如图9-112所示。

扫码观看视频

无论是哪种类型的导向器,其用法都是相似的,只是导向器的外形有所不同。导向器需要与"碰撞"等多个粒子属性进行关联,以形成不同的效果,效果如图9-113所示。

图9-112　　　　图9-113

## 案例训练：用导向板制作烟花动画

| 场景文件 | 无 |
|---|---|
| 实例文件 | 实例文件>CH09>案例训练：用导向板制作烟花动画.max |
| 难易程度 | ★★★☆☆ |
| 技术掌握 | 粒子流源；导向板 |

本案例使用"粒子流源"和"导向板"制作烟花动画，案例效果如图9-114所示。

图9-114

**01** 使用"粒子流源"工具 粒子流源 在场景中创建一个发射器，如图9-115所示。

**02** 使用"球体"工具 球体 在发射器上方创建一个球体模型，设置"半径"为5mm，如图9-116所示。

**03** 使用"平面"工具 平面 在发射器上方创建一个平面模型，如图9-117所示。平面模型的位置就是烟花爆炸的位置。

**04** 使用"导向板"工具 导向板 在场景中创建一个导向板，位置与平面模型齐平，如图9-118所示。使用"绑定到空间扭曲"工具 将导向板与平面模型进行关联。

图9-115

图9-116

图9-117

图9-118

**05** 选中发射器，然后在"粒子视图"面板中选择Birth 01选项，然后设置"发射停止"为0，"数量"为20000，如图9-119所示。

**06** 选择Speed 01选项，设置"速度"为300mm，如图9-120所示。

**07** 选择Shape 01选项，设置"图形"为"球体"，"大小"为1.5mm，如图9-121所示。

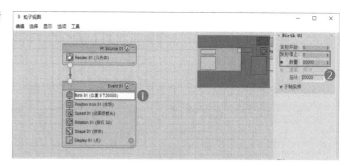

图9-119

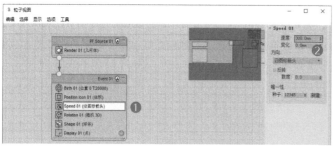

图9-120

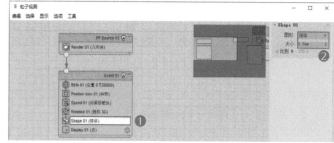

图9-121

**08** 添加"位置对象"选项，然后在右侧"发射器对象"选框中添加创建的球体模型，如图9-122所示。此时发射器的粒子都集中在球体模型上，如图9-123所示。

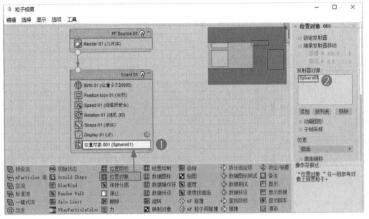

图9-122

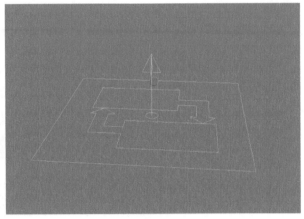

图9-123

**09** 添加"碰撞"选项，然后在右侧的"导向器"选框中添加场景中的导向板，如图9-124所示。

**10** 滑动时间滑块，粒子在碰到导向板后会反弹回去，没有出现爆炸效果。选择"碰撞001"选项，设置"速度"为"随机"，如图9-125所示。此时滑动时间滑块，粒子会呈爆炸效果，如图9-126所示。

**11** 按照同样的方法继续创建一个发射器，效果如图9-127所示。

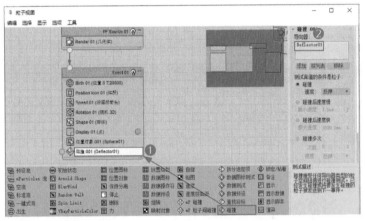

图9-124

图9-125

图9-126

图9-127

**12** 创建摄影机和背景图，然后任意选择4帧进行渲染，案例的最终效果如图9-128所示。

图9-128

## 9.3 粒子的常用对象属性

本节主要讲解一些增加粒子效果的方法，包括粒子的发射位置和粒子的材质，如图9-129所示。

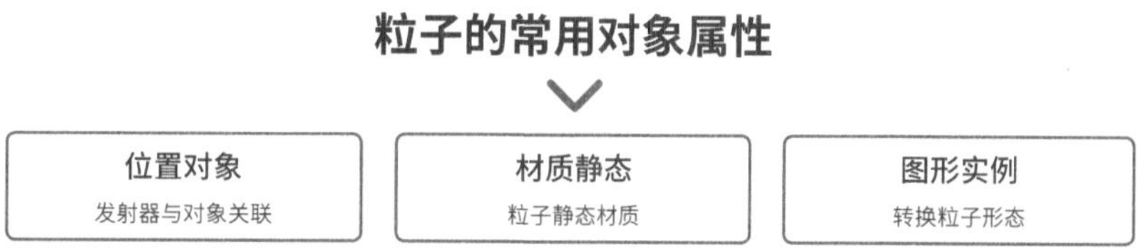

# 粒子的常用对象属性

| 位置对象 | 材质静态 | 图形实例 |
|---|---|---|
| 发射器与对象关联 | 粒子静态材质 | 转换粒子形态 |

图9-129

## 9.3.1 位置对象

扫码观看视频

"位置对象"是将粒子发射器与参考对象相关联，从而让参考对象发射出粒子。"位置对象"属性位于"粒子视图"面板，如图9-130所示。

将"位置对象"属性添加到粒子发射器的属性中，然后添加场景中的模型为"发射器对象"，就可以将粒子发射器与选中的模型相关联。

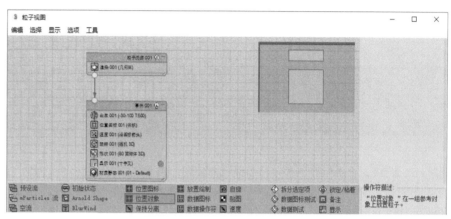

图9-130

## 9.3.2 材质静态

扫码观看视频

默认的粒子呈纯色，如果想给粒子赋予材质，就需要添加"材质静态"属性。"材质静态"属性位于"粒子视图"面板，如图9-131所示。

将"材质静态"属性链接到粒子属性中，然后与"材质编辑器"面板中的材质球关联，粒子就可以显示材质效果。

> ① 技巧提示："材质动态"的作用
>
> 如果要让粒子呈现多种材质的变化，就需要链接"材质动态"属性。

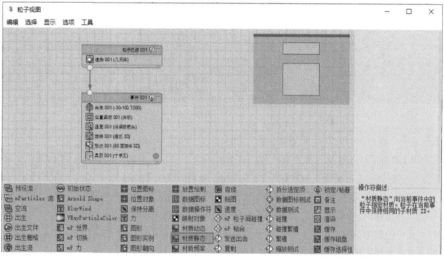

图9-131

## 9.3.3 图形实例

扫码观看视频

默认的粒子形态是有限的，当需要为粒子赋予一些特定的形状时，默认的设置则无法实现，使用"图形实例"属性便可以很好地解决这一问题。"图形实例"属性位于"粒子视图"面板，如图9-132所示。

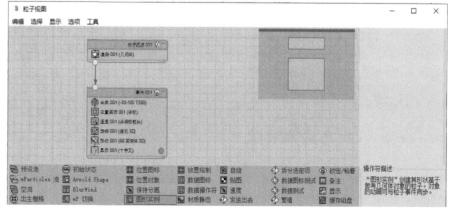

图9-132

👑 重点

## 🖐 案例训练：制作花瓣飞舞动画

| | | |
|---|---|---|
| 场景文件 | 场景文件>CH09>07.max | |
| 实例文件 | 实例文件>CH09>案例训练：制作花瓣飞舞动画.max | |
| 难易程度 | ★★★☆☆ | |
| 技术掌握 | 粒子流源 | |

本案例是为发射的粒子添加"位置对象"和指定材质，案例效果如图9-133所示。

图9-133

**01** 打开本书学习资源中的"场景文件>CH09>07.max"文件，如图9-134所示.

**02** 使用"粒子流源"工具 粒子流源 在花瓶边创建一个"粒子流源"发射器，如图9-135所示。

**03** 在"粒子视图"面板中，选择"出生001"选项，然后设置"发射开始"为-20，"发射停止"为100，"数量"为200，如图9-136所示。

图9-134　　　　　　图9-135　　　　　　　　　　　　　　图9-136

**04** 选择"速度001"选项，设置"速度"为30cm，"变化"为10cm，如图9-137所示。此时发射器效果如图9-138所示。

**05** 本案例要让花束模型成为发射粒子的发射器，就需要将设置好的发射器与其进行关联。在"粒子视图"面板中，选择"位置对象"属性并将其添加在"位置对象001"选项后，然后单击"添加"按钮 添加 ，选择视图中的花束模型，将其添加到"发射器对象"选框中，如图9-139所示。此时摄影机视图中的效果如图9-140所示。

图9-137

图9-138　　　　　　　　　　图9-139　　　　　　　　　　　　图9-140

**06** 花束模型喷射的粒子是默认的形态，需要将其替换为桌面上散落的花瓣模型。在"粒子视图"面板中，选择"图形实例"属性并添加在"图形实例001"选项后，然后单击"粒子几何体对象"下方的按钮 无 ，并选择桌面上散落的花瓣模型，如图9-141所示。在摄影机视图中渲染场景，效果如图9-142所示。

**07** 若是读者对花瓣模型的材质不满意，可以为花瓣模型重新替换材质。在"粒子视图"面板中，选择"材质静态"属性并将其添加在"材质静态001"选项后，然后将"材质编辑器"面板中制作好的材质球拖曳到"指定材质"下方的通道中即可，如图9-143所示。

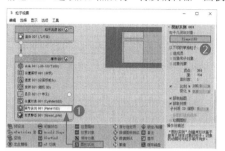
图9-141

图9-142

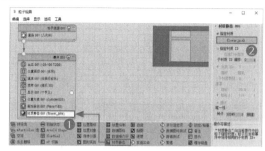
图9-143

> **⑦ 疑难问答：为何不能渲染出花瓣的效果？**
>
> 有些读者会有疑问，为何按照上面的方法不能渲染出花瓣效果？在"粒子视图"面板中添加"图形实例"属性后，需要将默认的"形状001"选项删除，否则粒子只会显示"形状001"中设定的形态，而不能显示"图形实例"中显示的形态。

**08** 移动时间滑块，任意选择4帧进行渲染，效果如图9-144所示。

图9-144

# 9.4 粒子的多种轨迹

本节主要讲解改变粒子轨迹的方法，包括添加力场或添加"导向板"。

👍 重点

### 9.4.1 改变粒子的运动轨迹

9.1.4小节中讲过，默认状态下，粒子是沿直线进行运动的。如果想改变粒子的运动轨迹，就需要为其增加力场。在"空间扭曲"的"力"中，例如，使用"漩涡"工具 漩涡 可以为粒子添加旋转的力场。

力场与粒子需要通过"力"属性进行关联，否则添加的力场无法影响粒子的轨迹，如图9-145所示。

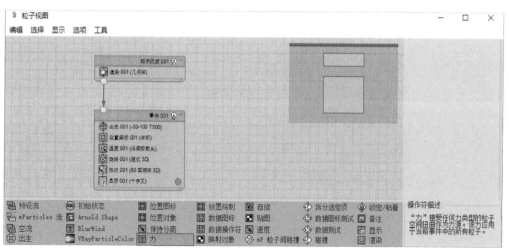
图9-145

♨ 重点

## ✍ 案例训练：制作书页飘落动画

| 场景文件 | 场景文件>CH09>08.max |
|---|---|
| 实例文件 | 实例文件>CH09>案例训练：制作书页飘落动画.max |
| 难易程度 | ★★★☆☆ |
| 技术掌握 | 粒子流源；重力 |

扫码观看视频

本案例是为粒子添加"重力"力场，案例效果如图9-146所示。

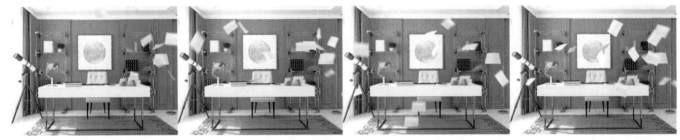

图9-146

**01** 打开本书学习资源中的"场景文件>CH09>08.max"文件，如图9-147所示。

**02** 使用"粒子流源"工具 粒子流源 在画面右侧创建一个发射器，位置如图9-148所示。

**03** 打开"粒子视图"面板，删除原有的"形状001"属性，然后添加下方的"图形实例"属性，接着单击"粒子几何体对象"下的按钮 无 ，选择书桌上单独的书页模型，如图9-149所示。

图9-147

图9-148

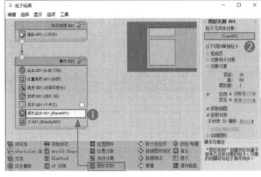

图9-149

**04** 选择"出生001"选项，设置"发射停止"为60，"数量"为50，如图9-150所示。

**05** 选择"速度001"选项，设置"速度"为300mm，"变化"为100mm，"散度"为15，如图9-151所示。

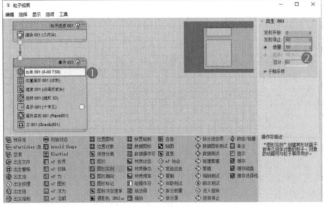

图9-150

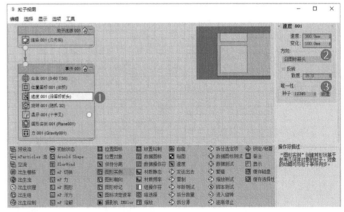

图9-151

> ⚠ **技巧提示：随机粒子效果**
> 单击"种子"后的"新建"按钮 新建 ，系统会生成随机的粒子分布效果。

**06** 此时移动"时间滑块",粒子会向斜上方进行直线运动,然而现实生活中的书页会受到重力影响最终向下飘落。使用"重力"工具 重力 在场景的任意位置绘制重力图标,位置如图9-152所示。

**07** 在"粒子视图"面板中,添加"力"属性到"图形实例"属性下方,然后单击"添加"按钮 添加 并选中视图中的重力图标,如图9-153所示。

**08** 选中重力图标,然后设置"强度"为0.5,如图9-154所示。

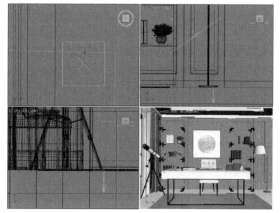

图9-152

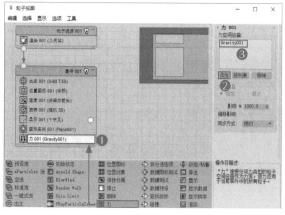

图9-153

图9-154

**09** 移动时间滑块,选择4帧进行渲染,效果如图9-155所示。

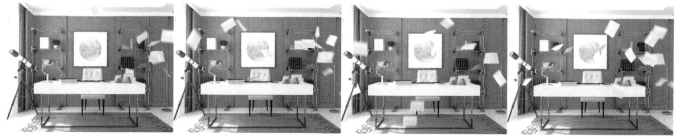

图9-155

## 学后训练:制作粒子光效动画

| 场景文件 | 场景文件>CH09>09.max |
|---|---|
| 实例文件 | 实例文件>CH09>学后训练:制作粒子光效动画.max |
| 难易程度 | ★★★☆☆ |
| 技术掌握 | 粒子流源;旋涡 |

扫码观看视频

本案例是为粒子添加"旋涡"力场,案例效果如图9-156所示。

图9-156

## 9.4.2 粒子的反弹

9.2.2小节中讲过,"导向器"可以改变粒子的轨迹,从而形成反弹效果,配合"碰撞"属性可以形成停止、消失等效果。

♛ 重点

## 🖐 案例训练：制作螺旋粒子动画

| 场景文件 | 无 |
|---|---|
| 实例文件 | 实例文件>CH09>案例训练：制作螺旋粒子动画.max |
| 难易程度 | ★★★☆☆ |
| 技术掌握 | 粒子流源；导向球 |

本案例是为粒子添加"导向球"，从而形成随机的轨迹，案例效果如图9-157所示。

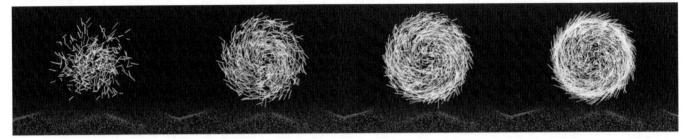

图9-157

01 使用"粒子流源"工具 粒子流源 在视图中创建一个发射器，如图9-158所示。

02 默认的粒子发射方向为图标箭头所指方向，打开"粒子视图"面板，选择"速度001"选项，然后设置"速度"为300mm，"变化"为50mm，接着设置"方向"为"随机3D"，如图9-159所示。此时移动时间滑块，粒子会以发射器图标为中心向任意方向散射，效果如图9-160所示。

图9-158

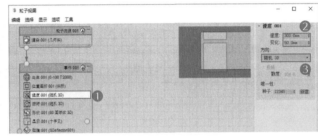

图9-159

图9-160

① 技巧提示：创建发射器的要求

发射器的位置和大小没有限制。

03 使用"导向球"工具 导向球 在图标周围创建一个球体，如图9-161所示。"导向球"的大小没有硬性规定，读者可创建任意大小的"导向球"。

04 在"粒子视图"面板中选择"碰撞"属性，并将其添加到"显示001"属性下方，然后单击"添加"按钮 添加 选择创建好的"导向球"，并设置"速度"为"反弹"，如图9-162所示。

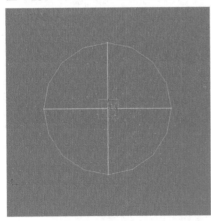

图9-161

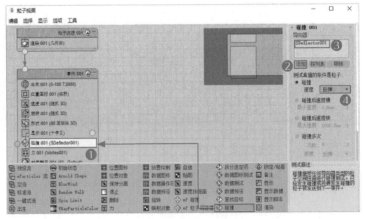

图9-162

① 技巧提示：
"速度"的
其他类型

除了"随机"外，"速度"还有"反弹""继续""停止"3种类型，读者可以逐一测试这几种类型的不同。

**05** 移动时间滑块，发射的粒子会在"导向球"内无规律地运动，效果如图9-163所示。

**06** 使用"漩涡"工具 漩涡 在中心位置创建一个漩涡力场图标，效果如图9-164所示。

**07** 在"粒子视图"面板中添加"力"属性，然后单击"添加"按钮 添加 ，并选择上一步中创建的漩涡力场图标，如图9-165所示。

图9-163

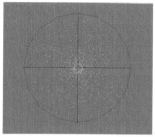

图9-164

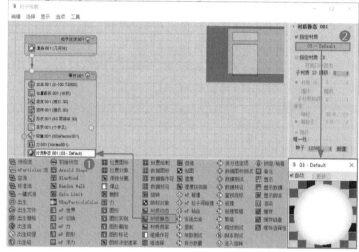

图9-165

**08** 在"材质编辑器"面板中建立一个"VRay灯光材质"，设置材质的自发光效果，如图9-166所示。

**09** 继续添加"材质静态"属性，并关联"材质编辑器"面板中的材质，如图9-167所示。

> ⓘ **技巧提示**：材质步骤
> 材质的设置较为简单，这里不再赘述详细过程。

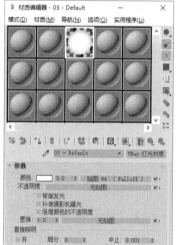

图9-166

图9-167

**10** 移动时间滑块，选择合适的4帧进行渲染，效果如图9-168所示。

图9-168

> ◎ **知识课堂**：创建不规则形态的导向器
>
> "导向板"工具 导向板 和"导向球"工具 导向球 可以创建出平面和球体这两种导向器，对于大多数场景，这两种形态的导向器即可达到预想的效果，但对于一些特殊的场景，它可能需要不规则形态的导向器。
>
> "全导向器"工具 全导向器 可以拾取场景中任意形态的几何体，因此它可以创建出任意形态的导向器。使用"全导向器"工具 全导向器 在场景中创建一个导向器图标，然后在"修改"面板中单击"拾取对象"按钮 拾取对象 ，即可在场景中拾取需要成为导向器的几何体，如图9-169所示。

图9-169

# 9.5 综合训练营

下面通过两个综合训练，将本章所学的内容应用到实际工作中。

★ 重点

### ◈ 综合训练：制作茶壶倒水

| 场景文件 | 场景文件>CH09>10.max |
|---|---|
| 实例文件 | 实例文件>CH09>综合训练：制作茶壶倒水.max |
| 难易程度 | ★★★★☆ |
| 技术掌握 | 粒子流源；重力；导向板 |

本案例中茶壶倒出的水是用"粒子流源"制作的，案例效果如图9-170所示。

**01** 打开本书学习资源中的"场景文件>CH09>10.max"文件，如图9-171所示。

**02** 使用"粒子流源"工具 粒子流源 在壶嘴处创建一个圆形的发射器，其大小与壶嘴差不多即可，如图9-172所示。

**03** 移动时间滑块，粒子会朝左上方沿直线移动，并不会落入下面的杯子中。使用"重力"工具 重力 在场景中创建一个重力图标，方向向下，如图9-173所示。

图9-170

图9-171

图9-172

图9-173

> ⚠ **技巧提示：重力的位置**
> 重力图标的位置没有强制规定，可随意放置。

**04** 打开"粒子视图"面板，然后选择"出生001"选项，接着设置"发射停止"为100，"数量"为200，如图9-174所示。

**05** 选择"速度001"选项，然后设置"速度"为20cm，如图9-175所示。

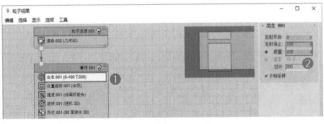
图9-174

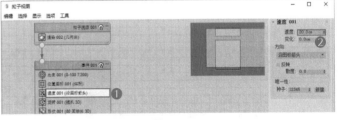
图9-175

**06** 选择"形状001"选项，然后设置3D为"80面球体"，接着设置"大小"为0.5cm，"变化%"为10，如图9-176所示。

**07** 添加"力"属性，然后链接创建的重力，如图9-177所示。

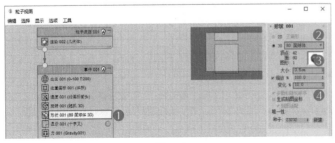
图9-176

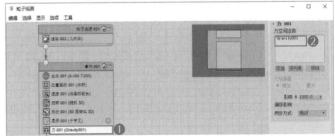
图9-177

**08** 移动时间滑块，粒子会穿过杯子一直向下，如图9-178所示。

**09** 使用"导向板"工具 导向板 在杯子底部创建一个"导向板"，如图9-179所示。

**10** 在"粒子视图"面板中添加"碰撞"属性，然后链接上一步创建的"导向板"，接着设置"速度"为"停止"，如图9-180所示，这样发射的粒子就会积攒在杯子底部。

⚠ 技巧提示："导向板"的高度
"导向板"的高度要与杯子底部的高度一致。

图9-178

图9-179

图9-180

**11** 在摄影机视图中渲染场景，效果如图9-181所示。

**12** 此时粒子的状态与水相差很多，勾选摄影机的"启用运动模糊"选项，效果如图9-182所示，此时效果接近于水流。

**13** 在"粒子视图"面板添加"材质静态"属性，然后链接"材质编辑器"面板中的"水"材质，如图9-183所示。

**14** 在摄影机视图中渲染场景，效果如图9-184所示。

图9-181

图9-182

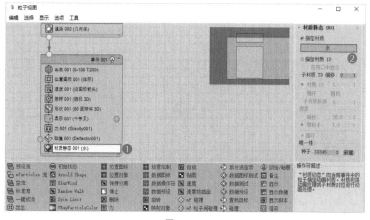

图9-183

图9-184

👑 重点

## ◈ 综合训练：制作喷泉

| 场景文件 | 场景文件>CH09>11.max |
| --- | --- |
| 实例文件 | 实例文件>CH09>综合训练：制作喷泉.max |
| 难易程度 | ★★★★☆ |
| 技术掌握 | 超级喷射粒子；重力；导向板 |

扫码观看视频

本案例用"超级喷射"粒子制作喷泉，案例效果如图9-185所示。

**01** 打开本书学习资源中的"场景文件>CH09>11.max"文件，如图9-186所示。

**02** 使用"超级喷射"工具 超级喷射 在假山上创建一个发射器，位置如图9-187所示。

图9-185

图9-186

图9-187

中文版3ds Max 2021完全自学教程

**03** 切换到"修改"面板，然后在"基本参数"卷展栏中设置"轴偏离"下方的"扩散"为15度，"平面偏离"下方的"扩散"为180度，如图9-188所示。

**04** 在"粒子类型"卷展栏中设置"粒子类型"为"标准粒子"，"标准粒子"为"球体"，如图9-189所示。

图9-188　　　　　图9-189

**05** 在"粒子生成"卷展栏中设置"使用速率"为800，"速度"为25mm，然后设置"发射停止""显示时限""寿命"都为100，接着设置"大小"为2.5mm，"变化"为30％，如图9-190所示。生成的粒子的效果如图9-191所示。

**06** 喷泉的水最终朝下落，因此需要添加重力力场。使用"重力"工具 重力 在场景中创建一个重力力场，然后使用"绑定到空间扭曲"工具 将重力图标与发射器图标进行关联，效果如图9-192所示。

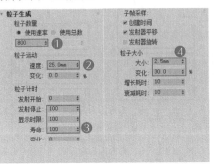

图9-190　　　　　　　图9-191　　　　　　　图9-192

> ⚠ **技巧提示：喷泉高度的关联因素**
> 如果想让喷泉喷得更高，可以适当减少重力的数值。

**07** 移动时间滑块，落下的粒子会穿过假山，需要使用"导向板"做出反弹的效果。使用"导向板"工具 导向板 在假山上创建一个"导向板"，位置如图9-193所示。

**08** 选中"导向板"，然后切换到"修改"面板，接着设置"反弹"为0.1，如图9-194所示，再将"导向板"与发射器图标也进行关联

**09** 移动时间滑块，下落的粒子碰到"导向板"会有轻微的反弹效果，效果如图9-195所示。

**10** 将"水"材质赋予发射器，然后调整摄影机的位置并渲染场景，效果如图9-196所示。

图9-193　　　　　　　图9-194

图9-195

图9-196

> ◎ **知识课堂：专业流体软件RealFlow**
> RealFlow是一款由西班牙Next Limit公司出品的流体动力学模拟软件，不仅可以模拟真实世界的流体效果，还可以模拟动力学效果，如图9-197所示。
> RealFlow会根据粒子模拟的情况生成网格模型，从而避免了本书案例中粒子之间还有空隙的问题。大多数的流体效果都是通过RealFlow制作的，RealFlow不仅模拟速度快，效果好，软件性能还很稳定，可以与很多三维软件进行连接，实现相互之间的模型调用，如图9-198所示。在连接其他三维软件时，我们需要在其官网下载相应的连接插件，这样就可以将制作好的流体网格文件导入三维软件中赋予材质并进行渲染。
> 如今，RealFlow在广告、片头动画、游戏、影视流体设计中被广泛应用，常用于表现动态和自然波动的水面，如湖泊、水池、海洋等，还能产生海水拍岸溅起浪花的效果。

图9-197　　　　　　　图9-198

# 第10章 动画技术

🎞 基础视频集数：18集　　🎞 案例视频集数：22集　　🕐 视频时间：181分钟

　　动画技术是3ds Max的重要技术之一，三维领域会设立专业的动画师岗位。在动画的商业应用领域中，建筑动画和角色动画是两个重要的门类，前者较为简单，后者更加复杂。无论哪种商业类型的动画，都是建立在各种基础动画技术之上的，希望读者能耐心学习。

## 学习重点　🔍

## 学完本章能做什么

　　本章主要讲解各种动画的制作方法，其中动力学动画模拟真实世界的运动效果，动画制作工具则能模拟各种想要的动画效果。实际工作中，角色动画和建筑动画运用较多。

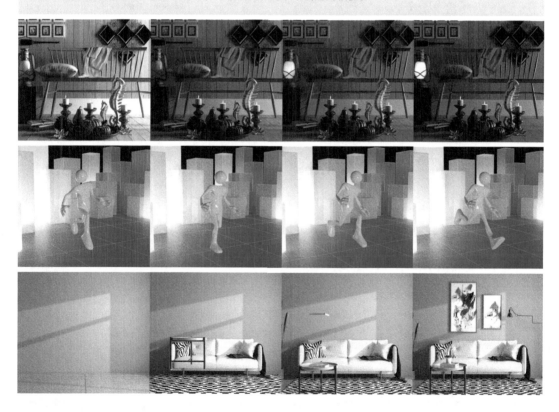

# 10.1 动力学

3ds Max中的"动力学系统"可以快速制作出物体与物体之间真实的物理作用效果，是制作动画必不可少的工具。"动力学系统"可用于定义物理属性和外力，当对象遵循物理定律进行相互作用时，场景可以自动生成最终的动画关键帧，如图10-1所示。

扫码观看视频

```
            动力学
              ⌄
┌─────────────────────┐  ┌─────────────────────┐
│   MassFX 工具栏      │  │   MassFX 工具面板    │
│    动力学工具栏       │  │    动力学属性         │
└─────────────────────┘  └─────────────────────┘
```

图10-1

👑 重点

## 10.1.1 MassFX工具栏

默认的主工具栏中并没有"MassFX工具栏"的图标，需要在主工具栏的空白处单击鼠标右键，然后在弹出的快捷菜单中选择"MassFX工具栏"选项，从而调出"MassFX工具栏"，如图10-2所示。调出的"MassFX工具栏"如图10-3所示。

图10-2

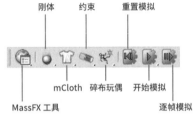

图10-3

---

① **技巧提示：** "MassFX工具栏"的位置

为了方便操作，我们可以将"MassFX工具栏"移动到操作界面的左侧，使其停靠于此，如图10-4所示。另外，在"MassFX工具栏"上单击鼠标右键，然后在弹出的快捷菜单中选择"停靠"菜单中的子命令，可以选择停靠在界面的其他位置，如图10-5所示。

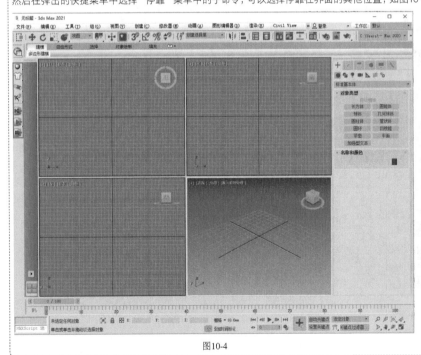

图10-4

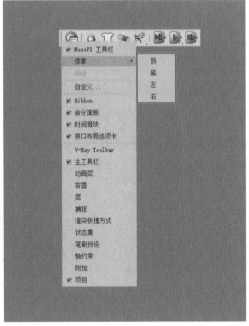

图10-5

"MassFX工具栏"上有8个按钮。单击第1个"MassFX工具"按钮，系统会弹出"MassFX工具"面板，如图10-6所示。在该面板中，我们可以详细设置动力学的各种属性和参数。

长按"刚体"按钮不放，系统会弹出下拉菜单，在菜单中可以设置对象的刚体类型，如图10-7所示。动力学刚体不需要提前设置关键帧控制运动效果，如从静止到下落的小球。运动学刚体则需要提前设置关键帧控制运动轨迹，如滚动的小球。静态刚体是与刚体对象产生碰撞的对象，如果没有静态刚体，动力学对象会一直运动下去。

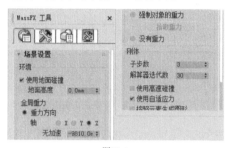

图10-6                                图10-7

长按mCloth按钮不放，系统会弹出下拉菜单，在菜单中可以设置对象的mCloth类型，如图10-8所示。"mCloth对象"是通过动力学计算的布料效果，与第2章中学过的Cloth修改器一样都是计算布料效果的工具。相比Cloth修改器，"mCloth对象"的操作会更加简单，方便使用。

长按"约束"按钮不放，系统会弹出下拉菜单，在菜单中可以设置对象的"约束"类型，如图10-9所示。约束对象会限制动力学对象间的运动效果，以达到一些特定的动画效果。

长按"碎布玩偶"按钮不放，系统会弹出下拉菜单，在菜单中可以设置对象的"碎布玩偶"类型，如图10-10所示。"碎布玩偶"可以制作布偶类对象的动力学效果，如随意散落的布娃娃。

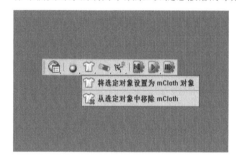

图10-8                        图10-9                        图10-10

设置好动力学参数后，我们需要在视图中观察动画效果，这时就需要单击"开始模拟"按钮。单击该按钮后系统会开始模拟设定的动力学效果形成动画，直到时间轴结束。当模拟的效果不理想时，单击"重置模拟"按钮，场景就可以退回原始状态以方便用户修改参数。如果想逐帧观察模拟效果，单击"逐帧模拟"按钮即可实现。

## 10.1.2 MassFX工具面板

在"MassFX工具栏"中单击"MassFX工具"按钮，然后打开"MassFX工具"面板。面板分为"世界参数""模拟工具""多对象编辑器""显示选项"4个选项卡，如图10-11所示。

扫码观看视频

图10-11

　　如果勾选了"使用地面碰撞"选项，系统会将栅格所在的平面作为一个无限大的静态刚体，动力学对象可以直接与栅格所在的平面发生碰撞效果，我们不需要额外赋予静态刚体对象，如图10-12所示。

　　如果不勾选"使用地面碰撞"选项，系统会把设置了静态刚体的对象作为碰撞体，该对象可以在任何高度，如图10-13所示。

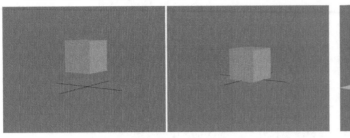
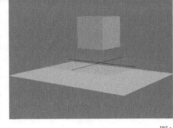
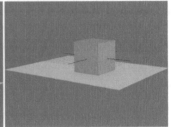

图10-12　　　　　　　　　　　　　　　　　　　　　　　图10-13

　　场景中的重力方向默认是$z$轴的负方向，根据制作的需求也可以改变为$x$轴或$y$轴。如果我们在场景中创建了单独的重力力场，就可以选择"强制对象重力"选项，然后拾取场景中创建的重力力场。

　　当场景中的动力学动画都模拟完成后，单击"烘焙所有"按钮　烘焙所有　，就可以将模拟的动力学动画转换为关键帧动画。如果要撤销烘焙的动画，就需要单击"取消烘焙所有"按钮　取消烘焙所有　。

　　模拟动力学动画时，有一些参数会影响动画效果。"密度"和"质量"控制动力学对象的重量，不同的重量会产生不同的动画效果。"静摩擦力"控制动力学对象开始运动时产生的摩擦力，这个力太大的话，动力学对象有可能不能产生运动效果。"动摩擦力"控制运动时动力学对象的摩擦力，摩擦力越大，动力学对象就会越快停止。"反弹力"控制碰撞对象间的反弹效果，数值越大反弹的效果就越明显。

---

⑦ **疑难问答：无法打开MassFX工具面板怎么办？**

　　在一些情况下，单击"MassFX工具"按钮，系统会打不开"MassFX工具"面板，且脚本窗口中会弹出一些脚本代码，如图10-14所示。这种情况代表软件中的动力学插件无法正常使用。我们就需要重新安装软件，或是用其他版本的软件进行动力学模拟。

　　3ds Max 2021可能会因为系统中遗留的一些文件而造成无法重装。如果想要重装软件，就需要彻底删除遗留在系统中的文件，或者重装系统。建议读者还是安装一个低版本（如2016版本）的软件，模拟动力学效果后再导入2021版本中进行后续制作。

图10-14

---

## 10.2　动力学工具

　　本节主要讲解常用的动力学工具，包括动力学刚体、运动学刚体、静态刚体和mCloth对象，如图10-15所示。

**动力学工具**

⌄

| 动力学刚体 | 运动学刚体 | 静态刚体 | mCloth 对象 |
|---|---|---|---|
| 模拟对象间的碰撞效果 | 模拟运动物体的碰撞效果 | 与动力学对象产生碰撞的对象 | 模拟布料的动力学效果 |

图10-15

扫码观看视频

### 10.2.1 动力学刚体

使用"将选定项设置为动力学刚体"工具 可以将未实例化的"MassFX刚体"修改器应用到每个选定对象,并将"刚体类型"设置为"动力学",然后为每个对象创建一个"凸面"物理网格,如图10-16所示。如果选定对象已经具有"MassFX刚体"修改器,则现有修改器将更改为动力学,而不重新应用。

MassFX Rigid Body("MassFX刚体")修改器的参数分为6个卷展栏,分别是"刚体属性""物理材质""物理图形""物理网格参数""力""高级"卷展栏,如图10-17所示。

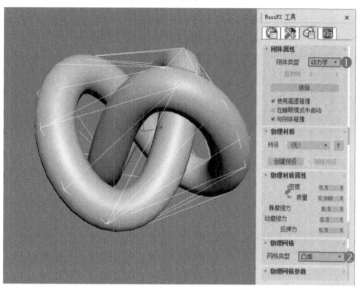

图10-16

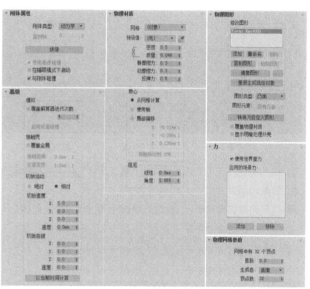

图10-17

"刚体类型"的下拉菜单中包含"动力学""运动学""静态"3种类型,动力学对象可以在这3种类型中切换,如图10-18所示。

当"刚体类型"为"运动学"时,系统会激活"直到帧"选项,这个参数代表从第几帧开始产生动力学碰撞效果,如图10-19所示。

> ① **技巧提示:面板的其他属性**
> 其他属性与"MassFX工具"面板中相同,这里不再赘述。

图10-18

图10-19

### 案例训练:用动力学刚体制作小球弹跳动画

| 场景文件 | 场景文件>CH10>01.max |
| --- | --- |
| 实例文件 | 实例文件>CH10>案例训练:用动力学刚体制作弹跳小球动画.max |
| 难易程度 | ★★★☆☆ |
| 技术掌握 | 动力学刚体;静态刚体 |

扫码观看视频

本案例的小球弹跳动画是由动力学刚体制作的,案例效果如图10-20所示。

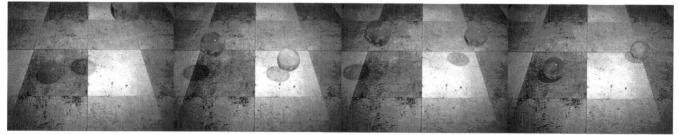

图10-20

**01** 打开本书学习资源中的"场景文件>CH10>01.max"文件，场景中有两个小球，如图10-21所示。

**02** 选中红色小球模型，然后在"MassFX工具栏"中选择"将选定项设置为动力学刚体"选项，如图10-22所示。

图10-21

**03** 选中蓝色小球模型，按照同样的方法将其转换为动力学刚体对象，如图10-23所示。

**04** 选中地面模型，然后在"MassFX工具栏"中选择"将选定项设置为静态刚体"选项，如图10-24所示。

**05** 单击"开始模拟"按钮▣模拟动力学效果，我们可以观察到小球垂直下落后与地面碰撞产生了弹跳效果，如图10-25所示。

图10-22

图10-23

图10-24

图10-25

**06** 在"MassFX工具"面板中单击"烘焙所有"按钮 烘焙所有 ，将所有的动力学动画转换为关键帧动画，此时时间线上会出现转换的关键帧，如图10-26所示。

**07** 切换到摄影机视图，任意选择4帧进行渲染，效果如图10-27所示。

图10-26

图10-27

👑 重点

## 🖑 案例训练：用动力学刚体制作多米诺骨牌倾倒动画

| 场景文件 | 场景文件>CH10>02.max |
| --- | --- |
| 实例文件 | 实例文件>CH10>案例训练：用动力学刚体制作多米诺骨牌倾倒动画.max |
| 难易程度 | ★★★☆☆ |
| 技术掌握 | 动力学刚体；静态刚体 |

扫码观看视频

本案例的多米诺骨牌倾倒动画是由动力学刚体制作的，案例效果如图10-28所示。

图10-28

**01** 打开本书学习资源中的"场景文件>CH10>02.max"文件，如图10-29所示。

**02** 选中场景中所有的骨牌模型，然后将其转换为动力学刚体对象，如图10-30所示。

**03** 选中地板模型，然后将其转换为静态刚体对象，如图10-31所示。

**04** 单击"开始模拟"按钮▶模拟动力学效果，我们可以观察到骨牌模型按照顺序向下倾倒，如图10-32所示。

图10-29　　　　　　　　图10-30　　　　　　　　图10-31　　　　　　　　图10-32

**05** 在"MassFX工具"面板中单击"烘焙所有"按钮 烘焙所有 烘焙动画关键帧，然后任意选择4帧进行渲染，效果如图10-33所示。

图10-33

● 重点
### 👆 学后训练：用动力学刚体制作纽扣散落动画

| | |
|---|---|
| 场景文件 | 场景文件>CH10>03.max |
| 实例文件 | 实例文件>CH10>学后训练：用动力学刚体制作纽扣散落动画.max |
| 难易程度 | ★★★☆☆ |
| 技术掌握 | 动力学刚体；静态刚体 |

扫码观看视频

本案例的纽扣散落动画是由动力学刚体制作的，案例效果如图10-34所示。

图10-34

● 重点
## 10.2.2 运动学刚体

使用"将选定项设置为运动学刚体"工具◉可以将未实例化的"MassFX刚体"修改器应用到每个选定对象上，并将"刚体类型"设置为"运动学"，然后为每个对象创建一个"凸面"物理网格，如图10-35所示。

扫码观看视频

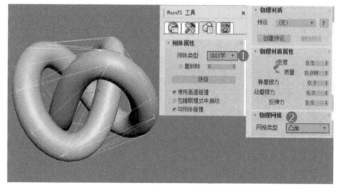

┌─────────────────────────────────────┐
│ ① **技巧提示：工具参数属性**
│
│ "将选定项设置为运动学刚体"工具 ◉ 将选定项设置为运动学刚体 的参数属性与"将选定项设置为动力学刚体"工具 ◉ 将选定项设置为动力学刚体 的参数属性相同，这里就不再赘述。
└─────────────────────────────────────┘

图10-35

👑 重点

✍️ 案例训练：用运动学刚体制作保龄球碰撞动画

| 场景文件 | 场景文件>CH10>04.max |
|---|---|
| 实例文件 | 实例文件>CH10>案例训练：用运动学刚体制作保龄球碰撞动画.max |
| 难易程度 | ★★★☆☆ |
| 技术掌握 | 运动学刚体；静态刚体 |

本案例中保龄球的碰撞动画是由运动学刚体制作的，案例效果如图10-36所示。

图10-36

**01** 打开本书学习资源中的"场景文件>CH10>04.max"文件，场景中是保龄球组合模型，如图10-37所示。

**02** 选中小球模型，滑动时间滑块，我们可以观察到小球模型朝瓶子模型滚动，如图10-38所示。

**03** 选中小球模型，在"MassFX工具栏"中选择"将选定项设置为运动学刚体"选项，如图10-39所示。

**04** 选中所有的瓶子模型，然后将其转换为动力学刚体对象，这样小球模型就能和瓶子模型产生动力学碰撞效果，如图10-40所示。

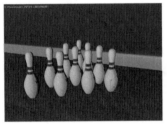
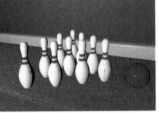

图10-37  图10-38  图10-39  图10-40

**05** 选中地板模型，然后将其转换为静态刚体对象，如图10-41所示。

**06** 滑动时间滑块，我们可以观察到在第8帧时小球模型和瓶子模型发生碰撞。在"刚体属性"卷展栏中设置"直到帧"为7，这样可以确保产生正确的碰撞效果，如图10-42所示。

**07** 单击"开始模拟"按钮 ▶ 模拟动力学效果，我们可以观察到瓶子模型被撞倒在地面上，如图10-43所示。

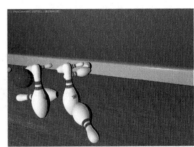

图10-41  图10-42  图10-43

**08** 在"MassFX工具"面板中单击"烘焙所有"按钮 烘焙所有 烘焙动画关键帧，然后任意选择4帧进行渲染，效果如图10-44所示。

图10-44

## 学后训练：用运动学刚体制作玩具碰撞动画

| 场景文件 | 场景文件>CH10>05.max |
|---|---|
| 实例文件 | 实例文件>CH10>学后训练：用运动学刚体制作玩具碰撞动画.max |
| 难易程度 | ★★★☆☆ |
| 技术掌握 | 运动学刚体；静态刚体 |

扫码观看视频

本案例中玩具的碰撞动画是由运动学刚体制作的，案例效果如图10-45所示。

图10-45

### 10.2.3 静态刚体

扫码观看视频

使用"将选定项设置为静态刚体"工具可以将未实例化的"MassFX刚体"修改器应用到每个选定对象，并将"刚体类型"设置为"静态"，然后为每个对象创建一个"凸面"物理网格，如图10-46所示。

> ① 技巧提示：工具参数属性
>
> "将选定项设置为静态刚体"工具 将选定项设置为静态刚体 的参数属性与"将选定项设置为动力学刚体"工具 将选定项设置为动力学刚体 的参数属性相同，这里就不再赘述。

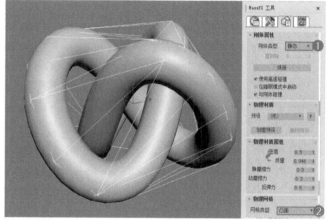

图10-46

### 10.2.4 mCloth对象

使用"将选定项设置为mCloth对象"工具可以将mCloth修改器应用到选定的对象上，从而模拟布料的动力学效果，其参数面板如图10-47所示。

扫码观看视频

mCloth对象的使用方法与动力学刚体类似。将对象转换为mCloth对象后，单击"开始模拟"按钮 ，就可以模拟布料的动力学效果，如图10-48所示。

图10-47

图10-48

"纺织品物理特性"卷展栏中的参数可以设置布料的一些属性,让布料的效果更加接近理想的效果。"密度"可以设置布料的密度,"密度"的数值越大,布料的质量就越大。"延展性"控制布料的拉伸性,对比效果如图10-49所示。"弯曲度"控制布料的弯曲程度,对比效果如图10-50所示

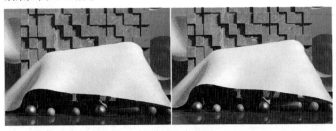

图10-49            图10-50

👑 重点

✋ 案例训练:用mCloth对象制作毯子

| 场景文件 | 场景文件>CH10>06.max |
| --- | --- |
| 实例文件 | 实例文件>CH10>案例训练:用mCloth对象制作毯子.max |
| 难易程度 | ★★★☆☆ |
| 技术掌握 | mCloth对象;静态刚体 |

扫码观看视频

本案例的毯子是由mCloth对象制作的,案例效果如图10-51所示。

**01** 打开本书学习资源中的"场景文件>CH10>06.max"文件,如图10-52所示。场景中已经制作好了毯子模型。

**02** 选中毯子模型,然后在"MassFX工具栏"中选择"将选定对象设置为mCloth对象"选项,如图10-53所示。

图10-51            图10-52            图10-53

**03** 选中脚凳模型,然后将其转换为静态刚体对象,如图10-54所示。

**04** 单击"开始模拟"按钮▶模拟动力学效果,我们可以观察到毯子滑落在脚凳上,效果如图10-55所示。

**05** 在"MassFX工具"面板中单击"烘焙所有"按钮  烘焙所有 烘焙动画关键帧,然后选择效果较好的一帧进行渲染,最终效果如图10-56所示。

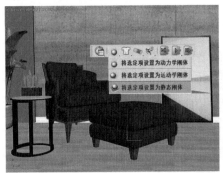

图10-54            图10-55            图10-56

❓ **疑难问答:选中的成组模型不能转换为刚体怎么办?**

当选中的模型是成组模型时,该模型是无法直接转换为刚体的。如果需要将选中的成组模型转换为刚体,我们就要将成组模型解组,然后将单个模型统一塌陷为一个整体模型,接着转换为刚体。

图10-57

### 学后训练：用mCloth对象制作台布

| 场景文件 | 场景文件>CH10>07.max |
|---|---|
| 实例文件 | 实例文件>CH10>学后训练：用mCloth对象制作台布.max |
| 难易程度 | ★★★☆☆ |
| 技术掌握 | mCloth对象；静态刚体 |

扫码观看视频

本案例的台布是由mCloth对象制作的，案例效果如图10-57所示。

## 10.3 动画制作工具

本节主要讲解常用的动画制作工具，包括关键帧、曲线编辑器和时间配置，如图10-58所示。

动画制作工具 > | 关键帧<br>制作动画必备 | 曲线编辑器<br>调节动画速度 | 时间配置<br>调节动画时间 |
|---|---|---|

图10-58

### 10.3.1 关键帧

3ds Max界面的右下角是一些设置动画关键帧的相关工具，如图10-59所示。

这些工具中最常用的是"自动关键点"工具 自动关键点，单击该按钮（或按N键），系统会激活动画记录状态，视图的周围和时间线上会呈现红色，如图10-60所示。该状态下，物体的模型、材质、灯光和渲染都将被记录为不同属性的动画。

单击"关键点过滤器"按钮 关键点过滤器，系统会打开"设置关键点过滤器"对话框，如图10-61所示。在该对话框中，我们可以设置哪些属性需要添加关键帧。如果要对对象的参数属性建立关键帧，就需要勾选"对象参数"选项。

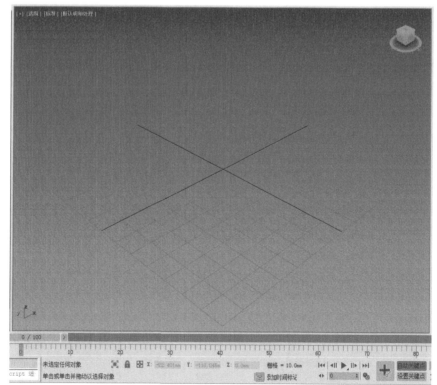

图10-59

图10-60

图10-61

◎ 知识课堂：设置关键帧的常用方法

设置关键帧的常用方法有以下两种。

**第1种** 使用"自动关键点"工具 自动关键点 进行设置。当单击"自动关键点"按钮 自动关键点 后，系统就可以通过定位当前帧的位置记录下动画。图10-62所示的是一个球体模型，当前时间滑块处于第0帧位置。将时间滑块移动到第10帧位置，然后移动球体模型的位置，这时系统会在第0帧和第10帧自动记录下动画信息，如图10-63所示。此时单击"播放动画"按钮▶或移动时间滑块，我们就可以观察到球体模型的位移动画。

**第2种** 手动设置关键点。单击"设置关键点"按钮 设置关键点 ，开启"设置关键点"功能，然后将时间滑块移动到第20帧，并移动球体模型的位置，再单击"设置关键点"按钮➕即可，如图10-64所示。

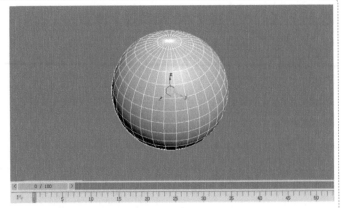

图10-62

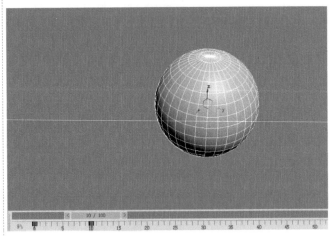

图10-63

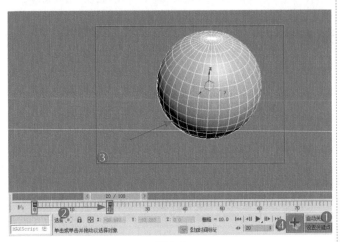

图10-64

👑 重点

## 10.3.2 曲线编辑器

"曲线编辑器"是制作动画时经常使用的一个编辑器，使用"曲线编辑器"可以通过快速调节动画曲线来控制物体的运动状态。单击主工具栏中的"曲线编辑器"按钮，打开"轨迹视图-曲线编辑器"对话框，如图10-65所示。

扫码观看视频

使用"移动关键点"工具➕可以在动画曲线上任意移动关键点的位置，同时也会影响视口中对象的动画效果。使用"添加/移除关键点"工具➕可以快速地在动画曲线上创建关键点，按Shift键单击关键点则会将其移除。

如果想将曲线快速转换为切线状态，单击"将切线设置为线性"按钮✎即可，如图10-66所示。如果想将切线转换为曲线，就需要单击"将切线设置为自动"按钮。

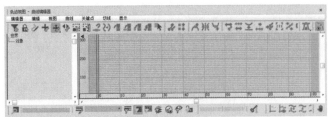

图10-65

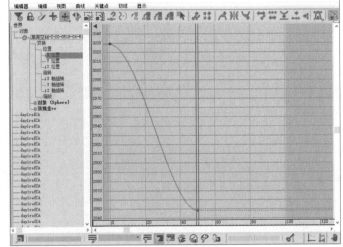

图10-66

一些循环动画的动画曲线需要在超出范围外继续生成，这时就需要单击"参数曲线超出范围类型"按钮 ，并在弹出的对话框中选择超出范围的显示类型，如图10-67所示。

当设置完动画并打开"曲线编辑器"时，我们会很难快速找到所有的动画曲线，单击编辑器右下角的"框显值范围选定关键帧"按钮 ，就可以快速显示编辑器中的所有动画曲线。

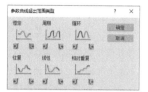

图10-67

---

◎ 知识课堂：动画曲线与速度的关系

"曲线编辑器"中动画曲线的横轴代表时间，纵轴代表距离，因此生成的动画曲线的斜率就代表物体运动的速度，常见的动画曲线有3种类型。

**第1种** 斜率一致的直线，呈匀速运动，如图10-68所示。

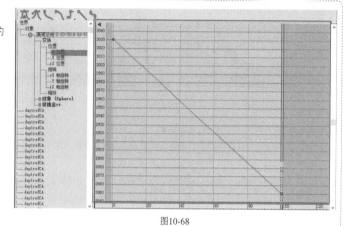

图10-68

**第2种** 斜率由小到大，呈加速运动，如图10-69所示。

**第3种** 斜率由大到小，呈减速运动，如图10-70所示。

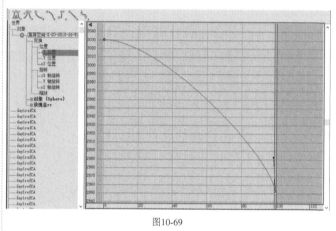

图10-69

图10-70

---

## 案例训练：用自动关键点制作钟表动画

| 场景文件 | 场景文件>CH10>08.max |
|---|---|
| 实例文件 | 实例文件>CH10>案例训练：用自动关键点制作钟表动画.max |
| 难易程度 | ★★★☆☆ |
| 技术掌握 | 自动关键点；旋转动画 |

扫码观看视频

本案例是用"自动关键点"工具 自动关键点 制作钟表的时针和分针动画，案例效果如图10-71所示。

图10-71

**01** 打开本书学习资源中的"场景文件>CH10>08.max"文件，如图10-72所示。

**02** 制作分针动画，选中分针模型，然后单击"自动关键点"按钮 自动关键点 启动动画模式，如图10-73所示。

**03** 将时间滑块移动到第100帧，然后使用"选择并旋转"工具 C 将分针模型旋转3600°，如图10-74所示。

**04** 下面制作时针动画。选中时针模型，然后将时间滑块移动到第100帧位置，使用"选择并旋转"工具 C 将时针模型沿y轴旋转300°，如图10-75所示。

图10-72 图10-73 图10-74 图10-75

> ① **技巧提示：分针与时针的角度换算**
>
> 分针转3600°相当于过了10个小时，时针1个小时转30°，10个小时就转300°。

**05** 关闭"自动关键点"按钮 自动关键点 ，移动时间滑块，我们会发现动画呈现缓起缓停，并不是匀速运动，这不符合现实生活中的钟表转动效果。打开"曲线编辑器"，选中两个动画曲线，如图10-76所示。

**06** 选中两个曲线的关键点，然后单击"将切线设置为线性"按钮 ，将曲线变成直线，效果如图10-77所示。

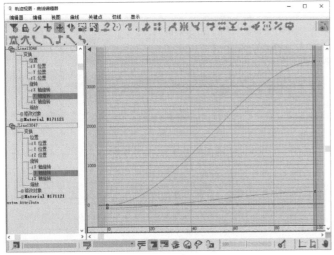
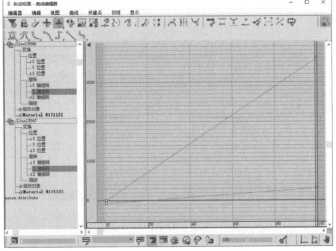

图10-76 图10-77

**07** 再次播放动画，我们会观察到动画呈匀速运动。任意选择4帧进行渲染，效果如图10-78所示。

图10-78

👑 重点

## 🖐 案例训练：用自动关键点制作灯光动画

| 场景文件 | 场景文件>CH10>09.max |
|---|---|
| 实例文件 | 实例文件>CH10>案例训练：用自动关键点制作灯光动画.max |
| 难易程度 | ★★★☆☆ |
| 技术掌握 | 自动关键点；参数动画 |

扫码观看视频

本案例是用"自动关键点"工具 自动关键点 制作灯光变换的动画，案例效果如图10-79所示。

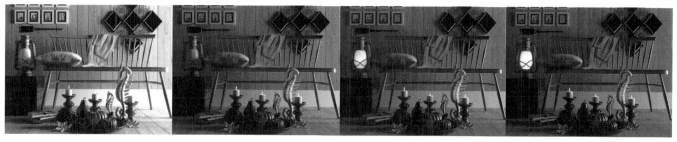

图10-79

**01** 打开本书学习资源中的"场景文件>CH10>09.max"文件,如图10-80所示。场景中已经创建了灯光。

**02** 选中画面右侧的"VRay灯光001",然后单击"自动关键点"按钮 自动关键点,在第0帧时设置"倍增"为30,如图10-81所示。此时场景的渲染效果如图10-82所示。

图10-80

图10-81

图10-82

---

**⑦ 疑难问答:为何不能为灯光属性添加关键帧?**

有些读者在为灯光属性添加关键帧时,会发现单击"自动关键点"按钮 自动关键点 后无法为其添加关键帧。遇到这种情况,需要单击"设置关键点"按钮 设置关键点,此时"设置关键点过滤器"面板中只有部分属性被勾选,如图10-83所示。默认勾选的属性是可以添加动画关键帧的。

在该面板中勾选"全部"选项后,该面板中所有的选项都会被勾选,如图10-84所示。这样就可以为灯光属性添加动画关键帧了。

图10-83     图10-84

---

**03** 将时间滑块移动到第10帧,然后设置"倍增"为0,如图10-85所示。

**04** 选中场景右侧的"VRay灯光003",将时间滑块移动到第0帧,然后设置"倍增"为0,如图10-86所示。

**05** 将时间滑块移动到第10帧,然后设置"倍增"为30,如图10-87所示。此时渲染效果如图10-88所示。

图10-85

图10-86

图10-87

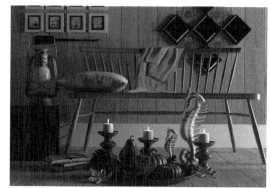

图10-88

**06** 选中马灯模型中的"VRay灯光002"，然后在第0帧和第8帧设置"倍增"为0，如图10-89所示。

**07** 将时间滑块移动到第11帧，设置"倍增"为80，如图10-90所示。此时渲染效果如图10-91所示。

**08** 继续移动时间滑块到第15帧，设置"倍增"为150，然后再次单击"自动关键点"按钮 自动关键点 ，如图10-92所示。此时渲染效果如图10-93所示。

图10-89　　　　　图10-90

图10-91

图10-92

图10-93

### 👑重点

### 🔧 学后训练：用自动关键点制作飞舞的蝴蝶

| 场景文件 | 场景文件>CH10>10.max |
|---|---|
| 实例文件 | 实例文件>CH10>学后训练：用自动关键点制作飞舞的蝴蝶.max |
| 难易程度 | ★★★☆☆ |
| 技术掌握 | 自动关键点；位移动画；旋转动画 |

扫码观看视频

本案例是用"自动关键点"工具 自动关键点 制作飞舞的蝴蝶动画，案例效果如图10-94所示。

图10-94

## 10.3.3　时间配置

单击"时间配置"按钮 🕐 ，系统会弹出"时间配置"对话框，如图10-95所示。在"时间配置"对话框中，我们可以设置动画播放的帧速率、时间显示方式、播放速度和时间长短。

默认的NTSC制式的帧率是每秒钟30帧，而在日常制作中，我们一般使用帧率为每秒钟25帧的PAL制式。如果选择"自定义"选项，则能随意设置帧率。

默认的时间线长度为0帧~100帧，如果需要延长或缩短时间线长度，就需要设置"开始时间"和"结束时间"的数值。例如，设置"开始时间"为0，"结束时间"为50，我们就会观察到时间线末端为50帧，如图10-96所示。

扫码观看视频

图10-95

图10-96

# 10.4 约束

"动画>约束"菜单中罗列了系统自带的约束工具，可以进行多种类型的物体约束，如图10-97所示。下面讲解常用的"路径约束"和"注视约束"。

图10-97

重点

## 10.4.1 路径约束

使用"路径约束"可以对一个对象沿着样条线或在多个样条线间的平均距离间的移动进行限制，其参数面板如图10-98所示。

使用"路径约束"时，场景中一定要有绘制的样条线路径，单击"添加路径"按钮  就可以将样条线路径与"路径约束"进行关联。添加的样条线路径会显示在下方的输入框中，如图10-99所示。如果要删除路径，单击"删除路径"按钮 删除路径 即可。

扫码观看视频

图10-98　　　　　图10-99

对象在路径上的运动位置是通过"%沿路径"的数值进行控制的，对比效果如图10-100所示。勾选"跟随"选项后，对象会沿着路径的方向进行运动，对比效果如图10-101所示。下方的"轴"选项可以选择对象的轴与路径的对齐效果，对比效果如图10-102所示。

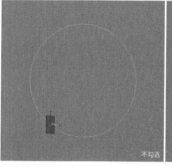

图10-100　　　　　　　　　　　　　　　图10-101

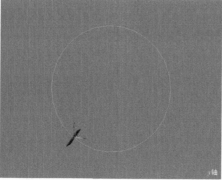
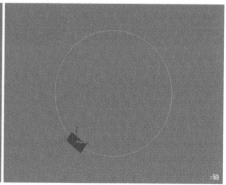

图10-102

👑重点

👆**案例训练：用路径约束制作行星轨迹**

扫码观看视频

| 场景文件 | 场景文件>CH10>11.max |
|---|---|
| 实例文件 | 实例文件>CH10>案例训练：用路径约束制作行星轨迹.max |
| 难易程度 | ★★★☆☆ |
| 技术掌握 | 路径约束；旋转动画 |

本案例是用"路径约束"制作行星的轨迹动画，案例效果如图10-103所示。

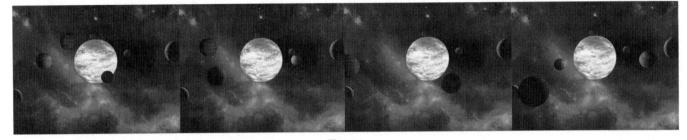

图10-103

**01** 打开本书学习资源中的"场景文件>CH10>11.max"文件，如图10-104所示。

**02** 使用"圆"工具 ⬜圆⬜ 在场景中绘制3个半径不同的圆形样条线，如图10-105所示。

**03** 选中最小的蓝色球体模型，然后执行"动画>约束>路径约束"菜单命令，将其链接到最内侧的圆形样条线上，如图10-106所示。松开鼠标左键后，蓝色球体模型会自动移动到最内侧的圆形样条线上，效果如图10-107所示。

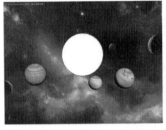
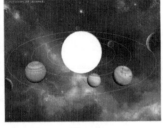

图10-104      图10-105      图10-106      图10-107

**04** 按照上面的方法，将剩下的两个球体模型分别约束到另外两个样条线上，效果如图10-108所示。

**05** 滑动时间滑块，3个球体模型会以相同的速度进行移动，如图10-109所示。这并不是理想的效果。

**06** 选中中间的球体模型，然后在"运动"面板中设置"%沿路径"为120，如图10-110所示。

**07** 选中外侧的球体模型，然后在"运动"面板中设置"%沿路径"为150，如图10-111所示。此时场景中的效果如图10-112所示。

图10-108      图10-109      图10-110      图10-111      图10-112

**08** 选中外侧的球体模型，勾选"跟随"选项，此时球体会呈现倾斜的效果，如图10-113所示。

**09** 单击"自动关键点"按钮 自动关键点 ，在第100帧时使外侧的球体模型沿着z轴任意旋转一定的角度，如图10-114所示。此时滑动时间滑块，外侧的球体模型除了随着路径旋转外，还会自身旋转，更符合行星的运动效果。

图10-113          图10-114

**10** 按照上面的方法制作中间和内侧球体模型的自转效果，如图10-115所示。

**11** 再次单击"自动关键点"按钮 自动关键点，然后任意选择4帧进行渲染，案例的最终效果如图10-116所示。

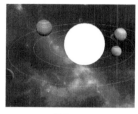
图10-115

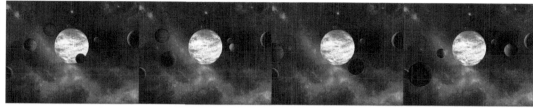
图10-116

⛅重点

## 👆 学后训练：用路径约束制作气球漂浮动画

| 场景文件 | 场景文件>CH10>12.max |
|---|---|
| 实例文件 | 实例文件>CH10>学后训练：用路径约束制作气球漂浮动画.max |
| 难易程度 | ★★★☆☆ |
| 技术掌握 | 路径约束 |

扫码观看视频

本案例是用"路径约束"制作气球漂浮动画，案例效果如图10-117所示。

图10-117

⛅重点

## 10.4.2 注视约束

扫码观看视频

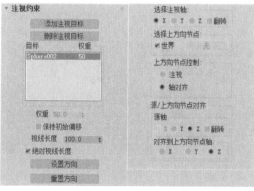
图10-118

使用"注视约束"可以控制对象的方向，并使它一直注视着另一个对象，其参数面板如图10-118所示。

"选择注视轴"可以控制注视对象的方向，对比效果如图10-119所示。当移动目标对象时，注视对象会跟随目标对象的位置进行旋转，效果如图10-120所示。

图10-119

图10-120

⛅重点

## 👆 案例训练：用注视约束制作眼睛动画

| 场景文件 | 场景文件>CH10>13.max |
|---|---|
| 实例文件 | 实例文件>CH10>案例训练：用注视约束制作眼睛动画.max |
| 难易程度 | ★★★☆☆ |
| 技术掌握 | 注视约束 |

扫码观看视频

本案例中卡通人物的眼睛动画是用"注视约束"制作的，案例效果如图10-121所示。

图10-121

**01** 打开本书学习资源中的"场景文件>CH10>13.max"文件,如图10-122所示。

**02** 在"辅助对象"选项卡中单击"点"按钮 点 ,在人物模型的眼睛前方创建一个虚拟点,如图10-123所示。

**03** 选中创建的虚拟点,然后在"修改"面板中勾选"长方体"选项,并设置"大小"为50mm,如图10-124所示。这样可以增大标记点的大小,方便后续操作。

**04** 选中眼球模型,然后执行"动画>约束>注视约束"菜单命令,使延伸出的虚线链接之前创建的虚拟点,如图10-125所示。

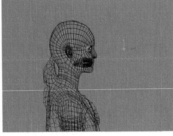

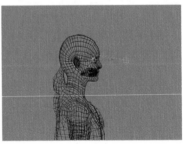

图10-122　　　　　　　　　图10-123　　　　　　　　　图10-124　　　　　　　　　图10-125

> ⚠ **技巧提示:虚拟点**
>
> 　渲染效果时,虚拟点不会被渲染出来。

**05** 按照同样的方法链接另一个眼球模型,效果如图10-126所示。这时我们能明显观察到眼球模型的位置出现问题。

**06** 选中眼球模型,在"注视约束"卷展栏中勾选"保持初始偏移"选项,如图10-127所示。此时我们可以观察到眼球模型呈现正确的效果,效果如图10-128所示。

**07** 移动虚拟点观察眼球的运动情况,此时正确无误,如图10-129所示。

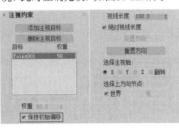

图10-126　　　　　　　　　图10-127　　　　　　　　　图10-128　　　　　　　　　图10-129

**08** 任意移动虚拟点的位置,然后渲染4帧,效果如图10-130所示。

图10-130

# 10.5 变形器

本节主要介绍制作变形动画的3个重要变形器，即"变形器"修改器、"路径变形（WSM）"修改器和"切片"修改器。

## 🕯重点
## 10.5.1 变形器修改器

扫码观看视频

"变形器"修改器可以用来改变网格、面片和NURBS模型的形状，同时还支持材质变形，一般用于制作3D角色的口型动画和与其同步的面部表情动画，其参数面板如图10-131所示。

单击"从场景中拾取对象"按钮 从场景中拾取对象，然后在场景中拾取已经变形的对象，可以将其添加到变形通道中，如图10-132所示。

在通道后的输入框内添加动画关键帧，就可以制作出变形动画效果，如图10-133所示。

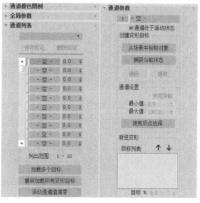
图10-131

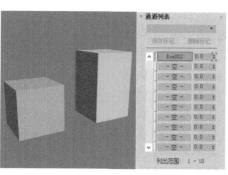
图10-132

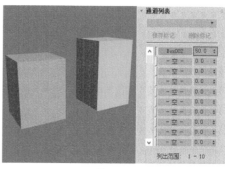
图10-133

## 🕯重点
## 🖱案例训练：用变形器修改器制作水滴变形动画

| 场景文件 | 场景文件>CH10>14.max |
| --- | --- |
| 实例文件 | 实例文件>CH10>案例训练：用变形器修改器制作水滴变形动画.max |
| 难易程度 | ★★★☆☆ |
| 技术掌握 | FFD修改器；变形器修改器 |

扫码观看视频

本案例中的水滴变形动画是用"变形器"修改器制作的，案例效果如图10-134所示。

图10-134

**01** 打开本书学习资源中的"场景文件>CH10>14.max"文件，如图10-135所示。

**02** 使用"球体"工具 球体 在水龙头模型下创建一个球体模型作为水滴模型，如图10-136所示。

**03** 将球体模型复制一个，作为变形效果的球体模型，如图10-137所示。

> ① **技巧提示：复制的重要事项**
> 复制球体模型时一定不能选择"实例"形式，否则无法继续下面的步骤。

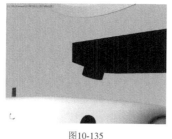
图10-135

图10-136

图10-137

**04** 为复制的球体模型添加FFD4×4×4修改器，然后将复制的球体模型调整为图10-138所示的水滴效果。

**05** 选中原有的球体模型，然后添加"变形器"修改器，接着在第1个通道上单击鼠标右键，在弹出的快捷菜单中选择"从场景中拾取"选项，如图10-139所示。

**06** 选中场景中添加了FFD4×4×4修改器的球体模型，将其链接到通道中，如图10-140所示。

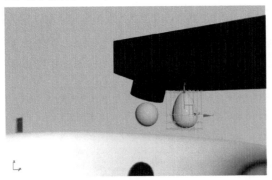  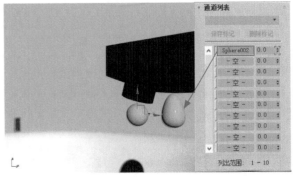

图10-138　　　　　　　　　　图10-139　　　　　　　　　　图10-140

**07** 单击"自动关键点"按钮 自动关键点 ，然后将时间滑块移动到第50帧，在"变形器"修改器面板中设置通道数值为100，如图10-141所示。此时添加了"变形器"修改器的球体模型转换为变形后的水滴效果，如图10-142所示。

**08** 隐藏添加了FFD4×4×4修改器的球体模型，然后将原有的球体模型移动到水龙头下方合适的位置，如图10-143所示。

图10-141　　　　　　　　　　图10-142　　　　　　　　　　图10-143

**09** 为水滴模型赋予"材质编辑器"面板中的水材质，然后任意选择4帧进行渲染，案例的最终效果如图10-144所示。

图10-144

👍 重点

## 10.5.2 路径变形（WSM）修改器

"路径变形（WSM）"修改器可以根据图形、样条线或NURBS曲线路径来变形对象，其参数面板如图10-145所示。

对象要进行变形，一定要单击"拾取路径"按钮 拾取路径 拾取变形路径，这样对象才能按照路径的形状进行变形，效果如图10-146所示。

扫码观看视频

 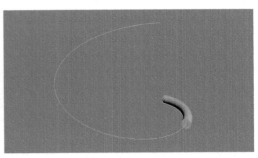

图10-145　　　　　　　　　　图10-146

设置"百分比"数值可以让对象按照路径的百分比进行移动,对比效果如图10-147所示。如果想沿着路径拉伸对象,就需要设置"拉伸"的数值,对比效果如图10-148所示。

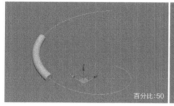
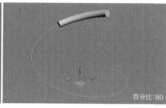

图10-147

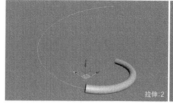

图10-148

单击"转到路径"按钮 转到路径 可以让对象移动到路径的起点位置。"路径变形轴"控制对象在路径上的旋转轴。

♛ 重点

## 🖑 案例训练:用路径变形(WSM)修改器制作光带飞舞动画

| 场景文件 | 场景文件>CH10>15.max |
| --- | --- |
| 实例文件 | 实例文件>CH10>案例训练:用路径变形(WSM)修改器制作光带飞舞动画.max |
| 难易程度 | ★★★☆☆ |
| 技术掌握 | 路径变形(WSM)修改器 |

扫码观看视频

本案例中的光带飞舞动画是用"路径变形(WSM)"修改器制作的,案例效果如图10-149所示。

图10-149

**01** 打开本书学习资源中的"场景文件>CH10>15.max"文件,如图10-150所示。场景中已经绘制了两条变形路径。

**02** 在"扩展基本体"中使用"胶囊"工具 胶囊 在场景中创建两个胶囊模型,具体参数如图10-151所示。

① **技巧提示**:提高模型分段的数值
胶囊的"高度分段"数值尽量调大一些,这样在拉伸模型后边缘不会出现明显的棱角。

图10-150                图10-151

**03** 为胶囊模型添加"路径变形(WSM)"修改器,然后分别拾取两条路径,如图10-152所示。

**04** 选中两个胶囊模型,然后在第0帧设置"拉伸"数值为0,如图10-153所示。

**05** 在第100帧设置两个胶囊的"拉伸"数值分别为3.1和3.8,效果如图10-154所示。不同的"拉伸"数值会让两个胶囊模型的变形速度不同,从而产生错落的动画效果。

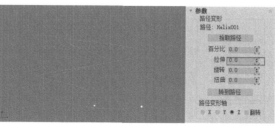

图10-152                图10-153                图10-154

**06** 任意选择4帧进行渲染，案例的最终效果如图10-155所示。

图10-155

扫码观看视频

👑 重点

## 10.5.3 切片修改器

"切片"修改器可以将网格模型进行部分移除，从而制作出动画效果，其参数面板如图10-156所示。

"切片"修改器常用来制作生长动画，常用的功能是"移除顶部"和"移除底部"。"移除顶部"会将对象的上方部分移除，如图10-157所示。"移除底部"则是将对象的下方部分移除，如图10-158所示。为"切片"修改器添加位置关键帧就能形成生长动画效果。

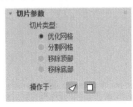

图10-156

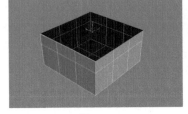

图10-157

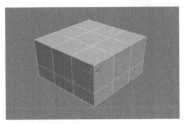

图10-158

👑 重点

## 👆 案例训练：用切片修改器制作树木显示动画

| 场景文件 | 场景文件>CH10>16.max |
| --- | --- |
| 实例文件 | 实例文件>CH10>案例训练：用切片修改器制作树木显示动画.max |
| 难易程度 | ★★★☆☆ |
| 技术掌握 | 切片修改器；可见性 |

扫码观看视频

本案例中的树木显示动画是用"切片"修改器制作的，案例效果如图10-159所示。

图10-159

**01** 打开本书学习资源中的"场景文件>CH10>16.max"文件，如图10-160所示。场景中是一颗完整的果树。

**02** 制作树干生长动画，隐藏树叶和果实模型，只保留树干模型，如图10-161所示。

**03** 为树干模型添加"切片"修改器，然后选中切片平面，在第0帧时移动到地面下方，如图10-162所示。此时整个树干完全消失。

**04** 在第25帧时移动切片平面到树干上方，如图10-163所示。此时树干完全显示。

图10-160

图10-161

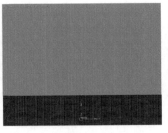

图10-162

图10-163

**05** 下面制作树叶显示动画。取消隐藏树叶模型，然后在第25帧时打开"对象属性"对话框，设置"可见性"为0，如图10-164所示。

**06** 移动时间滑块到第35帧，然后在"对象属性"对话框中设置"可见性"为1，如图10-165所示。

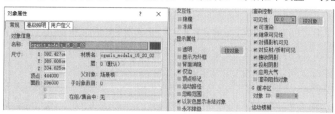

图10-164

图10-165

---

(!) **技巧提示：检查动画效果**

滑动时间滑块观察树叶显示动画效果，如果在第0帧时也显示树叶，就需要在第0帧时添加动画关键帧，将"可见性"设置为0。

---

**07** 下面制作果实动画。取消显示果实模型，在第35帧时设置其"可见性"为0，如图10-166所示。

**08** 移动时间滑块到第45帧位置，然后设置"可见性"为1，如图10-167所示。此时场景效果如图10-168所示。

图10-166

图10-167

图10-168

**09** 移动时间滑块检查动画效果无误后，任意选择4帧进行渲染，案例的最终效果如图10-169所示。

图10-169

---

(?) **疑难问答：如何移动已经建立好的关键帧？**

制作动画时，建立的关键帧往往不会一开始就在合适的位置，我们应根据动画的节奏和顺序移动关键帧。选中需要移动的关键帧，然后直接拖曳鼠标使其移动到时间线上合适的位置，如图10-170所示。

图10-170

---

# 10.6 骨骼和蒙皮

骨骼是制作高级动画的基础，包括"骨骼"和"IK解算器"。Biped工具可以生成一套完整的骨骼模型。蒙皮则是使骨骼和模型建立联系的工具，可以让骨骼控制模型的运动。

👑 重点
## 10.6.1 骨骼

扫码观看视频

3ds Max中的骨骼可以理解为真实的骨骼，它作为模型的主体连接着模型的各个部分，然后赋予骨骼一些关键帧动画，进而使模型产生动画动作，其参数面板如图10-171所示。

骨骼的参数面板中只能设置骨骼的大小，并不能实现移除、连接、指定根骨和修改颜色等操作，这些操作只能在"骨骼工具"面板中进行。

执行"动画>骨骼工具"菜单命令可以打开"骨骼工具"面板，如图10-172所示。

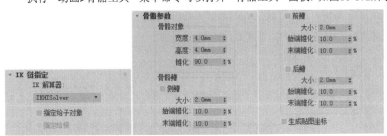
图10-171

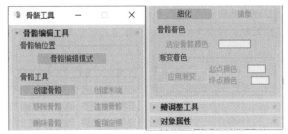
图10-172

在场景中创建骨骼后，单击"骨骼编辑模式"按钮 骨骼编辑模式 ，选中需要修改的骨骼，将其拉长或是缩短，这样就能与模型相对应，如图10-173所示。

若是想在原有的骨骼上继续创建新的骨骼，单击"创建骨骼"按钮 创建骨骼 ，就可以继续创建新的骨骼，且新骨骼与原骨骼相连，如图10-174所示。

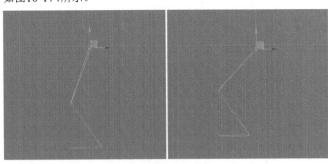
图10-173

图10-174

若是不想要其中一段骨骼，单击"移除骨骼"按钮 移除骨骼 ，就可以将这段骨骼移除，且不会破坏骨骼的整体性，如图10-175所示。若单击"删除骨骼"按钮 删除骨骼 ，也会将这段骨骼移除，但会破坏骨骼的整体性，如图10-176所示。

图10-175

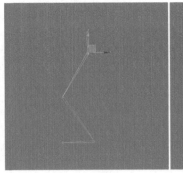

图10-176

如果不幸删除了其中一段骨骼，选中一段骨骼的末端，然后单击"连接骨骼"按钮 连接骨骼 ，就能将这两段骨骼连接在一起，如图10-177所示。

若选中骨骼，单击"重指定根"按钮 重指定根 ，这段骨骼就会变成整段骨骼的父层级，控制子层级中其他骨骼的方向，如图10-178所示。

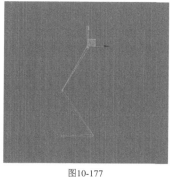

图10-177

图10-178

◎ 知识课堂：父子关系

了解了骨骼工具后，还需要掌握骨骼的父子关系。

骨骼的父子关系是控制骨骼很重要的要素。所谓骨骼的父子关系，即父层级骨骼会控制子层级骨骼的位移、旋转，但子层级骨骼不能控制父层级骨骼，只能自身移动、旋转，如图10-179所示。以手臂为例，肩关节的骨骼会控制肘部、手腕、手指关节整体的位移和旋转，但手指关节弯曲和移动却不会带动肩关节的位移和旋转，读者可自行活动肩部感受一下。

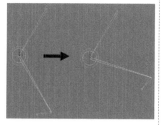

图10-179

人体模型以胯部为最高层级的关节，向上延伸出胸部、肩部和头部关节，肩部再分出两个手臂；向下延伸出膝盖和脚踝等关节。

创建骨骼时只有掌握了正确的父子关系，后续的"IK解算器"创建才不会出错。读者需要亲身体验骨骼的父子关系，才能完全理解。

♛重点

## 10.6.2 IK解算器

"IK解算器"可以创建反向运动学解决方案，用于旋转和定位链中的链接。"IK解算器"可以更好地控制骨骼，其参数面板如图10-180所示。

扫码观看视频

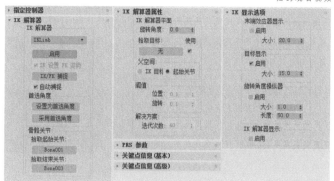

图10-180

只有选中一段骨骼后才能激活"IK解算器"选项，之后画面中会延伸出一条虚线，单击"IK解算器"另一端的骨骼，这样才能建立完整的解算器效果，如图10-181和图10-182所示。

勾选"目标显示"选项组中的"启用"选项后，系统会在结束关节显示十字形控制器图标，如图10-183所示。控制器默认大小为15，我们应根据骨骼来设置控制器大小，以方便后续制作，如图10-184所示。

图10-181

图10-182

图10-183

图10-184

♛重点

## 案例训练：用骨骼和IK解算器创建卡通蛇骨骼

| 场景文件 | 场景文件>CH10>17.max |
|---|---|
| 实例文件 | 实例文件>CH10>案例训练：用骨骼和IK解算器创建卡通蛇骨骼.max |
| 难易程度 | ★★★☆☆ |
| 技术掌握 | 骨骼；IK解算器 |

扫码观看视频

本案例中的卡通蛇骨骼是由"骨骼"和"IK解算器"创建的，案例效果如图10-185所示。

**01** 打开本书学习资源中的"场景文件>CH10>17.max"文件,如图10-186所示。

**02** 使用"骨骼"工具 [骨骼] 沿着卡通蛇模型创建骨骼模型,如图10-187所示。

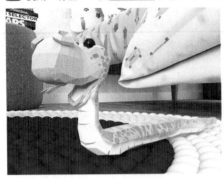

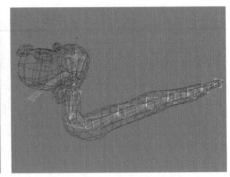

| 图10-185 | 图10-186 | 图10-187 |

> ① **技巧提示:骨骼创建的注意事项**
> 蛇是软体动物,所创建的骨骼数量没有明确的限制。

**03** 打开"骨骼工具"面板,然后使用"骨骼编辑模式"工具 [骨骼编辑模式] 调整骨骼模型的位置,确保关节大小基本一致,如图10-188所示。

**04** 骨骼模型创建完成后,下面创建"IK解算器"。使用"IK解算器"工具在卡通蛇模型的骨骼模型上创建3个解算器模型,位置如图10-189所示。此时移动"IK解算器",卡通蛇模型并不会随之改变。

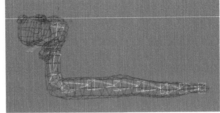

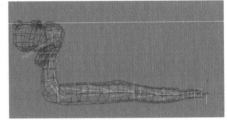

> ① **技巧提示:案例注意事项**
> 如果读者创建的骨骼数量与案例不一致,则应按照读者创建的骨骼数量来创建"IK解算器",这里的解算器位置仅为参考。

| 图10-188 | 图10-189 |

👑 重点

## 10.6.3 Biped

扫码观看视频

Biped工具可以创建一整套人体骨骼模型,如图10-190所示。与其他工具不同,Biped工具需要在创建之前进行参数设置,一旦建立了骨骼模型就不能再在参数面板调整参数,其参数面板如图10-191所示。

Biped工具一共可以创建4种类型的骨骼,分别为"骨骼""男性""女性""标准",如图10-192~图10-195所示。

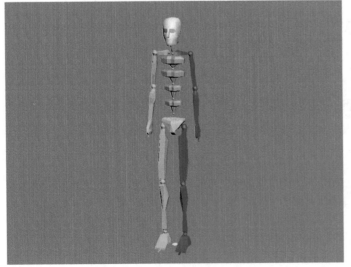

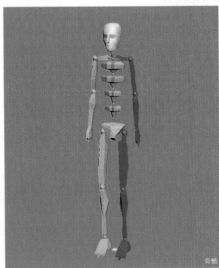

| 图10-190 | 图10-191 | 图10-192 |

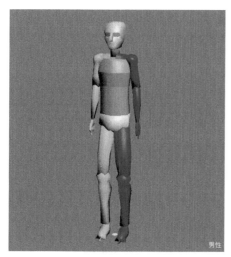

图10-193

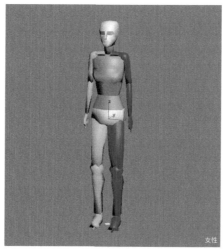

图10-194

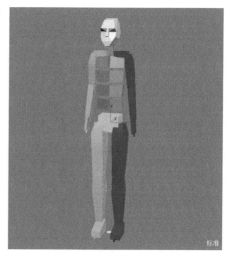

图10-195

◎ 知识课堂：骨骼与Biped的区别

骨骼和Biped都可以控制运动模型。与普通的骨骼相比，Biped是一种特殊的骨骼，有完整的运动系统，主要用途是模拟人体骨骼。若是使用普通的骨骼制作人体，则还需要为其添加"IK解算器"，制作相对更为复杂。

下面简单介绍使用Biped工具创建骨骼的流程。

**第1步** 将创建好的角色模型摆放为T字形，如图10-196所示。

**第2步** 使用Biped工具在模型中创建人体骨骼。创建骨骼时，可以按Ctrl+X快捷键使角色模型变为半透明，尽量将骨骼包裹在模型内部，如图10-197所示。

**第3步** 当骨骼确定好后，就可以使用"蒙皮"修改器进行处理，这样就可以利用绑定的骨骼控制角色模型，如图10-198所示。

图10-196

图10-197

图10-198

### 10.6.4 蒙皮

"蒙皮"修改器中有两种重要的工具："编辑封套"和"权重"。

"编辑封套"工具 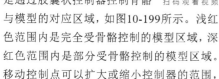 是通过胶囊状控制器控制骨骼与模型的对应区域，如图10-199所示。浅红色范围内是完全受骨骼控制的模型区域，深红色范围内是部分受骨骼控制的模型区域。移动控制点可以扩大或缩小控制器的范围，如图10-200所示。

扫码观看视频

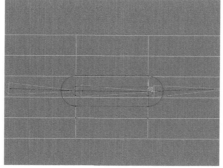

图10-199

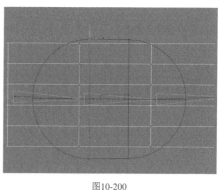

图10-200

"权重"是设置骨骼对模型影响程度的工具,"权重表"工具 权重表 和"绘制权重"工具 绘制权重 都可以设置骨骼的权重,如图10-201所示。

"权重表"工具 权重表 会以表格的形式显示所有骨骼的权重,如图10-202所示。权重值为1表示该顶点完全受到骨骼的控制,权重值为0表示该顶点完全不受骨骼的控制。

"绘制权重"工具 绘制权重 则是用笔刷绘制权重的范围和强度,红色部分权重大,蓝色部分权重小,如图10-203所示。

图10-201

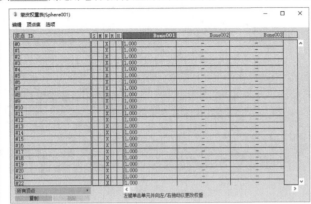

图10-202

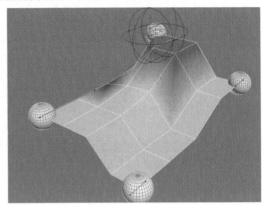

图10-203

👆 重点

## 👆 案例训练:用蒙皮修改器创建卡通蛇蒙皮

| 场景文件 | 场景文件>CH10>18.max |
| --- | --- |
| 实例文件 | 实例文件>CH10>案例训练:用蒙皮修改器创建卡通蛇蒙皮.max |
| 难易程度 | ★★★☆☆ |
| 技术掌握 | 蒙皮修改器 |

扫码观看视频

本案例是为卡通蛇模型添加蒙皮并调整造型,案例效果如图10-204所示。

**01** 打开本书学习资源中的"场景文件>CH10>18.max"文件,如图10-205所示,这是我们已经创建了"骨骼"和"IK解算器"的卡通蛇模型。

**02** 此时移动"IK解算器"不能同时改变卡通蛇模型的造型,需要为其加载"蒙皮"修改器。选中卡通蛇模型,然后在"修改器堆栈"中加载"蒙皮"修改器,然后添加所有的骨骼模型,如图10-206所示。

图10-204

图10-205

图10-206

**03** 移动"IK解算器",卡通蛇模型的造型就会随之改变,但一些转折处却出现了问题,需要调整骨骼的权重。单击"编辑封套"按钮 编辑封套 ,然后调整骨骼的权重,如图10-207和图10-208所示。

**04** 逐一调整每一节关节相对应的模型区域,随时在线框和实体间切换观察效果,案例的最终效果如图10-209所示。

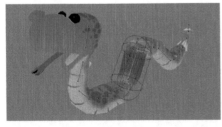

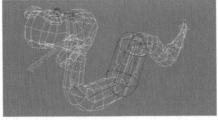

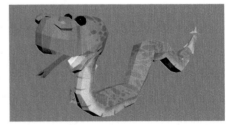

图10-207

图10-208

图10-209

❓ **疑难问答:为什么调整卡通蛇模型的造型?**

卡通蛇模型原有的造型不能很好地反映骨骼的权重,调整卡通蛇模型的造型后,我们能更好地观察骨骼与模型之间的控制区域,这样调整出来的效果会更加自然。

# 10.7 综合训练营

本节将用4个综合训练案例来为读者讲解角色动画和建筑动画的制作方法。

👑 重点

### ◈ 综合训练：制作小人走路动画

| 场景文件 | 场景文件>CH10>19.max |
| --- | --- |
| 实例文件 | 实例文件>CH10>综合训练：制作小人走路动画.max |
| 难易程度 | ★★★★★ |
| 技术掌握 | 角色动画 |

扫码观看视频

本案例是用小人模型制作走路动画，案例效果如图10-210所示。

图10-210

**01** 打开本书学习资源中的"场景文件>CH10>19.max"文件，如图10-211所示。

**02** 单击"自动关键点"按钮 自动关键点 ，在第0帧摆出图10-212所示的造型。

**03** 在第3帧摆出图10-213所示的造型。

图10-211

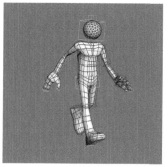

图10-212

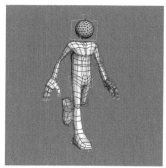

图10-213

> ① **技巧提示：不同视图的调整**
> 在侧视图中调整腿部和胳膊的位置，在前视图中调整肩部和胯部的弯曲角度。

**04** 在第6帧摆出图10-214所示的造型，需要注意这一帧小人模型的重心最高。

**05** 在第9帧摆出图10-215所示的造型，肩部会朝迈出腿的一侧微微倾斜。

**06** 在第12帧摆出图10-216所示的造型，这个造型与第0帧的造型完全相反，这样小人模型就迈出了一步。

**07** 继续按照之前的方法摆出第15帧的造型，与第3帧的造型完全相反，如图10-217所示。

> ① **技巧提示：注意细节部分**
> 注意手部和脚部的旋转角度，让动画看起来更加柔软流畅。

图10-214

图10-215

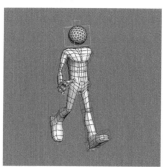

图10-216

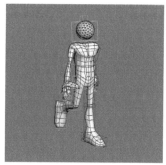

图10-217

**08** 在第18帧摆出图10-218所示的造型，与第6帧的造型完全相反。

**09** 在第21帧摆出图10-219所示的造型，与第9帧的造型完全相反。

**10** 在第24帧摆出图10-220所示的造型，这与第0帧的造型完全相同。为了确保完全相同，可以将第0帧的造型进行复制，然后粘贴到第24帧。

**11** 单击"时间配置"按钮，然后在弹出的"时间配置"对话框中设置"帧速率"为PAL，接着设置"结束时间"为24，如图10-221所示，这样时间轴就只有动画的24帧。

> ① **技巧提示：复制关键帧**
>
> 选中第0帧，然后按住Shift键并拖曳鼠标，将其移动到第24帧即可。

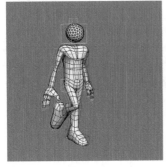

图10-218

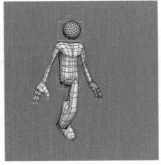

图10-219

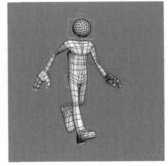

图10-220

图10-221

**12** 随意选择其中4帧进行渲染，效果如图10-222所示。

图10-222

> ◎ **知识课堂：走路动画和跑步动画**
>
> 　　走路动画是角色动画的基础动作之一，人物模型的走路动画可以分为5个关键帧，如图10-223所示。将人物模型按照图片上的顺序依次摆出这5个造型并建立关键帧，然后播放动画，就可以看到人物模型连续的走路动画效果，中间的过渡部分计算机会自行生成，不需要进行修改。在制作走路动画时，我们一定要注意人物模型重心的高度变化，同时还要控制好人物模型走路的节奏。
>
> 　　从人物正面来看，角色的肩部和胯部呈现不同的方向，如图10-224所示。
>
> 　　那么怎样控制人物模型走路的步速？下面列举一些常见的步速。
>
> **4帧**：很快的跑步（一秒钟6步）。　　　**8帧**：慢跑或者是卡通中的步行（一秒钟3步）。　　**16帧**：散步（2/3秒钟一步）。
>
> **6帧**：跑步或者快走（一秒钟4步）。　　**12帧**：普通的步行（一秒钟两步）。　　　　**20帧**：老人或者是很累的人。
>
> 　　　　　　　　　　　　　　　　　　　　　　　　　　　　　　　　　　　　　　　　　**24帧**：慢走（一秒钟一步）。
>
> 　　跑步动画是在走路动画的基础上进行一定的改变，图10-225所示是其关键帧效果。跑步的速度要比走路快，相比走路的12帧一步，跑步只要4~8帧一步。

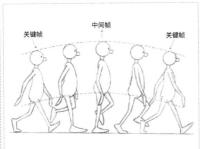

图10-223

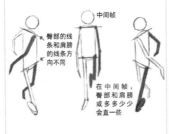

图10-224

图10-225

👑 重点

# ⬢ 综合训练：制作小人跑步动画

| | |
|---|---|
| 场景文件 | 场景文件>CH10>20.max |
| 实例文件 | 实例文件>CH10>综合训练：制作小人跑步动画.max |
| 难易程度 | ★★★★★ |
| 技术掌握 | 角色动画 |

扫码观看视频

本案例是用小人模型制作跑步动画，案例效果如图10-226所示。

图10-226

**01** 打开本书学习资源中的"场景文件>CH10>20.max"文件，如图10-227所示。

**02** 单击"自动关键点"按钮 自动关键点 ，然后按照图10-225所示的关键帧参考图，在第0帧摆出图10-228所示的造型。

**03** 在第1帧摆出图10-229所示的造型。

**04** 在第2帧摆出图10-230所示的造型，此时小人模型的重心位于最低点。

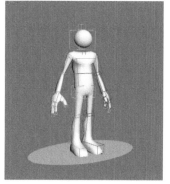
图10-227

图10-228

图10-229

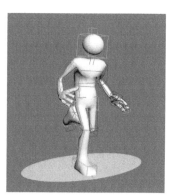
图10-230

**05** 在第3帧摆出图10-231所示的造型。

**06** 在第4帧摆出图10-232所示的造型，与第0帧的造型完全相反，且小人模型处于重心最高处。

**07** 在第5帧摆出图10-233所示的造型，与第1帧的造型完全相反。

**08** 在第6帧摆出图10-234所示的造型，与第2帧的造型完全相反，且小人模型处于重心最低点。

图10-231

图10-232

图10-233

图10-234

**09** 在第7帧摆出图10-235所示的造型，与第3帧的造型完全相反。

**10** 将第0帧的关键帧复制到第8帧，这样跑步动画制作完成，如图10-236所示。

**11** 在摄影机视图中随意选取几帧进行渲染，效果如图10-237所示。

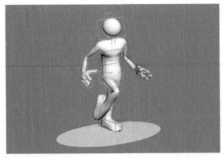

图10-235

图10-236

图10-237

---

⑦ **疑难问答：怎样制作出好看的角色动画？**

对于很多动画制作的初学者来说，怎样制作出好看的角色动画是他们很关心的问题。

**第1点** 角色动画的动作不能违背自然规律，如走路时同手同脚，如图10-238所示。

**第2点** 动画是对现实动作的夸张处理，只要保证不违背自然规律，就可以适当夸张运动动作，如图10-239所示。

**第3点** 动画是由关键帧进行串联，因此需要明确每一个关键帧的动作。对于初学者来说，制作各种动作的关键帧的可以查找相关资料，然后进行动作模拟。下面列举了一些常见动作的关键帧，如图10-240~图10-242所示。

图10-238

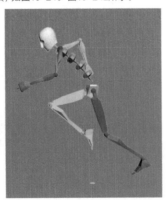

图10-239

图10-240

图10-241

图10-242

**第4点** 动画不要出现静止不动的画面。制作一段动画时，最忌讳画面完全静止不动。遇到静止的物体，我们可以制作一些微小的动作来打破沉寂的画面，如眨眼睛，抖动尾巴，活动手指等，以让画面看起来更加丰富。

◎ 知识课堂：动画预览

动画预览是将制作的关键帧输出为影片格式，这样我们就可以更加直观地观察动画的动作和节奏是否正确。在一些大型动画制作中，我们会将预览动画进行剪辑，并提交给甲方进行修改反馈，这样能减少动画修改带来的工作量，提升工作效率。

执行"工具>预览>抓取视口>创建预览动画"菜单命令（快捷键为Shift＋V），然后系统会弹出"生成预览"对话框，如图10-243所示。

预览动画的具体设置步骤如下。

**第1步** 设置"预览范围"，一般选择"活动时间段"选项。

**第2步** "输出百分比"是设置画面按照设定的渲染尺寸比例进行输出，一般设置为100。

**第3步** 在"视觉样式"选项组中设置"按视图预设"选项，选择一个输出的质量，如图10-244所示。

**第4步** 设置"渲染视口"为摄像机视图，然后单击"创建"按钮 创建。

系统创建完视频后会自动弹出播放器播放动画，如图10-245所示。

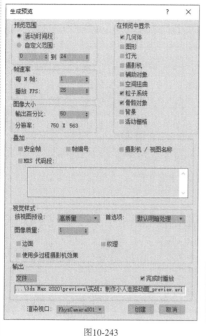

图10-243

图10-244

图10-245

👑 重点

❖ **综合训练：制作室内建筑动画**

| 场景文件 | 场景文件>CH10>21.max |
| --- | --- |
| 实例文件 | 实例文件>CH10>综合训练：制作室内建筑动画.max |
| 难易程度 | ★★★★★ |
| 技术掌握 | 建筑动画 |

扫码观看视频

本案例是通过对家具进行单独形态的变化，从而组合成复杂的室内建筑动画，案例效果如图10-246所示。

图10-246

**01** 打开本书学习资源中的"场景文件>CH10>21.max"文件，如图10-247所示。

**02** 将家具逐一成组并命名，然后隐藏除背景和沙发以外的模型，如图10-248所示。

**03** 单击"自动关键点"按钮 自动关键点 ，然后在第0帧将沙发移出画面上方，画面中只剩下背景，如图10-249所示。

图10-247

图10-248

图10-249

**04** 将时间滑块移动到第5帧，然后将沙发移动到原来的位置，这样就形成了沙发从画面上方往下落的动画效果。图10-250所示是第3帧的效果。

**05** 选中沙发，然后打开"轨迹视图-曲线编辑器"面板，将沙发下落的曲线调整为加速状态，如图10-251所示。

> ① **技巧提示**：动画制作的细节
> 加速的下落过程更符合现实效果。

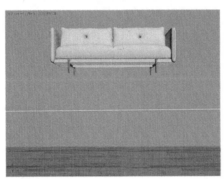

图10-250

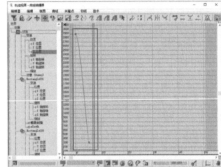

图10-251

**06** 选中沙发上的毯子，然后在第5帧将其移出画面上方，并复制该帧到第0帧，接着在第9帧移动到原来的位置，如图10-252所示。

> ① **技巧提示**：复制关键帧
> 将第5帧复制到第0帧，在前5帧毯子就不会出现在画面中，而是从第5帧到第9帧落在沙发上。

图10-252

**07** 选中沙发左侧的抱枕，然后在第9帧将其移出画面上方，并复制到第0帧，在第12帧移动到原来的位置，如图10-253所示。

**08** 右侧的抱枕与左侧的抱枕的制作方法相同，在第10帧进入画面，在第13帧落在沙发上，如图10-254所示。

**09** 沙发部分的动画制作完成，下面制作地毯动画。选中地毯模型，然后在第15帧时沿x轴拉伸到110，如图10-255所示。

图10-253

图10-254

图10-255

> ② **疑难问答**：怎样精确拉伸物体？
> 　　选中需要拉伸的物体，然后右键单击"选择并均匀缩放"按钮 ，接着在弹出的"缩放变换输入"面板的X选项后输入110，就可以实现精确拉伸，如图10-256所示。

图10-256

**10** 将时间滑块移动到第10帧，然后沿*x*轴缩小到0，并复制到第0帧，如图10-257所示。

**11** 将时间滑块移动到第20帧，然后沿*x*轴缩小到89.248，如图10-258所示。

**12** 地毯动画制作完成后，下面制作左侧的仙人掌动画。选中仙人掌，然后将时间滑块移动到第20帧，接着沿*z*轴缩放到0，并复制到第0帧，如图10-259所示。

图10-257

图10-258

图10-259

**13** 将时间滑块移动到第25帧，然后沿*z*轴拉伸到120，如图10-260所示。

**14** 将时间滑块移动到第30帧，然后沿*x*轴缩小至100，如图10-261所示。

**15** 仙人掌动画制作好后，下面制作比较复杂的茶几动画，茶几动画包含位移和透明度两种属性。将时间滑块移动到第10帧，然后选中茶几模型，接着单击鼠标右键，在弹出的快捷菜单中选择"对象属性"选项，再在弹出的"对象属性"对话框中设置"可见性"为0，如图10-262所示，此时效果如图10-263所示。

> ! **技巧提示**：设置动画后的参数面板
> 　　在"对象属性"面板设置动画成功后，会在参数框上显示红框标记。

图10-260

图10-261

图10-262

图10-263

**16** 按照同样的方法在第0帧也设置"可见性"为0，然后移动时间滑块到第15帧，接着设置"可见性"为1并移动高度，如图10-264所示。

**17** 将时间滑块移动到第18帧，然后将茶几模型放置在地毯上，如图10-265所示。

**18** 按照抱枕动画的制作方法，在第24帧、第27帧和第35帧将两本书和小花盆下落到茶几模型上，如图10-266所示。

图10-264

图10-265

图10-266

**19** 下面制作墙上的两幅挂画动画。选中右侧的挂画，然后在第30帧时整体缩放为0，如图10-267所示。

**20** 将时间滑块移动到第34帧，然后整体拉伸到140，如图10-268所示。

**21** 继续移动时间滑块到第37帧，然后整体缩小到100，如图10-269所示。

图10-267

图10-268

图10-269

**22** 以同样的方法，在第35帧、第39帧和第42帧做出左侧挂画的动画效果，如图10-270所示。

**23** 最后制作剩下的落地灯动画。落地灯动画包含位移和缩放两种属性。将时间滑块移动到第38帧，然后将落地灯模型移出画面上方，接着在第41帧将其落在地板上并沿z轴缩小到86.6，如图10-271所示。

**24** 将时间滑块移动到第43帧，然后沿z轴拉伸到120，如图10-272所示。

**25** 将时间滑块移动到第48帧，然后沿z轴缩小到100，如图10-273所示。

图10-270

图10-271

图10-272

图10-273

**26** 随意选取4帧进行渲染，效果如图10-274所示。

图10-274

---

◎ **知识课堂：预览序列帧**

　　渲染完成的序列帧可以在3ds Max自带的RAM播放器中进行预览。执行"渲染>比较RAM播放器中的媒体"菜单命令，系统会弹出"RAM播放器"面板，如图10-275和图10-276所示。

　　单击左上角的"打开通道A"按钮，然后选择渲染好的序列帧的第一帧图片，如图10-277所示；接着单击"打开"按钮 打开(O) ，系统会弹出确认导入信息的面板，如图10-278所示。

　　导入后系统会逐帧读取图片信息，并显示在"加载文件"面板中，如图10-279所示。

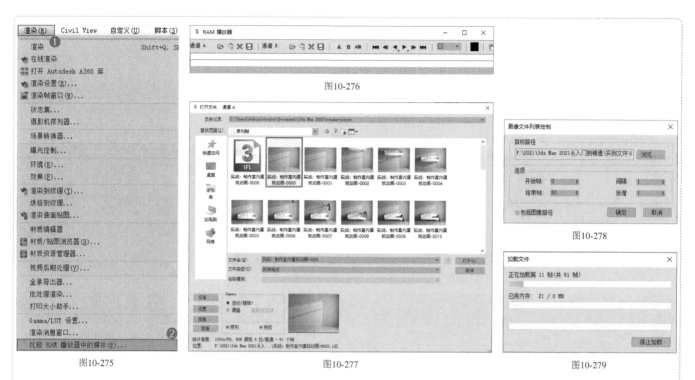

图10-276

图10-275

图10-277

图10-278

图10-279

加载完毕后设置动画的播放帧率，然后单击"向前播放"按钮 ▶，即可预览序列帧形成的动画效果，如图10-280所示。

系统会自动在序列帧的文件夹里生成.ifl格式的动态文件，如图10-281所示。

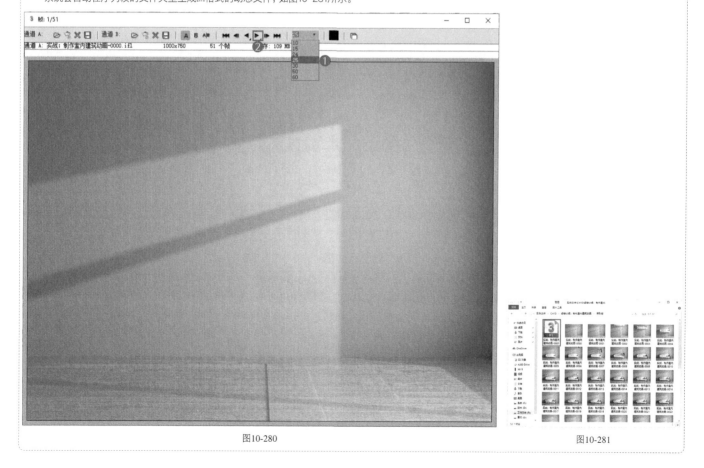

图10-280

图10-281

👑 重点

## ⊗ 综合训练：制作室外建筑动画

| 场景文件 | 场景文件>CH10>22.max |
|---|---|
| 实例文件 | 实例文件>CH10>综合训练：制作室外建筑动画.max |
| 难易程度 | ★★★★★ |
| 技术掌握 | 建筑动画 |

扫码观看视频

本案例是为摄影机添加位移动画，案例效果如图10-282和图10-283所示。

图10-282

图10-283

**01** 打开本书学习资源中的"场景文件>CH10>22.max"文件，如图10-284所示。

**02** 在顶视图中创建摄影机01，位置如图10-285所示。

① **技巧提示：摄影机类型**

读者可以按照喜好随意选择摄影机类型，没有固定的摄像机类型。

图10-284

图10-285

**03** 选中创建的摄影机01，然后设置"镜头"为24mm，如图10-286所示，摄影机视图如图10-287所示。

**04** 选中创建的摄影机01，然后单击"自动关键点"按钮 自动关键点 ，将时间滑块移动到第100帧，接着将摄影机01移动到图10-288所示的位置。

图10-286

图10-287

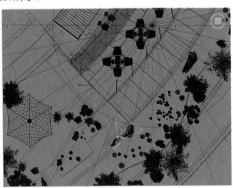

图10-288

**05** 选中摄影机01并单击鼠标右键,然后选择"显示运动路径"选项,我们可以查看摄影机01的运动轨迹与运动速度,如图10-289所示。

**06** 选中摄影机01,然后打开"轨迹视图-曲线编辑器"面板,接着将摄影机01的运动速度调整为匀速,如图10-290所示。

> **! 技巧提示:运动轨迹的白点**
>
> 运动轨迹上的白点越密集,表示摄影机的运动速度越慢,反之则运动速度越快。

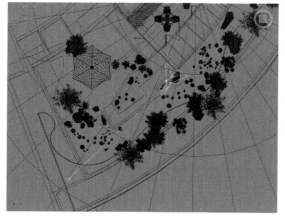

图10-289

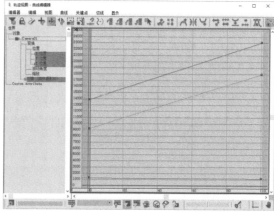

图10-290

> **! 技巧提示:摄影机的运动速度**
>
> 若没有特殊要求,摄影机一般都为匀速运动,这样在剪辑时更容易与其他镜头进行衔接。

**07** 单击"播放动画"按钮 ▶,我们就可以观察摄影机01运动的效果。图10-291~图10-293所示是第0帧、第50帧和第100帧的效果。

图10-291

图10-292

图10-293

> **! 技巧提示:检查摄影机镜头效果**
>
> 检查摄影机镜头效果是否合适,通常是查看起始帧、中间帧和末尾帧。

**08** 按照创建摄影机01的方法在建筑的另一端创建摄影机02,位置如图10-294所示。

**09** 设置上一步创建的摄影机02的"镜头"为24mm,如图10-295所示,摄影机视图效果如图10-296所示。

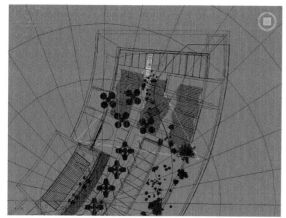

图10-294

图10-295

图10-296

**10** 单击"自动关键点"按钮 自动关键点，然后在第100帧时移动摄影机02到图10-297所示的位置，摄影机02的运动轨迹如图10-298所示。

**11** 在"轨迹视图-曲线编辑器"面板中将摄影机02的运动速度设置为匀速，如图10-299所示。

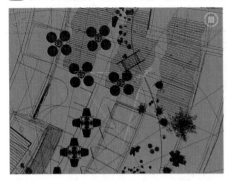
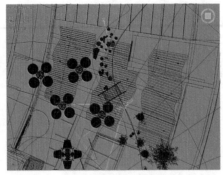
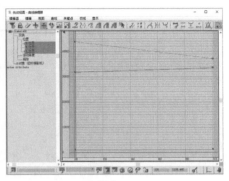

图10-297　　　　　　　　　图10-298　　　　　　　　　图10-299

**12** 单击"播放动画"按钮 ▶，我们就可以观察摄影机02运动的效果。图10-300~图10-302所示是第0帧、第50帧和第100帧的效果。

图10-300　　　　　　图10-301　　　　　　图10-302

**13** 随意渲染摄影机01和摄影机02的4帧效果图，效果如图10-303和图10-304所示。

图10-303

图10-304

◎ **知识课堂：制作建筑动画需要注意的问题**

建筑动画相对角色动画要简单一些，下面列举一些制作建筑动画需要注意的问题。

**第1点** 同角色动画一样，不要出现完全静止的画面。制作一些项目时，项目经理可能会要求渲染师在每个镜头的最后留出几十帧完全静止的画面，这样是为了方便后期剪辑。

**第2点** 将需要制作动画的模型进行分类。制作建筑动画时一般先制作摄影机动画，确定镜头走势，然后制作建筑模型动画，接着制作一些小的动画，如车流和人物走动等。分类制作会让制作者的思路更加清晰，动画的节奏也更加流畅。

**第3点** 善于使用插件。网络上有很多制作各类动画的插件，善于使用这些插件可以极大地提高工作效率。例如，建筑生长的插件可以呈现各种建筑的生长效果，不需要再手动进行关键帧的设定；车流插件可以将模型车与绘制的车流线进行绑定，从而实现车流效果；树木插件可以在制作鸟瞰动画时一次性建立几百万个树木模型。

**第4点** 熟悉各种园林搭配。实际制作项目时，渲染师会拿到建模师制作好的建筑和地面模型。渲染师不仅要调整建筑与地面的材质、灯光，还要制作镜头动画、建筑动画，甚至园林搭配和一些配景的放置都要由渲染师来完成。这就需要渲染师平时多去观察、收集园林搭配的资料，熟悉各种常见园林植物的特性，以便在制作项目时更快地通过镜头审核。

# 附录A 常用快捷键一览表

## 1.主界面快捷键

续表

| 操作 | 快捷键 | 操作 | 快捷键 |
|------|--------|------|--------|
| 显示降级适配（开关） | O | 平移视图 | Ctrl+P |
| 适应透视图格点 | Shift+Ctrl+A | 交互式平移视图 | I |
| 排列 | Alt+A | 放置高光 | Ctrl+H |
| 角度捕捉（开关） | A | 播放/停止动画 | / |
| 动画模式（开关） | N | 快速渲染 | Shift+Q |
| 切换到后视图 | K | 回到上一场景操作 | Ctrl+A |
| 背景锁定（开关） | Alt+Ctrl+B | 回到上一视图操作 | Shift+A |
| 前一时间单位 | . | 撤销场景操作 | Ctrl+Z |
| 下一时间单位 | , | 撤销视图操作 | Shift+Z |
| 切换到顶视图 | T | 刷新所有视图 | 1 |
| 切换到底视图 | B | 用前一次的参数进行渲染 | Shift+E或F9 |
| 切换到摄影机视图 | C | 渲染配置 | Shift+R或F10 |
| 切换到前视图 | F | 在xy/yz/zx锁定中循环改变 | F8 |
| 切换到用户视图 | U | 约束到x轴 | F5 |
| 切换到右视图 | R | 约束到y轴 | F6 |
| 切换到透视视图 | P | 约束到z轴 | F7 |
| 循环改变选择方式 | Ctrl+F | 旋转视图模式 | Ctrl+R或V |
| 默认灯光（开关） | Ctrl+L | 保存文件 | Ctrl+S |
| 删除物体 | Delete | 透明显示所选物体（开关） | Alt+X |
| 当前视图暂时失效 | D | 选择父物体 | PageUp |
| 是否显示几何体内框（开关） | Ctrl+E | 选择子物体 | PageDown |
| 显示第一个工具条 | Alt+1 | 根据名称选择物体 | H |
| 专家模式，全屏（开关） | Ctrl+X | 选择锁定（开关） | Space（Space键即空格键） |
| 暂存场景 | Alt+Ctrl+H | 减淡所选物体的面（开关） | F2 |
| 取回场景 | Alt+Ctrl+F | 显示所有视图网格（开关） | Shift+G |
| 冻结所选物体 | 6 | 显示/隐藏命令面板 | 3 |
| 跳到最后一帧 | End | 显示/隐藏浮动工具条 | 4 |
| 跳到第一帧 | Home | 显示最后一次渲染的图像 | Ctrl+I |
| 显示/隐藏摄影机 | Shift+C | 显示/隐藏主要工具栏 | Alt+6 |
| 显示/隐藏几何体 | Shift+O | 显示/隐藏安全框 | Shift+F |
| 显示/隐藏网格 | G | 显示/隐藏所选物体的支架 | J |
| 显示/隐藏帮助物体 | Shift+H | 百分比捕捉（开关） | Shift+Ctrl+P |
| 显示/隐藏光源 | Shift+L | 打开/关闭捕捉 | S |
| 显示/隐藏粒子系统 | Shift+P | 循环通过捕捉点 | Alt+Space（Space键即空格键） |
| 显示/隐藏空间扭曲物体 | Shift+W | 间隔放置物体 | Shift+I |
| 锁定用户界面（开关） | Alt+0 | 改变到光线视图 | Shift+4 |
| 匹配到摄影机视图 | Ctrl+C | 循环改变子物体层级 | Ins |
| 材质编辑器 | M | 子物体选择（开关） | Ctrl+B |
| 最大化当前视图（开关） | W | 贴图材质修正 | Ctrl+T |
| 脚本编辑器 | F11 | 加大动态坐标 | + |
| 新建场景 | Ctrl+N | 减小动态坐标 | − |
| 法线对齐 | Alt+N | 激活动态坐标（开关） | X |
| 向下轻推网格 | 小键盘− | 精确输入转变量 | F12 |
| 向上轻推网格 | 小键盘+ | 全部解冻 | 7 |
| NURBS表面显示方式 | Alt+L或Ctrl+4 | 根据名字显示隐藏的物体 | 5 |
| NURBS调整方格1 | Ctrl+1 | 刷新背景图像 | Alt+Shift+Ctrl+B |
| NURBS调整方格2 | Ctrl+2 | 显示几何体外框（开关） | F4 |
| NURBS调整方格3 | Ctrl+3 | 视图背景 | Alt+B |
| 偏移捕捉 | Alt+Ctrl+Space（Space键即空格键） | 用方框显示几何体（开关） | Shift+B |
| 打开一个max文件 | Ctrl+O | 打开虚拟现实 | 数字键盘1 |

续表

| 操作 | 快捷键 |
|------|--------|
| 虚拟视图向下移动 | 数字键盘2 |
| 虚拟视图向左移动 | 数字键盘4 |
| 虚拟视图向右移动 | 数字键盘6 |
| 虚拟视图向中移动 | 数字键盘8 |
| 虚拟视图放大 | 数字键盘7 |
| 虚拟视图缩小 | 数字键盘9 |
| 实色显示场景中的几何体（开关） | F3 |
| 全部视图显示所有物体 | Shift+Ctrl+Z |
| 视窗缩放到选择物体范围 | E |
| 缩放范围 | Alt+Ctrl+Z |
| 视窗放大两倍 | Shift++（数字键盘） |
| 放大镜工具 | Z |
| 视窗缩小两倍 | Shift+-（数字键盘） |
| 根据框选进行放大 | Ctrl+W |
| 视窗交互式放大 | [ |
| 视窗交互式缩小 | ] |

## 2.轨迹视图快捷键

| 操作 | 快捷键 |
|------|--------|
| 加入关键帧 | A |
| 前一时间单位 | < |
| 下一时间单位 | > |
| 编辑关键帧模式 | E |
| 编辑区域模式 | F3 |
| 编辑时间模式 | F2 |
| 展开对象切换 | O |
| 展开轨迹切换 | T |
| 函数曲线模式 | F5或F |
| 锁定所选物体 | Space（Space键即空格键） |
| 向上移动高亮显示 | ↓ |
| 向下移动高亮显示 | ↑ |
| 向左轻移关键帧 | ← |
| 向右轻移关键帧 | → |
| 位置区域模式 | F4 |
| 回到上一场景操作 | Ctrl+A |
| 向下收拢 | Ctrl+↓ |
| 向上收拢 | Ctrl+↑ |

## 3.渲染器设置快捷键

| 操作 | 快捷键 |
|------|--------|
| 用前一次的配置进行渲染 | F9 |
| 渲染配置 | F10 |

## 4.时间轴快捷键

| 操作 | 快捷键 |
|------|--------|
| 下一时间单位 | > |

续表

| 操作 | 快捷键 |
|------|--------|
| 前一时间单位 | < |
| 回到上一场景操作 | Ctrl+A |

## 5.视频编辑快捷键

| 操作 | 快捷键 |
|------|--------|
| 加入过滤器项目 | Ctrl+F |
| 加入输入项目 | Ctrl+I |
| 加入图层项目 | Ctrl+L |
| 加入输出项目 | Ctrl+O |
| 加入新的项目 | Ctrl+A |
| 加入场景事件 | Ctrl+S |
| 编辑当前事件 | Ctrl+E |
| 执行序列 | Ctrl+R |
| 新建序列 | Ctrl+N |

## 6.NURBS编辑快捷键

| 操作 | 快捷键 |
|------|--------|
| CV约束法线移动 | Alt+N |
| CV约束到U向移动 | Alt+U |
| CV约束到V向移动 | Alt+V |
| 显示曲线 | Shift+Ctrl+C |
| 显示控制点 | Ctrl+D |
| 显示格子 | Ctrl+L |
| NURBS面显示方式切换 | Alt+L |
| 显示表面 | Shift+Ctrl+S |
| 显示工具箱 | Ctrl+T |
| 显示表面整齐 | Shift+Ctrl+T |
| 根据名字选择本物体的子层级 | Ctrl+H |
| 锁定2D所选物体 | Space（Space键即空格键） |
| 选择U向的下一点 | Ctrl+→ |
| 选择V向的下一点 | Ctrl+↑ |
| 选择U向的前一点 | Ctrl+← |
| 选择V向的前一点 | Ctrl+↓ |
| 根据名字选择子物体 | H |
| 柔软所选物体 | Ctrl+S |
| 转换到CV曲线层级 | Alt+Shift+Z |
| 转换到曲线层级 | Alt+Shift+C |
| 转换到点层级 | Alt+Shift+P |
| 转换到CV曲面层级 | Alt+Shift+V |
| 转换到曲面层级 | Alt+Shift+S |
| 转换到上一层级 | Alt+Shift+T |
| 转换降级 | Ctrl+X |

## 7.FFD修改器快捷键

| 操作 | 快捷键 |
|------|--------|
| 转换到控制点层级 | Alt+Shift+C |

# 附录B 常用模型尺寸表

## 一、常用家具尺寸

单位：mm

| 家具 | 长度 | 宽度 | 高度 | 深度 | 直径 |
|---|---|---|---|---|---|
| 衣橱 | | 700（推拉门） | 400~650（衣橱门） | 600~650 | |
| 推拉门 | | 750~1500 | 1900~2400 | | |
| 矮柜 | | 300~600（柜门） | | 350~450 | |
| 电视柜 | | | 600~700 | 450~600 | |
| 单人床 | 1800、1806、2000、2100 | 900、1050、1200 | | | |
| 双人床 | 1800、1806、2000、2100 | 1350、1500、1800 | | | |
| 圆床 | | | | | >1800 |
| 室内门 | | 800~950、1200（医院） | 1900、2000、2100、2200、2400 | | |
| 卫生间、厨房门 | | 800、900 | 1900、2000、2100 | | |
| 窗帘盒 | | | 120~180 | 120（单层布）、160~180（双层布） | |
| 单人式沙发 | 800~950 | | 350~420（坐垫）、700~900（背高） | 850~900 | |
| 双人式沙发 | 1260~1500 | | | 800~900 | |
| 三人式沙发 | 1750~1960 | | | 800~900 | |
| 四人式沙发 | 2320~2520 | | | 800~900 | |
| 小型长方形茶几 | 600~750 | 450~600 | 380~500（380最佳） | | |
| 中型长方形茶几 | 1200~1350 | 380~500或600~750 | | | |
| 正方形茶几 | 750~900 | 430~500 | | | |
| 大型长方形茶几 | 1500~1800 | 600~800 | 330~420（330最佳） | | |
| 圆形茶几 | | | 330~420 | | 750、900、1050、1200 |
| 方形茶几 | | 900、1050、1200、1350、1500 | 330~420 | | |
| 固定式书桌 | | | 750 | 450~700（600最佳） | |
| 活动式书桌 | | | 750~780 | 650~800 | |
| 餐桌 | | 1200、900、750（方桌） | 750~790（中式）、680~720（西式） | | |
| 长方桌 | 1500、1650、1800、2100、2400 | 800、900、1050、1200 | | | |
| 圆桌 | | | | | 900、1200、1350、1500、1800 |
| 书架 | 600~1200 | 800~900 | | 250~400（每格） | |

## 二、室内物体常用尺寸

### 1.墙面尺寸

单位：mm

| 物体 | 高度 |
|---|---|
| 踢脚板 | 60~200 |
| 墙裙 | 800~1500 |
| 挂镜线 | 1600~1800 |

### 2.餐厅

单位：mm

| 物体 | 高度 | 宽度 | 直径 | 间距 |
|---|---|---|---|---|
| 餐桌 | 750~790 | | | >500（其中座椅占500） |
| 餐椅 | 450~500 | | | |
| 二人圆桌 | | | 500或800 | |
| 四人圆桌 | | | 900 | |

续表

| 物体 | 高度 | 宽度 | 直径 | 间距 |
|---|---|---|---|---|
| 五人圆桌 | | | 1100 | |
| 六人圆桌 | | | 1100~1250 | |
| 八人圆桌 | | | 1300 | |
| 十人圆桌 | | | 1500 | |
| 十二人圆桌 | | | 1800 | |
| 二人方餐桌 | | 700×850 | | |
| 四人方餐桌 | | 1350×850 | | |
| 八人方餐桌 | | 2250×850 | | |
| 餐桌转盘 | | | 700~800 | |
| 主通道 | | 1200~1300 | | |
| 内部工作道宽 | | 600~900 | | |
| 酒吧台 | 900~1050 | 500 | | |
| 酒吧凳 | 600~750 | | | |

### 3.商场营业厅

单位：mm

| 物体 | 长度 | 宽度 | 高度 | 厚度 | 直径 |
|---|---|---|---|---|---|
| 单边双人走道 | | 1600 | | | |
| 双边双人走道 | | 2000 | | | |
| 双边三人走道 | | 2300 | | | |
| 双边四人走道 | | 3000 | | | |
| 营业员柜台走道 | | 800 | | | |
| 营业员货柜台 | | | 800~1000 | 600 | |
| 单靠背立货架 | | | 1800~2300 | 300~500 | |
| 双靠背立货架 | | | 1800~2300 | 600~800 | |
| 小商品橱窗 | | | 400~1200 | 500~800 | |
| 陈列地台 | | | 400~800 | | |
| 敞开式货架 | | | 400~600 | | |
| 放射式售货架 | | | | | 2000 |
| 收款台 | 1600 | 600 | | | |

### 4.饭店客房

| 物体 | 长度/mm | 宽度/mm | 高度/mm | 面积/m² | 深度/mm |
|---|---|---|---|---|---|
| 标准间 | | | | 25（大）、16~18（中）、16（小） | |
| 床 | | | 400~450、850~950（床靠） | | |
| 床头柜 | | 500~800 | 500~700 | | |
| 写字台 | 1100~1500 | 450~600 | 700~750 | | |
| 行李台 | 910~1070 | 500 | 400 | | |
| 衣柜 | | 800~1200 | 1600~2000 | | 500 |
| 沙发 | | 600~800 | 350~400、1000（靠背） | | |
| 衣架 | | | 1700~1900 | | |

### 5.卫生间

| 物体 | 长度/mm | 宽度/mm | 高度/mm | 面积/m² |
|---|---|---|---|---|
| 卫生间 | | | | 3~5 |
| 浴缸 | 1220、1520、1680 | 720 | 450 | |
| 坐便器 | 750 | 350 | | |
| 冲洗器 | 690 | 350 | | |
| 盥洗盆 | 550 | 410 | | |
| 淋浴器 | | 2100 | | |
| 化妆台 | 1350 | 450 | | |

### 7.灯具

单位：mm

| 物体 | 高度 | 直径 |
|---|---|---|
| 大吊灯 | ≥2400 | |
| 壁灯 | 1500~1800 | |
| 反光灯槽 | | ≥2倍灯管直径 |
| 壁式床头灯 | 1200~1400 | |
| 照明开关 | 1000 | |

### 6.交通空间

单位：mm

| 物体 | 宽度 | 高度 |
|---|---|---|
| 楼梯间休息平台 | ≥2100 | |
| 楼梯跑道 | ≥2300 | |
| 客房走廊 | | ≥2400 |
| 两侧设座的综合式走廊 | ≥2500 | |
| 楼梯扶手 | | 850~1100 |
| 门 | 850~1000 | ≥1900 |
| 窗 | 400~1800 | |
| 窗台 | | 800~1200 |

### 8.办公用具

单位：mm

| 物体 | 长度 | 宽度 | 高度 | 深度 |
|---|---|---|---|---|
| 办公桌 | 1200~1600 | 500~650 | 700~800 | |
| 办公椅 | 450 | 450 | 400~450 | |
| 沙发 | | 600~800 | 350~450 | |
| 前置型茶几 | 900 | 400 | 400 | |
| 中心型茶几 | 900 | 900 | 400 | |
| 左右型茶几 | 600 | 400 | 400 | |
| 书柜 | | 1200~1500 | 1800 | 450~500 |
| 书架 | | 1000~1300 | 1800 | 350~450 |

# 附录C 常见材质参数设置表

## 一、玻璃材质

| 材质名称 | 示例图 | 贴图 | 参数设置 | | 用途 |
|---|---|---|---|---|---|
| 普通玻璃材质 | | — | 漫反射 | 漫反射颜色=红:129，绿:187，蓝:188 | 家具装饰 |
| | | | 反射 | 反射颜色=红:20，绿:20，蓝:20；光泽度=0.95；细分=10 | |
| | | | 折射 | 折射颜色=红:240，绿:240，蓝:240；细分=20；烟雾颜色=红:242，绿:255，蓝:253；烟雾倍增=0.02 | |
| | | | 其他 | — | |
| 窗玻璃材质 | | — | 漫反射 | 漫反射颜色=红:193，绿:193，蓝:193 | 窗户装饰 |
| | | | 反射 | 反射通道=红:134，绿:134，蓝:134；光泽度=0.99；细分=20 | |
| | | | 折射 | 折射颜色=白色；光泽度=0.99；细分=20；烟雾颜色=红:242，绿:243，蓝:247；烟雾倍增=0.001 | |
| | | | 其他 | — | |
| 彩色玻璃材质 | | — | 漫反射 | 漫反射颜色=黑色 | 家具装饰 |
| | | | 反射 | 反射颜色=白色；细分=15 | |
| | | | 折射 | 折射颜色=白色；细分=15；烟雾颜色=自定义；烟雾倍增=0.04 | |
| | | | 其他 | — | |
| 磨砂玻璃材质 | | — | 漫反射 | 漫反射颜色=红:180，绿:189，蓝:214 | 家具装饰 |
| | | | 反射 | 反射颜色=红:57，绿:57，蓝:57；光泽度=0.95 | |
| | | | 折射 | 折射颜色=红:180，绿:180，蓝:180；光泽度=0.95；折射率=1.517；烟雾颜色=自定义；烟雾倍增=0.04 | |
| | | | 其他 | — | |
| 龟裂缝玻璃材质 | | | 漫反射 | 漫反射颜色=红:213，绿:234，蓝:222 | 家具装饰 |
| | | | 反射 | 反射颜色=红:119，绿:119，蓝:119；光泽度=0.9；细分=15 | |
| | | | 折射 | 折射颜色=红:217，绿:217，蓝:217；细分=15；烟雾颜色=红:145，绿:133，蓝:155；烟雾倍增=0.001 | |
| | | | 其他 | 凹凸通道=贴图；凹凸强度=-20 | |
| 镜子材质 | | — | 漫反射 | 漫反射颜色=红:24，绿:24，蓝:24 | 家具装饰 |
| | | | 反射 | 反射颜色=红:239，绿:239，蓝:239；菲涅耳折射率=20 | |
| | | | 折射 | — | |
| | | | 其他 | — | |
| 水晶材质 | | — | 漫反射 | 漫反射颜色=红:248，绿:248，蓝:248 | 家具装饰 |
| | | | 反射 | 反射颜色=红:250，绿:250，蓝:250 | |
| | | | 折射 | 折射颜色=红:200，绿:200，蓝:200；折射率=2 | |
| | | | 其他 | — | |

## 二、陶瓷材质

| 材质名称 | 示例图 | 贴图 | 参数设置 | | 用途 |
|---|---|---|---|---|---|
| 白陶瓷材质 | | — | 漫反射 | 漫反射颜色=白色 | 陈设品装饰 |
| | | | 反射 | 反射颜色=红:131，绿:131，蓝:131；细分=15；菲涅耳折射率=1.8 | |
| | | | 折射 | — | |
| | | | 其他 | — | |
| 青花瓷材质 | | | 漫反射 | 漫反射通道=贴图；模糊=0.01 | 陈设品装饰 |
| | | | 反射 | 反射颜色=白色；菲涅耳折射率=1.8 | |
| | | | 折射 | — | |
| | | | 其他 | — | |
| 马赛克材质 | | | 漫反射 | 漫反射通道=马赛克贴图 | 墙面装饰 |
| | | | 反射 | 反射颜色=红:100，绿:100，蓝:100；光泽度=0.95；菲涅耳折射率=1.8 | |
| | | | 折射 | | |
| | | | 其他 | 凹凸通道=灰度贴图 | |

# 三、布料材质

| 材质名称 | 示例图 | 贴图 | 参数设置 | | 用途 |
|---|---|---|---|---|---|
| 绒布材质 | | — | 漫反射 | 漫反射通道=衰减贴图 | 家具装饰 |
| | | | 反射 | 反射颜色=红:200，绿:200，蓝:200<br>光泽度=0.6 | |
| | | | 其他 | 凹凸强度=10；凹凸通道=噪波贴图；噪波大小=2（注意，这组参数需要根据实际情况进行设置） | |
| 单色花纹绒布材质 | | | 漫反射 | 漫反射通道=纹理贴图 | 家具装饰 |
| | | | 反射 | 反射颜色=红:200，绿:200，蓝:200<br>光泽度=0.6 | |
| | | | 其他 | 漫反射颜色+凹凸通道=贴图；凹凸强度=-180（注意，这组参数需要根据实际情况进行设置） | |
| 麻布材质 | | | 漫反射 | 通道=贴图 | 家具装饰 |
| | | | 反射 | — | |
| | | | 折射 | — | |
| | | | 其他 | 凹凸通道=贴图；凹凸强度=20 | |
| 抱枕材质 | | | 漫反射 | 漫反射通道=抱枕贴图、模糊=0.05 | 家具装饰 |
| | | | 反射 | 反射颜色=红:34，绿:34，蓝:34；光泽度=0.7；细分=20 | |
| | | | 折射 | — | |
| | | | 其他 | 凹凸通道=凹凸贴图 | |
| 毛巾材质 | | | 漫反射 | 漫反射颜色=红:252，绿:247，蓝:227 | 家具装饰 |
| | | | 反射 | — | |
| | | | 折射 | — | |
| | | | 其他 | 置换通道=贴图；置换强度=8 | |
| 半透明窗纱材质 | | — | 漫反射 | 漫反射颜色=红:240，绿:250，蓝:255 | 家具装饰 |
| | | | 反射 | — | |
| | | | 折射 | 折射通道=衰减贴图；前=红:180，绿:180，蓝:180；侧=黑色；光泽度=0.88；折射率=1.001 | |
| | | | 其他 | — | |
| 花纹窗纱材质（注意，材质类型为混合材质） | | | 材质1 | 材质1通道=VRayMtl材质；漫反射颜色=红:98，绿:64，蓝:42 | 家具装饰 |
| | | | 材质2 | 材质2通道=VRayMtl材质；漫反射颜色=红:164，绿:102，蓝:35<br>反射颜色=红:162，绿:170，蓝:75；光泽度=0.82；细分=15 | |
| | | | 遮罩 | 遮罩通道=贴图 | |
| | | | 其他 | — | |
| 软包材质 | | — | 漫反射 | 漫反射通道=衰减贴图 | 家具装饰 |
| | | | 反射 | — | |
| | | | 折射 | | |
| | | | 其他 | 凹凸通道=软包凹凸贴图；凹凸强度=45 | |
| 普通地毯 | | | 漫反射 | 漫反射通道=衰减贴图；衰减类型=Fresnel | 家具装饰 |
| | | | 反射 | — | |
| | | | 折射 | — | |
| | | | 其他 | 凹凸通道=地毯凹凸贴图；凹凸强度=60；置换通道=地毯凹凸贴图；置换强度=8 | |
| 普通花纹地毯 | | | 漫反射 | 漫反射通道=贴图 | 家具装饰 |
| | | | 反射 | — | |
| | | | 折射 | — | |
| | | | 其他 | — | |

## 四、木纹材质

| 材质名称 | 示例图 | 贴图 | 参数设置 | | 用途 |
|---|---|---|---|---|---|
| 亮光木纹材质 | | | 漫反射 | 漫反射通道=贴图 | 家具及地面装饰 |
| | | | 反射 | 反射颜色=红:200，绿:200，蓝:200；光泽度=0.9；细分=15 | |
| | | | 折射 | — | |
| | | | 其他 | — | |
| 亚光木纹材质 | | | 漫反射 | 漫反射通道=贴图 | 家具及地面装饰 |
| | | | 反射 | 反射颜色=红:100，绿:100，蓝:100；光泽度=0.7 | |
| | | | 折射 | — | |
| | | | 其他 | 凹凸通道=贴图；凹凸强度=60 | |
| 木地板材质 | | | 漫反射 | 漫反射通道=贴图 | 地面装饰 |
| | | | 反射 | 反射颜色=红:200，绿:200，蓝:200；光泽度=0.8；细分=15 | |
| | | | 折射 | — | |
| | | | 其他 | 凹凸通道=贴图；凹凸强度=60 | |

## 五、石材材质

| 材质名称 | 示例图 | 贴图 | 参数设置 | | 用途 |
|---|---|---|---|---|---|
| 大理石地面材质 | | | 漫反射 | 漫反射通道=贴图 | 地面装饰 |
| | | | 反射 | 反射颜色=红:228，绿:228，蓝:228；光泽度=0.9；细分=15 | |
| | | | 折射 | — | |
| | | | 其他 | — | |
| 人造石台面材质 | | | 漫反射 | 漫反射通道=贴图 | 台面装饰 |
| | | | 反射 | 反射通道=红:228，绿:228，蓝:228；光泽度=0.85；细分=20 | |
| | | | 折射 | — | |
| | | | 其他 | — | |
| 拼花石材材质 | | | 漫反射 | 漫反射通道=贴图 | 地面装饰 |
| | | | 反射 | 反射颜色=红:228，绿:228，蓝:228；细分=15 | |
| | | | 折射 | — | |
| | | | 其他 | — | |
| 仿旧石材材质 | | | 漫反射 | 漫反射通道=贴图；光泽度=0.6 | 墙面装饰 |
| | | | 反射 | — | |
| | | | 折射 | — | |
| | | | 其他 | 凹凸通道=贴图；凹凸强度=10；置换通道=贴图；置换强度=10 | |
| 文化石材质 | | | 漫反射 | 漫反射通道=贴图 | 墙面装饰 |
| | | | 反射 | 反射通道=贴图；光泽度=0.6 | |
| | | | 折射 | — | |
| | | | 其他 | 凹凸通道=贴图；凹凸强度=50 | |
| 砖墙材质 | | | 漫反射 | 漫反射通道=贴图 | 墙面装饰 |
| | | | 反射 | 反射颜色=红:18，绿:18，蓝:18；光泽度=0.6 | |
| | | | 折射 | — | |
| | | | 其他 | 凹凸通道=灰度贴图；凹凸强度=120 | |
| 玉石材质 | | — | 漫反射 | 漫反射颜色=红:88，绿:146，蓝:70 | 陈设品装饰 |
| | | | 反射 | 反射颜色=红:111，绿:111，蓝:111 | |
| | | | 折射 | 折射颜色=白色；光泽度=0.9；细分=20；烟雾颜色=红:88，绿:146，蓝:70；烟雾倍增=0.01 | |
| | | | 其他 | 半透明类型=硬（蜡）模型；背面颜色=红:182，绿:207，蓝:174；散布系数=0.4；正/背面系数=0.44 | |

## 六、金属材质

| 材质名称 | 示例图 | 贴图 | 参数设置 | | 用途 |
|---|---|---|---|---|---|
| 亮面不锈钢材质 | | — | 漫反射 | 漫反射颜色=红:128，绿:128，蓝:128 | 家具及陈设品装饰 |
| | | | 反射 | 反射颜色=红:210，绿:210，蓝:210；细分=16；金属度=1 | |
| | | | 折射 | — | |
| | | | 其他 | 双向反射=微面GTR（GGX） | |
| 亚光不锈钢材质 | | — | 漫反射 | 漫反射颜色=红:40，绿:40，蓝:40 | 家具及陈设品装饰 |
| | | | 反射 | 反射颜色=红:180，绿:180，蓝:180；光泽度=0.8；细分=20；金属度=1 | |
| | | | 折射 | | |
| | | | 其他 | 双向反射=微面GTR（GGX） | |
| 拉丝不锈钢材质 | | | 漫反射 | 漫反射颜色=红:58，绿:58，蓝:58 | 家具及陈设品装饰 |
| | | | 反射 | 反射颜色=红:152，绿:152，蓝:152；反射通道=贴图；光泽度=0.9　金属度=1；细分=20；菲涅耳折射率=20 | |
| | | | 折射 | | |
| | | | 其他 | 双向反射=微面GTR（GGX）；各向异性=0.6；旋转=-15；凹凸通道=贴图；凹凸强度=3 | |
| 银材质 | | — | 漫反射 | 漫反射颜色=红:136，绿:141，蓝:146 | 家具及陈设品装饰 |
| | | | 反射 | 反射颜色=红:98，绿:98，蓝:98；光泽度=0.8；细分=20；金属度=0.8 | |
| | | | 折射 | | |
| | | | 其他 | 双向反射=微面GTR（GGX） | |
| 黄金材质 | | — | 漫反射 | 漫反射颜色=红:80，绿:23，蓝:0 | 家具及陈设品装饰 |
| | | | 反射 | 反射颜色=红:223，绿:164，蓝:50；光泽度=0.85；细分=15；菲涅耳折射率=10 | |
| | | | 折射 | | |
| | | | 其他 | 双向反射=微面GTR（GGX） | |
| 亮铜材质 | | — | 漫反射 | 漫反射颜色=红:40，绿:40，蓝:40 | 家具及陈设品装饰 |
| | | | 反射 | 反射颜色=红:240，绿:178，蓝:97；光泽度=0.9；细分=20；菲涅耳折射率=5；金属度=1 | |
| | | | 折射 | | |
| | | | 其他 | 双向反射=微面GTR（GGX） | |

## 七、漆类材质

| 材质名称 | 示例图 | 贴图 | 参数设置 | | 用途 |
|---|---|---|---|---|---|
| 白色乳胶漆材质 | | — | 漫反射 | 漫反射颜色=红:250，绿:250，蓝:250 | 墙面装饰 |
| | | | 反射 | 反射颜色=红:60，绿:60，蓝:60；光泽度=0.85；细分=20 | |
| | | | 折射 | — | |
| | | | 其他 | — | |
| 彩色乳胶漆材质 | | — | 漫反射 | 漫反射颜色=自定义 | 墙面装饰 |
| | | | 反射 | 反射颜色=红:68，绿:68，蓝:68　光泽度=0.85；细分=15 | |
| | | | 其他 | — | |
| 烤漆材质 | | — | 漫反射 | 漫反射颜色=黑色 | 电器及乐器装饰 |
| | | | 反射 | 反射颜色=红:233，绿:233，蓝:233；光泽度=0.9；细分=20 | |
| | | | 折射 | — | |
| | | | 其他 | — | |

## 八、壁纸材质

| 材质名称 | 示例图 | 贴图 | 参数设置 | | 用途 |
|---|---|---|---|---|---|
| 壁纸材质 | | | 漫反射 | 通道=贴图 | 墙面装饰 |
| | | | 反射 | — | |
| | | | 折射 | — | |
| | | | 其他 | — | |

# 九、塑料材质

| 材质名称 | 示例图 | 贴图 | 参数设置 | | 用途 |
|---|---|---|---|---|---|
| 普通塑料材质 | | — | 漫反射 | 漫反射颜色=自定义 | 陈设品装饰 |
| | | | 反射 | 反射颜色=红:200，绿:200，蓝:200；光泽度=0.85；细分=15；菲涅耳折射率=1.6 | |
| | | | 折射 | — | |
| | | | 其他 | — | |
| 半透明塑料材质 | | — | 漫反射 | 漫反射颜色=自定义 | 陈设品装饰 |
| | | | 反射 | 反射颜色=红:200，绿:200，蓝:200；光泽度=0.85；细分=10；菲涅耳折射率=1.6 | |
| | | | 折射 | 折射颜色=红:221，绿:221，蓝:221；光泽度=0.9；细分=10；折射率=1.6；烟雾颜色=漫反射颜色 烟雾倍增=0.05 | |
| | | | 其他 | — | |
| 塑钢材质 | | — | 漫反射 | 漫反射颜色=自定义 | 家具装饰 |
| | | | 反射 | 反射颜色=红:233，绿:233，蓝:233；光泽度=0.9；细分=20；菲涅耳折射率=3 | |
| | | | 折射 | — | |
| | | | 其他 | — | |

# 十、液体材质

| 材质名称 | 示例图 | 贴图 | 参数设置 | | 用途 |
|---|---|---|---|---|---|
| 清水材质 | | — | 漫反射 | 漫反射颜色=红:123，绿:123，蓝:123 | 室内装饰 |
| | | | 反射 | 反射颜色=白色；细分=15 | |
| | | | 折射 | 折射颜色=红:241，绿:241，蓝:241；细分=20；折射率=1.33 | |
| | | | 其他 | 凹凸通道=噪波贴图；噪波大小=0.3（该参数要根据实际情况而定） | |
| 游泳池水材质 | | — | 漫反射 | 漫反射颜色=红:15，绿:162，蓝:169 | 公用设施装饰 |
| | | | 反射 | 反射颜色=红:132，绿:132，蓝:132；光泽度=0.97 | |
| | | | 折射 | 折射颜色=红:241，绿:241，蓝:241；折射率=1.33；烟雾颜色=漫反射颜色；烟雾倍增=0.01 | |
| | | | 其他 | 凹凸通道=噪波贴图；噪波大小=1.5（该参数要根据实际情况而定） | |
| 红酒材质 | | — | 漫反射 | 漫反射颜色=红:146，绿:17，蓝:60 | 陈设品装饰 |
| | | | 反射 | 反射颜色=红:57，绿:57，蓝:57；细分=20 | |
| | | | 折射 | 折射颜色=红:222，绿:157，蓝:191；细分=30；折射率=1.33；烟雾颜色=红:169，绿:67，蓝:74 | |
| | | | 其他 | — | |

# 十一、自发光材质

| 材质名称 | 示例图 | 贴图 | 参数设置 | | 用途 |
|---|---|---|---|---|---|
| 灯管材质（注意，材质类型为VRay灯光材质） | | — | 颜色 | 颜色=白色；强度=25（该参数要根据实际情况而定） | 电器装饰 |
| 计算机显示器材质（注意，材质类型为VRay灯光材质） | | | 颜色 | 颜色=白色；强度=25（该参数要根据实际情况而定）；通道=贴图 | 电器装饰 |
| 灯带材质（注意，材质类型为VRay灯光材质） | | — | 颜色 | 颜色=自定义；强度=25（该参数要根据实际情况而定） | 陈设品装饰 |
| 环境材质（注意，材质类型为VRay灯光材质） | | | 颜色 | 颜色=白色；强度=25（该参数要根据实际情况而定）；通道=贴图 | 室外环境装饰 |

## 十二、皮革材质

| 材质名称 | 示例图 | 贴图 | 参数设置 | | 用途 |
|---|---|---|---|---|---|
| 亮光皮革材质 | | | 漫反射 | 漫反射颜色=贴图 | 家具装饰 |
| | | | 反射 | 反射颜色=红:79，绿:79，蓝:79；光泽度=0.85；细分=20 | |
| | | | 折射 | — | |
| | | | 其他 | 凹凸通道=凹凸贴图 | |
| 亚光皮革材质 | | | 漫反射 | 漫反射颜色=红:250，绿:246，蓝:232 | 家具装饰 |
| | | | 反射 | 反射颜色=红:45，绿:45，蓝:45；光泽度=0.7；细分=20 | |
| | | | 折射 | — | |
| | | | 其他 | 凹凸通道=贴图 | |

## 十三、其他材质

| 材质名称 | 示例图 | 贴图 | 参数设置 | | 用途 |
|---|---|---|---|---|---|
| 叶片材质 | | | 漫反射 | 漫反射通道=叶片贴图 | 室内/外装饰 |
| | | | 不透明度 | 不透明度通道=黑白遮罩贴图 | |
| | | | 反射高光 | 光泽度=0.6 | |
| | | | 其他 | — | |
| 水果材质 | | | 漫反射 | 漫反射通道=贴图 | 室内/外装饰 |
| | | | 反射 | 反射颜色=红:15，绿:15，蓝:15；光泽度=0.65；细分=16 | |
| | | | 折射 | — | |
| | | | 其他 | 半透明类型=硬（蜡）模型；背面颜色=红:251，绿:48，蓝:21；凹凸通道=贴图；凹凸强度=15 | |
| 草地材质 | | | 漫反射 | 漫反射通道=草地贴图 | 室外装饰 |
| | | | 反射 | 反射颜色=红:28，绿:43，蓝:25；光泽度=0.85 | |
| | | | 折射 | — | |
| | | | 其他 | 凹凸通道=贴图；凹凸强度=15 | |
| 镂空藤条材质 | | | 漫反射 | 漫反射通道=藤条贴图 | 家具装饰 |
| | | | 不透明度 | 不透明度通道=黑白遮罩贴图 | |
| | | | 反射高光 | 反射颜色=红:200，绿:200，蓝:200；光泽度=0.75 | |
| | | | 其他 | — | |
| 沙盘楼体材质 | | — | 漫反射 | 漫反射颜色=红:17，绿:17，蓝:17；加载VRay边纹理贴图；颜色=白色；像素=0.3 | 陈设品装饰 |
| | | | 反射 | — | |
| | | | 折射 | 折射颜色=红:218，绿:218，蓝:218；折射率=1.1 | |
| | | | 其他 | — | |
| 书本材质 | | IT'S NEVER TOO LATE | 漫反射 | 漫反射通道=贴图 | 陈设品装饰 |
| | | | 反射 | 反射颜色=红:80，绿:80，蓝:80；细分=20 | |
| | | | 折射 | — | |
| | | | 其他 | — | |
| 画材质 | | | 漫反射 | 漫反射通道=贴图 | 陈设品装饰 |
| | | | 反射 | — | |
| | | | 折射 | — | |
| | | | 其他 | — | |
| 毛发地毯材质（注意，该材质用VRay毛皮工具进行制作） | | — | 根据实际情况，对VRay毛皮的参数进行设定，如长度、厚度、重力、弯曲、结数、方向变量和长度变化。另外，毛发颜色可以直接在"修改"面板中进行选择 | | 地面装饰 |

# 附录D 3ds Max 2021优化与常见问题速查

## 一、软件的安装环境

3ds Max 2021必须在Windows 10的64位系统中才能正确安装。所以，要想使用3ds Max 2021，首先要将计算机的系统换成Windows 10版本的64位系统，如下图所示。

## 二、软件的流畅性优化

3ds Max 2021对计算机的配置要求比较高。如果用户的计算机配置比较低，软件运行起来可能会比较困难，但是我们可以通过一些优化来提高软件的流畅性。

**更改显示驱动程序** 3ds Max 2021默认的显示驱动程序是Nitrous Direct3D 11，该驱动程序对显卡的要求比较高，我们可以将其换成对显卡要求比较低的驱动程序。执行"自定义>首选项"菜单命令，打开"首选项设置"对话框，然后单击"视口"选项卡，接着在"显示驱动程序"选项组下单击"选择驱动程序"按钮 选择驱动程序，在弹出的对话框中选择"旧版OpenGL"驱动程序，如下图所示。"旧版OpenGL"驱动程序不仅对显卡的要求比较低，而且也不会影响用户的正常操作。

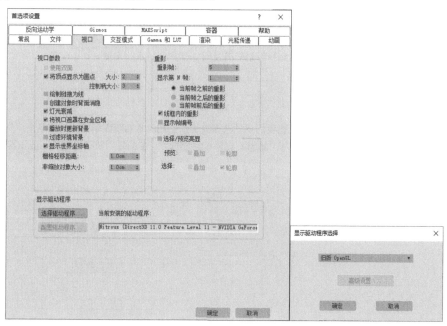

**优化软件操作界面** 3ds Max 2021默认的软件操作界面中有很多工具栏，其中最常用的是主工具栏和"命令"面板。我们可以把其他工具栏隐藏起来，在需要用的时候再将其调出来，整个界面只需要保留主工具栏和"命令"面板即可。按Ctrl+X快捷键可以切换到简化模式，隐藏掉暂时用不到的工具栏，只保留需要用到的工具栏。这样做不仅可以提高软件的运行速度，还可以让操作界面更加简洁，如下图所示。

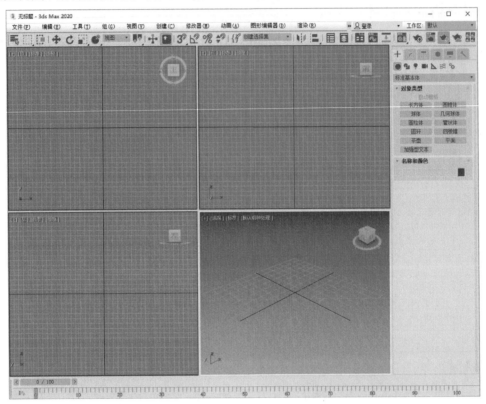

注意，如果用户修改了显示驱动程序并优化了软件操作界面后，3ds Max 2021的运行速度依然很慢，那么建议重新购买一台配置较高的计算机。以后在做实际项目时，我们也需要拥有一台配置较高的计算机，这样才能提高工作效率。

## 三、自动备份文件

有时候，由于我们的一些失误操作，3ds Max 2021可能会崩溃，3ds Max 2021会自动将当前文件保存到C:\Users\Administrator\Documents\3dsmax\autoback路径下。待重启3ds Max 2021后，在该路径下可以找到自动保存的备份文件。但是自动备份文件会出现贴图缺失的情况，就算打开了也需要重新链接贴图文件，因此我们要养成及时保存文件的良好习惯。

## 四、贴图重新链接的问题

打开的场景文件经常会出现贴图缺失的情况，这就需要我们手动链接缺失的贴图。本书所有场景文件的贴图都整理归类在一个文件夹中，如果打开场景文件时系统提示缺失贴图，读者可以参考本书"第5章 材质和贴图技术"中的重新链接缺失的贴图和其他场景资源的方法。